U0793869

“十二五”职业教育国家规划教材
经全国职业教育教材审定委员会审定

钢结构制作与安装

第4版

主　编　唐丽萍　杨晓敏
副主编　秦纪平　李　婕
参　编　赵金龙　张　园　李　昊　于建民
　　　　齐玉清　高雅琨　孙煦东　赵嘉玮
　　　　但　敏　麻子飞
主　审　李仙兰

机械工业出版社

本书共4个模块，17个单元，内容包括：绪论、建筑钢材、钢结构的连接、钢结构构件、钢结构构造、钢结构施工详图识读、钢屋盖施工图识读、单层门式刚架施工图识读、网架施工图识读、钢框架结构施工图识读、钢管屋架结构施工图识读、钢结构加工制作、钢结构焊接工艺、钢结构涂装工程、钢结构安装常用机具设备、钢结构安装准备、钢结构安装方案、钢结构安装施工等。

本书可作为高职高专建筑工程技术等相关专业的教材，也可作为函授、自学、岗位培训的教材及现场施工人员的参考书。

图书在版编目（CIP）数据

钢结构制作与安装/唐丽萍，杨晓敏主编．—4版．—北京：机械工业出版社，2019.9（2024.1重印）
“十二五”职业教育国家规划教材
ISBN 978-7-111-63843-8

Ⅰ.①钢… Ⅱ.①唐… ②杨… Ⅲ.①钢结构－结构构件－制作－高等职业教育－教材②钢结构－建筑安装－高等职业教育－教材 Ⅳ.①TU391 ②TU758.11

中国版本图书馆CIP数据核字（2019）第213119号

机械工业出版社（北京市百万庄大街22号 邮政编码100037）
策划编辑：王靖辉 责任编辑：王靖辉
责任校对：刘雅娜 封面设计：张 静
责任印制：邓 博
北京盛通数码印刷有限公司印刷
2024年1月第4版第8次印刷
184mm×260mm·19.75印张·490千字
标准书号：ISBN 978-7-111-63843-8
定价：55.00元

电话服务
客服电话：010-88361066
010-88379833
010-68326294

网络服务
机 工 官 网：www.cmpbook.com
机 工 官 博：weibo.com/cmp1952
金 书 网：www.golden-book.com
机工教育服务网：www.cmpedu.com

前 言

目前，建筑钢结构已成为我国建筑领域使用的重要结构形式之一。这对建筑工程施工人员对钢结构施工知识的掌握提出了更高的要求。本书以坚持为党育人、为国育才的原则，培养德智体美劳各方面全面发展，具备钢结构施工基础理论知识、专业理论知识和专业技能的人才。本书以提高学生的职业实践能力和职业素质为宗旨，以钢结构加工制作与安装为主线编写。在编写过程中，坚持科技是第一生产力、人才是第一资源、创新是第一动力的思想理念，针对高等职业学校施工方向学生今后主要从事建筑施工特点，以建筑基础理论课为基础，在基本理论部分重点讲清概念，必要的公式推导力求简明扼要，删去其他过长的推导过程，重点说明来源及应用；联系工程实际，突出钢结构加工制造及安装方法，将不同的结构形式分别讲述，以期教会学生读懂图样、理解设计意图，同时将产业发展的新技术、新工艺、新规范纳入教材内容，培养学生处理施工问题的能力。本书在第3版的基础上对内容进行了修订和补充，增加了复习思考题和实训练习题。修订了钢结构构件和钢结构识图等部分内容，同时，在编写过程中进行了配套资源开发、信息技术应用，成为新形态一体化教材。

本书由内蒙古建筑职业技术学院唐丽萍、杨晓敏任主编，由长治职业技术学院秦纪平、内蒙古建筑职业技术学院李婕任副主编，具体编写分工如下：绪论由唐丽萍编写；单元1由内蒙古建筑职业技术学院张园编写；单元2由内蒙古建筑职业技术学院赵金龙编写；单元3由内蒙古建筑职业技术学院杨晓敏、孙煦东编写；单元4由杨晓敏编写；单元5由秦纪平、内蒙古建筑职业技术学院但敏编写；单元6由唐丽萍编写；单元7由内蒙古农业大学李昊、内蒙古建筑职业技术学院李婕编写；单元8由杨晓敏编写；单元9由李婕编写；单元10由孙煦东编写；单元11、单元12由内蒙古建筑职业技术学院齐玉清、赵嘉玮编写；单元13由内蒙古建筑职业技术学院于建民、赵嘉玮编写；单元14、单元15由内蒙古建筑职业技术学院唐丽萍、麻子飞编写；单元16、单元17由内蒙古建筑职业技术学院麻子飞、高雅琨编写。本书由内蒙古建筑职业技术学院李仙兰主审。本书在编写过程中得到了内蒙古建筑职业技术学院等单位的大力支持，并参考了一些公开出版和发表的文献，在此一并致谢。

本书配套71个微课、5个动画，可扫描后面二维码进行学习。除此之外，本书还配有电子课件、电子教案、模拟试卷及答案、课程设计任务书及指导书、授课大纲、授课计划、授课教学单元设计，凡使用本书作为教材的教师均可登录机工教育服务网 www. cmpedu. com 下载。

由于编者的理论水平和实践经验有限，书中难免存在不妥之处，恳请广大读者和同行专家批评指正

编　者

微课与动画列表

序号	适用章节		二维码	名称
微课				
1	绪论			宣传片
2	绪论			说课
3	绪论			钢结构的特点
4	绪论			钢结构的应用和发展
5	绪论			钢结构的学习方法
6	单元 1	课题 1		钢材的力学性能——强度和塑性
7	单元 1	课题 1		钢材的力学性能——韧性和冷弯性能
8	单元 1	课题 2		建筑钢材性能的影响因素
9	单元 1	课题 3		钢材的种类
10	单元 1	课题 3		钢材的规格
11	单元 2	课题 1		钢结构的连接

（续）

序号	适用章节		二维码	名称
微课				
12	单元2	课题2		焊缝连接形式
13				焊缝标注（一）
14				焊缝标注（二）
15		课题3		对接焊缝形式
16				对接焊缝构造
17		课题4		角焊缝的概念及形式
18				角焊缝构造
19		课题5		普通螺栓的特点及类型
20				螺栓的排列及规格
21				螺栓连接的构造及受剪破坏
22				高强螺栓连接
23	单元3	课题1		轴心受力构件概述
24		课题2		受弯构件概述

（续）

序号	适用章节		二维码	名称
微课				
25	单元3	课题3		拉弯与压弯构件概述
26	单元4	课题3		梁与柱的连接
27	单元4	课题3		铰接柱脚
28	单元4	课题3		刚接柱脚
29	单元4	课题3		梁与梁的连接
30	单元4	课题4		门式刚架结构的组成和特点
31	单元4	课题4		门式刚架的结构形式和结构布置
32	单元4	课题4		主刚架节点构造
33	单元4	课题4		轻型门式刚架屋面系统
34	单元4	课题4		端部刚架结构
35	单元4	课题5		钢屋盖结构的组成
36	单元4	课题5		钢屋盖支撑体系
37	单元4	课题5		钢屋架形式

（续）

序号	适用章节		二维码	名称
			微课	
38	单元4	课题5		钢屋架的杆件
39	单元4	课题5		节点设计
40	单元5	课题1		结构施工图简介
41	单元6			钢屋架施工图的识读
42	单元7			门式刚架结构施工图的识读
43	单元7			主刚架梁柱构造
44	单元7			支撑布置图及详图识读
45	单元7			门式刚架详图识读
46	单元7			檩条墙梁布置图及详图识读
47	单元8			网架结构的组成和形式
48	单元8			网架结构的构造
49	单元8			网架结构施工图的识读——概述
50	单元8			网架结构施工图的识读——檩条平面布置图及节点图识读

（续）

序号	适用章节	二维码	名称
微课			
51	单元8		网架平面布置图的识读——支座平面布置图及节点图识读
52	单元9		多高层钢结构的结构形式
53			钢框架结构体系的构造要求
54			结构设计总说明
55			基础平面设计图及详图识读
56			某层平面布置图的识读
57			组合楼板节点详图识读
58			压型钢板与混凝土组合楼板
59			柱脚详图识读
60			钢柱拼接详图识读
61			梁与柱连接详图的识读
62			主次梁连接详图识读
63			中心支撑类型及构造

（续）

序号	适用章节		二维码	名称
微课				
64	单元9			偏心支撑类型及构造
65	单元11			钢结构加工制作
66	单元12	课题1		钢结构焊接工艺
67	单元12	课题3		焊接残余应力及变形
68	单元12	课题4		焊接缺陷及焊缝质量检验
69	单元16			轻型门式刚架安装方案
动画				
1	单元4	课题3		柱头
2	单元4	课题3		有靴梁的柱脚
3	单元4	课题3		整体式柱脚
4	单元6			钢桁架厂房安装
5	单元7			门式刚架厂房安装

目　录

绪　　论

1. 钢结构的类型及组成

在土木工程中，钢结构有着广泛的应用。由于使用功能及结构组成方式的不同，钢结构种类繁多、形式各异。在房屋建筑中，有大量钢结构厂房、高层钢结构建筑、大跨度钢网架建筑、悬索结构建筑等；在公路及铁路上，有各种形式的钢桥，如板梁桥、桁架桥、拱桥、悬索桥、斜张桥等；钢塔及钢桅杆则广泛用作输电线塔、电视广播发射塔；此外，还有海上采油平台钢结构、卫星发射钢塔架等。

宣传片

这些钢结构尽管用途、形式各不相同，但它们都是由钢板和型钢经过加工制成各种基本构件，如拉杆(有时还包括钢索)、压杆、梁、柱及桁架等，然后将这些基本构件按一定方式通过焊接和螺栓连接而成。

说课

如图 0-1 所示为一个单层房屋钢结构组成的示意图。单层房屋承受重力荷载、水平荷载(风力及吊车制动力等)。图中屋盖桁架和柱组成一系列的平面承重结构(图 0-1a)，主要承受重力荷载和横向水平荷载。这些平面承重结构又用纵向构件和各种支撑(如图中所示的上弦横向支撑、垂直支撑及柱间支撑等)联成一个空间整体(图 0-1b)，保证整个结构在空间各个方向都成为一个几何不变体系。

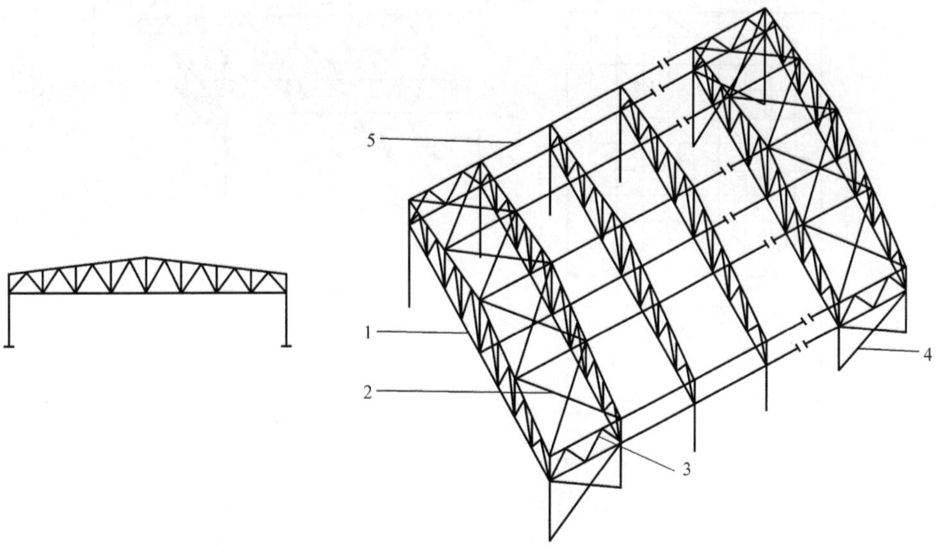

a)　　　　　　　　b)

图 0-1　单层房屋钢结构组成示意图

1—屋架　2—上弦横向支撑　3—垂直支撑　4—柱间支撑　5—纵向构件

单层房屋的平面承重结构除由图 0-1 所示的桁架和柱组成之外，还可以由实腹的梁和柱组成框架或拱。框架和拱可以做成三铰、二铰或无铰的结构。跨度大的还可以用桁架拱，如图 0-2 所示。

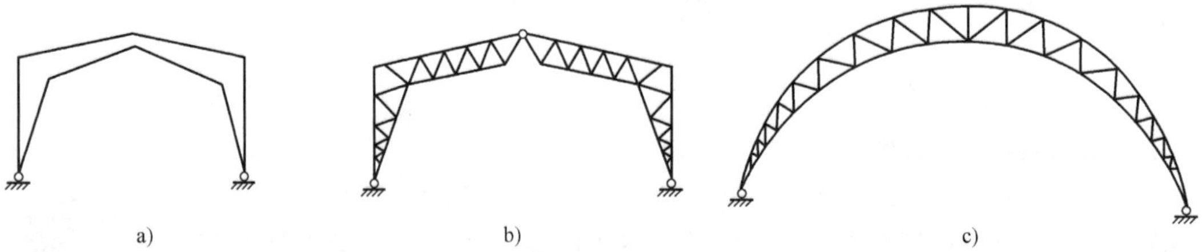

a) b) c)

图 0-2 平面承重结构的形式

a）二铰钢架 b）三铰桁架 c）二铰桁架拱

上述结构均属于平面结构体系，其特点是结构由承重体系及附加构件两部分组成。承重体系是一系列相互平行的平面结构，承担垂直荷载和横向水平荷载，并传递到基础。附加构件(纵向构件及支撑)的作用是将各个平面结构连成整体，同时也承受结构平面外的纵向水平力。当建筑物的长度尺寸和宽度尺寸接近或平面呈圆形时，如果将各个承重构件自身组成空间几何不变体系，而省去附加构件，受力就更为合理。

如图 0-3 所示为平板网架屋盖结构。它由倒置的四角锥体组成，锥底的四边为网架的上弦杆，锥棱为腹杆，连接各锥顶的杆件为下弦杆。屋架的荷载沿两个方向传到四边的柱上，再传至基础，形成一种空间传力体系。因此，这种结构也称为空间结构体系。在平板网架中，所有构件都是主要承重体系的部件，没有附加构件，因此，内力分布合理，节省钢材。

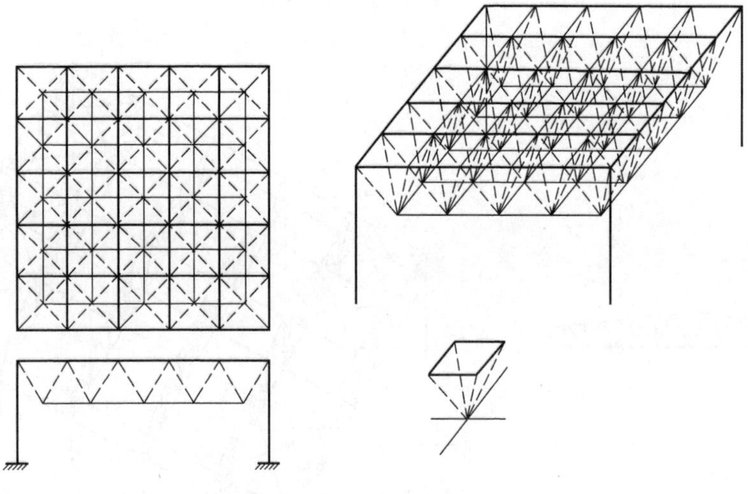

图 0-3 平板网架屋盖结构

如图 0-4 所示为另一种空间结构体系——空间网壳圆屋顶结构，其特点是重量轻、覆盖面积大。多层房屋结构的特点是随着房屋高度的增加，水平风荷载(以及地震荷载)的作用越来越重要。提高结构抵抗水平荷载的能力以及控制水平位移不要过大是这类房屋组成的主要问题。多层钢结构房屋组成的体系主要包括框架体系、带支撑的框架体系和筒式结构体系。框架体系是由梁和柱组成的多层多跨框架，如图 0-5 所示；带支撑的框架体系在两列柱之间设置斜撑，形成竖向悬臂桁架，以便承受更大的水平荷载，如图 0-6 所示。筒式结构体系沿框架四周用密排列的柱形成空间钢架式，它能更有效地低抗水平荷载。

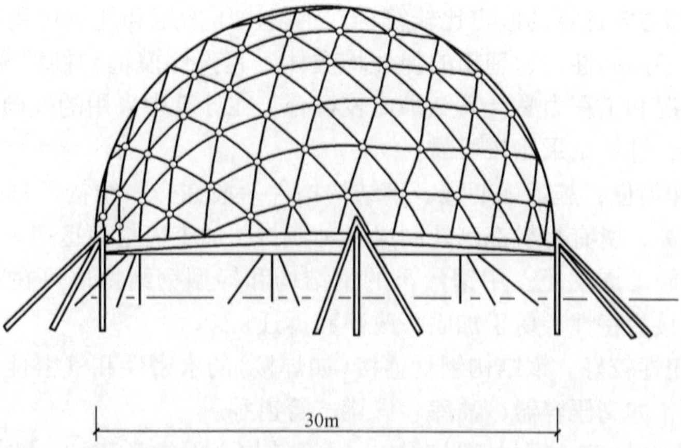

图 0-4　空间网壳圆屋顶结构

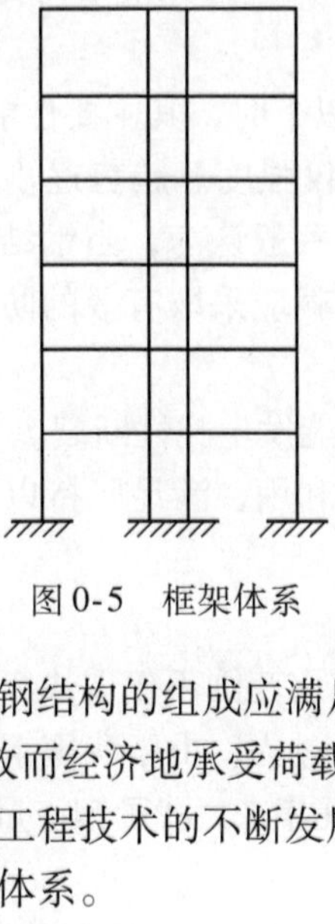

图 0-5　框架体系

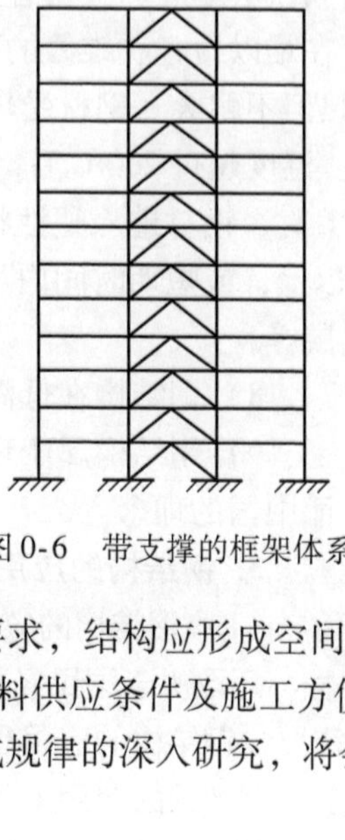

图 0-6　带支撑的框架体系

综上所述，钢结构的组成应满足结构使用功能的要求，结构应形成空间整体(几何不变体系)，才能有效而经济地承受荷载，同时还要考虑材料供应条件及施工方便等因素。我们还应看到，随着工程技术的不断发展，以及对结构组成规律的深入研究，将会创造和开发出更多的新型结构体系。

2. 钢结构的特点

钢结构的特点

1）建筑钢材强度高，塑性、韧性好。建筑钢材强度高，适用于建造跨度大、高度高、承载重的结构。但一般构件截面小而壁薄，在受压时容易受稳定性和刚度等问题影响，强度难以得到充分的利用。建筑钢材塑性好，结构在一般条件下不会因超载而突然断裂，只会增大变形，故易于被发现。此外，建筑钢材能将局部高峰应力重分配，使应力变化趋于平缓。建筑钢材韧性好，适宜在动力荷载下工作，因此在地震区采用钢结构较为有利。

2）钢结构的重量轻。钢材强度高，做成的结构比较轻。结构的轻质性可以用材料的质量密度ρ和强度f的比值α来衡量，α值越小，结构相对越轻。建筑钢材的α值为（1.7～3.7）$\times 10^{-4}$/m，木材为5.4×10^{-4}/m，钢筋混凝土约为18×10^{-4}/m。以同样跨度承受同样的荷载，钢屋架的重量最多为钢筋混凝土屋架的1/4～1/3，冷弯薄壁型钢屋架甚至接近1/10。重量轻，可减轻基础的负荷，降低地基、基础部分的造价，同时还方便运输和吊装。

3）材质均匀和力学计算的假定比较符合。钢材由于冶炼和轧制过程的科学控制，其组织比较均匀，接近各向同性，为理想的弹性均质体，其弹性模量和韧性模量皆较大，因此，钢结构实际受力情况和工程力学计算结果比较符合，在计算中采用的经验公式不多，从而计算上的不定性较小，计算结果比较可靠。

4）钢结构制作简便，施工工期短。钢结构构件一般在金属结构厂制作，施工机械化准确度和精密度都较高，所有材料都已轧制成各种型材，加工简易而迅速。钢构件较轻，连接简单，安装方便，施工周期短。用钢量小的钢结构和轻型钢结构也可在现场制作，简易吊装。钢结构由于连接的特性，易于加固、改建和拆迁。

5）钢结构密闭性较好。钢结构钢材连接（如焊接）的水密性和气密性较好，适合于做要求密闭的板壳结构，如高压容器、油库、气罐、管道等。

6）钢结构耐腐蚀性差。钢材容易锈蚀，对钢结构必须注意防护，特别是薄壁构件更要注意，因此，处于较强腐蚀性介质内的建筑物不宜采用钢结构。钢结构在涂油漆以前应彻底除锈，油漆质量和涂层厚度均应符合设计要求。在设计中，应避免使结构受潮、漏雨，构造上应尽量避免存在难以检查、维修的死角。

7）钢材耐热但不耐火。钢材受热，当温度在200℃以下时，其主要性能（屈服点和弹性模量）下降不多。温度超过200℃后，材质变化较大，不仅强度总趋势逐步降低，还有蓝脆现象。达到600℃时，钢材进入塑性状态，已不能承载。一般认为，当钢结构表面长期受高温辐射达150℃以上，或短期时间内可能受到火焰作用，就应采取有效的防护措施，如用耐火材料作成隔热层等。

8）钢结构在低温和其他条件下，可能发生脆性断裂。

9）钢结构属于环保材料，可以重复利用，满足坚持以绿色发展建设美丽中国的理念。

钢结构的应用和发展

3. 钢结构的应用和发展

（1）钢结构的应用　钢结构的合理应用范围不仅取决于钢结构本身的特性，还取决于国民经济发展的具体情况。过去，由于我国钢产量不能满足国民经济各部门的需要，钢结构的应用受到一定的限制。近几年来，我国钢产量增长，加上钢结构结构形式的改进，钢结构的应用得到了很大的发展。

根据我国的实践经验，工业与民用建筑钢结构的应用范围大致如下：

1）工业厂房。起重机起重量较大或其工作较繁重的车间多采用钢骨架。如冶金厂房的平炉车间、转炉车间、混铁炉车间、初轧车间；重型机械厂的铸钢车间、水压机车间、锻压车间等。近年随着网架结构的大量应用，一般的工业车间也采用了钢结构。

2）大跨结构。如飞机装配车间、飞机库、大煤库、大会堂、体育馆、展览馆等都需要大跨结构。其结构体系可为网架、悬索、拱架以及框架等。

3）高耸结构。高耸结构包括塔架结构和桅杆结构，如电视塔、微波塔、输电线塔、钻井塔、环境大气监测塔、无线电天线桅杆、广播发射桅杆等。

4）多层和高层建筑。多层和高层建筑的骨架可采用钢结构。我国过去钢材比较短缺，仍多采用钢筋混凝土结构，近年来钢结构在此领域已逐步得到发展。

5）承受振动荷载影响及地震作用的结构。设有较大锻锤的车间，其骨架直接承受的动力尽管不大，但间接的振动却极为强烈，可采用钢结构。对于抗震作用要求高的结构也宜采用钢结构。

6）板壳结构。如油库、油罐、煤气库、高炉、热风炉、漏斗、烟囱、水塔以及各种管道等。

7）其他特种结构。如栈桥、管道支架、井架和海上采油平台等。

8）可拆卸或移动的结构。建筑工地的生产、生活附属用房，临时展览馆等，这些结构是可拆卸的。移动结构如塔式起重机、履带式起重机的吊臂、龙门起重机等。

9）轻型钢结构。轻型钢结构包括轻型门式刚架房屋钢结构、冷弯薄壁型钢结构以及钢管结构。这些结构可用于荷载较轻或跨度较小的建筑。近年来，轻型钢结构已广泛应用于仓库、办公室、工业厂房及体育设施，并向住宅楼和别墅发展。

10）与混凝土组合成的组合结构。如组合梁和钢管混凝土柱等。

（2）钢结构的发展

1）所用材料方面。先是铸铁，然后是钢，采用较多的是铝合金。

2）连接方式方面。在生铁和熟铁时代是销钉连接，19 世纪初采用铆钉连接，20 世纪初有了焊接连接，20 世纪中叶则发展了高强度螺栓连接。

3）结构形式方面。先是桥梁、塔，后是工业及民用房屋和水工结构，以及板结构如高炉、储液库、储气库等。在房屋建筑中，建成的有首都体育馆和上海体育馆等大跨度网架结构，有北京环境气象塔等塔式结构，还有 1958 年建成的上海大型湿式贮气柜。20 世纪 80 年代和 90 年代，北京、上海、深圳等地陆续兴建了一些高层钢结构，如北京的中国国贸中心、京城大厦、京广中心大厦，上海的国贸中心大厦，深圳的发展中心大厦、地王商业大厦。这些高层钢结构的建成表明了我国高层建筑发展的新趋势。

4）材质方面。逐步发展了高强度低合金钢材，除 Q235 钢、Q345 钢、Q390 钢外，又增加了 Q420 钢，但后者的应用尚有待进一步研究。

5）钢结构的品种也有所增加，H 型钢在国内已开始生产，正方形、矩形管的应用也逐步进行推广。

结构的革新是今后研究的主要课题，如悬索结构、网架结构、超高层结构近年来得到很大的发展和应用。钢和混凝土组合构件的应用也日益推广。

钢结构的
学习方法

在钢结构工程的设计、施工过程中，应贯彻建筑节能、环境保护、绿色建筑和低碳经济等理念，推进建筑领域清洁低碳转型。

复习思考题

0-1　与其他材料结构相比，钢结构有何优缺点？

0-2　钢结构的合理应用范围是什么？

实训练习题

0-1　填空题

钢结构具有________、________、________、________、________和________等特点。

0-2　选择题

1. 钢结构更适合于建造大跨结构，这是由于（　　）。

A. 钢材具有良好的耐热性
B. 钢材具有良好的焊接性
C. 钢结构自重轻而承载力高
D. 钢结构的实际受力性能和力学计算结果最符合

2. 关于建筑结构钢材的特点，下列说法中错误的是（　　）。
A. 钢材具有良好的塑性，达到拉伸极限而破坏时，应变可达20% ~30%
B. 钢材具有良好的焊接性能，采用焊接结构可以使钢结构的连接大为简化
C. 钢结构的耐腐蚀性很好，适合在各种恶劣环境中使用
D. 钢结构的耐热性很好，但耐火性能很差

3. 与混凝土结构相比，钢结构更适合于建造高层和大跨度房屋，因为（　　）。
A. 钢结构自重大、承载力较高　　B. 钢结构自重小、承载力较高
C. 钢结构自重大、承载力较低　　D. 钢结构自重小、承载力较低

模块1 钢结构材料及基本计算理论

单元1 建筑钢材

【单元概述】

本单元讲述了钢结构所用材料、品种、规格及基本性能。

【学习目标】

通过理论教学，学生能够了解钢结构所用材料、品种、规格；熟悉钢结构材料的力学性能。

钢材的品种繁多，各自的性能、产品规格及用途都不相同，适用于建筑的钢材只是其中的一小部分。为了保证结构的安全，钢结构所采用的钢材在性能方面必须具有较高的强度，较好的塑性及韧性，以及良好的加工性能。对于焊接结构还要求可焊性良好。在低温下工作的结构，要求钢材保持较好的韧性。在易受大气侵蚀的露天环境下工作的结构，或在有害介质侵蚀环境下工作的结构，要求钢材具有较好的抗锈能力。

根据上述要求，我国现行的《钢结构设计标准》（GB 50017—2017）推荐使用 Q235、Q345、Q390、Q420、Q460 和 Q345GJ 钢。结构用钢板、热轧工字钢、槽钢、角钢、H 型钢和钢管等型钢产品的规格、外形、重量及允许偏差应符合国家现行相关标准的规定。

本单元根据对建筑钢材的基本要求，讲述建筑钢材的主要力学性能及其影响因素，并介绍我国目前生产的建筑钢材常用的品种及规格，目的使建造者在设计时能合理的选择和使用钢材，在施工中能按设计要求严格进行钢材的验收和管理，并按正确的方法进行加工和制造。

课题1 建筑钢材的主要力学性能

1. 强度

材料在外力作用下抵抗变形和断裂的能力称为强度。强度可以通过比例极限、弹性极限、屈服极限、抗拉强度等指标来反映，碳素结构钢材的应力-应变曲线如图 1-1 所示。从图中可以看到，在比例极限之前，应力、应变之间呈线性关系，弹性极限不会出现残余塑性变形时的最大应力，弹性极限与比例极限相当接近。当应力超过弹性极限后，应力与应变不再呈

钢材的力学性能——强度和塑性

线性关系，产生塑性变形，曲线出现波动，这种现象称为屈服。波动最高点为上屈服点，最低点为下屈服点，下屈服点数值较为稳定，因此以它作为材料抗力指标，称为屈服点。有些钢材无明显的屈服现象，以材料产生 0.2% 塑性变形时的应力作为屈服强度。当钢材屈服到一定程度后，由于内部晶粒重新排列，强度提高，进入应变强化阶段，应力达到最大值，此时称为抗拉强度。此后试件截面迅速缩小，出现颈缩现象，直至断裂破坏。

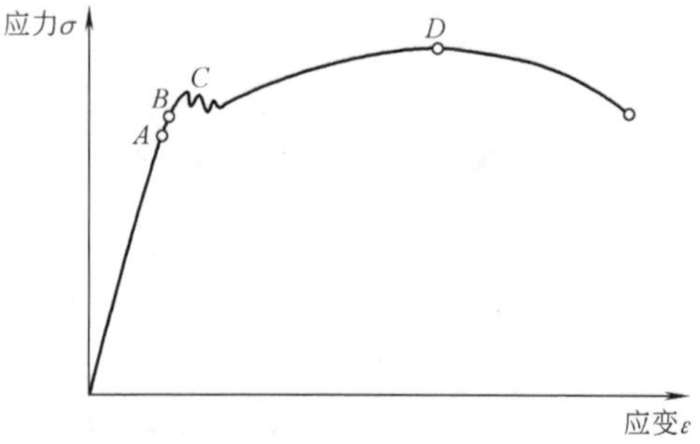

图 1-1 碳素结构钢材的应力-应变曲线

在以上指标中，屈服强度和抗拉强度是工程设计和选材的重要依据，也是材料购销和检验工作中的重要指标。其中，屈服强度是衡量结构承载能力的指标，是设计时钢材可以达到的最大应力。屈服强度高则可减轻结构自重，节约钢材和降低造价。抗拉强度是衡量钢材经过较大变形后的抗拉能力，是钢材破坏前能够承受的最大应力。它直接反映钢材内部组织的优劣，同时抗拉强度高可以增加结构的安全保障。此外，工程上对屈强比还有要求。屈强比(屈服强度与抗拉强度的比值)是衡量钢材强度储备的一个系数，屈强比越低，钢材的强度安全储备越大。屈强比过小时，钢材强度的利用率太低，不够经济；屈强比过大时，安全储备太小而不够安全。

2. 塑性

塑性是指钢材在应力超过屈服点后，能产生显著的残余变形(塑性变形)而不立即断裂的性质。它是钢材的一个重要性能指标，用伸长率表示。伸长率是指试件被拉断时的绝对变形值与试件原标距之比的百分数，代表材料在单位拉伸时的塑性应变能力，用下式计算：

$$\delta=\frac{l_u-l_0}{l_0}\times 100\%$$

式中 l_0——试件原始的标距长度(mm)；

l_u——试件拉断后的标距长度(mm)。

$l_0=5d_0$，$l_0=10d_0$ 对应的伸长率记为 δ_5 和 δ_{10}，同一种钢材 δ_5 大于 δ_{10}，现常用 δ_5 表示塑性指标。

钢材的力学性能——韧性和冷弯性能

3. 韧性

韧性是指钢材在塑性变形和断裂过程中吸收能量的能力，是衡量钢材抵抗动力荷载能力的指标，它是强度和塑性的综合表现，是判断钢材在动力荷载作用下是否出现脆性破坏的重要指标之一。冲击韧性即用带 V 形缺口的夏比标准试件，在冲击试验机上通过动摆施加冲击荷载，使之断裂，如图 1-2 所示。由此测出试件受冲击荷载发生断裂所吸收的冲击功，即为材料的冲击韧性值，用 C_V 表示，单位为 J。C_V 越高，表明材料破坏时吸收的能量越多，因此抵抗脆性破坏的能力越强，韧性越好。

温度对冲击韧性有重大影响，材料转变温度越低，说明钢的低温冲击韧性越好。实际工程中，由于低温对钢材的脆性破坏有显著影响，为了避免钢结构的低温脆断，在寒冷地区建造的结构不但要求钢材具有常温(20℃)冲击韧性指标，还要求具有负温(0℃、-20℃或

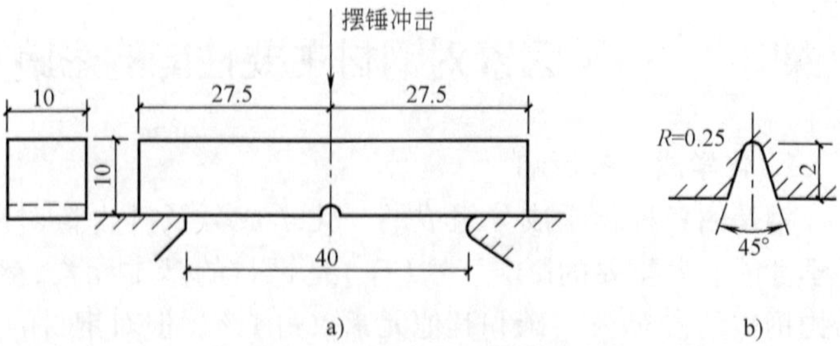

图 1-2 冲击韧性试验

a）试验示意图 b）V 形口

−40℃）冲击韧性指标，以保证结构具有足够的抵抗脆性破坏的能力。

总之，塑性和韧性好的钢材可以使结构在静载和动载作用下有足够的应变能力，既可减轻结构脆性破坏的倾向，又能通过较大的塑性变形调整局部应力，同时具有较好的抵抗重复荷载作用的能力。

4. 冷弯性能

冷弯性能是指钢材在常温下加工发生塑性变形时，对产生裂纹的抵抗能力，由冷弯试验来确定，如图 1-3 所示。试验时按照规定的弯心直径在试验机上用冲头加压，使试件弯成 180°，如试件外表面不出现裂纹和分层，即为合格。弯曲程度一般用弯曲角度或弯心直径对材料厚度的比值来表示，弯曲角度越大或弯心直径对材料厚度的比值越小，则表示材料的冷弯性能越好。

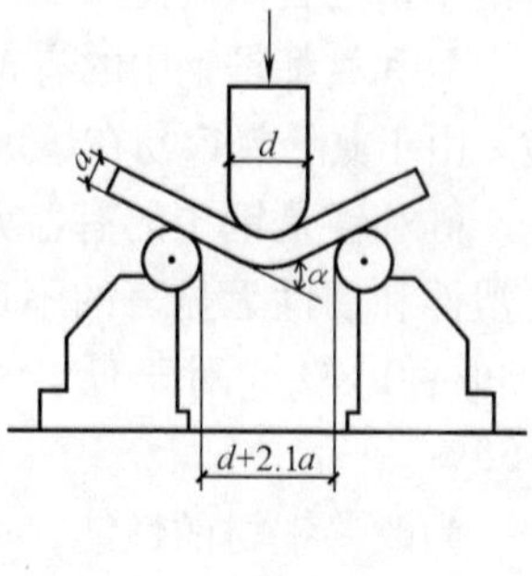

图 1-3 冷弯试验

冷弯试验不仅能直接检验钢材的弯曲变形能力和塑性性能，还能暴露钢材内部的冶金缺陷，如硫、磷偏析和硫化物与氧化物的掺杂情况。因此，冷弯性能是鉴定钢材在弯曲状态下塑性应变能力和钢材质量的综合指标。

5. 良好的工艺性能（冷加工、热加工和可焊性）

良好的工艺性能不但要易于加工成各种形式的结构，而且不致因加工而对结构的强度、塑性、韧性等造成较大的不利影响。其中，可焊性是一项重要指标，可分为施工上的可焊性和使用上的可焊性。

施工上的可焊性好是指在一定的焊接工艺下，焊缝金属及其附近金属均不产生裂纹；使用上的可焊性好是指焊接构件在施焊后的力学性能不低于母材的力学性能。

此外，根据结构的具体工作条件，有时还要求钢材具有适应低温、高温和腐蚀性环境的能力。

按照以上要求，《钢结构设计标准》（GB 50017—2017）具体规定：承重结构所用的钢材应具有屈服强度、抗拉强度、断后伸长率和硫、磷含量的合格保证，对焊接结构尚应具有碳含量的合格保证。焊接承重结构以及重要的非焊接承重结构采用的钢材应具有冷弯试验的合格保证；对直接承受动力荷载或需验算疲劳的构件，所用的钢材尚应具有冲击韧性的合格保证。

课题2 各种因素对钢材主要性能的影响

建筑钢材性能的影响因素

1. 化学成分的影响

钢是由各种化学成分组成的，化学成分及其含量对钢的性能，特别是力学性能有着重要的影响。铁(Fe)是钢材的基本元素，纯铁质软，在碳素结构钢中约占99%，碳和其他元素仅占1%，但对钢材的力学性能却有着决定性的影响。其他元素包括硅(Si)、锰(Mn)、硫(S)、磷(P)、氮(N)、氧(O)等。低合金钢中还含有少量(低于5%)合金元素，如铜(Cu)、钒(V)、钛(Ti)、铌(Nb)、铬(Cr)等。

在碳素结构钢中，碳是仅次于纯铁的主要元素，它直接影响钢材的强度、塑性、韧性和可焊性等。碳含量增加，钢的强度提高，而塑性、韧性(尤其是冲击韧性)和疲劳强度下降，同时降低钢的可焊性、抗腐蚀性及冷弯性能。因此，结构用钢对含碳量要加以限制，一般不应超过0.22%，在焊接结构中还应低于0.20%。

硫和磷(其中特别是硫)是钢中的有害成分，它们降低钢材的塑性、韧性、可焊性和疲劳强度。在高温时，硫使钢变脆，即热脆，一般硫的含量不应超过0.045%。在低温时，磷使钢变脆，即冷脆，磷的含量不应超过0.045%。但是，磷可提高钢材的强度和抗锈性。高磷钢中磷的含量可达0.12%，这时应减少钢材中的含碳量，以保持一定的塑性和韧性。

氧和氮都是钢中的有害杂质。氧的作用和硫类似，使钢热脆；氮的作用和磷类似，使钢冷脆。由于氮、氧容易在熔炼过程中逸出，一般不会超过极限含量，故通常不要求做含量分析。

硅和锰是钢中的有益元素，它们都是炼钢的脱氧剂，可提高钢材的强度，含量适当时，对塑性和韧性无显著的不良影响。在碳素结构钢中，硅的含量应不大于0.3%，锰的含量为0.3%~0.8%。对于低合金高强度结构钢，锰的含量可达1.0%~1.6%，硅的含量可达0.55%。

为改善钢材的性能，可掺入一定数量的合金元素，如钒和钛，能提高钢的强度和抗腐蚀性能，又不显著降低钢的塑性。

铜在碳素结构钢中属于杂质成分。它可以显著提高钢的抗腐蚀性能，也可以提高钢的强度，但对可焊性有不利影响。

2. 轧制与冶金缺陷的影响

钢的轧制是在高温(1200~1300℃)和压力作用下将钢锭热轧成钢板或型钢。轧制使钢锭中的小气孔、裂纹等焊合，金属组织致密，消除了显微组织缺陷，从而改善了钢材的力学性能。一般轧制的钢材越薄，其强度越高，塑性和冲击韧性也越好。因此，《钢结构设计标准》(GB 50017—2017)对钢材按厚度进行分组，详见附表A-1。

热轧钢材由于不均匀冷却产生残余应力，一般在冷却较慢处产生拉应力，冷却较快处产生压应力。

常见的冶金缺陷有偏析、非金属夹杂、气孔、裂纹及分层等。偏析是钢材中化学成分不一致和不均匀性，特别是硫、磷偏析严重恶化钢材的性能；非金属夹杂是钢中含有硫化物与氧化物等杂质，在轧制后会造成钢材的分层，使钢材沿厚度方向受拉的性能大大降低；气孔是浇注钢锭时，由氧化铁与碳作用所生成的一氧化碳气体不能充分逸出而形成的。这些缺陷都将影响钢材的力学性能。

冶金缺陷对钢材性能的影响，不仅在结构或构件受力工作时表现出来，有时在加工制作过程中也表现出来。

3. 钢材硬化的影响

硬化有冷作硬化和时效硬化两种。冷作硬化是指当钢材冷加工(冷拉、冷弯、冲孔、机械剪切等)超过其弹性极限卸载后产生残余塑性变形，再次加载时屈服点提高，同时塑性和韧性降低的现象，又称为应变硬化。

在高温时熔化于铁中的少量氮和碳，随着时间的增长逐渐从纯铁中析出，形成自由碳化物和氮化物，对纯铁体的塑性变形起遏制作用，从而使钢材的强度提高，塑性、韧性下降，这种现象称为时效硬化，俗称老化。

时效硬化的过程一般很长，为测定钢材时效后的冲击韧性，常采用人工快速时效方法，加速时效硬化的发展。即先使钢材产生10%左右的塑性变形，再加热至250℃左右并保温1h后在空气中冷却。

此外还有应变时效，它是应变硬化(冷作硬化)后又加时效硬化。

在一般钢结构中，不利用硬化所提高的强度，有些重要结构要求对钢材进行人工时效后检验其冲击韧性，以保证结构具有足够的抗脆性破坏能力。另外，应将局部硬化部分用刨边或钻孔予以消除。

4. 温度的影响

钢材性能随温度变化而变化。0℃以上，总的趋势是：温度升高，钢材强度降低，应变增大；反之，温度降低，钢材强度会略有增加，塑性和韧性却会降低而变脆。温度升高，钢材性能在200℃以下没有明显变化，在430～540℃之间强度急剧下降，在600℃时强度很低，不能承担荷载。但在250℃左右，钢材的强度反而略有提高，同时塑性和韧性均下降，材料有转脆的倾向，钢材表面氧化膜呈现蓝色，称为蓝脆现象。钢材应避免在蓝脆温度范围内进行热加工。

温度在260～320℃时，在应力持续不变的情况下，钢材以很缓慢的速度继续变形，此种现象称为徐变现象。

当温度从常温开始下降，特别是在负温度范围内时，钢材强度虽有提高，但其塑性和韧性降低，材料逐渐变脆，这种性质称为低温冷脆。钢材由韧性状态向脆性状态转变的温度称为冷脆转变温度(又称为冷脆临界温度)。它是由大量使用经验和试验资料统计分析确定。

5. 应力集中的影响

钢材的工作性能和力学性能指标都是以轴心受拉杆件中应力沿截面均匀分布的情况作为基础的。实际上，在钢结构构件中不可避免的存在着孔洞、槽口、凹角、截面突然改变以及钢材内部缺陷等。此时，构件中的应力分布将不再保持均匀，而是在某些区域产生局部高峰应力，在另外一些区域则应力降低，形成应力集中现象，使钢材变脆。如图1-4所示，高峰区的最大应力与净截面的平均应力之比称为应

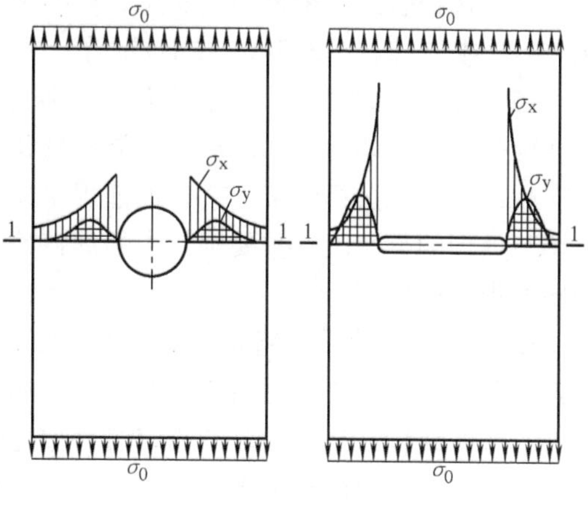

图1-4　孔洞及槽口处的应力集中

力集中系数。应力集中系数越大，变脆的倾向也越严重。由于建筑钢材塑性较好，一定程度上的应力重分布会使应力分布严重不均的现象趋于平缓。故受静荷载作用的构件在常温下工作时，在计算中可不考虑应力集中的影响。但在负温下或动力荷载作用下工作的结构，应力集中的不利影响十分突出，往往是引起脆性破坏的根源，故在设计中应采取措施避免或减小应力集中，并选用质量优良的钢材。

6. 反复荷载作用的影响

钢材在反复荷载作用下，结构的抗力及性能都会发生重要变化，甚至发生疲劳破坏。在直接的连续反复的动力荷载作用下，根据试验，钢材的强度将降低，即低于一次静力荷载作用下拉伸试验的极限强度 f_u，这种现象称为钢的疲劳。疲劳破坏表现为突然发生的脆性断裂。

但是，实际上疲劳破坏仍是累计损伤的结果。材料总是有“缺陷”的，在反复荷载作用下，先在其缺陷发生塑性变形和硬化而生成一些极小的裂痕，此后这种微观裂痕逐渐发展成为宏观裂纹，试件截面削弱，而在裂纹根部出现应力集中现象，使材料处于三向拉伸应力状态，塑性变形受到限制，当反复荷载达到一定的循环次数时，材料终于破坏，并表现为突然的脆性断裂。

实践证明，构件的应力水平不高或反复次数不多的钢材一般不会发生疲劳破坏，计算中不必考虑疲劳的影响。但是，长期承受频繁的反复荷载的结构及其连接，例如承受重级工作制吊车的吊车梁，在设计中就必须考虑结构的疲劳问题。

本课题介绍了各种因素对建筑钢材基本性能的影响，研究和分析这些影响的最终目的是了解建筑钢材在什么条件下可能发生脆性破坏，从而可以采取措施予以防止。钢材的脆性破坏往往是多种因素影响的结果，例如当温度降低，荷载速度增大，使用应力较高，特别是这些因素同时存在时，材料或构件就有可能发生脆性断裂。根据现阶段研究情况来看，在建筑钢材中还不是一个单纯由设计计算或者加工制造某一个方面来控制的问题，而是一个必须由设计、制造及使用等多方面来共同加以防止的事情。

为了防止脆性破坏的发生，一般需要在设计、制造及使用中注意下列各点：

(1) 合理的设计　合理的设计，能均匀、连续的传递应力，避免构件截面剧烈变化。对于焊接结构，为保证焊缝质量，要求采用可焊性较好的钢材。低温下工作，受动力作用的钢结构应选择合适的钢材，使所用钢材的脆性转变温度低于结构的工作温度，例如分别选用Q235-C(或D)钢、Q345-C(或D)钢等，并尽量使用较薄的材料。

(2) 正确的制造　严格遵守设计对制造所提出的技术要求，例如尽量避免使材料出现应变硬化，因剪切、冲孔而造成的局部硬化区，必要时可通过扩钻或刨边来防止局部硬化区的产生；正确地选择焊接工艺，保证焊接质量，不在构件上任意起弧、打火和锤击，必要时可用热处理的方法消除重要构件中的焊接残余应力，重要部位的焊接要由经过考试挑选的有经验的焊工操作。

(3) 正确的使用　例如，不在主要结构上任意焊接附加的零件，不任意悬挂重物，不任意超负荷使用；要注意检查维修，及时刷油漆防锈，避免任何撞击和机械损伤；原设计在室温工作的结构，在冬季停产检修时要注意保暖等。

总之，不仅要注意适当选择材料和正确处理细部构造设计，对制造工艺的影响也不能忽视，对使用也应提出在使用期中应注意的主要问题。

课题3 钢材的种类、规格及选择

1. 钢材的种类

钢材的种类

按用途分类，钢可分为结构钢、工具钢和特殊钢（如不锈钢等）。结构钢又分为建筑用钢和机械用钢。按冶炼方法，钢可分为氧气转炉钢、平炉钢和电炉钢，电炉钢是特种合金钢，不用于建筑。平炉钢质量好，但冶炼时间长，成本高。氧气转炉钢质量与平炉钢相当而成本较低。按脱氧方法，钢又分为沸腾钢、镇静钢和特殊镇静钢。镇静钢脱氧充分，沸腾钢脱氧较差。一般采用镇静钢，尤其是轧制钢材的钢坯推广采用连续铸锭法生产，钢材必然为镇静钢。若采用沸腾钢，不但质量差、价格不便宜，而且供货困难。按成形方法分类，钢又分为轧制钢（热轧、冷轧）、锻钢和铸钢。按化学成分分类，钢又分为碳素钢和合金钢。

在建筑钢材中采用的是碳素结构钢、低合金高强度结构钢和优质碳素结构钢。

（1）碳素结构钢　其国家标准《碳素结构钢》（GB/T 700—2006）是参照国际标准化组织ISO 630《结构钢》制订的。钢的牌号由代表屈服点的字母Q、屈服点数值、质量等级符号（A、B、C、D）、脱氧方法符号四个部分按顺序组成。

根据屈服点数值，钢材厚度（直径）≤16mm分为Q195、Q215、Q235、Q275。屈服强度越大，其含碳量、强度和硬度越大，塑性越低。其中，Q235在使用、加工和焊接方面的性能都比较好，所以较常采用。

钢的质量等级分为A、B、C、D四级，由A到D表示质量由低到高。A级钢只保证抗拉强度、屈服点、伸长率，必要时可附加冷弯试验的要求，化学成分对碳、锰可以不作为交货条件。B、C、D级钢均保证抗拉强度、屈服点、伸长率、冷弯和冲击韧性（分别为20℃、0℃、-20℃）等力学性能。

沸腾钢、镇静钢和特殊镇静钢的代号分别为F、Z和TZ。其中，镇静钢和特殊镇静钢的代号可以省去。对于常用的Q235钢，A、B级钢可以是Z、F，C级钢只能是Z，D级钢只能是TZ。例如，Q235-AF表示屈服强度为235N/mm^2的A级沸腾钢；Q235-C表示屈服强度为235N/mm^2的C级镇静钢；Q235-D表示屈服强度为235N/mm^2的D级特殊镇静钢。

（2）低合金高强度结构钢　该种钢是在冶炼过程中添加一种或几种总量低于5%的合金元素的钢，执行国家标准《低合金高强度结构钢》（GB/T 1591—2008）。低合金高强度结构钢采用与碳素结构钢相同的钢的牌号表示方法，即根据钢材厚度（直径）≤16mm时的屈服点大小，分为Q295、Q345、Q390、Q420、Q460、Q500、Q550、Q620、Q690，其中，Q390、Q420、Q460较常用。

钢的牌号仍有质量等级符号，除与碳素结构钢A、B、C、D四个等级相同外，增加一个等级E，主要是要求-40℃的冲击韧性。低合金高强度结构钢一般为镇静钢，因此钢的牌号中不注明脱氧方法，冶炼方法也由供方自行选择。

A级钢应进行冷弯试验，其他质量级别钢如供方能保证弯曲试验结果符合规定要求，可不做检验。Q460和各牌号D、E级钢一般不供应型钢、钢棒。

（3）优质碳素结构钢　优质碳素结构钢以不进行热处理或进行热处理（退火、正火或高温回火）状态交货，要求进行热处理状态交货的应在合同中注明，未注明者按不进行热处理交货，如用于高强度螺栓的45号优质碳素结构钢需经热处理，强度较高，对塑性和韧性又无显著影响。

结构用钢各牌号强度设计值见附表A-1。

钢材的规格

2. 钢材的规格

钢结构采用的型材有热轧成形的钢板和型钢(图1-5)以及冷弯(或冷压)成形的薄壁型钢(图1-6)。

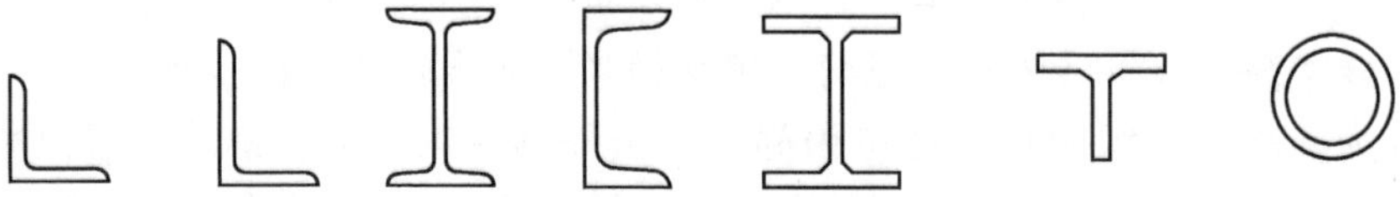

图1-5 热轧型钢截面

a) 等边角钢 b) 不等边角钢 c) 工字钢 d) 槽钢 e) H型钢 f) T型钢 g) 圆钢

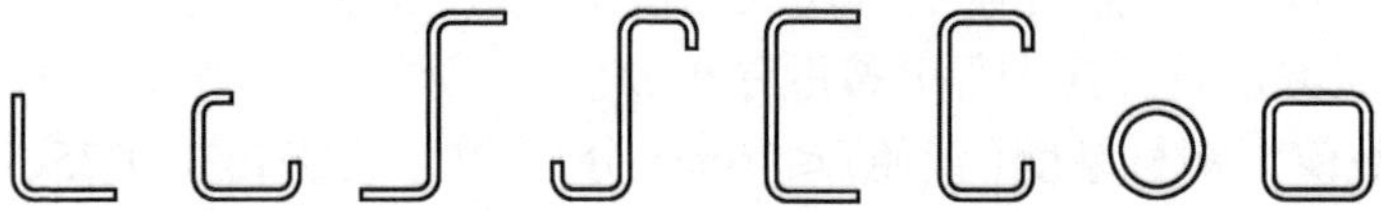

图1-6 冷弯薄壁型钢截面

a) 等边角钢 b) 卷边等边角钢 c) Z型钢 d) 卷边Z型钢 e) 槽钢 f) 卷边槽钢 g) 钢管 h) 方钢

(1) 钢板 热轧钢板有薄钢板(厚度为0.35~4mm)、厚钢板(厚度为4.5~60mm)、特厚钢板(板厚>60mm)和扁钢(厚度为4~60mm,宽度为30~200mm,此钢板宽度小)。钢板的表示方法为，在符号“—”后加“宽度×厚度×长度”或“宽度×厚度”，如—450×10×300，—450×10。

(2) 型钢 型钢主要有角钢、工字钢、H型钢、槽钢、钢管、冷弯薄壁型钢等。

1) 角钢。角钢分为等边和不等边两种。不等边角钢的表示方法为，在符号“L”后加“长肢宽×短肢宽×厚度”，如L80×50×6；等边角钢则以肢宽和厚度表示，如L80×6，单位皆为mm。

2) 工字钢。工字钢有普通工字钢、轻型工字钢。普通工字钢和轻型工字钢用“I”后加其截面高度的厘米数表示。20号以上的工字钢，同一号数有三种腹板厚度，分别为a、b、c三类，其中a类腹板最薄，翼缘最窄，用作受弯构件较为经济，如I32a。轻型工字钢的腹板和翼缘均较普通工字钢薄，因而在相同重量下其截面模量和回转半径均较大。

3) H型钢。H型钢是世界各国使用很广泛的热轧型钢，与普通工字钢相比，其翼缘内外两侧平行，便于与其他构件相连。它可分为宽翼缘H型钢(代号HW,翼缘宽度B与截面高度H相等)、中翼缘H型钢[代号HM,$B=(1/2\sim2/3)H$]、窄翼缘H型钢[代号HN,$B=(1/3\sim1/2)H$]。各种H型钢均可由剖分T型钢供应，代号分别为TW、TM和TN。H型钢和剖分T型钢的规格标记均采用：高度(H)×宽度(B)×腹板厚度(t_1)×翼缘厚度(t_2)表示。例如 HM340 ×250 ×9 ×14，其剖分 T 型钢为 TM170 ×250 ×9 ×14，单位均为 mm。

4）槽钢。槽钢有普通槽钢和轻型槽钢两种，以其截面高度的厘米数编号前面加上符号“[”，如[30a。号码相同的轻型槽钢，其翼缘较普通槽钢宽而薄，腹板也较薄，回转半径较大，重量较轻，表示方法为符号“Q[”加上截面高度的厘米数。

5）钢管。钢管有无缝钢管和焊接钢管两种，用符号“ϕ”后面加“外径 × 厚度”表示，如 ϕ273 ×5，单位为 mm。

我国生产的各类型钢规格及截面特性见附表 C-1 ~ 附表 C-4。对普通钢结构的受力构件不宜采用厚度小于 5mm 的钢板，截面小于∟56 ×36 ×4、∟45 ×4 的角钢。

6）冷弯薄壁型钢。薄壁型钢是用薄钢板（一般采用 Q235 钢或 Q345 钢），经模压或弯曲而制成，其壁厚一般为 1.5 ~ 12mm，在国外薄壁型钢厚度有加大范围的趋势。它能充分利用钢材的强度以节约钢材，在轻钢结构中得到广泛应用，常用的截面形式有等边角钢、卷边等边角钢、Z 型钢、卷边 Z 型钢、槽钢、卷边槽钢（C 型钢）、钢管等，如图 1-6 所示。薄壁型钢的表示方法为：字母 B 加“截面形状符号”加“长边宽度 × 短边宽度 × 卷边宽度 × 壁厚”，单位为 mm。

有防锈涂层的彩色压型钢板是冷弯薄壁型钢的另一种形式，如图 1-7 所示，所用钢板厚度为 0.4 ~ 1.6mm，用作轻型屋面及墙面等构件。

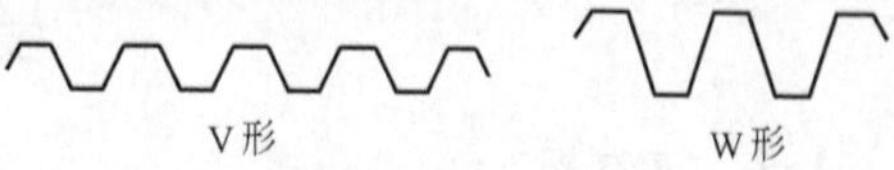

图 1-7 压型钢板

3. 钢材的选择

钢材的选择在钢结构设计中非常重要，为达到安全可靠，满足使用要求以及经济合理的目的，选择钢材牌号和材性时应综合考虑以下因素：

（1）结构的重要性 结构和构件按其用途、部位和破坏后果的严重性可分为重要、一般和次要三类。不同类别的结构或构件应选用不同的钢材，对重型工业建筑结构、大跨度结构、高层或超高层的民用建筑结构或构筑物等重要结构，应考虑选用质量好的钢材；对一般工业与民用建筑结构，可按工作性质选用普通质量的钢材。

（2）荷载情况 荷载可分为静态荷载和动态荷载两种。直接承受动态荷载的结构和强烈地震区的结构，应选用综合性能好的钢材；一般承受静力荷载的结构则可选用价格较低的 Q235 钢。

（3）连接方法 钢结构的连接方法有焊接和非焊接两种。由于在焊接过程中，会产生焊接变形、焊接应力以及其他焊接缺陷，如咬肉、气孔、裂纹、夹渣等，有导致结构产生裂缝或脆性断裂的危险。因此，焊接结构对材质的要求应严格一些。例如，在化学成分方面，焊接结构必须严格控制碳、硫、磷的极限含量，而非焊接结构对碳含量可降低要求。

（4）结构所处的温度和环境 钢材处于低温时容易冷脆，因此在低温条件下工作的结构，尤其是焊接结构，应选用具有良好抗低温脆断性能的镇定钢。此外，露天结构的钢材容易产生时效，有害介质作用的钢材容易腐蚀、疲劳和断裂，也应加以区别的选择不同材质。

（5）钢材厚度 厚度大的钢材不但强度小，而且塑性、冲击韧性和焊接性能也较差。因此，厚度大的焊接结构应采用材质好的钢材。

复习思考题

1-1 影响钢材性能的因素有哪些？

1-2 钢结构用钢材力学性能指标有哪几项？承重结构的钢材至少应保证哪几项指标满足要求？

1-3 结构钢材的破坏形式有哪些？各有什么特征？

1-4 什么叫作冲击韧性？什么情况下需要保证该项指标？

1-5 同一种钢材的伸长率指标为什么 δ_5 大于 δ_{10}？

1-6 钢材有几种规格？选择钢材时应考虑哪些主要因素？

1-7 为什么薄钢板的强度比厚钢板的强度高（或钢材的强度按其厚度或直径分组）？

1-8 对于重要的受拉或受弯的焊接结构，需要具有抗拉强度、伸长率、屈服强度和硫、磷、碳含量，冷弯试验的合格保证，为什么还需要具有常温冲击韧性的合格保证？

1-9 温度对钢材性能有什么影响？

实训练习题

1-1 填空题

1. 承受动力荷载作用的钢结构，应选用________特点的钢材。

2. 冷作硬化会改变钢材的性能，将使钢材的________提高，________降低。

3. 钢材中氧的含量过多，将使钢材出现________现象。

4. 钢材含硫量过多，高温下会发生________，含磷量过多，低温下会发生________。

5. 时效硬化会改变钢材的性能，将使钢材的________提高，________降低。

6. 钢材在250℃度附近有________提高________降低现象，称为蓝脆现象。

7. 钢材的冲击韧性值越大，表示钢材抵抗脆性断裂的能力越________。

8. 钢材牌号Q235BF，其中235表示________，B表示________，F表示________。

9. 钢材中含有C、P、N、S、O、Cu、Si、Mn、V等元素，其中________为有害的杂质元素。

10. 衡量钢材塑性性能的主要指标是________。

11. 承重结构的钢材应具有________、________、________和________、________的合格保证，对焊接结构尚应具有________的合格保证；必要时尚应具有________的合格保证。

12. 同类钢种的钢板，薄板的强度比厚板略________。

1-2 选择题

1. 在构件发生断裂破坏前，有明显先兆的情况是（　　）的典型特征。

A. 脆性破坏　　B. 塑性破坏　　C. 强度破坏　　D. 失稳破坏

2. 构件发生脆性破坏时，其特点是（　　）。

A. 变形大　　B. 破坏持续时间长　　C. 有裂缝出现　　D. 变形小或无变形

3. 在钢结构设计中，钢材屈服点是构件可以达到的（　　）。

A. 最大应力　　B. 设计应力　　C. 疲劳应力　　D. 稳定临界应力

4. 钢结构用钢的含碳量一般不大于（　　）。

A. 0.6%　　B. 0.25%　　C. 0.22%　　D. 0.2%

5. 型钢中的H型钢和工字钢相比，（　　）。

A. 两者所用的钢材不同　　B. 前者的翼缘相对较宽

C. 前者的强度相对较高　　D. 两者的翼缘都有较大的斜度

6. 钢材的设计强度是根据（　　）确定的。

A. 比例极限　　B. 弹性极限　　C. 屈服强度　　D. 极限强度

7. 建筑钢材的伸长率与（　　）标准拉伸试件标距间长度的伸长值有关。

A. 到达屈服应力时　　B. 到达极限应力时

C. 试件塑性变形后　　D. 试件断裂后

8. 符号L 125×80×10表示（　　）。

A. 等肢角钢　　B. 不等肢角钢　　C. 钢板　　D. 槽钢

9. 某构件发生了脆性破坏，经检查发现在破坏时构件内存在下列问题，但可以肯定其中（　　）对该破坏无直接影响。

A. 钢材的屈服点不够高　　B. 构件的荷载增加速度过快

C. 存在冷加工硬化　　D. 构件由构造原因引起的应力集中

10. 北方严寒地区（温度低于－20℃）的露天仓库中，起重量大于50t的工作制为A4级吊车梁，其钢材应选择（　　）钢。

A. Q235-A　　B. Q235-B　　C. Q235-C　　D. Q235-D

11. 在碳素结构钢中，A、B、C、D为按质量划分的级别。除（　　）钢冲击韧性不作为要求条件，其余的都要求保证冲击韧性合格。

A. A级　　B. B级　　C. C级　　D. D级

12. 钢材中碳元素含量提高对钢材性能的影响是（　　）。

A. 可提高钢材的强度　　B. 可增强钢材的塑性性能

C. 将提高钢材的韧性　　D. 提高钢材的耐腐蚀性能

13. Q235钢的质量等级是按（　　）。

A. 强度划分　　B. 厚度划分

C. 化学成分和力学性能划分　　D. 不同的硫磷含量划分

14. 抗拉强度与屈服点之比可表示钢材的（　　）。

A. 变形能力　　B. 极限承载能力　　C. 抵抗分层能力　　D. 承载力储备

1-3　名词解释

1. 塑性

2. 韧性

3. 蓝脆

4. 时效硬化

5. 冷作硬化

6. 应力集中

单元 2　钢结构的连接

【单元概述】

本单元讲述了钢结构连接的种类、特点；对接焊缝连接的构造和计算；角焊缝连接的构造和计算；普通螺栓连接的构造和计算；高强度螺栓连接的构造和计算。

【学习目标】

通过本单元的学习，学生应熟悉焊缝连接的构造要求；掌握焊缝连接的计算方法；熟悉螺栓连接的构造要求；掌握螺栓连接的计算方法。

课题 1　钢结构连接的种类、特点

钢结构是由各种型钢或板材通过一定的连接方法而组成的。因此，连接方法及其质量的优劣直接影响钢结构的工作性能。钢结构的连接必须符合安全可靠、传力明确、构造简单、制造方便和节约钢材的原则。钢结构的连接方法有焊缝连接、铆钉连接和螺栓连接三种，如图 2-1 所示。

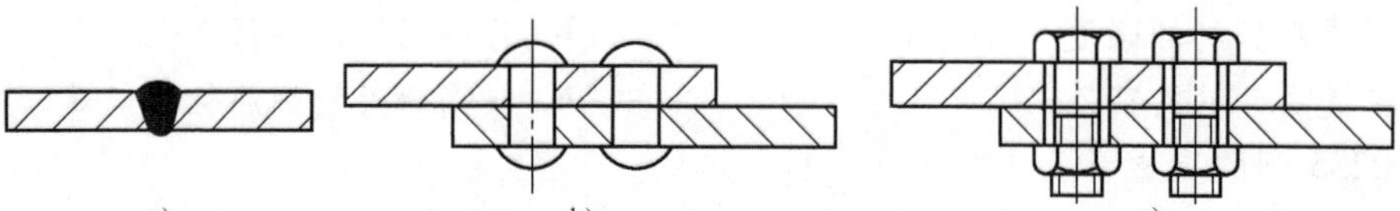

a)　　b)　　c)

图 2-1　钢结构的连接方法

a）焊缝连接　b）铆钉连接　c）螺栓连接

钢结构的连接

1. 焊缝连接

焊缝连接是钢结构最主要的连接方法。其优点是构造简单，任何形式的构件都可直接相连；用料经济、不削弱截面；制作加工方便，可实现自动化操作；连接的密闭性好，结构刚度大。其缺点是在焊缝附近的热影响区内，钢材的金相组织发生改变，导致局部材质变脆；焊接残余应力和残余变形使受压构件承载力降低；焊接结构对裂纹很敏感，局部裂纹一旦发生，就容易扩展到整体，低温冷脆现象较为突出。

2. 铆钉连接

铆钉连接由于构造复杂、费钢费工，现已很少采用。但是铆钉连接的塑性和韧性较好，传力可靠，质量易于检查，在一些重型和直接承受动力荷载的结构中，有时仍然采用。

3. 螺栓连接

螺栓连接是通过螺栓这种紧固件把被连接件连接成为一体，是钢结构的重要连接之一。

其优点是施工工艺简单、安装方便，特别适用于工地安装连接，工程进度和质量易得到保证；且由于装拆方便，适用于需装拆结构连接和临时性连接。其缺点是螺栓连接需制孔，拼装和安装需对孔，增加了工作量，且对制造的精度要求较高；此外，螺栓连接因开孔对截面有一定的削弱，有时在构造上还须增设辅助连接件，故用料增加，构造较繁。

课题 2　焊接方法、焊缝形式及标注

焊缝连接形式

1. 焊接方法

焊接方法很多，但在钢结构中通常采用电弧焊。电弧焊有焊条电弧焊、自动(半自动)埋弧焊以及气体保护焊等，具体见单元 12。

2. 焊缝连接形式

焊缝连接形式按被连接钢材的相互位置可分为对接、搭接、T 形连接和角部连接四种，如图 2-2 所示。这些连接所采用的焊缝主要有对接焊缝和角焊缝。

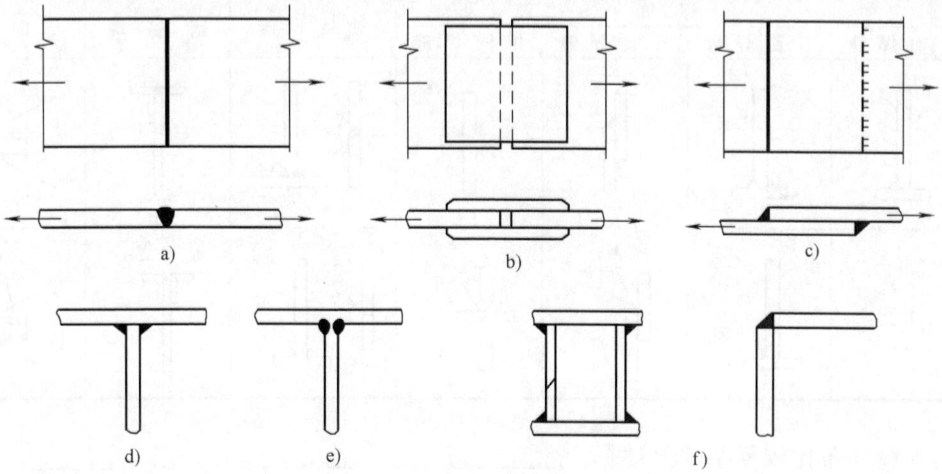

图 2-2　焊缝连接的形式

a) 对接连接　b) 拼接盖板的对接连接　c) 搭接连接　d)、e) T 形连接　f) 角部连接

对接连接主要用于厚度相同或接近相同的两个构件的相互连接。图 2-2a 为采用对接焊缝的对接连接，由于相互连接的两构件在同一平面内，因而传力均匀平缓，没有明显的应力集中，且用料经济，但是焊件边缘需要加工，被连接两板的间隙有严格的要求。

图 2-2b 为用双层盖板和角焊缝的对接连接，这种连接传力不均匀、费料，但施工简便，所连接两板的间隙大小无需严格控制。

图 2-2c 为用角焊缝的搭接连接，适用于不同厚度构件的连接。这种连接作用力不在同一直线上，材料较费，但构造简单，施工方便。

T 形连接省工省料，常用于制作组合截面。当采用角焊缝连接时，如图 2-2d 所示，焊件间存在缝隙，截面突变，应力集中现象严重，疲劳强度较低，可用于不直接承受动力荷载的结构中。对于直接承受动力荷载的结构，如重级工作制吊车梁，其上翼缘与腹板的连接，应采用图 2-2e 的 T 形坡口焊缝进行连接。

角部连接(图2-2f)主要用于制作箱形截面。

焊缝标注（一）

焊缝标注（二）

3. 焊缝代号及标注方法

《焊缝符号表示法》(GB/T 324—2008)规定：焊缝符号包括基本符号、指引线、补充符号、尺寸符号及数据等。基本符号表示焊缝横截面的基本形式或特征，如用V表示V形的对接焊缝。补充符号用来补充说明有关焊缝或接头的某些特征(诸如表面形状、衬垫、焊缝分布、施焊地点等)。指引线由箭头线和基准线组成。箭头线的箭头可指向接头侧或非接头侧。基准线含有实线基准线和虚线基准线。虚线基准线可画在实线基准线的上方或下方。焊缝符号标注在实线基准线上说明焊缝在箭头侧，标注在虚线基准线上说明焊缝在非箭头侧。标注双面或对称焊缝时可不加虚线。焊缝标注有必要时可附带有焊缝尺寸符号及数据，也可在基准线的末端加尾部标注焊缝方法代号。焊缝符号见表2-1。

表2-1 焊缝符号

	角焊缝				对接焊缝	塞焊缝	三面围焊
	单面焊缝	双面焊缝	安装焊缝	相同焊缝			
形式	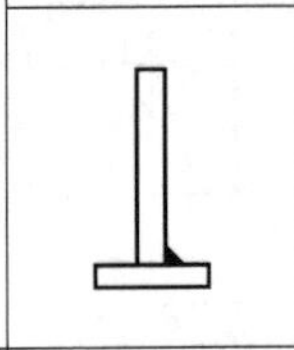	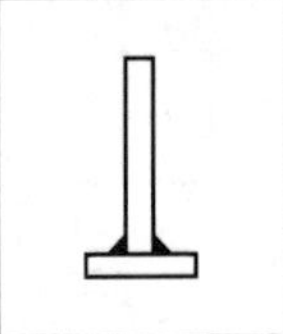	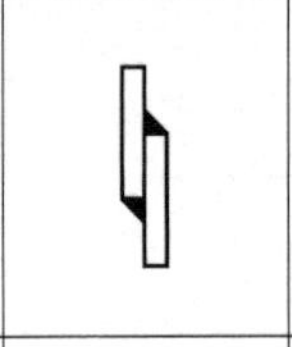		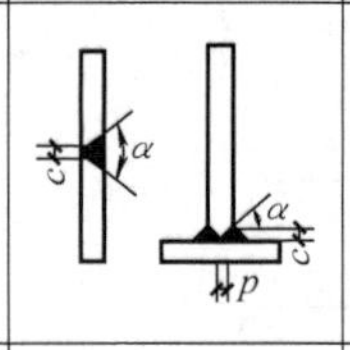		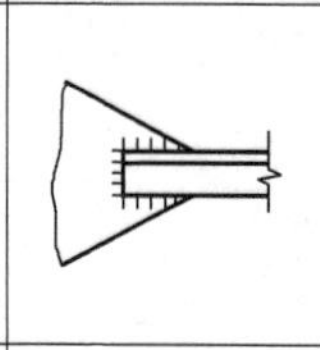
标注方法	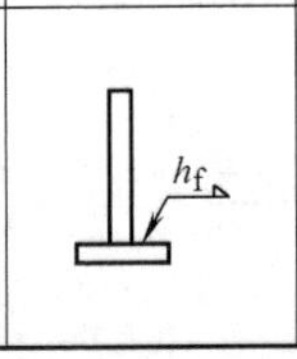	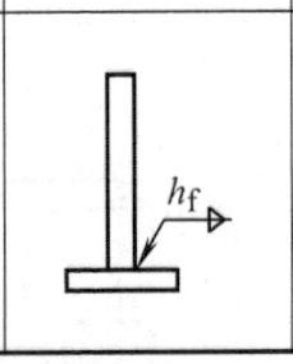	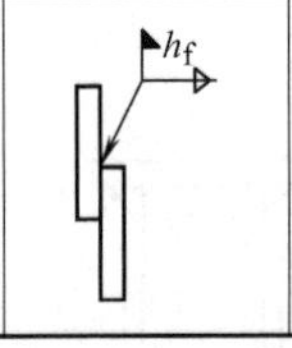	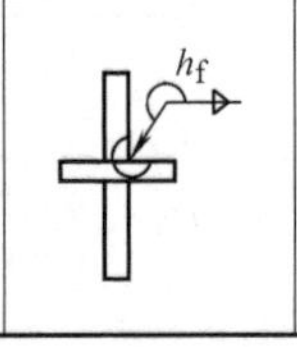	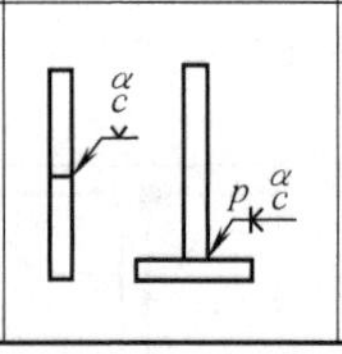		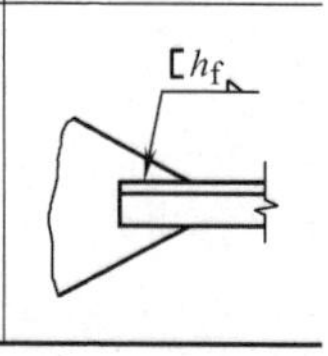

当焊缝分布比较复杂或上述标注方法不能表达清楚时，在标注焊缝代号的同时，可在图形上加栅线表示，如图2-3所示。

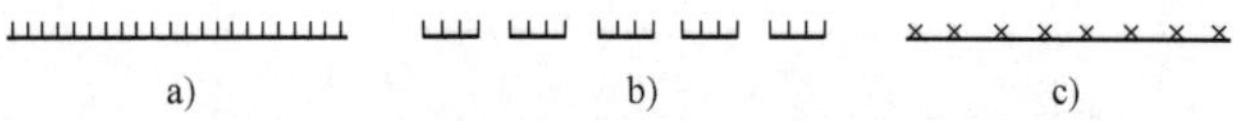

图2-3 用栅线表示焊缝

a）正面焊缝 b）背面焊缝 c）安装焊缝

具体标注要求见单元5。

课题3 对接焊缝连接

1. 对接焊缝的形式和构造

对接焊缝按受力方向分为正对接焊缝(图2-4a)和斜对接焊缝(图2-4b)。

对接焊缝的坡口形式如图2-5所示。坡口形式取决于焊件厚度t。当焊件厚度$4mm < t \leq 10mm$时，可用直边缝；当焊件厚度$t = 10 \sim 20mm$时，可用斜坡口的单边V形或V形焊缝；当焊件厚度$t > 20mm$时，则采用U形、K形和X形坡口焊缝。对于U形焊缝和V形焊缝，需对焊缝根部进行补焊，埋弧焊的熔深较大，同样坡口形式的适用板厚t可适当加大，对接间隙c可稍小些，钝边高度p可稍大。对接焊缝坡口形式的选用，应根据板厚和施工条件按现行标准《气焊、焊条电弧焊、气体保护焊和高能束焊的推荐坡口》(GB/T 985.1—2008)和《埋弧焊的推荐坡口》(GB/T 985.2—2008)的要求进行。

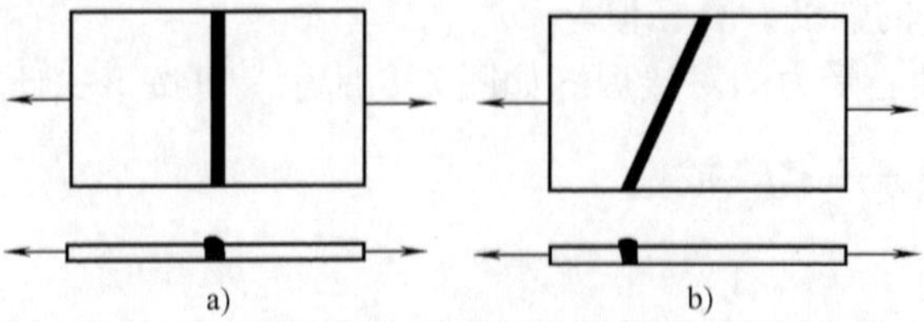

图2-4　焊缝形式

a）正对接焊缝　b）斜对接焊缝

对接焊缝形式

对接焊缝构造

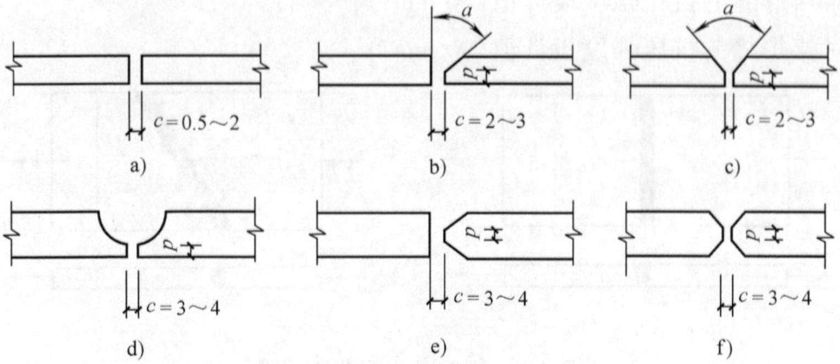

图2-5　对接焊缝的坡口形式

a）直边缝　b）单边V形焊缝　c）V形焊缝　d）U形焊缝　e）K形焊缝　f）X形焊缝

在焊缝的起灭弧处，常会出现弧坑等缺陷，此处极易产生应力集中和裂纹，对承受动力荷载尤为不利，故焊接时对直接承受动力荷载的焊缝，必须采用引弧板，如图2-6所示，焊后将它割除。对受静力荷载的结构设置引弧板有困难时，允许不设置引弧板，则每条焊缝的引弧及灭弧端各减去t(t为较薄焊件厚度)后作为焊缝的计算长度。

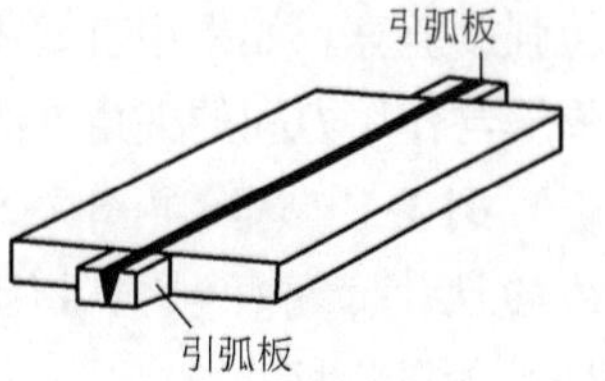

图2-6　用引弧板焊接

当对接焊缝拼接处的焊件宽度不同或厚度相差4mm以上时，应分别在宽度方向或厚度方向从一侧或两侧做成坡度不宜大于1∶2.5的斜坡，如图2-7a、b所示，以使截面过渡缓和，减小应力集中。当较薄板件厚度大于12mm且一侧厚度差不大于4mm时，焊缝表面的斜度已足以满足和缓传递的要求，如图2-7c所示；当较薄板件厚度不大于9mm且不采用斜角时，一侧厚度差容许值为2mm；其他情况下，一侧厚度差容许值均为3mm。考虑到改变厚度时对钢板的切削很费工时，故一般不宜改变厚度。

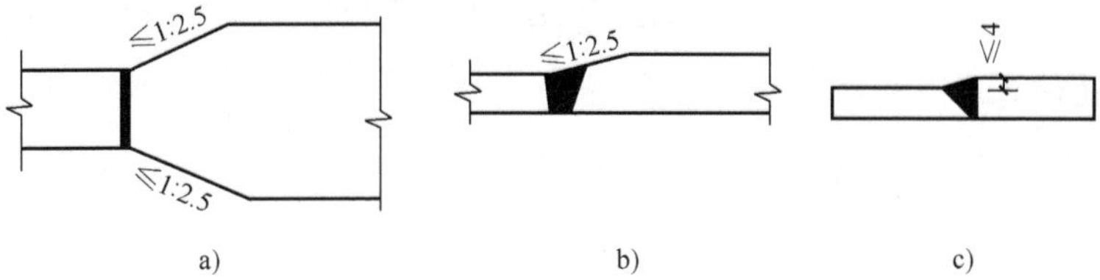

图2-7　变截面钢板拼接

a）宽度改变　b）、c）厚度改变

2. 对接焊缝连接的计算

对接焊缝的截面与被焊构件截面相同，焊缝中的应力情况与被焊构件原来的情况基本相同，故对接焊缝连接的计算方法与构件的强度计算相似。

（1）轴心受力对接焊缝的计算　轴心受力的对接焊缝如图 2-8 所示，可按下式计算：

$$\sigma = \frac{N}{l_w t} \leqslant f_t^w \text{ 或 } f_c^w \tag{2-1}$$

式中　N——轴心拉力或压力(N)；

l_w——焊缝的计算长度(mm)，当未采用引弧板时，取实际长度减去 $2t$；

t——在对接接头中为连接件的较小厚度(mm)，在 T 形接头中为腹板厚度；

f_t^w——对接焊缝的抗拉强度设计值(N/mm^2)；

f_c^w——对接焊缝的抗压强度设计值(N/mm^2)。

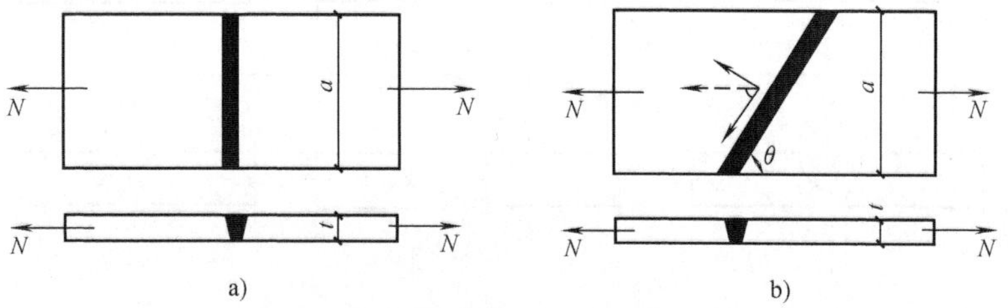

图 2-8　轴心受力的对接焊缝

a）对接直缝　b）对接斜缝

由于一、二级质量的焊缝与母材强度相等，故只有三级质量的焊缝才需按式(2-1)进行抗拉强度验算。如果用直缝不能满足强度要求时，可采用图 2-8b 所示的对接斜缝。计算证明，焊缝与作用力间的夹角 θ 满足 $\tan\theta \leqslant 1.5$ 时，斜焊缝的强度不低于母材强度，可不再进行验算。

例 2-1　试验算图 2-8a 所示钢板的对接焊缝的强度，图中 $a = 540mm$，$t = 22mm$，轴心力的设计值为 $N = 2150kN$。钢材为 Q235-B，手工焊，焊条为 E43 型，三级质量的焊缝，施焊时加引弧板。

解：查表得 $f_t^w = 175N/mm^2$，$f_v^w = 120N/mm^2$。直缝连接其计算长度 $l_w = 54cm$。焊缝正应力为：

$$\sigma = \frac{N}{l_w t} = \frac{2150 \times 10^3}{540 \times 22} N/mm^2 = 181N/mm^2 > f_t^w = 175N/mm^2$$

不满足要求，改用对接斜缝，如图 2-8b 所示，取截割斜度为 1.5∶1，即 $\theta = 56°$，焊缝长度为：

$$l_w = \frac{a}{\sin\theta} = \frac{54}{\sin 56°} cm = 65cm$$

故此时焊缝的正应力为：

$$\sigma = \frac{N\sin\theta}{l_w t} = \frac{2150 \times 10^3 \times \sin 56°}{650 \times 22} N/mm^2 = 125N/mm^2 < f_t^w = 175N/mm^2$$

剪应力为：

$$\tau = \frac{N\cos\theta}{l_w t} = \frac{2150 \times 10^3 \times \cos 56°}{650 \times 22} N/mm^2 = 84N/mm^2 < f_v^w = 120N/mm^2$$

这就说明当 $\tan\theta \leqslant 1.5$ 时，焊缝强度能够满足，可不必计算。

（2）对接焊缝在弯矩和剪力共同作用下的计算 如图2-9a所示为对接接头受到弯矩和剪力的共同作用，由于焊缝截面是矩形，正应力与切应力图形分别为三角形与抛物线形，其最大值应分别满足下列强度条件：

$$\sigma_{max} = \frac{M}{W_w} = \frac{6M}{l_w^2 t} \leqslant f_t^w \tag{2-2}$$

$$\tau_{max} = \frac{VS_w}{I_w t} = \frac{3}{2} \cdot \frac{V}{l_w t} \leqslant f_v^w \tag{2-3}$$

式中 W_w——焊缝截面抵抗矩（mm^3）；

S_w——受拉部分截面到中和轴的面积矩（mm^3）；

I_w——焊缝截面惯性矩（mm^4）；

f_v^w——对接焊缝的抗剪强度设计值（N/mm^2）。

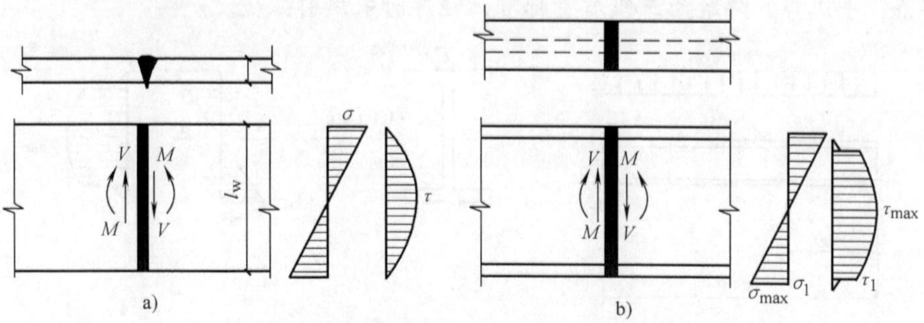

图2-9 对接焊缝受弯矩和剪力共同作用

a）矩形截面对接焊缝 b）工字形截面对接焊缝

如图2-9b所示为工字形截面梁的接头，采用对接焊缝，除应分别验算最大正应力和剪应力外，对于同时受较大正应力和较大剪应力处，例如腹板与翼缘的交接点，还应按下式验算折算应力。

$$\sqrt{\sigma_1^2 + 3\tau_1^2} \leqslant 1.1 f_t^w \tag{2-4}$$

$$\sigma_1 = \sigma_{max} \cdot \frac{h_0}{h} = \frac{M}{W_w} \cdot \frac{h_0}{h} \tag{2-5}$$

$$\tau_1 = \frac{VS_{w1}}{I_w t_w} \tag{2-6}$$

式中 σ_1——验算点处的焊缝正应力（N/mm^2）；

τ_1——验算点处的焊缝剪应力（N/mm^2）；

h_0——工字形截面的腹板高度（mm）；

h——工字形截面的截面高度（mm）；

W_w——工字形截面的抵抗矩（mm^3）；

S_{w1}——工字形截面受拉翼缘对中和轴的面积矩（mm^3）；

I_w——工字形截面的惯性矩（mm^4）；

t_w——腹板厚度（mm）；

1.1——考虑到最大折算应力只在局部出现，而将强度设计值适当提高的系数。

（3）矩形截面对接焊缝在弯矩、剪力和轴心力共同作用下的计算　当轴心力与弯矩、剪力共同作用时，焊缝的最大正应力应为轴心力和弯矩引起的应力之和，即：

$$\sigma_{max} = \frac{N}{l_w t} + \frac{M}{W_w} \leqslant f_t^w \tag{2-7}$$

剪应力按下式验算：

$$\tau_{max} = \frac{VS_w}{I_w t} \leqslant f_v^w \tag{2-8}$$

折算应力仍按式(2-4)验算，即：

$$\sqrt{\sigma_1^2 + 3\tau_1^2} \leqslant 1.1 f_t^w$$

式中　σ_1——验算点处轴心力和弯矩产生的应力之和。

例2-2　某8m跨简支梁截面和荷载（含梁自重在内的）设计值如图2-10所示，在距支座2.4m处有翼缘和腹板的拼接连接，试验算其拼接的对接焊缝。已知钢材Q235-BF，采用E43型焊条，手工焊，焊缝为三级质量标准，施焊时采用引弧板。

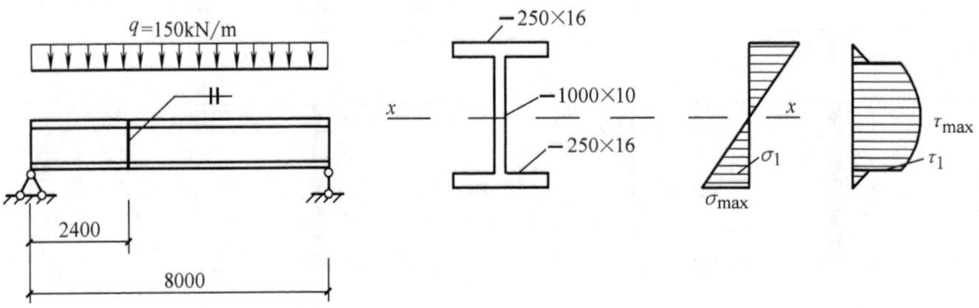

图2-10　例2-2图

解：（1）距支座2.4m处的内力计算

$$M = \left(\frac{150\times 8}{2}\times 2.4 - \frac{150\times 2.4^2}{2}\right)\text{kN}\cdot\text{m} = 1008\text{kN}\cdot\text{m}$$

$$V = \left(\frac{150\times 8}{2} - 150\times 2.4\right)\text{kN} = 240\text{kN}$$

（2）焊缝计算截面的几何特征值计算

$$I_w = \left(\frac{250\times 1032^3}{12} - \frac{250\times 1000^3}{12} + \frac{10\times 1000^3}{12}\right)\text{mm}^4 = 2898\times 10^6\text{mm}^4$$

$$W_w = \frac{2898\times 10^6}{1032/2}\text{mm}^3 = 5.6163\times 10^6\text{mm}^3$$

$$S_{w1} = 250\times 16\times\left(\frac{1000}{2} + \frac{16}{2}\right)\text{mm}^3 = 2.032\times 10^6\text{mm}^3$$

$$S_w = \left(2.032\times 10^6 + 500\times 10\times\frac{500}{2}\right)\text{mm}^3 = 3.282\times 10^6\text{mm}^3$$

（3）焊缝强度计算

查得$f_t^w = 185\text{N/mm}^2$，$f_v^w = 125\text{N/mm}^2$

$$\sigma_{max} = \frac{M}{W_w} = \frac{1008\times 10^6}{5.6163\times 10^6}\text{N/mm}^2 = 179.5\text{N/mm}^2 < f_t^w = 185\text{N/mm}^2$$

$$\tau_{max} = \frac{VS_w}{I_w t_w} = \frac{240\times 10^3\times 3.282\times 10^6}{2898\times 10^6\times 10}\text{N/mm}^2 = 27.2\text{N/mm}^2 < f_v^w = 125\text{N/mm}^2$$

$$\sigma_1=\sigma_{max}\cdot\frac{h_0}{h}=179.5\times\frac{1000}{1032}\text{N/mm}^2=173.9\text{N/mm}^2$$

$$\tau_1=\frac{VS_{w1}}{I_w t_w}=\frac{240\times10^3\times2.032\times10^6}{2898\times10^6\times10}\text{N/mm}^2=16.8\text{N/mm}^2$$

$$\sqrt{\sigma_1^2+3\tau_1^2}=\sqrt{173.9^2+3\times16.8^2}\text{N/mm}^2=176.3\text{N/mm}^2<1.1f_t^w=1.1\times185\text{N/mm}^2$$

$$=203.5\text{N/mm}^2$$

所以满足要求。

课题4　角焊缝连接

角焊缝的概念及形式

1. 角焊缝的形式

角焊缝是最常用的焊缝形式。角焊缝按其与作用力的关系可分为焊缝长度方向与作用力垂直的正面角焊缝、焊缝长度方向与作用力平行的侧面角焊缝以及斜焊缝，如图2-11所示。

角焊缝按沿长度方向的布置分为连续角焊缝和间断角焊缝，如图2-12所示。连续角焊缝的受力性能较好，为主要的角焊缝形式。间断角焊缝的起弧、灭弧处容易引起应力集中，重要结构应避免采用，只能用于一些次要构件的连接或受力很小的连接。间断角焊缝的间断距离 l 不宜过长，以免连接不紧密，潮气侵入引起构件锈蚀。一般在受压构件中应满足 $l\leqslant15t$，在受拉构件中应满足 $l\leqslant30t$，t 为较薄焊件的厚度。

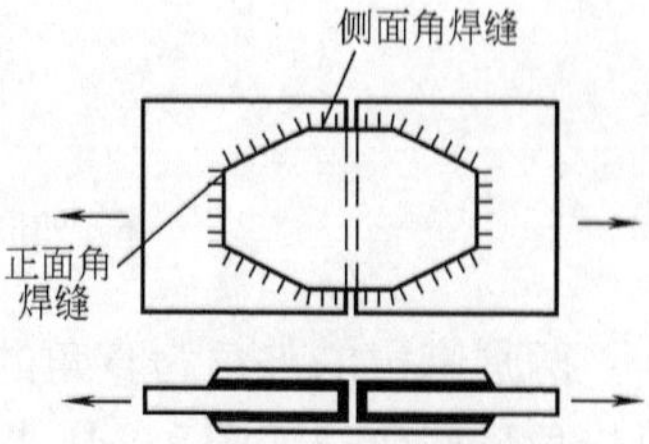

图2-11　角焊缝的形式

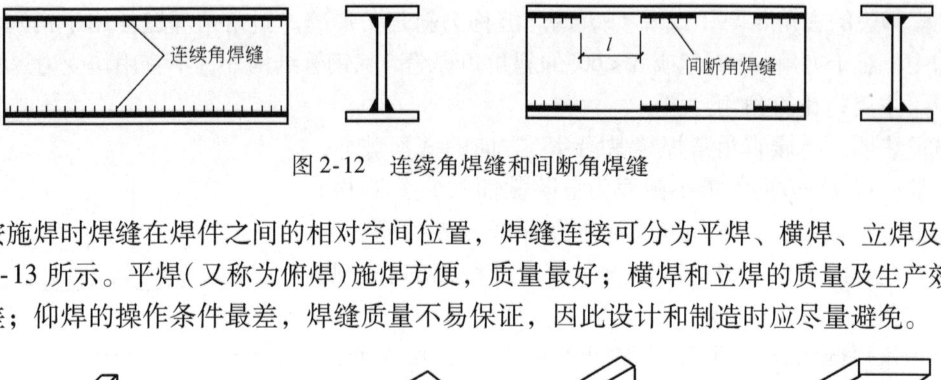

图2-12　连续角焊缝和间断角焊缝

按施焊时焊缝在焊件之间的相对空间位置，焊缝连接可分为平焊、横焊、立焊及仰焊，如图2-13所示。平焊(又称为俯焊)施焊方便，质量最好；横焊和立焊的质量及生产效率比平焊差；仰焊的操作条件最差，焊缝质量不易保证，因此设计和制造时应尽量避免。

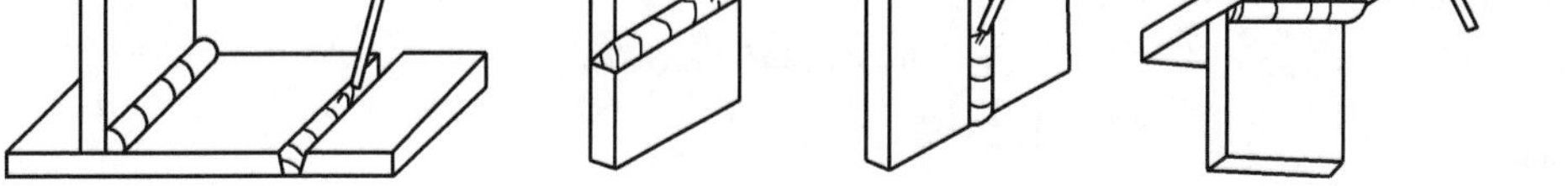

图2-13　焊缝的施焊位置

a) 平焊　b) 横焊　c) 立焊　d) 仰焊

角焊缝按截面形式可分为直角角焊缝(图2-14)和斜角角焊缝(图2-15)。

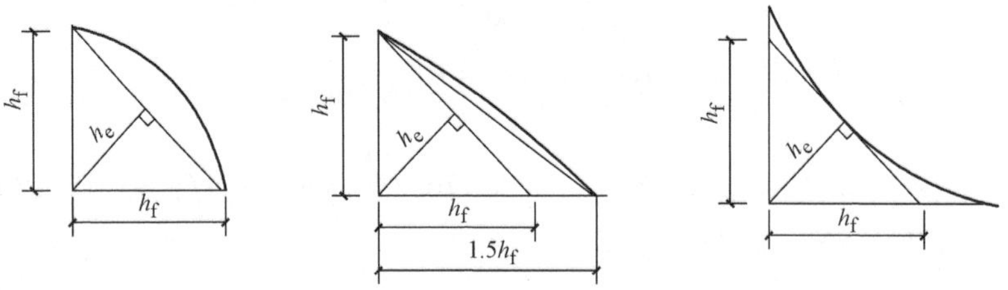

a) b) c)

图2-14 直角角焊缝截面

a) 等边直角角焊缝截面 b) 不等边直角角焊缝截面 c) 等边凹形直角角焊缝截面

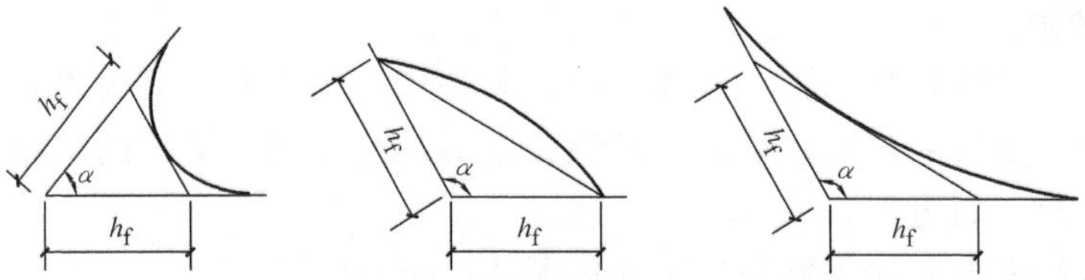

a) b) c)

图2-15 斜角角焊缝截面

a) 凹形锐角角焊缝 b) 钝角角焊缝 c) 凹形钝角角焊缝

两焊脚边的夹角为直角的焊缝称为直角角焊缝。直角角焊缝通常做成表面微凸的等边直角三角形截面，如图2-14a所示。在直接承受动力荷载的结构中，为了减小应力集中，正面角焊缝的截面常采用如图2-14b所示的不等边直角角焊缝截面，侧面角焊缝的截面则做成如图2-14c所示等边凹形直角角焊缝截面。

两焊脚边的夹角 $\alpha>90°$ 或 $\alpha<90°$ 的焊缝称为斜角角焊缝。斜角角焊缝常用于钢漏斗和钢管结构中，对于夹角 $\alpha>135°$ 或 $\alpha<60°$ 的斜角角焊缝，除钢管结构外，不宜用作受力焊缝。

以下主要讨论直角角焊缝。

试验表明，等腰直角角焊缝常沿45°方向的截面破坏，所以计算时以45°方向的最小截面为危险截面，如图2-14a所示，此危险截面称为角焊缝的计算截面或有效截面。不等边直角角焊缝截面、等边凹形直角角焊缝截面的有效截面分别如图2-14b、c所示。

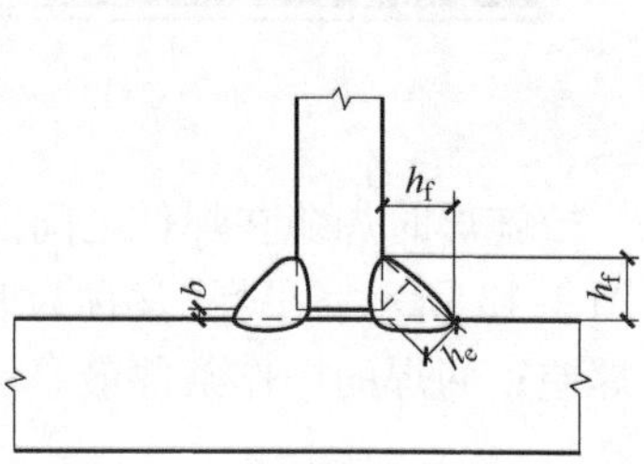

图2-16 直角角焊缝的计算厚度 h_e

直角角焊缝的计算厚度 h_e 如图2-16所示，按下列规定采用：

当焊件间隙 $b\leqslant1.5$mm 时，

$$h_e=h_f\cdot\cos45°=0.7h_f \tag{2-9}$$

当焊件间隙 $1.5<b\leqslant5$mm 时，

$$h_e=0.7(h_f-b) \tag{2-10}$$

式中略去了焊缝截面的圆弧形加高部分，h_f 是角焊缝的焊脚尺寸。

角焊缝构造

2. 角焊缝的构造要求

《钢结构设计标准》(GB 50017—2017)对角焊缝的构造做了下列规定：

1）角焊缝的最小计算长度。角焊缝的焊缝长度过短，焊件局部受热严重，且施焊时起落弧坑相距过近，再加上一些可能产生的缺陷使焊缝不够可靠。因此规定：角焊缝的最小计算长度应为其焊脚尺寸 h_f 的 8 倍，且不应小于 40mm；焊缝计算长度应为扣除引弧、收弧长度后的焊缝长度。

2）角焊缝最小焊脚尺寸。如果板件厚度较大而焊缝的焊脚尺寸过小，则施焊时焊缝冷却速度过快，可能产生淬硬组织，易使焊缝附近主体金属产生裂纹。因此规定：角焊缝最小焊脚尺寸宜按表 2-2 取值，承受动荷载时角焊缝焊脚尺寸不宜小于 5mm。

表 2-2　角焊缝最小焊脚尺寸

母材厚度 t/mm	角焊缝最小焊脚尺寸/mm
$t \leqslant 6$	3
$6 < t \leqslant 12$	5
$12 < t \leqslant 20$	6
$t > 20$	8

注：1. 采用不预热的非低氢焊接方法进行焊接时，t 等于焊接连接部位中较厚件厚度，宜采用单道焊缝；采用预热的非低氢焊接方法或低氢焊接方法进行焊接时，t 等于焊接连接部位中较薄件厚度。

2. 焊缝尺寸 h_f 不要求超过焊接连接部位中较薄件厚度的情况除外。

3）被焊构件中较薄板厚度不小于 25mm 时，宜采用开局部坡口的角焊缝。

4）采用角焊缝焊接连接，不宜将厚板焊接到较薄板上。

5）搭接连接角焊缝的尺寸及布置应符合下列规定：

① 传递轴向力的部件，为防止搭接部位角焊缝在荷载作用下张开，规定搭接连接角焊缝应采用双角焊缝；同时为防止搭接部位受轴向力时发生偏转，规定其搭接连接最小搭接长度应为较薄件厚度的 5 倍，且不应小于 25mm（图 2-17），并应施焊纵向双角焊缝或横向双角焊缝。

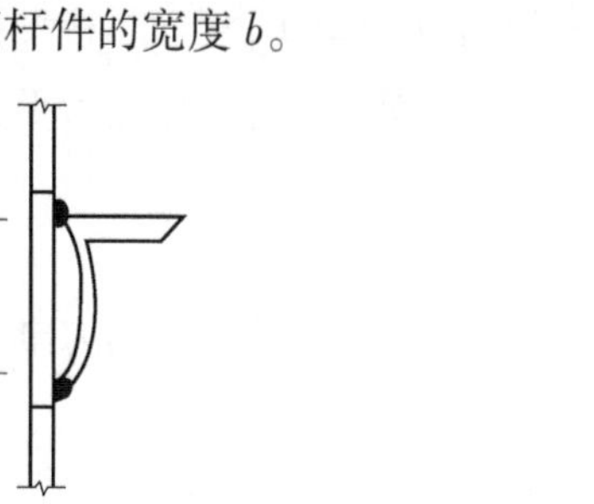

图 2-17　搭接长度的要求

② 只采用纵向角焊缝连接型钢杆件端部时，如图 2-18 所示，型钢杆件的宽度 b 不应大于 200mm，当宽度 b 大于 200mm 时，应加横向角焊缝或中间塞焊；型钢杆件每一侧纵向角焊缝的长度 l_w 不应小于型钢杆件的宽度 b。

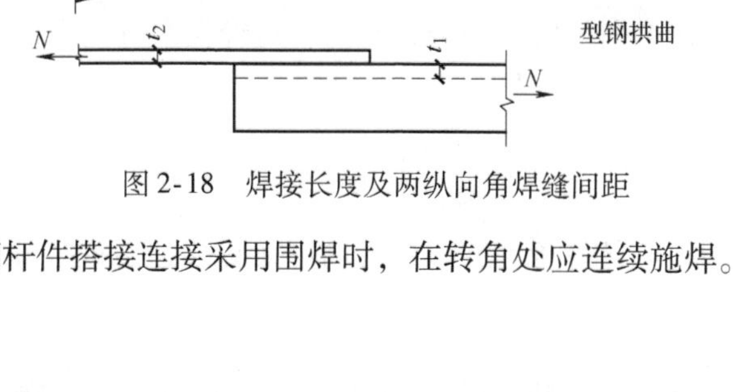

图 2-18　焊接长度及两纵向角焊缝间距

③ 绕角焊。型钢杆件搭接连接采用围焊时，在转角处应连续施焊。使用绕角焊时可避免

起（落）弧的缺陷发生在应力集中较大处，但在施焊时必须在转角处连续施焊，不能断弧。杆件端部搭接角焊缝做绕角焊时，绕角焊的长度不应小于 $2h_f$，并应连续施焊，如图 2-18 所示。

④ 为防止焊接时材料棱边熔塌，规定搭接焊缝沿母材棱边的最大焊脚尺寸 h_{fmax}，如图 2-19 所示。

当板厚 $t \leqslant 6$mm 时，

$$h_{fmax} = t \tag{2-11}$$

当板厚 $t > 6$mm 时，

$$h_{fmax} = t - (1 \sim 2)\,\text{mm} \tag{2-12}$$

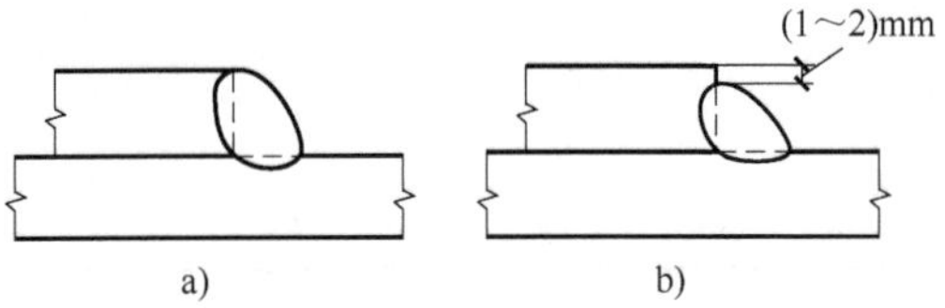

图 2-19 搭接焊缝沿母材棱边的最大焊脚尺寸

a）母材厚度 $t \leqslant 6$mm b）母材厚度 $t > 6$mm

3. 角焊缝连接的计算

角焊缝的应力状态十分复杂，建立角焊缝的计算公式主要靠试验分析。大量试验表明，如图 2-16 所示，通过角焊缝根部顶点的任意辐射面都可能是破坏截面，但侧焊缝的破坏大多在 45°线的喉部。设计计算时，不论角焊缝受力方向如何，均假定其破坏截面在 45°角截面处，并略去了焊缝截面的圆弧形加高部分，即最小截面沿焊缝截面的 45°方向称为角焊缝的有效截面。角焊缝的强度设计值就是根据对该截面的试验研究结果确定的。

计算角焊缝强度时，假定有效截面上的应力均匀分布，并且不分抗拉、抗压或抗剪，都用同一强度设计值 f_f^w。

（1）直角角焊缝受轴心力作用时的计算　当作用力（拉力、压力、剪力）通过角焊缝群形心时，认为焊缝沿长度方向的应力均匀分布。当作用力与焊缝长度方向间关系不同时，角焊缝的强度计算表达式分别如下：

1）侧面角焊缝或作用力平行于焊缝长度方向的角焊缝：

$$\tau_f = \frac{N}{h_e \sum l_w} \leqslant f_f^w \tag{2-13}$$

2）正面角焊缝或作用力垂直于焊缝长度方向的角焊缝：

$$\sigma_f = \frac{N}{h_e \sum l_w} \leqslant \beta_f f_f^w \tag{2-14}$$

3）两方向力综合作用的角焊缝，应分别计算各焊缝在两方向力作用下的 σ_f 和 τ_f，然后按下式计算其强度：

$$\sqrt{\left(\frac{\sigma_f}{\beta_f}\right)^2 + \tau_f^2} \leqslant f_f^w \tag{2-15}$$

4）由侧面、正面和斜向各种角焊缝组成的周围角焊缝，假设破坏时各部分角焊缝都达到各自的极限强度，则：

$$\frac{N}{\sum(\beta_f h_e l_w)} \leqslant f_f^w \tag{2-16}$$

式中　σ_f——按焊缝有效截面计算，垂直于焊缝长度方向的应力(N/mm²)；

τ_f——按焊缝有效截面计算，平行于焊缝长度方向的剪应力(N/mm²)；

N——轴心力(N)；

h_e——角焊缝的计算厚度(mm)；

$\sum l_w$——连接一侧角焊缝的总计算长度(mm)，若考虑起落弧坑缺陷的影响，每条焊缝取其实际长度减去 $2h_f$；

β_f——正面角焊缝的强度设计值提高系数，对承受静力或间接承受动力荷载的结构取 $\beta_f=1.22$；对直接承受动力荷载的结构取 $\beta_f=1.0$；

f_f^w——角焊缝的强度设计值(N/mm²)，按附表 A-2 采用。

例 2-3　试设计如图 2-20a 所示一双层盖板的对接接头。已知钢板截面为—200×14，盖板截面为 2—150×10，承受轴心力设计值为 550kN（静力荷载），焊件根部间隙 $b\leqslant 1.5$mm，采用预热的非低氢焊接方法，钢材为 Q235，焊条 E43 型，手工焊。

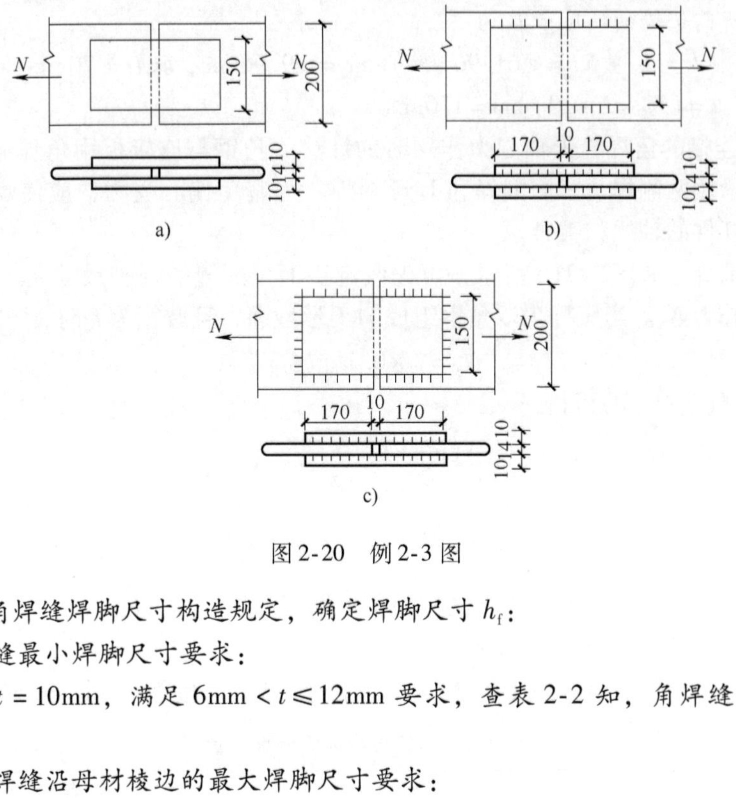

图 2-20　例 2-3 图

解：根据角焊缝焊脚尺寸构造规定，确定焊脚尺寸 h_f：

(1) 角焊缝最小焊脚尺寸要求：

母材厚度 $t=10$mm，满足 $6\text{mm}<t\leqslant 12$mm 要求，查表 2-2 知，角焊缝最小焊脚尺寸为 5mm。

(2) 搭接焊缝沿母材棱边的最大焊脚尺寸要求：

母材厚度 $t=10\text{mm}>6\text{mm}$，$h_f=t-(1\sim2)\text{mm}=10\text{mm}-(1\sim2)\text{mm}=8\sim9\text{mm}$，取 $h_f=8$mm。

(3) 直角角焊缝计算厚度：

当焊件间隙 $b\leqslant 1.5$mm 时，$h_e=0.7h_f=0.7\times8\text{mm}=5.6\text{mm}$。

查得角焊缝强度设计值 $f_f^w = 160\text{N/mm}^2$。

(1) 采用侧面角焊缝(图2-20b)

因采用双层盖板，接头一侧共有4条焊缝，每条焊缝所需的计算长度为：

$$l_w = \frac{N}{4h_e f_f^w} = \frac{550 \times 10^3}{4 \times 0.7 \times 8 \times 160}\text{mm} = 153\text{mm}$$

取 $l_w = 160\text{mm} > 8h_f = 8 \times 8\text{mm} = 64\text{mm}$

每条焊缝所需的实际长度为：

$$l = l_w + 2h_f = (153 + 2 \times 8)\text{mm} = 169\text{mm}，取 l = 170\text{mm}$$

被连接板件间留出间隙10mm，则拼接连接长度为

盖板总长： $l' = (170 \times 2 + 10)\text{mm} = 350\text{mm}$

(2) 采用三面围焊(图2-20c)

正面角焊缝所能承受的内力 N' 为：

$$N' = 2 \times 0.7 h_f l'_w \beta_f f_f^w = (2 \times 0.7 \times 8 \times 150 \times 1.22 \times 160)\text{N} = 327936\text{N}$$

接头一侧所需侧缝的计算长度为：

$$l_w = \frac{N - N'}{4h_e f_f^w} = \frac{550000 - 327936}{4 \times 0.7 \times 8 \times 160}\text{mm} = 61.96\text{mm}$$

接头一侧所需侧缝的实际长度为：

$$l = l_w + h_f = (61.96 + 8)\text{mm} = 69.96\text{mm}，取 l = 70\text{mm}$$

盖板总长：$l = (70 \times 2 + 10)\text{mm} = 150\text{mm}$

(2) 角钢连接的角焊缝受轴心力作用时的计算 角钢与连接板用角焊缝连接可以采用三种形式，即采用两侧焊、三面围焊和L形围焊。为避免偏心受力，应使焊缝传递的合力作用线与角钢杆件的轴线相重合。

对于三面围焊，如图2-21b所示，可先假定正面角焊缝的焊脚尺寸 h_{f3}，求出正面角焊缝所分担的轴心力 N_3。当腹杆为双角钢组成的T形截面，且肢宽为 b 时，

$$N_3 = 2 \times 0.7 h_{f3} b \beta_f f_f^w \tag{2-17}$$

由平衡条件($\sum M = 0$)可得：

$$N_1 = \frac{N(b-e)}{b} - \frac{N_3}{2} = K_1 N - \frac{N_3}{2} \tag{2-18}$$

$$N_2 = \frac{Ne}{b} - \frac{N_3}{2} = K_2 N - \frac{N_3}{2} \tag{2-19}$$

式中 N_1、N_2——角钢肢背和肢尖上的侧面角焊缝所分担的轴力(N)；

e——角钢的形心矩(mm)；

K_1、K_2——角钢肢背和肢尖焊缝的内力分配系数，可按表2-3的近似值采用。

表2-3 角钢焊缝内力分配系数

角钢类型	连接形式	图形	分配系数	
			角钢肢背 K_1	角钢肢尖 K_2
等肢		┘└	0.70	0.30
不等肢	长肢相连	┘└	0.65	0.35
	短肢相连	┘└	0.75	0.25

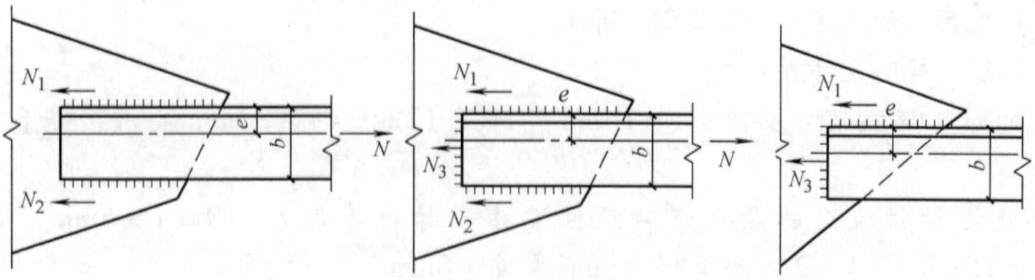

图2-21　桁架腹杆与节点板的连接

a）两面侧焊　b）三面围焊　c）L形围焊

对于两面侧焊如图2-21a所示，因 $N_3=0$，由式（2-18）、式（2-19）得

$$N_1=K_1N \tag{2-20}$$

$$N_2=K_2N \tag{2-21}$$

求得各条焊缝所受的内力后，按构造要求(角焊缝的尺寸限制)假定肢背和肢尖焊缝的焊脚尺寸，即可求出焊缝的计算长度。例如对双角钢组成的T形截面：

$$l_{w1}=\frac{N_1}{2\times0.7h_{f1}f_f^w} \tag{2-22}$$

$$l_{w2}=\frac{N_2}{2\times0.7h_{f2}f_f^w} \tag{2-23}$$

式中　h_{f1}、l_{w1}——一个角钢肢背上的侧面角焊缝的焊脚尺寸及计算长度(mm)；

h_{f2}、l_{w2}——一个角钢肢尖上的侧面角焊缝的焊脚尺寸及计算长度(mm)。

考虑到每条焊缝两端的起灭弧缺陷，实际焊缝长度为计算长度加 $2h_f$；但对于三面围焊，由于在杆件端部转角处必须连续施焊，每条侧面角焊缝只有一端可能起灭弧，故焊缝实际长度为计算长度加 h_f；对于采用绕角焊的侧面角焊缝实际长度等于计算长度(绕角焊缝长度 $2h_f$ 不进入计算)。

当杆件受力很小时，可采用L形围焊，如图2-21c所示。由于只有正面角焊缝和角钢肢背上的侧面角焊缝，令式(2-19)中的 $N_2=0$，得

$$N_3=2K_2N \tag{2-24}$$

$$N_1=N-N_3 \tag{2-25}$$

角钢肢背上的角焊缝计算长度可按式(2-22)计算，角钢端部的正面角焊缝的长度已知，可按下式计算其焊脚尺寸：

$$h_{f3}=\frac{N_3}{2\times0.7\times l_{w3}\beta_f f_f^w} \tag{2-26}$$

式中　$l_{w3}=b-h_{f3}$。

例2-4　如图2-22所示，一桁架的腹杆与节点板的连接。已知连接承受静力荷载设计值 $N=1172\text{kN}$，节点板厚度16mm，钢材为Q235，采用手工焊，焊条E43型，$f_f^w=160\text{N/mm}^2$。试设计腹杆与节点板分别采用三面围焊、两面侧焊、L形围焊的连接。

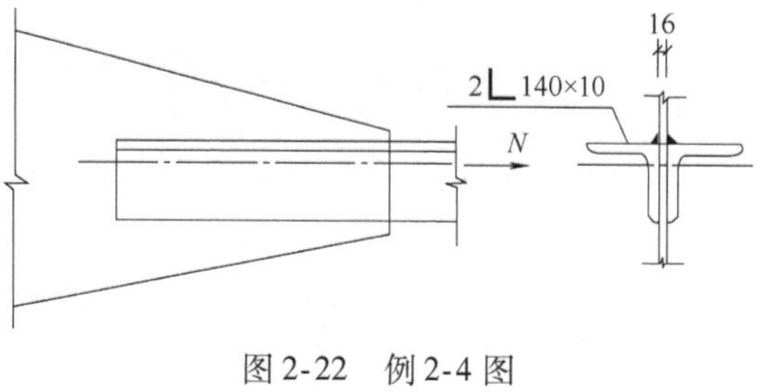

图2-22　例2-4图

解：(1) 采用三面围焊，如图2-21b所示。

确定角焊缝的焊脚尺寸 h_f：

角焊缝的最小焊脚尺寸要求：$t=16\text{mm}$，满足 $12\text{mm}<t\leqslant 20\text{mm}$ 要求，查表2-2知 $h_f=6\text{mm}$。

搭接焊缝沿母材棱边的最大焊脚尺寸要求：母材厚度 $t=10\text{mm}>6\text{mm}$，$h_f=t-(1\sim 2)\text{mm}=10\text{mm}-(1\sim 2)\text{mm}=8\sim 9\text{mm}$，取 $h_f=8\text{mm}$。

正面角焊缝承受的力：

$$N_3=\sum h_e l_w \beta_f f_f^w=(2\times 0.7\times 8\times 140\times 1.22\times 160\times 10^{-3})\text{kN}=306.1\text{kN}$$

侧面角焊缝承受的力：

$$N_1=K_1N-\frac{N_3}{2}=\left(0.7\times 1172-\frac{306.1}{2}\right)\text{kN}=667.4\text{kN}$$

$$N_2=N-N_1-N_3=(1172-667.4-306.1)\text{kN}=198.5\text{kN}$$

肢背焊缝的计算长度：

$$l_{w1}\geqslant\frac{N_1}{2h_e f_f^w}=\frac{667.4\times 10^3}{2\times 0.7\times 8\times 160}\text{mm}=372.4\text{mm}>8h_f=64\text{mm}$$

肢背实际焊缝的计算长度 $l_1=l_{w1}+h_f=(372.4+8)\text{mm}=380.4\text{mm}$，取385mm。

肢尖焊缝的计算长度：

$$l_{w2}\geqslant\frac{N_2}{2h_e f_f^w}=\frac{198.5\times 10^3}{2\times 0.7\times 8\times 160}\text{mm}=110.8\text{mm}>8h_f=64\text{mm}$$

肢尖实际焊缝的计算长度 $l_2=l_{w2}+h_f=(110.8+8)\text{mm}=118.8\text{mm}$，取120mm。

角钢端部：焊缝的实际长度与计算长度相等，即

$$l_3=l_{w3}=140\text{mm}$$

(2) 采用两面侧焊，如图2-21a所示。

两侧面角焊缝的焊脚尺寸可以不同，可取 $h_{f1}>h_{f2}$。但焊脚尺寸不同将导致施焊时需采用焊芯直径不同的焊条，为避免这种情况，一般宜采用相同的 h_f。本题中取 $h_f=8\text{mm}$。

侧面角焊缝承受的力：

$$N_1=K_1N=(0.7\times 1172)\text{kN}=820.4\text{kN}$$

$$N_2=N-N_1=(1172-820.4)\text{kN}=351.6\text{kN}$$

肢背焊缝的长度：

$$l_{w1}\geqslant\frac{N_1}{2h_e f_f^w}=\frac{820.4\times 10^3}{2\times 0.7\times 8\times 160}\text{mm}=457.8\text{mm}>8h_f=64\text{mm}$$

肢背实际焊缝的计算长度 $l_1=l_{w1}+2h_f=(457.8+16)\text{mm}=473.8\text{mm}$，取475mm。

肢尖焊缝的长度：

$$l_{w2}\geqslant\frac{N_2}{2h_e f_f^w}=\frac{351.6\times 10^3}{2\times 0.7\times 8\times 160}\text{mm}=196.2\text{mm}>8h_f=64\text{mm}$$

肢尖实际焊缝的计算长度 $l_2=l_{w2}+2h_f=(196.2+16)\text{mm}=212.2\text{mm}$，取215mm。

(3) 采用L形围焊，如图2-21c所示。

$$N_3=2K_2N=(2\times 0.3\times 1172)\text{kN}=703.2\text{kN}$$

$$N_1=N-N_3=(1172-703.2)\text{kN}=468.8\text{kN}$$

角钢端部传递 N_3 所需的正面角焊缝焊脚尺寸

$$h_{f3} \geqslant \frac{N_3}{2\times0.7 l_{w3}\beta_f f_f^w}=\frac{703.2\times10^3}{2\times0.7\times(140-8)\times1.22\times160}\text{mm}=19.5\text{mm}>\text{角钢肢厚 } t=10\text{mm}$$

所以不能满足构造要求，因而不能采用L形围焊。

(3) 承受弯矩、轴心力和剪力作用的角焊缝连接计算 如图2-23所示，双面角焊缝连接承受偏心斜拉力 N 作用，计算时，可将作用力 N 分解为 N_x 和 N_y 两个分力。角焊缝同时承受轴心力 N_x、剪力 N_y 和弯矩 $M=N_x e$ 的共同作用。焊缝计算截面上的应力分布如图2-23b所示。图中 A 点应力最大，为控制设计点。此处垂直于焊缝长度方向的应力由两部分组成，即由轴心拉力 N_x 产生的应力：

$$\sigma_f^N=\frac{N_x}{A_e}=\frac{N_x}{2h_e l_w} \tag{2-27}$$

由弯矩 M 产生的应力：

$$\sigma_f^M=\frac{M}{W_e}=\frac{6M}{2h_e l_w^2} \tag{2-28}$$

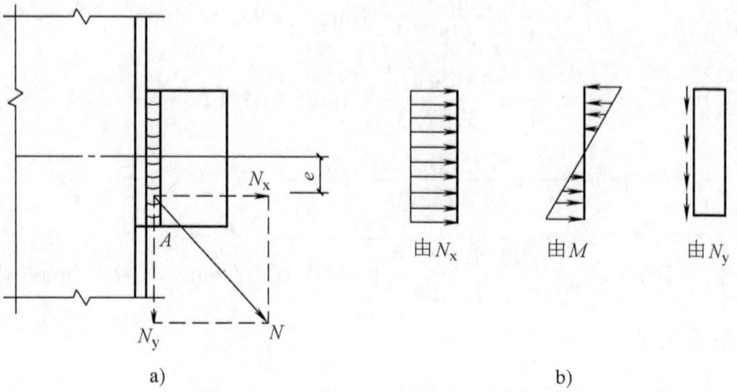

图2-23 承受偏心斜拉力的角焊缝

a) T形连接 b) 应力分布图

这两部分应力由于在 A 点的方向相同，可直接叠加，故 A 点垂直于焊缝长度方向的应力为

$$\sigma_f=\sigma_f^N+\sigma_f^M=\frac{N_x}{2h_e l_w}+\frac{6M}{2h_e l_w^2} \tag{2-29}$$

剪力 N_y 在 A 点处产生平行于焊缝长度方向的应力：

$$\tau_f^v=\frac{N_y}{A_e}=\frac{N_y}{2h_e l_w} \tag{2-30}$$

式中 l_w——焊缝的计算长度，为实际长度减 $2h_f$。

则焊缝的强度计算式为：

$$\sqrt{\left(\frac{\sigma_f^N+\sigma_f^M}{\beta_f}\right)^2+(\tau_f^v)^2}\leqslant f_f^w \tag{2-31}$$

当连接直接承受动力荷载时，取 $\beta_f=1.0$。

例2-5 如图2-24所示，钢板与柱用角焊缝连接。已知承受静力荷载设计值 $F=420\text{kN}$，钢材为Q235，手工焊，焊条为E43型，$f_f^w=160\text{N/mm}^2$，试设计此连接。

解：(1) 将 F 分解为 F_x 和 F_y，并简化到焊缝截面形心处

$$F_x = F\cos\alpha = 420 \times \frac{1.5}{\sqrt{1.5^2+1^2}}\text{kN} = 350\text{kN}$$

$$F_y = F\sin\alpha = 420 \times \frac{1}{\sqrt{1.5^2+1^2}}\text{kN} = 233\text{kN}$$

$$M = (350 \times 50)\text{kN}\cdot\text{mm} = 17500\text{kN}\cdot\text{mm}$$

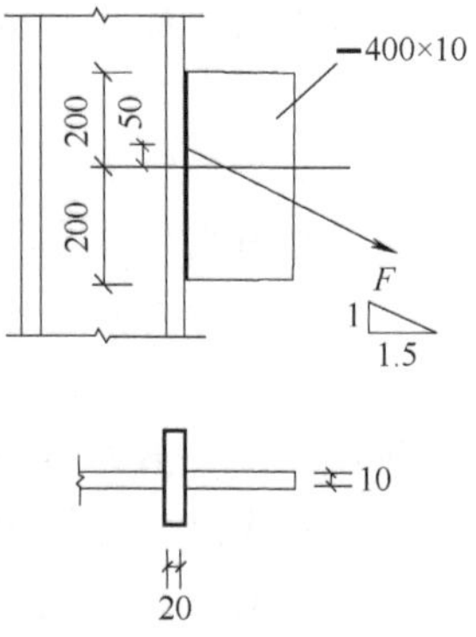

图2-24　例2-5图

(2) 根据构造要求确定 h_f

母材厚度 $t=10\text{mm}$ 时，最小焊脚尺寸 $h_f=5\text{mm}$，取 $h_f=7\text{mm}$。

则焊缝计算长度 $l_w=(400-2\times7)\text{mm}=386\text{mm}$

(3) 焊缝计算截面几何参数

$$A = (2\times0.7\times7\times386)\text{mm}^2 = 3782.8\text{mm}^2$$

$$W_w = \left(2\times\frac{1}{6}\times0.7\times7\times386^2\right)\text{mm}^3 = 243360\text{mm}^3$$

(4) 焊缝强度验算

$$\sigma_f^N = \frac{F_x}{A} = \frac{350\times10^3}{3782.3}\text{N/mm}^2 = 92.5\text{N/mm}^2$$

$$\tau_f^N = \frac{F_y}{A} = \frac{233\times10^3}{3782.3}\text{N/mm}^2 = 61.6\text{N/mm}^2$$

$$\sigma_f^M = \frac{M}{W_w} = \frac{17500\times10^3}{243360}\text{N/mm}^2 = 71.9\text{N/mm}^2$$

$$\sqrt{\left(\frac{\sigma_f^N+\sigma_f^M}{1.22}\right)^2+(\tau_f^N)^2} = \sqrt{\left(\frac{92.5+71.9}{1.22}\right)^2+61.6^2}\text{N/mm}^2 = 148\text{N/mm}^2 < f_f^w = 160\text{N/mm}^2。$$

可见，焊缝强度满足要求。

课题5　螺栓连接

1. 螺栓连接的特点、类型

普通螺栓的特点及类型

螺栓连接分为普通螺栓连接和高强度螺栓连接两种。普通螺栓通常采用Q235钢材制成，安装时用普通扳手拧紧；高强度螺栓则用高强度钢材经热处理制成，用能控制螺栓杆的力矩或拉力的特制扳手，拧紧到预定的预拉力值，把被连接件牢牢夹紧。

(1) 普通螺栓连接　普通螺栓分为A、B、C三级。C级为粗制螺栓，由未经加工的圆钢压制而成，制作精度差，螺栓孔的直径比螺栓杆的直径大1.0~1.5mm。对于采用C级螺栓的连接，由于螺栓杆与螺栓孔之间有较大的间隙，受剪力作用时，会产生较大的剪切滑移，连接的变形大，但安装方便，且能有效的传递拉力，故可用于沿螺栓杆轴心受拉的连接，以及次要结构的抗剪连接或安装时的临时固定中。

A、B级精制螺栓是由毛坯在车床上经过切削加工精制而成，表面光滑，尺寸准确，螺栓直径与螺栓孔径之间的缝隙只有0.2~0.5mm。由于有较高的精度，因而受剪性能好，但制作和安装复杂，价格较高，已很少在钢结构中采用。

（2）高强度螺栓连接　高强度螺栓连接有两种类型：一种是只依靠摩擦阻力传力，并以剪力不超过接触面摩擦力作为设计准则的，称为摩擦型连接；另一种是允许接触面滑移，以连接达到破坏的极限承载力作为设计准则的，称为承压型连接。

摩擦型连接的剪切变形小，弹性性能好，施工较简单，可拆卸，耐疲劳，特别适用于承受动力荷载的结构。承压型连接的承载力高于摩擦型，连接紧凑，但剪切变形大，故不得用于承受动力荷载的结构中。

2. 普通螺栓规格与排列

（1）螺栓的规格　钢结构采用的普通螺栓形式为大六角头型，其代号用字母 M 和公称直径的毫米数表示。为制造方便，一般情况下，同一结构中宜尽可能采用一种栓径和孔径的螺栓，需要时也可采用 2 ~ 3 种螺栓直径。

螺栓的排列及规格

螺栓直径 d 根据整个结构及其主要连接的尺寸和受力情况选定，受力螺栓一般采用 M16 以上，建筑工程中常用 M16、M20、M24 等。

钢结构施工图的螺栓规格见表 2-4。

表 2-4　钢结构施工图的螺栓规格

名　称	永久螺栓	高强度螺栓	安装螺栓	圆形螺栓孔	长圆形螺栓孔
图　例				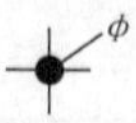	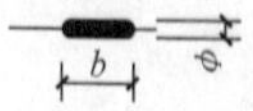

（2）螺栓的排列　螺栓的排列有并列和错列两种基本形式，如图 2-25 所示。并列较简单，但栓孔对截面削弱较多；错列较紧凑，可减少截面削弱，但排列较繁杂。

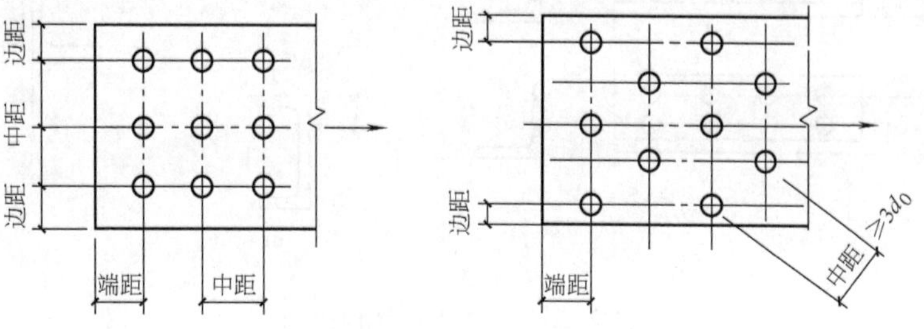

图 2-25　螺栓的排列

a）并列布置　b）错列布置

螺栓在构件上的排列，螺栓间距及螺栓至构件边缘的距离不应太小，否则螺栓之间的钢板以及边缘处螺栓孔前的钢板可能沿作用力方向被剪断；同时，螺栓间距及边距太小，也不利扳手操作。另一方面，螺栓的间距及边距也不应太大，否则连接钢板不易夹紧，潮气容易侵入缝隙引起钢板锈蚀。对于受压构件，螺栓间距过大还容易引起钢板鼓曲。为此，《钢结构设计标准》（GB 50017—2017）根据螺栓孔直径、钢材边缘加工情况（轧制边、切割边）及受力方向，规定了螺栓中心间距及边距的最大、最小限制，见表 2-5。

对于角钢、工字钢和槽钢上的螺栓排列（图 2-26），除应满足表 2-5 要求外，还应注意不要在靠近截面倒角和圆角处打孔，为此，还应分别符合表 2-6、表 2-7 和表 2-8 的要求。

表2-5 螺栓中心间距及边距的最大、最小允许距离

名称	位置和方向			最大允许距离（取两者的较小值）	最小允许距离
中心间距	外排(垂直内力方向或顺内力方向)			$8d_0$ 或 $12t$	$3d_0$
	中间排	垂直内力方向		$16d_0$ 或 $24t$	
		顺内力方向	构件受压力	$12d_0$ 或 $18t$	
			构件受拉力	$16d_0$ 或 $24t$	
	沿对角线方向			—	
中心至构件边缘距离	顺内力方向			$4d_0$ 或 $8t$	$2d_0$
	垂直内力方向	剪切边或手工切割边			$1.5d_0$
		轧制边，自动气割或锯割边	高强度螺栓		
			其他螺栓或铆钉		$1.2d_0$

注：1. d_0 为螺栓或铆钉孔直径，t 为外层较薄板件的厚度。

2. 钢板边缘与钢性构件(如角钢、槽钢等)相连的螺栓的最大间距，可按中间的数值采用。

3. 计算螺栓孔引起的截面削弱时可取 $d+4$mm 和 d_0 的较大者。

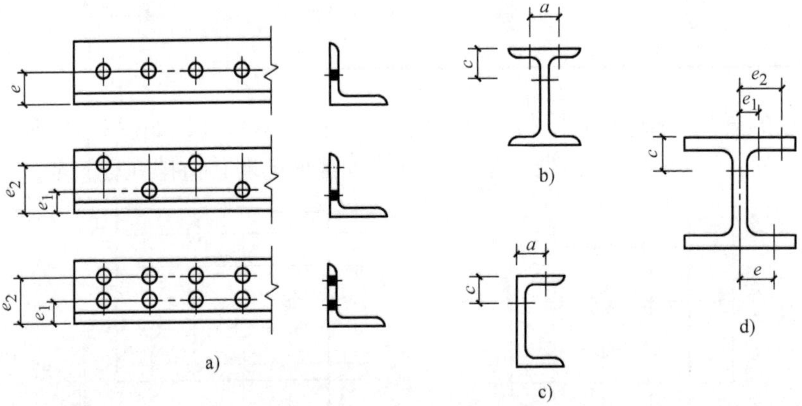

图2-26 型钢上的螺栓排列

a）角钢螺栓排列 b）工字钢栓孔排列 c）槽钢栓孔排列 d）H型钢栓孔排列

表2-6 角钢上螺栓或铆钉最小允许线距表 （单位:mm）

单行排列	角钢肢宽	40	45	50	56	63	70	75	80	90	100	110	125
	线距 e	25	25	30	30	35	40	40	45	50	55	60	70
	钉孔最大直径	11.5	13.5	13.5	15.5	17.5	20	22	22	24	24	26	26

双行错排	角钢肢宽	125	140	160	180	200
	e_1	55	60	70	70	80
	e_2	90	100	120	140	160
	钉孔最大直径	24	24	26	26	26

双行并列	角钢肢宽	160	180	200
	e_1	60	70	80
	e_2	130	140	160
	钉孔最大直径	24	24	26

表2-7　工字钢和槽钢腹板上的螺栓线距表　（单位：mm）

工字钢型号	12	14	16	18	20	22	25	28	32	36	40	45	50	56	63
线距 c_{min}	40	45	45	45	50	50	55	60	60	65	70	75	75	75	75
槽钢型号	12	14	16	18	20	22	25	28	32	36	40	—	—	—	—
线距 c_{min}	40	45	50	50	55	55	55	60	65	70	75	—	—	—	—

表2-8　工字钢和槽钢翼缘上的螺栓线距表　（单位：mm）

工字钢型号	12	14	16	18	20	22	25	28	32	36	40	45	50	56	63
线距 a_{min}	40	40	50	55	60	65	65	70	75	80	80	85	90	95	95
槽钢型号	12	14	16	18	20	22	25	28	32	36	40	—	—	—	—
线距 a_{min}	30	35	35	40	40	45	45	45	50	56	60	—	—	—	—

3. 普通螺栓连接的计算

普通螺栓连接按其传力方式可分为：外力与螺栓杆垂直的受剪螺栓连接；外力与螺栓杆平行的受拉螺栓连接；外力与螺栓杆同时受剪和受拉的螺栓连接，如图2-27所示。

螺栓连接的构造及受剪破坏

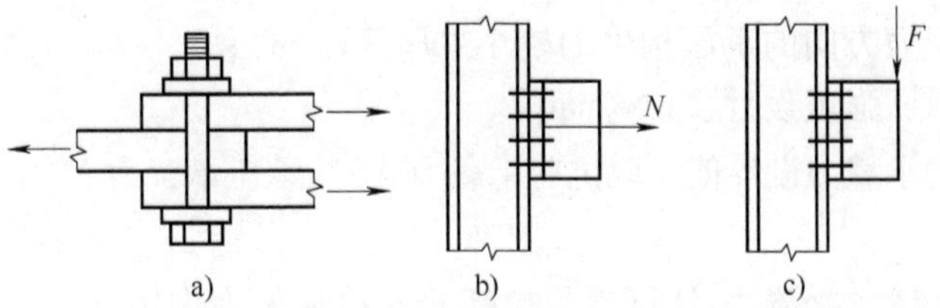

图2-27　普通螺栓连接按传力方式的分类

a）受剪螺栓连接　b）受拉螺栓连接　c）同时受剪和受拉的螺栓连接

（1）单个普通螺栓抗剪承载力计算

1）受剪螺栓连接的破坏形式。抗剪螺栓连接达到极限承载力时，可能的破坏形式有：当螺栓杆直径较小，板件较厚时，螺栓杆可能先被剪断，如图2-28a所示；当螺栓杆直径较大，板件可能先被挤压破坏，如图2-28b所示；板件可能因螺栓孔削弱太多而被拉断，如图2-28c所示；端距太小，端距范围内的板件有可能被螺栓杆冲剪破坏，如图2-28d所示；当板件太厚，螺栓杆较长时，可能发生螺栓杆受弯破坏，如图2-28e所示。

上述五种破坏形式中，前三种通过相应的强度计算来防止，后两种可采取相应的构造措施来保证。当构件上螺栓孔的端距≥$2d_0$时，可避免端部冲剪破坏；当螺栓连接的板叠总厚度$\sum t \leqslant 5d$（d为栓杆直径）时，可避免栓杆受弯破坏。

2）单个抗剪螺栓承载力的计算。普通螺栓连接的抗剪承载力，应考虑螺栓杆受剪和孔壁承压两种情况。假定螺栓受剪面上的剪力是均匀分布的，孔壁承压应力换算为沿螺栓杆直径投影宽度内板件面上均匀分布的应力，则单个抗剪螺栓的抗剪承载力设计值为：

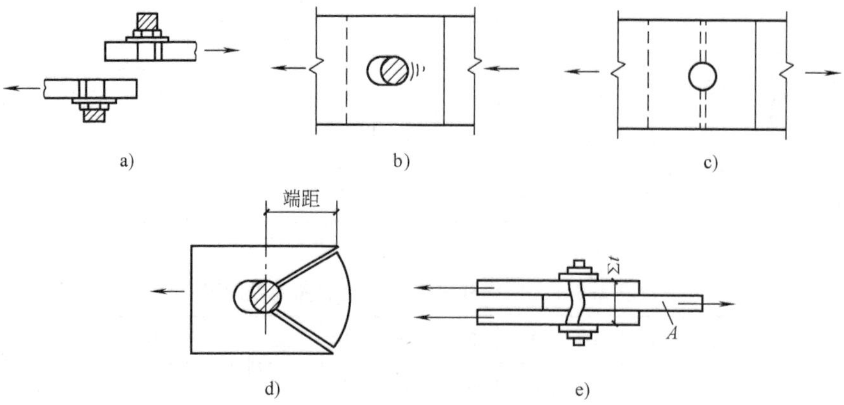

图2-28 抗剪螺栓连接的破坏形式

$$N_v^b = n_v \frac{\pi d^2}{4} f_v^b \tag{2-32}$$

单个抗剪螺栓的承压承载力设计值为:

$$N_c^b = d \sum t \cdot f_c^b \tag{2-33}$$

式中 n_v——受剪面数目，单剪 $n_v=1$，双剪 $n_v=2$，四剪 $n_v=4$；

d——螺栓杆直径(mm)；

f_v^b——螺栓抗剪强度设计值(N/mm^2)；

$\sum t$——同一受力方向的承压构件的较小总厚度(mm)；

f_c^b——螺栓承压强度设计值(N/mm^2)。

单个受剪螺栓的承载力设计值应取抗剪承载力 N_v^b 与承压承载力 N_c^b 中的较小值，即 $N_{min}^b = \min(N_v^b, N_c^b)$。

(2) 单个抗拉螺栓的承载力计算 受拉螺栓连接在外力作用下（图2-27b），构件的接触面有脱开趋势。此时，螺栓受到沿杆轴方向的拉力作用，受拉螺栓连接的破坏形式为螺栓杆被拉断，拉断的部位通常在螺纹削弱的截面处。所以，计算时应根据螺纹削弱处的有效直径 d_e，或有效截面面积 A_e 来确定其承载力。

$$N_t^b = A_e f_t^b = \frac{\pi d_e^2}{4} f_t^b \tag{2-34}$$

式中 A_e——螺栓在螺纹处的有效截面面积(mm^2)，见表2-9；

d_e——螺栓在螺纹处的有效直径(mm)；

f_t^b——螺栓抗拉强度设计值(N/mm^2)。

表2-9 螺栓在螺纹处的有效截面面积

公称直径	12	14	16	18	20	22	24	27	30
螺栓有效截面面积 A_e/cm^2	0.84	1.15	1.57	1.92	2.45	3.03	3.53	4.59	5.61
公称直径	33	36	39	42	45	48	52	56	60
螺栓有效截面面积 A_e/cm^2	6.94	8.17	9.76	11.2	13.1	14.7	17.6	20.3	23.6
公称直径	64	68	72	76	80	85	90	95	100
螺栓有效截面面积 A_e/cm^2	26.8	30.6	34.6	38.9	43.4	49.5	55.9	62.7	70.0

（3）轴心力作用下受剪普通螺栓群的计算　试验证明，螺栓群的抗剪连接承受轴心力时，螺栓群在长度方向受力不均匀，如图2-29所示，两端受力大，中间受力小。当连接长度 $l_1 \leqslant 15d_0$（d_0 为螺孔直径）时，由于连接工作进入弹塑性阶段后，内力发生重分布，螺栓群中各螺栓受力逐渐接近，故可认为轴心力 N 由每个螺栓平均承担，则连接一侧所需螺栓数 n 为：

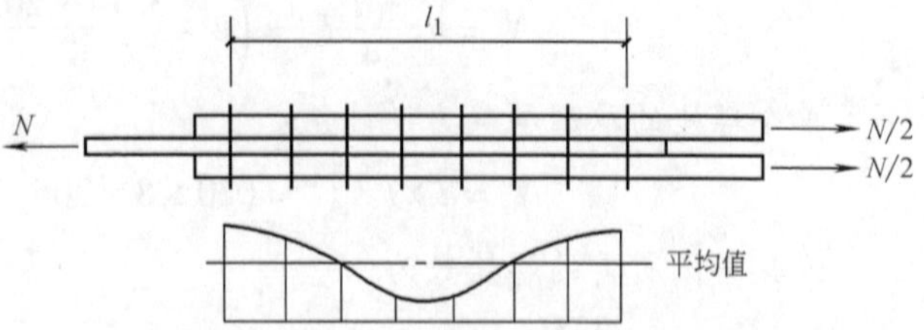

图2-29　长接头螺栓的内力分布

$$n = \frac{N}{N_{\min}^{b}} \tag{2-35}$$

式中　$N_{\min}^{b}$——单个螺栓抗剪承载力设计值与承压承载力设计值的较小值。

由于螺栓孔削弱了构件的截面，为防止构件在净截面上被拉断，因此应按下式验算构件的强度：

$$\sigma = \frac{N}{A_n} \leqslant f \tag{2-36}$$

式中　A_n——构件的净截面面积（mm^2）；

f——钢材的抗拉强度设计值（N/mm^2）。

当 $l_1 > 15d_0$ 时，连接工作进入弹塑性阶段后，各螺杆所受内力也不易均匀，端部螺栓首先达到极限强度而破坏，随后由外向里依次破坏。如图2-30所示为根据试验资料整理成的连接抗剪强度与 l_1/d_0 的关系曲线。图中纵坐标为长连接抗剪螺栓的强度折减系数 η，横坐标为连接长度与螺栓孔直径的比值 l_1/d_0。当 $l_1/d_0 > 15$ 时，连接强度明显下降，开始下降较快，以后逐渐缓和，并趋于常值。欧洲规范草案（Eurocode3）采用图2-30中的虚线，实线为我国现行《钢结构设计标准》（GB 50017—2017）所采用的曲线。由此曲线可知折减系数为

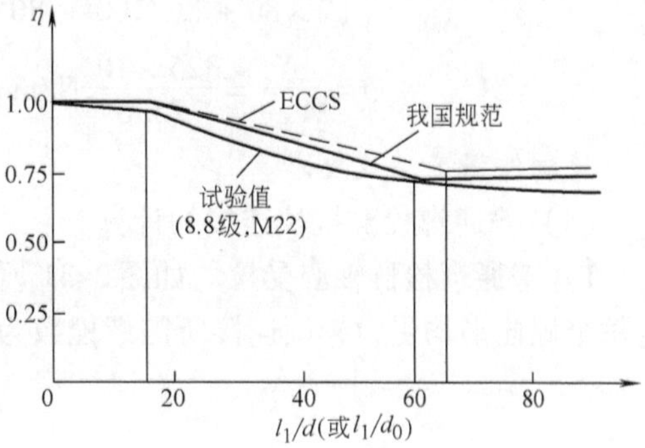

图2-30　长连接抗剪螺栓的强度折减系数

当 $15d_0 < l_1 \leqslant 60d_0$ 时，
$$\eta = 1.1 - \frac{l_1}{150d_0} \geqslant 0.7 \tag{2-37}$$

当 $l_1 > 60d_0$ 时，
$$\eta = 0.7 \tag{2-38}$$

则对长连接，所需抗剪螺栓数为

$$n = \frac{N}{\eta N_{\min}^{b}} \tag{2-39}$$

例2-6　两截面为—360×8的钢板，采用C级普通螺栓的双盖板拼接，试设计此连接。已知轴心拉力设计值 $N = 325kN$，钢材为Q235，螺栓采用M20。

解：（1）螺栓连接的计算　查得 $f_v^b = 140N/mm^2$，$f_c^b = 305N/mm^2$。

单个螺栓的抗剪承载力设计值：

$$N_v^b = n_v \frac{\pi d^2}{4} f_v^b = \left(2 \times \frac{3.14 \times 20^2}{4} \times 140\right) \text{kN} = 87.9\text{kN}$$

单个螺栓的承压承载力设计值：

$$N_c^b = d \sum t \cdot f_c^b = (20 \times 8 \times 305)\text{N} = 48800\text{N} = 48.8\text{kN}$$

连接一侧所需的螺栓数为

$$n = \frac{325}{48.8} = 6.7$$

采用错列排列，每侧用8个螺栓，按表2-5的规定排列，如图2-31所示。

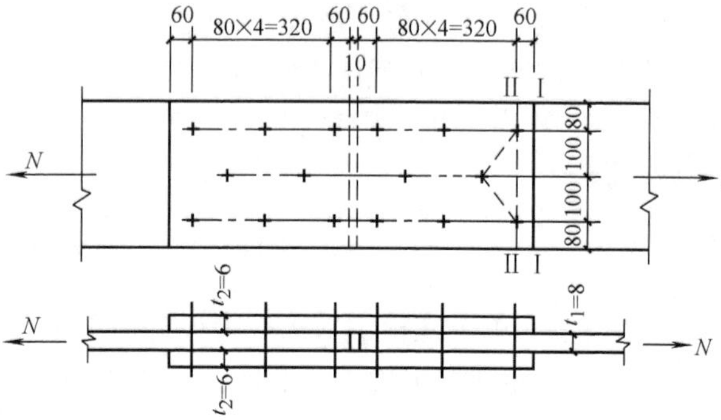

图2-31 例2-6图

(2) 构件强度验算 查得钢材的抗拉强度设计值 $f=215\text{N/mm}^2$。

取螺栓孔径 $d_0=21.5\text{mm}$。由于是错列排列，构件强度验算应验算最小净截面。

直线截面Ⅰ-Ⅰ净截面面积

$$A_{n\text{I}} = (360 \times 8 - 2 \times 21.5 \times 8)\text{mm}^2 = 2536\text{mm}^2$$

锯齿状截面Ⅱ-Ⅱ净截面面积

$$A_{n\text{II}} = [(2 \times 80 + 2\sqrt{100^2 + 80^2}) \times 8 - 3 \times 21.5 \times 8]\text{mm}^2 = 2813\text{mm}^2$$

$$\sigma = \frac{N}{A_{\text{nmin}}} = \frac{325 \times 10^3}{2536}\text{N/mm}^2 = 128\text{N/mm}^2 < f = 215\text{N/mm}^2$$

故构件强度满足要求。

(4) 普通螺栓群抗拉连接的计算

1) 普通螺栓群轴心受拉。如图2-31所示为螺栓群在轴心力作用下的抗拉连接，通常假定每个螺栓平均受力，则连接所需螺栓数为

$$n = \frac{N}{N_t^b} \tag{2-40}$$

式中 N_t^b——单个螺栓的抗拉承载力设计值，按式(2-34)计算。

2) 普通螺栓群在弯矩作用下受拉。如图2-32所示为螺栓群在弯矩作用下的抗拉连接(图中的剪力 V 通过承托板传递)。在弯矩作用下，离中和轴越远的螺栓所受拉力越大，而压应力则由弯矩指向一侧的部分端板承受，设中和轴至端板受压边缘的距离为 c(图2-32c)。实际计算时可近似地取中和轴位于最下排螺栓 O 处(弯矩作用方向如图2-32a所示)，即认为连接变形为绕 O 处水平轴转动，螺栓拉力与 O 点算起的纵坐标 y 成正比。对 O 点处水平轴列弯矩平衡方程时，偏安全地忽略力臂很小的端板受压区部分的力矩，而只考虑受拉螺栓部分的力矩，则得(各 y 均自 O 点算起)：

$$N_1/y_1 = N_2/y_2 = \cdots = N_i/y_i = N_n/y_n$$

$$\begin{aligned} M/m &= N_1 y_1 + N_2 y_2 + \cdots + N_i y_i + \cdots + N_n y_n \\ &= (N_1/y_1) y_1^2 + (N_2/y_2) y_2^2 + \cdots + (N_i/y_i) y_i^2 + \cdots + (N_n/y_n) y_n^2 \\ &= (N_i/y_i) \sum y_i^2 \end{aligned}$$

故得螺栓 i 的拉力为

$$N_i=\frac{My_i}{m\sum y_i^2} \tag{2-41}$$

设计时要求受力最大的最外排螺栓 1 的拉力不超过一个螺栓的抗拉承载力设计值，则

$$N_1=\frac{My_1}{m\sum y_i^2}\leqslant N_t^b \tag{2-42}$$

式中　m——螺栓纵向列数，图 2-32 中，$m=2$。

例 2-7　牛腿与柱用 C 级普通螺栓和承托连接，如图 2-33 所示，承受竖向荷载(设计值)$F=220\text{kN}$，偏心距 $e=200\text{mm}$。试设计其螺栓连接。已知构件和螺栓均用 Q235-AF 钢材，螺栓为 M20，孔径 21.5mm。

解：牛腿的剪力 $V=F=220\text{kN}$ 由端板刨平顶紧于承托来传递；弯矩 $M=F\cdot e=220\times200\text{kN}\cdot\text{mm}=44\times10^3\text{kN}\cdot\text{mm}$，由螺栓连接传递，使螺栓受拉。初步假定螺栓布置。对最下排螺栓 O 轴取矩，最大受力螺栓(最上排 1)的拉力为

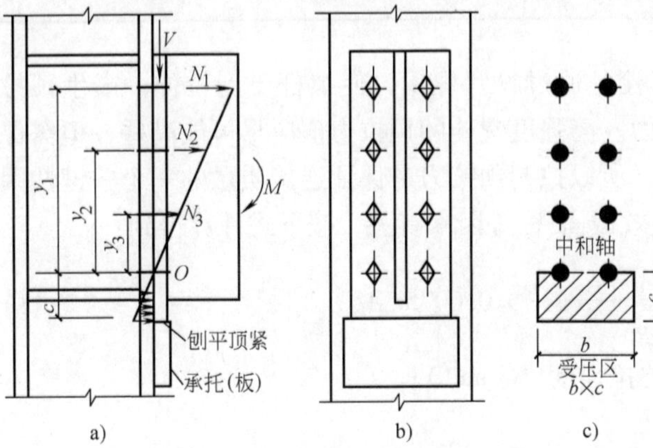

图 2-32　普通螺栓群弯矩受拉

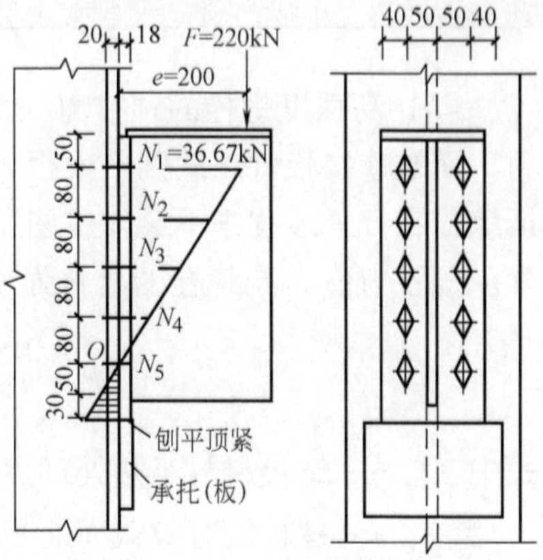

图 2-33　例 2-7 图

$$\begin{aligned}N_1&=\frac{My_1}{m\sum y_i^2}=\frac{44\times10^3\times320}{2\times(80^2+160^2+240^2+320^2)}\text{kN}\\&=36.67\text{kN}\end{aligned}$$

一个螺栓的抗拉承载力设计值为

$$N_t^b=A_e f_t^b=245\times170\text{N}=41650\text{N}=41.65\text{kN}>N_1=36.67\text{kN}$$

即假定螺栓连接满足设计要求，确定采用。

4. 高强度螺栓连接及计算

高强度螺栓连接按其受力特征分为摩擦型连接和承压型连接两种。高强度螺栓摩擦型连接是依靠连接件之间的摩擦阻力传递内力，设计时以剪力达到板件接触面间可能发生的最大摩擦阻力为极限状态。高强度螺栓承压型连接在受剪时允许摩擦力被克服并发生相对滑移，之后外力可继续增加，以栓杆抗剪或孔壁承压的最终破坏为极限状态。它的承载力比摩擦型连接高得多，但变形较大，不适用于承受动力荷载结构的连接。在受拉时，两者没有区别。

高强螺栓连接

高强度螺栓的构造和排列要求，除栓杆与孔径的差值较小外，与普通螺栓相同。

（1）高强度螺栓的材料和性能等级　目前，我国采用的高强度螺栓性能等级按热处理后的强度分为10.9级和8.8级两种。其中整数部分(10和8)表示螺栓成品的抗拉强度f_u不低于$1000N/mm^2$和$800N/mm^2$，小数部分(0.9和0.8)则表示其屈强比f_y/f_u为0.9和0.8。

高强度螺栓承压型连接采用标准圆孔时，其孔径d_0可按表2-10采用。高强度螺栓摩擦型连接可采用标准孔、大圆孔和槽孔，孔形尺寸可按表2-10采用；采用扩大孔连接时，同一连接面只能在盖板和芯板其中之一的板上采用大圆孔或槽孔，其余仍采用标准孔。

表2-10　高强度螺栓连接的孔形尺寸匹配　（单位：mm）

螺栓公称直径			M12	M16	M20	M22	M24	M27	M30
孔形	标准孔	直径	13.5	17.5	22	24	26	30	33
	大圆孔	直径	16	20	24	28	30	35	38
	槽孔	短向	13.5	17.5	22	24	26	30	33
		长向	22	30	37	40	45	50	55

（2）高强度螺栓的预拉力　高强度螺栓是通过拧紧螺帽，使螺杆受到拉伸，产生预拉力，而被连接板件之间则产生很大的预压力。高强度螺栓的预拉力值应尽可能高些，但需保证螺栓在拧紧过程中不会发生屈服或断裂，所以控制预拉力是保证连接质量的一个关键性因素。预拉力值P与螺栓的材料强度f_u和有效截面A_e等因素有关，按下式计算得到：

$$P=\frac{0.9\times0.9\times0.9f_u\cdot A_e}{1.2}=0.6075f_uA_e \tag{2-43}$$

式中　f_u——螺栓材料经热处理后的最低抗拉强度(N/mm^2)；

A_e——螺栓的有效截面面积(mm^2)。

三个0.9系数则分别考虑：

1）材料的不均匀性。

2）补偿螺栓紧固后有一定松弛引起预拉力损失。

3）为安全起见而引入的一个附加安全系数。

系数1.2是考虑拧紧螺栓时力矩对螺杆的不利影响。

各种规格高强度螺栓的设计预拉力的取值见表2-11。

表2-11　高强度螺栓的设计预拉力值　（单位:kN）

螺栓的性能等级	螺栓公称直径/mm					
	M16	M20	M22	M24	M27	M30
8.8级	80	125	150	175	230	280
10.9级	100	155	190	225	290	355

（3）高强度螺栓的紧固法　我国现有大六角头型(图2-34a)和扭剪型(图2-34b)两种形式的高强度螺栓。它们的预拉力是安装螺栓时通过紧固螺帽来实现的，为确保其数值准确，施工时应严格控制螺母的紧固程度。通常有转角法、力矩法和扭掉螺栓尾部梅花卡头三种紧固方法。大六角头型用前两种，扭剪型用后者。

1）转角法。先用普通扳手进行初拧，使被连接板件相互紧密贴合，再以初拧位置为起点，按终拧角度，用长扳手或风动扳手旋转螺母，拧至该角度值时，螺栓的拉力即达到施工控制预拉力。此法实际上是通过螺栓的应变来控制预拉力，不需专用扳手，工具简单但不够精确。

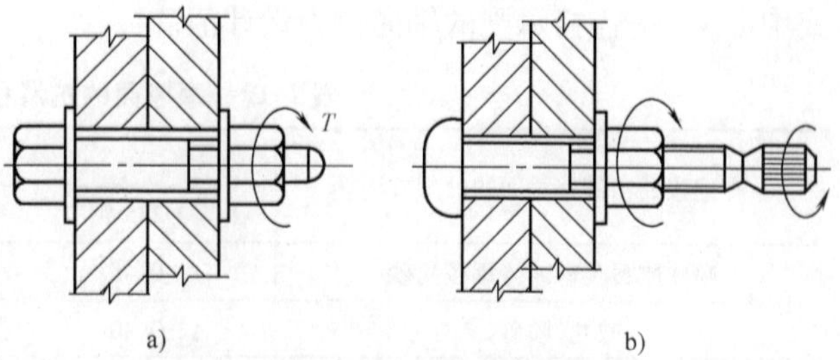

图2-34　高强度螺栓

a）大六角头型　b）扭剪型

2）力矩法。先用普通扳手进行初拧（不小于终拧力矩值的50%），使连接件紧贴，然后按100%拧紧力矩用电动力矩扳手终拧。拧紧力矩可由试验确定，务必使施工时控制的预拉力为设计预拉力的1.1倍。此法简单，易实施、费用少，但由于连接件和被连接件的表面质量和拧紧速度的差异，测得的预拉力值误差大且分散，一般误差为±25%。

3）扭掉螺栓尾部梅花卡头法。利用特制电动扳手的内外套，分别套住螺杆尾部的卡头和螺母，通过内外套的相对旋转，对螺母施加力矩，最后螺杆尾部的梅花卡头被剪断扭掉。由于螺栓尾部连接一个截面较小的带槽沟的梅花卡头，而槽沟的深度是按终拧力矩和预拉力之间的关系确定的，故当这带槽沟的梅花卡头被扭掉时，即达到规定的预拉力值。此法安装简便，强度高，质量易于保证，可单面拧，对操作人员无特殊要求。

（4）高强度螺栓连接计算

1）高强度螺栓摩擦型连接抗剪连接的计算。高强度螺栓摩擦型连接主要用于抗剪连接中（图2-35）。它是通过拧紧螺栓使栓杆产生预拉力，在预拉力的作用下，使被连接构件的接触面上产生强大的摩擦阻力，来传递剪力。

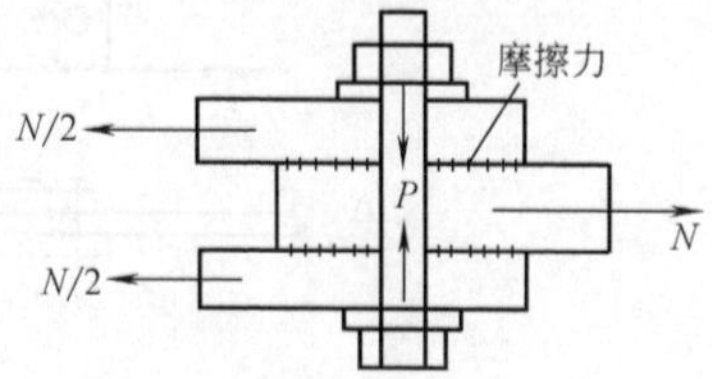

图2-35　高强度螺栓摩擦型连接内力传递示意图

高强度螺栓摩擦型连接承受剪力的设计准则是外力不超过摩擦力。每个螺栓产生的摩擦力大小与摩擦面的抗滑移系数μ、螺栓杆中的预拉力P及摩擦面数n_f成正比，考虑材料分项系数$\gamma_R=1.111$，即得单个高强度螺栓摩擦型连接的抗剪承载力为

$$N_v^b=\frac{1}{1.111}kn_f\mu P=0.9kn_f\mu P \tag{2-44}$$

式中　n_f——传力摩擦面数目：单剪时$n_f=1$，双剪时$n_f=2$；

P——高强度螺栓的设计预拉力（kN），按表2-11采用；

μ——摩擦面的抗滑移系数，按表2-12采用；

0.9——螺栓抗拉力分项系数γ_R的倒数，即取$\gamma_R=\frac{1}{0.9}=1.111$；

k——孔形系数，标准孔取1.0；大圆孔取0.85；内力与槽孔长向垂直时取0.7；内力与槽孔长向平行时取0.6。

单个高强度螺栓摩擦型连接的承载力求得后，则连接一侧所需的螺栓数可按下式计算：

$$n\geqslant\frac{N}{N_v^b} \tag{2-45}$$

式中 N——连接承受的轴向拉力设计值。

表2-12 摩擦面的抗滑移系数μ值

在连接处构件接触面的处理方法	构件的钢号		
	Q235钢	Q345钢或Q390钢	Q420钢或Q460钢
喷硬质石英砂或铸钢棱角砂	0.45	0.45	0.45
抛丸(喷砂)	0.40	0.40	0.40
钢丝刷清除浮锈或未经处理的干净轧制表面	0.30	0.35	—

注：1. 钢丝刷除锈方向应与受力方向垂直。

2. 当连接构件采用不同钢材牌号时，μ按相应较低强度者取值。

3. 采用其他方法处理时，其处理工艺及抗滑移系数值均需经试验确定。

高强度螺栓连接的净截面强度计算与普通螺栓连接不同。如图2-36所示，被连接钢板最危险截面在第一列螺栓孔处，但在这个截面上，每个螺栓所传递的一部分已由摩擦作用在孔前传走(称为孔前传力)。试验结果表明，每个高强度螺栓孔前传力为50%，即孔前传力系数为0.5。

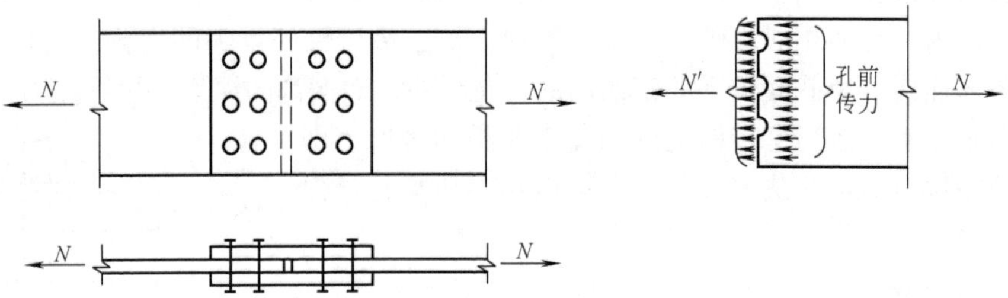

图2-36 孔前传力示意图

设连接一侧的螺栓数为n，计算截面处的螺栓数为n_1，则构件净截面受力为

$$N' = N - 0.5\frac{n_1}{n}N = \left(1 - 0.5\frac{n_1}{n}\right)N \tag{2-46}$$

净截面强度计算式为

$$\sigma = \frac{N'}{A_n} = \left(1 - 0.5\frac{n_1}{n}\right)\frac{N}{A_n} \leqslant f \tag{2-47}$$

通过以上分析可以看出，采用高强度螺栓摩擦型连接时，开孔对截面的削弱影响较普通螺栓连接小，有时可能无影响。

2）高强度螺栓承压型连接抗剪连接的计算。高强度螺栓承压型连接受剪时，极限承载力由螺栓杆抗剪和孔壁承压决定，摩擦力仅起延缓滑移的作用。因此，计算和普通螺栓相同。单个受剪高强度螺栓承压型连接的承载力设计值按式(2-32)和式(2-33)计算，即

$$N_v^b = n_v \frac{\pi d^2}{4} f_v^b$$

$$N_c^b = d\sum t f_c^b$$

式中 f_v^b——高强度螺栓承压型连接的抗剪强度设计值，见附表A-3。

f_c^b——高强度螺栓承压型连接的承压强度设计值，见附表A-3。

取二者的较小值，即$N_{min}^b = \min\ (N_v^b,\ N_c^b)$作为单个受剪高强度螺栓承压型连接的承载力

设计值。当计算剪切面在螺纹处时，其受剪承载力设计值应按螺纹处的有效面积进行计算。

单个高强度螺栓承压型连接的承载力求得后，则连接一侧所需的螺栓数可按下式计算：

$$n \geqslant \frac{N}{N_{min}^{b}}$$

3）高强度螺栓群在轴心力作用时的抗拉计算。高强度螺栓群连接所需螺栓数目

$$n \geqslant \frac{N}{N_{t}^{b}} \tag{2-48}$$

式中　N_t^b——在杆轴方向受拉力时，一个高强度螺栓的承载力设计值，摩擦型连接 $N_t^b = 0.8P$；承压型连接 $N_t^b = \frac{\pi d_e^2}{4} f_t^b$。

例 2-8　试设计一双盖板拼接的钢板连接，如图 2-37 所示。钢材 Q235-B，高强度螺栓为 8.8 级的 M20，连接处构件接触面用喷砂处理，作用在螺栓群形心处的轴心拉力设计值 $N = 800\text{kN}$，试设计此连接。

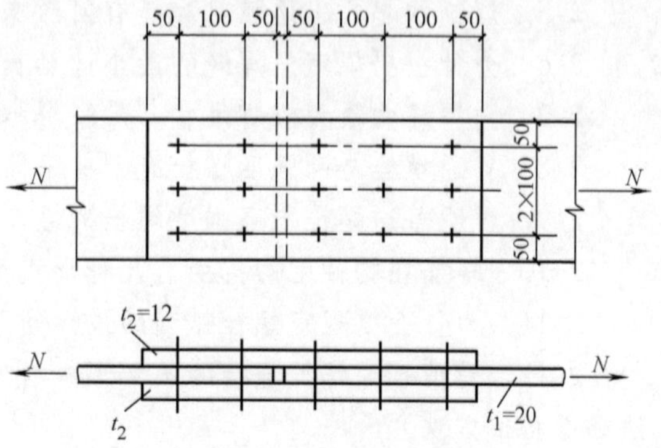

图 2-37　例 2-8 图

解：(1) 采用摩擦型连接时　由表 2-11 查得每个 8.8 级的 M20 高强度螺栓的预拉力 $P = 125\text{kN}$，由表 2-12 查得对于 Q235 钢材接触面做喷砂处理时，$\mu = 0.45$。

一个螺栓的承载力设计值为

$$N_v^b = 0.9 n_f \mu P = (0.9 \times 2 \times 0.45 \times 125)\text{kN} = 101.3\text{kN}$$

所需螺栓数

$$n = \frac{800}{101.3} = 7.9\text{，取 9 个}$$

螺栓排列如图 2-37 所示。

净截面面积为

$$A_n = (300 \times 20 - 3 \times 22 \times 20)\text{mm}^2 = 4680\text{mm}^2$$

净截面强度为

$$\sigma = \left(1 - 0.5\frac{n_1}{n}\right)\frac{N}{A_n} = \left(1 - 0.5 \times \frac{3}{9}\right) \times \frac{800 \times 10^3}{4680}\text{N/mm}^2 = 143\text{N/mm}^2 < f = 205\text{N/mm}^2$$

满足要求。

(2) 采用承压型连接时　一个螺栓的承载力设计值为

$$N_v^b = n_v \frac{\pi d^2}{4} f_v^b = \left(2 \times \frac{3.14 \times 20^2}{4} \times 250\right)\text{kN} = 157\text{kN}$$

$$N_c^b = d \cdot \sum t \cdot f_c^b = (20 \times 20 \times 470)\text{kN} = 188\text{kN}$$

则所需螺栓数

$$n = \frac{N}{N_{min}^b} = \frac{800}{157} = 5.1\text{，取 6 个}$$

螺栓排列如图 2-37 所示。

净截面强度

$$\sigma = \frac{N}{A_n} = \frac{800 \times 10^3}{4680} \text{N/mm}^2 = 171 \text{N/mm}^2 < f = 205 \text{N/mm}^2$$

满足要求。

复习思考题

2-1 钢结构的连接方式有几种？各有何特点？目前常用哪些方法？

2-2 对接焊缝的坡口形式主要由什么条件决定？通常用的坡口形式有哪几种？并绘图示意。

2-3 对接焊缝在哪种情况下才需要进行计算？

2-4 引弧板起什么作用？

2-5 焊缝的起弧、落弧对焊缝有何影响？计算中如何考虑？

2-6 为什么要规定角焊缝的最小计算长度？

2-7 角焊缝的最大焊脚尺寸、最小焊脚尺寸有哪些规定？

2-8 普通螺栓与高强度螺栓有哪些不同之处？

2-9 说明普通螺栓与高强度螺栓的性能等级分哪几级，并解释符号的含义。

2-10 螺栓在构件上的排列有几种形式？应满足什么要求？

2-11 为什么要规定螺栓排列的最大间距和最小间距？

2-12 受剪普通螺栓连接的破坏形式有哪些？在设计中应如何避免这些破坏(用计算方法还是构造方法)？

2-13 高强螺栓的紧固方法有哪些？

2-14 高强螺栓连接有几种类型？有何区别？

2-15 在抗剪连接中，普通螺栓连接与摩擦型高强度螺栓连接的工作性能有何不同？

实训练习题

2-1 填空题

1. 高强度螺栓根据其螺栓材料性能分为两个等级：8.8 级和 10.9 级，其中 10.9 表示______________________________。

2. 性能等级为4.6级和4.8级的C级普通螺栓连接，________级的安全储备更大。

3. 根据施焊时焊工所持焊条与焊件之间的相互位置的不同，焊缝可分为________、________、________和________四种，其中________施焊的质量最易保证。

4. 当对接焊缝无法采用引弧板施焊时，每条焊缝的长度计算时应减去________。

5. 普通螺栓是通过________来传力的；摩擦型高强螺栓是通过________来传力的。

6. 单个螺栓承受剪力时，螺栓承载力应取________和________的较小值。

2-2 选择题

1. 钢结构中最主要的连接方法是________。

A. 焊接连接　B. 普通螺栓连接　C. 铆钉连接　D. 高强螺栓连接

2. 钢结构中，一般用图形符号表示焊缝的基本形式，例如角焊缝用________表示。

A. ▼　B. ▽　C. V　D. ◿

3. 摩擦型高强度螺栓抗剪时依靠________承载。

A. 螺栓预应力　　B. 螺栓杆的抗剪

C. 孔壁承压　　D. 板件间摩阻力

4. 承压型连接的高强度螺栓的预拉力 P 应与摩擦型高强度螺栓________。

A. 不相同；高强度螺栓承压型连接不应用于直接承受动力荷载的结构

B. 相同；高强度螺栓承压型连接可应用于直接承受动力荷载的结构

C. 相同；高强度螺栓承压型连接不应用于直接承受动力荷载的结构

D. 不相同；高强度螺栓承压型连接可应用于直接承受动力荷载的结构

5. 普通螺栓用于需要拆装的连接时，宜选用______。

A. A 级螺栓　　B. B 级螺栓　　C. C 级螺栓　　D. D 级螺栓

6. 侧面角焊缝或正面角焊缝的计算长度不得小于_______。

A. $60h_f$　　B. $8h_f$　　C. 40mm　　D. $1.5\sqrt{t}$(mm)

7. 对于焊缝质量检查，下列说法正确的是________。

A. 质量检查标准分为三级　　B. 三级要求在外观检查的基础上通过无损检查

C. 三级只要求通过外观检查　　D. 三级要求用超声波检查每条焊缝的50%长度

8. 在次要构件或次要焊缝连接中，可采用断续角焊缝。断续角焊缝段的长度为________。

A. $60h_f$　　B. $10h_f$　　C. 50mm　　D. 40mm

9. 对于普通螺栓连接，限制端距 $e \geqslant 2d_0$ 的目的是为了避免________。

A. 螺栓杆受剪破坏　　B. 螺栓杆受弯破坏

C. 板件受挤压破坏　　D. 板件端部冲剪破坏

10. 在搭接连接中，为了减小焊接残余应力，其搭接长度不得小于较薄焊件厚度的________。

A. 5 倍　　B. 10 倍　　C. 15 倍　　D. 20 倍

11. 承压型高强度螺栓连接比摩擦型高强度螺栓连接________。

A. 承载力低，变形大　　B. 承载力高，变形大

C. 承载力低，变形小　　D. 承载力高，变形小

12. 对于直接承受动力荷载的结构，宜采用________。

A. 焊接连接　　B. 普通螺栓连接

C. 摩擦型高强度螺栓连接　　D. 承压型高强度螺栓连接

2-3　计算题

1. 计算如图 2-38 所示的两块钢板的对接焊缝连接，钢板宽度 $B=430$mm，厚度 $t=10$mm，计算轴心拉力 $N=926$kN，钢材为 Q235-B · F，焊条 E43 型，采用手工焊，施焊时不用引弧板，焊缝量标准为三级。

2. 计算如图 2-39 所示的由三块钢板焊成的工字形截面的对接焊缝连接，截面尺寸为：翼缘宽度 $b=100$mm，厚度 $t_1=12$mm，腹板高度 $h_0=200$mm，厚度 $t_2=8$mm，计算轴心拉力 $N=200$kN，作用在焊缝上的计算弯矩 $M=36$kN · m。计算剪力 $V=250$kN，钢材为 Q235 − B · F，焊条 E43 型，采用手工焊，施焊时采用引弧板，焊缝检验质量标准为三级。

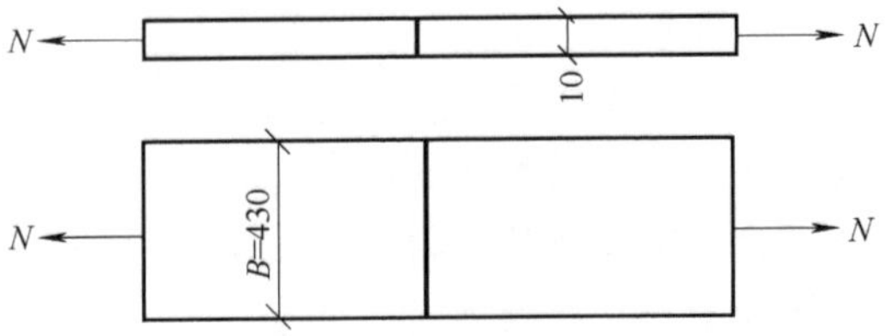

图2-38 计算题1图

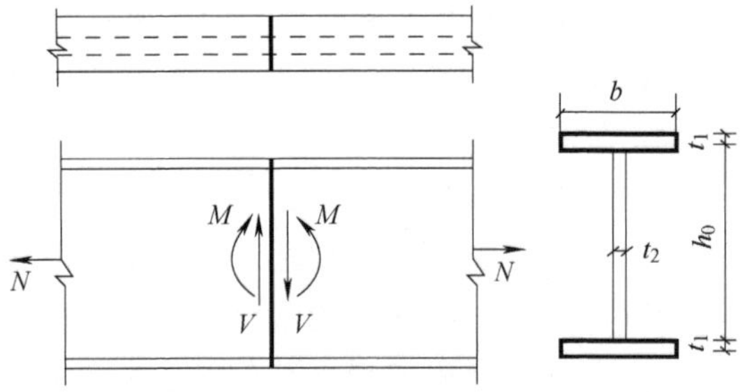

图2-39 计算题2图

3. 试验算图2-40所示焊缝连接的强度。已知连接承受静力荷载设计值 $F=150\text{kN}$，采用手工焊，E43型焊条，$f_{\text{f}}^{\text{w}}=160\text{N/mm}^2$。

4. 如图2-41所示，一双角钢(等肢相连)和节点板用直角角焊缝相连，轴心拉力设计值 $N=500\text{kN}$(静力荷载)，钢材采用Q235，手工焊，焊条E43型，试设计此连接。

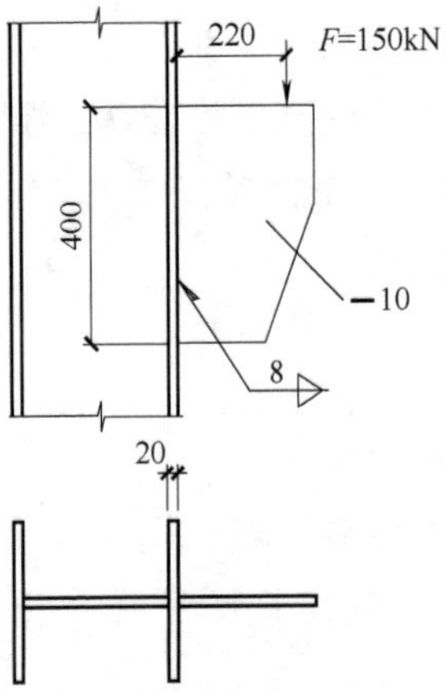

图2-40 计算题3图

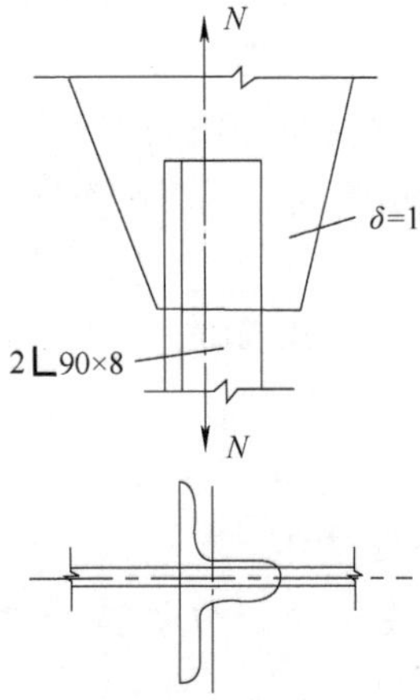

图2-41 计算题4图

5. 计算如图2-42所示的双盖板拼接的普通粗制螺栓连接所能承受的轴心拉力 N，被拼接钢板的截面尺寸为 $370\text{mm}\times16\text{mm}$，钢材Q235，螺栓直径 $d=20\text{mm}$，孔径 $d_0=20.5\text{mm}$。

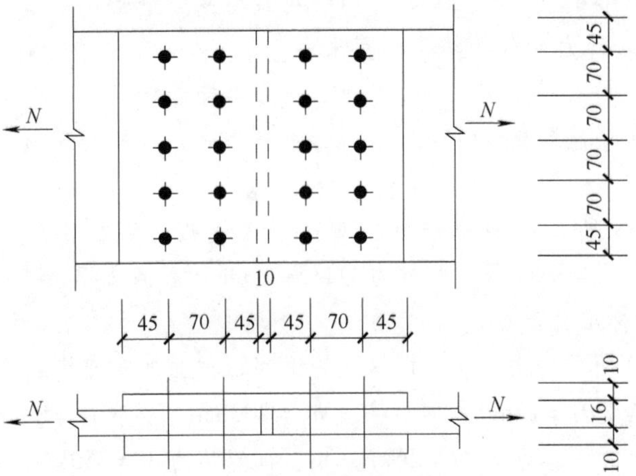

图2-42 计算题5图

6. 一牛腿用普通粗制螺栓与柱连接，如图2-43所示，牛腿下端设有承托板以承受剪力，螺栓直径 $d=20\mathrm{mm}$，螺距为70mm，钢材为Q235，计算力 $V=110\mathrm{kN}$，$e=180\mathrm{mm}$，计算轴心拉力 $N=180\mathrm{kN}$，采用E43型焊条，试验算螺栓强度及承托与柱的连接焊缝。

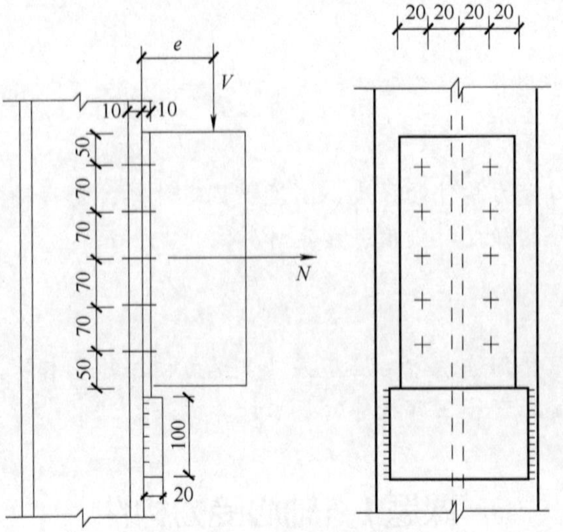

图2-43　计算题6图

7. 试设计摩擦型连接高强度螺栓的钢板拼接连接。连接采用双盖板，钢板截面为—360×16，双盖板为2块—360×8。钢材为Q235，螺栓为8.8级、M22，接触面采用喷砂处理，承受轴心拉力设计值 $N=1400\mathrm{kN}$。

单元3　钢结构构件

【单元概述】

本单元讲述了轴心受力构件的强度、刚度、稳定计算；受弯构件的强度、刚度、稳定计算；拉弯和压弯构件的强度、刚度、稳定计算。

【学习目标】

通过本单元的学习、训练，学生应掌握轴心受力构件的基本计算方法；掌握受弯构件的基本计算方法；了解拉弯和压弯构件的基本计算方法。

课题1　轴心受力构件

轴心受力
构件概述

1. 概述

轴心受力构件包括轴心受拉构件与轴心受压构件。在钢结构中，此类构件的应用十分广泛，例如桁架、塔架和网架、网壳等杆件体系。通常假设它的节点为铰接连接，当无节间荷载作用时，只受轴向拉力和压力的作用。如图3-1所示即为轴心受力构件在工程中应用的一些实例。

a)　　b)　　c)

图3-1　轴心受力构件在工程中的应用

a）桁架　b）塔架　c）网架

钢屋架的下弦杆和一部分腹杆通常是轴心受拉杆，而轴心压杆经常用作工业建筑的工作平台、栈桥以及管道支架柱，用以支撑梁、桁架等构件而将荷载传到基础。柱由柱头、柱身和柱脚三部分组成(图3-2)，柱头用来支承平台梁或桁架，柱脚的作用是将压力传至基础。

轴心受力构件常用的截面形式可分为实腹式和格构式两大类。

实腹式构件制作简单，与其他构件连接也较方便，其常用截面形式很多，可直接选用单个型

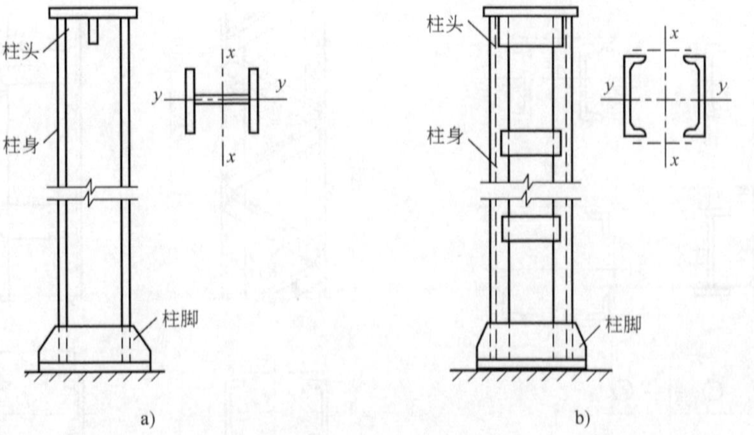

图3-2　柱的组成

a）实腹式柱　b）格构式柱

钢截面，如圆钢、钢管、角钢、T型钢、槽钢、工字钢、H型钢等，如图3-3a所示，也可选用由型钢或钢板组成的组合截面，如图3-3b所示。一般桁架结构中的弦杆和腹杆，除T型钢和单角钢外，常采用角钢或双角钢组合截面，如图3-3c所示。在轻型结构中则可采用冷弯薄壁型钢截面，如图3-3d所示。以上这些截面中，截面紧凑(如圆钢和组成板件宽厚比较小截面)或对两主轴刚度相差悬殊者(如单槽钢、工字钢)，一般只可能用于轴心受拉构件。而受压构件通常采用较为开展、组成板件宽而薄的截面。格构式构件容易使压杆实现两主轴方向的等稳定性，刚度大，抗扭性能也好，用料较省。其截面一般由两个或多个型钢肢件组成，如图3-4所示，肢件间采用缀条如图3-5a所示，缀板如图3-5b所示，缀条和缀板统称为缀材。

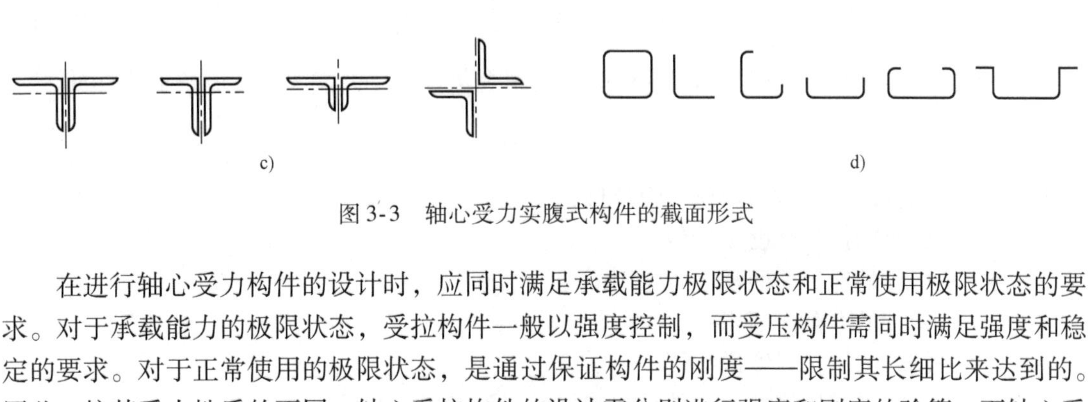

图3-3　轴心受力实腹式构件的截面形式

在进行轴心受力构件的设计时，应同时满足承载能力极限状态和正常使用极限状态的要求。对于承载能力的极限状态，受拉构件一般以强度控制，而受压构件需同时满足强度和稳定的要求。对于正常使用的极限状态，是通过保证构件的刚度——限制其长细比来达到的。因此，按其受力性质的不同，轴心受拉构件的设计需分别进行强度和刚度的验算，而轴心受压构件的设计需分别进行强度、稳定和刚度的验算。

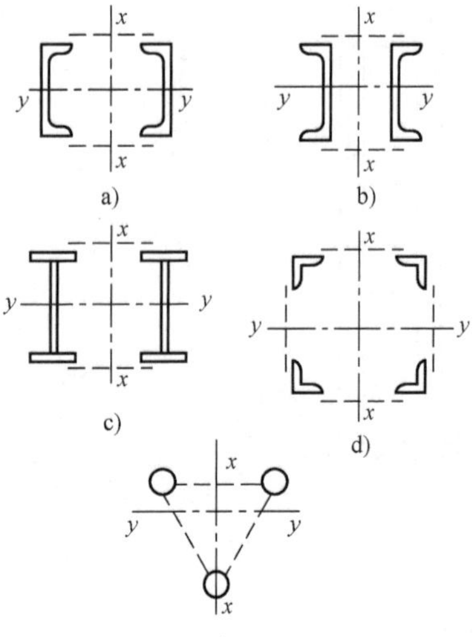

图 3-4 格构式构件的常用截面形式

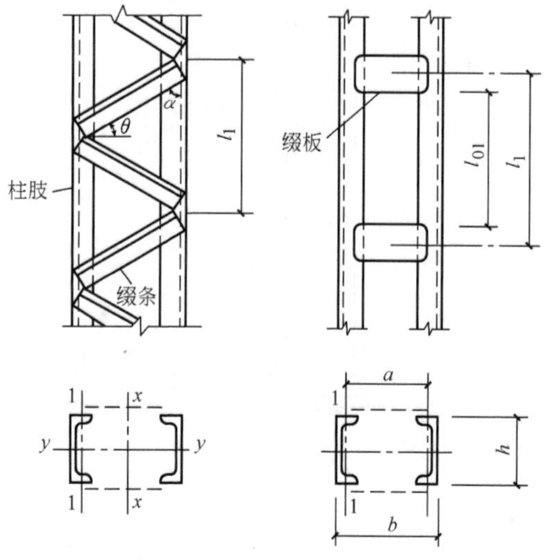

图 3-5 格构式构件的缀材布置

a）缀条柱 b）缀板柱

2. 轴心受力构件的强度和刚度

（1）强度计算 轴心受拉构件，当端部连接及中部拼接处组成截面的各板件都由连接直接传力时，其截面强度计算应符合下列规定：

1）除采用高强度螺栓摩擦型连接者外，其截面强度应采用下列公式计算：

毛截面屈服：

$$\sigma = \frac{N}{A} \leqslant f \tag{3-1a}$$

净截面断裂：

$$\sigma = \frac{N}{A_n} \leqslant 0.7 f_u \tag{3-1b}$$

2）采用高强度螺栓摩擦型连接的构件，其毛截面计算应采用式(3-1a)，净截面断裂应按下式计算：

$$\sigma = \left(1 - 0.5\frac{n_1}{n}\right)\frac{N}{A_n} \leqslant 0.7 f_u \tag{3-1c}$$

3）当构件为沿全长都有排列较密的螺栓的组合构件时，其截面强度应按下式计算：

$$\sigma = \frac{N}{A_n} \leqslant f \tag{3-1d}$$

式中 N——构件的轴心拉力或压力设计值；

f——钢材的抗拉强度设计值；

A——构件的毛截面面积；

A_n——构件的净截面面积；

f_u——钢材的抗拉强度最小值；

n——在节点或拼接处，构件一端连接的高强度螺栓数目；

n_1——所计算截面(最外排螺栓处)高强度螺栓数目。

轴心受压构件，当端部连接及中部拼接处组成截面的各板件都由连接直接传力时，截面强度应按式(3-1a)计算，但含有虚孔的构件尚需在孔心所在截面按式(3-1b)计算。

轴心受拉构件和轴心受压构件，当组成板件在节点或拼接处并非全部直接传力时，应将危险截面的面积乘以有效截面系数 η，不同构件截面形式和连接方式的 η 值应符合表 3-1 的规定。

表 3-1　轴心受力构件节点或拼接处危险截面有效截面系数

构件截面形式	连接形式	η	图例
角钢	单边连接	0.85	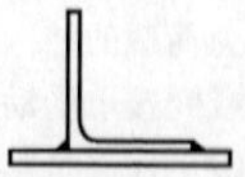
工字型钢、H 型钢	翼缘连接	0.90	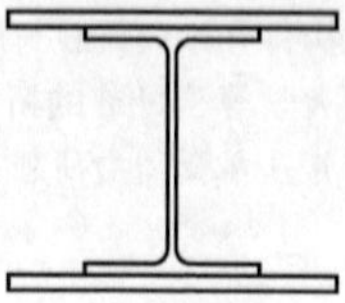
	腹板连接	0.70	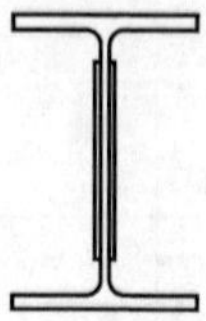

（2）刚度计算　轴心受力构件应具有一定的刚度，以保证构件不会产生过度的变形，从而满足结构的正常使用要求。构件过于柔细，会产生下列不利影响：

1）使用期间，容易在自重作用下产生较大的挠度。

2）在运输和安装过程中易发生过大的弯扭变形。

3）在动力荷载作用下易发生较大的振动。

4）压杆的长细比过大时，除具有前述各种不利因素外，还使构件的极限承载力显著降低，同时，初弯曲和自重产生的挠度也将对构件的整体稳定带来不利影响。

在总结了钢结构长期使用经验的基础上，规范规定：轴心受拉构件及轴心受压构件的刚度以其长细比的容许值来控制，即：

$$\lambda_x = \frac{l_{0x}}{i_x} \leqslant [\lambda] \tag{3-2a}$$

$$\lambda_y = \frac{l_{0y}}{i_y} \leqslant [\lambda] \tag{3-2b}$$

式中　λ_x、λ_y——构件的最大长细比；

l_{0x}、l_{0y}——构件的计算长度；

i_x、i_y——截面的回转半径；

$[\lambda]$——构件的容许长细比。规范根据构件的重要性和荷载情况，对受拉构件的容许长细比规定了不同的要求和数值，其中，对压杆的容许长细比的规定更为严格，见表 3-2、表 3-3。

表 3-2 受拉构件的容许长细比

项次	构件名称	承受静力荷载或间接承受动力荷载的结构		直接承受动力荷载的结构
		一般建筑结构	有重级工作制吊车的厂房	
1	桁架的杆件	350	250	250
2	吊车梁或吊车桁架以下的柱间支撑	300	200	—
3	其他拉杆、支撑、系杆等(拉紧的圆钢除外)	400	350	—

注：1. 承受静力荷载的结构中，可仅计算受拉构件在竖向平面内的长细比。
2. 在直接或间接承受动力荷载的结构中，单角钢受拉构件长细比的计算方法与表 3-3 注 2 相同。
3. 中、重级工作制吊车桁架下弦杆的长细比不宜超过 200。
4. 在设有夹钳或刚性料耙等硬钩吊车的厂房中，支撑(表中第 2 项除外)的长细比不宜超过 300。
5. 受拉构件在永久荷载与风荷载组合作用下受压时，其长细比不宜超过 250。
6. 跨度大于等于 60m 的桁架，其受拉弦杆与腹杆的长细比不宜超过 300(承受静力荷载或间接承受动力荷载)或 250(直接承受动力荷载)。

表 3-3 受压构件的容许长细比

项次	构件名称	容许长细比
1	柱、桁架和天窗架中的杆件	150
	柱的缀条、吊车梁或吊车桁架以下的柱间支撑	
2	支撑(吊车梁或吊车桁架以下的柱间支撑除外)	200
	用以减小受压构件长细比的构件	

注：1. 桁架(包括空间桁架)的受压腹杆，当其内力等于或小于承载能力的 50% 时，容许长细比值可取 200。
2. 计算单角钢受压构件的长细比时，应采用角钢的最小回转半径，但计算在交叉点相互连接的单角钢交叉杆件在支撑平面外的长细比时，可采用与角钢肢边平行轴的回转半径。
3. 跨度大于等于 60m 的桁架，其受压弦杆和端压杆的容许长细比值宜取 100，其他受压腹杆可取 150(承受静力荷载或间接承受动力荷载)或 120(直接承受动力荷载)。
4. 由容许长细比控制截面的杆件，在计算其长细比时，可不考虑扭转效应。

3. 轴心拉杆的设计

钢材比其他材料更适合受拉，因此钢拉杆不但用于钢结构，还用于钢与钢筋混凝土或木材的组合结构中。此种组合结构的受拉构件用钢筋混凝土或木材制作，而拉杆用钢材做成。受拉构件没有整体稳定和局部稳定的问题，极限承载力一般由强度控制，所以，设计时只考虑强度和刚度。

按轴心受力构件计算的单角钢杆件，当两端与节点板采用单面连接时，因有构造偏心，实际上不可能是轴心受力构件，为简化计算，可按轴心受力构件计算强度，但需考虑偏心产生的不利影响。《钢结构设计标准》(GB 50017—2017)规定：单面连接单角钢按轴心受力计算强度和连接时，其强度设计值降低 15%，即应乘以 0.85 的折减系数。

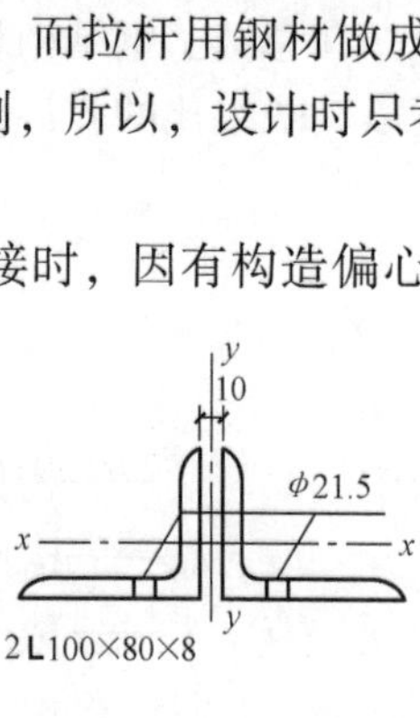

图 3-6 例 3-1 图

例 3-1 验算设有重级工作制吊车厂房的钢屋架下弦(不等边角钢,两短边相连)，其最大设计内力 $N=420\text{kN}$(拉力)，截面如图 3-6 所示，计算长度 $l_{0x}=300\text{cm}$，$l_{0y}=885\text{cm}$，材料为 Q235。试验算其强度与刚度是否满足要求。

解：（1）强度验算

由型钢表中查得∟100×80×8 的截面面积 $A=13.94\text{cm}^2$，则此下弦杆净截面面积为：

$$A_n=2\times(13.94-2.15\times0.8)=24.44\text{cm}^2=2444\text{mm}^2$$

$$\sigma=\frac{N}{A_n}=\frac{420\times10^3}{2444}\text{N/mm}^2=171.85\text{N/mm}^2<f=215\text{N/mm}^2$$

（2）长细比验算

由附录C-2组合截面特性表查得：$i_x=2.37\text{cm}$，$i_y=4.73\text{cm}$

$$\lambda_x=\frac{l_{0x}}{i_x}=\frac{300}{2.37}=127<[\lambda]=250$$

$$\lambda_y=\frac{l_{0y}}{i_y}=\frac{885}{4.73}=187<[\lambda]=250$$

经验算此钢屋架下弦杆满足强度与刚度要求。

4. 轴心受压构件的稳定

细长的轴心受压构件，当长细比较大而截面又没有孔洞削弱时，往往不会因截面的平均应力达到抗压强度设计值而发生破坏，而是应力还低于屈服点时，就会发生屈曲破坏丧失承载能力，这就是轴心受压构件“失稳”破坏，因而不必进行强度计算。对轴心受压构件来说，整体稳定是确定构件截面的最重要因素。

无缺陷的轴心受压构件，当轴心压力 N 较小时，构件保持顺直。如果有干扰力，则使其产生微弯曲，当干扰力除去后，构件恢复直线状态。这种直线形式的平衡是稳定的。当轴力增加到一定程度，直线形式的平衡就会变成不稳定的，这时如有干扰力则使其发生微弯，在平衡力除去后，构件仍保持微弯状态。这种除直线形式平衡外，还存在微弯形式平衡位置的情况称为平衡状态的分支。如果压力再稍增加，则弯曲变形就迅速增大而使构件丧失承载能力。这种现象称为构件的弯曲屈曲或弯曲失稳，如图3-7a 所示。

对某些抗扭刚度较差的轴心受压构件，压力 N 到达某一临界值时，稳定平衡状态不再保持，不是发生微弯曲变形，而是发生微扭转变形。同样，当压力 N 再略有增加，则扭转变形迅速增大而使构件丧失承载能力。这种现象称为扭转屈曲或扭转失稳，如图3-7b 所示。

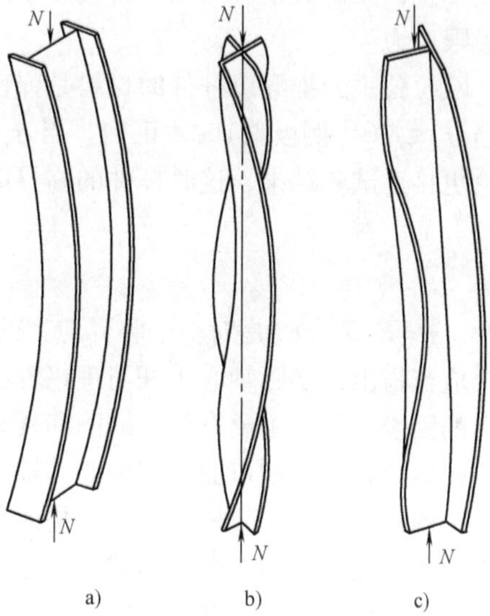

图3-7 轴心受压构件的屈曲形态(两端铰接)
a）弯曲屈曲 b）扭转屈曲 c）弯扭屈曲

当轴心受压构件截面为双轴对称，如工字形、箱形、十字形，通常可能发生绕主轴的弯曲屈曲；如为极点对称扭转刚度较小的截面，如Z形、十字形截面时，常发生扭转屈曲。对称截面的两种弯曲是互不相关的，究竟发生哪种变形形态的屈曲，取决于截面绕 x 轴或 y 轴的抗弯刚度、抗扭刚度、构件长度、构件支承约束条件等情况。每个屈曲形态都可求出相应的临界力，其中最小的将起控制作用。

截面为单轴对称的轴心受压构件，可能发生绕非对称轴的弯曲屈曲，也可能发生绕对称轴的弯曲变形，并同时伴随有扭转变形的屈曲，称为弯扭屈曲或弯扭失稳，如图3-7c所示。这是因为轴心压力所通过的截面形心与截面剪切中心(简称剪心或扭转中心或弯曲中心，即构件弯曲时截面剪应力合力作用点通过的位置)不重合。所以围绕对称轴的弯曲变形总是伴随着扭转变形，应求出每个屈曲形态的临界力，取其最小值作为控制值。

由材料力学中的欧拉公式可知，两端铰接的轴心受压杆保持其直线稳定状态的临界力为

$$N_k = \frac{\pi^2 EI}{l_0^2} \tag{3-3}$$

式中 E——材料的弹性模量；

I——构件毛截面的惯性矩；

l_0——构件的计算长度。

由式(3-3)可求得构件的临界应力为

$$\sigma_k = \frac{\pi^2 E}{\lambda^2} \tag{3-4}$$

式中 λ——受压杆件的长细比或柔度，$\lambda = \dfrac{l_0}{\sqrt{I/A}}$。

当荷载达到临界力 N_k，即杆件应力达到临界应力 σ_k 时，轴心压杆只要受到任意微小的偏曲干扰，或荷载稍有增加，就会产生巨大的变形而破坏，所以临界应力 σ_k 就是稳定计算的极限应力。

欧拉公式的推导以杆件的材料是弹性并服从虎克定律为基础的，也就是说，式(3-4)只有当 $\sigma_k \leqslant f_p$(比例极限)时才正确。当 $\sigma_k > f_p$ 时，杆件进入弹塑性工作阶段，采用切线模量理论更接近试验结果，这时杆件的临界应力按下式计算：

$$\sigma = \frac{\pi^2 E\tau}{\lambda^2} \tag{3-5}$$

式中 $\tau = E_t/E$，E_t 是对应于临界应力的切线模量。

应当指出，实际轴心压杆与理想轴心压杆有很大区别，在杆件中常有各种影响稳定承载能力的因素，其中主要有初始缺陷和残余应力。

初始缺陷包括初弯曲和初偏心。轴心压杆在制造、运输和安装过程中，不可避免地会产生微小的初弯曲，一般杆件中点的挠曲矢高约为杆长的1/2000～1/500。由于构造或施工的原因，还可能产生偶然形成的偏心。这样，在压力作用下，杆件侧向挠曲从加载起就会不断增加，所以杆件除受有轴向力外，实际上还存在因杆件挠曲而产生的弯矩，从而降低了杆件的承载能力。

残余应力是指结构在受力前，结构内部就已经存在的自相平衡的初应力，例如焊接应力就是残余应力的一种，其他如钢材轧制、火焰切割、冷弯、变形矫正等过程中产生的塑性变形，也都会在结构中产生残余应力。残余应力的存在将使杆件提前进入弹塑性状态，降低了构件的刚度和承载能力。

由此可以看出，真正的轴心受压构件并不存在，实际构件都具有一些初始缺陷和残余应力，它们对构件的稳定承载力有一定的影响。因此，目前在研究钢结构轴心受压构件的整体稳定时，已不采用理想轴心压杆的假定，而以具有初始缺陷和残余应力的偏心压杆作为研究

的力学模型，即不采用屈曲临界力作为稳定设计的依据，而以稳定极限承载力作为依据。

（1）轴心受压构件的整体稳定　轴心受压构件所受应力应不大于整体稳定的临界应力。实际计算中，可应用电子计算机采用有限元的概念，根据内、外力平衡条件，用数值分析的方法求出轴心受压构件的稳定极限承载力 N_u，考虑抗力分项系数 γ_R 后，得出《钢结构设计标准》（GB 50017—2017）规定的稳定性计算公式：

$$\frac{N}{\varphi A} \leqslant f \tag{3-6}$$

式中　φ——轴心受压构件的整体稳定系数。

整体稳定系数 φ 值应根据截面分类（a、b、c、d 四类）和构件的长细比 λ 以及所采用的钢的牌号，按附表 B-1 ~ 附表 B-4 查出。其中，截面分类又依据截面形状、轴线、支撑条件以及施工条件查表 3-4、表 3-5 得出。

表 3-4　轴心受压构件的截面分类（板厚 $t<40$mm）

截面形式		对 x 轴	对 y 轴
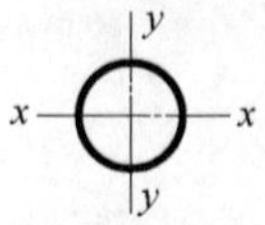 轧制		a 类	a 类
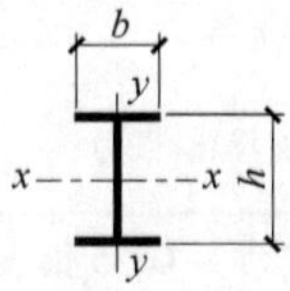 轧制	$\frac{b}{h} \leqslant 0.8$	a 类	b 类
	$\frac{b}{h} > 0.8$	a^* 类	b^* 类
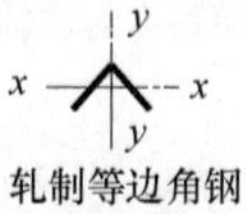 轧制等边角钢		a^* 类	a^* 类
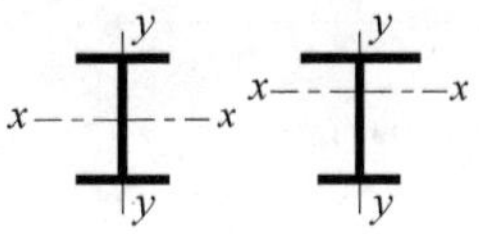 焊接、翼缘为焰切边	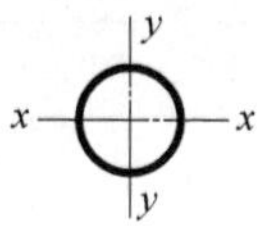 焊接		
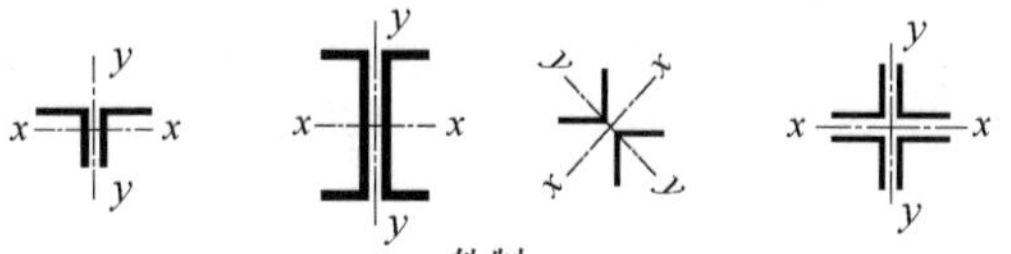 轧制		b 类	b 类
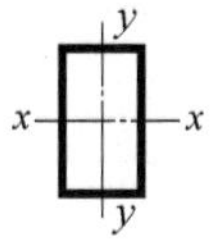 轧制、焊接(板件宽厚比>20)	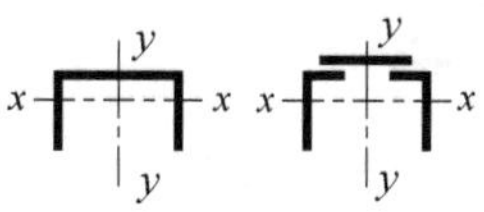 轧制或焊接		

（续）

截面形式		对 x 轴	对 y 轴
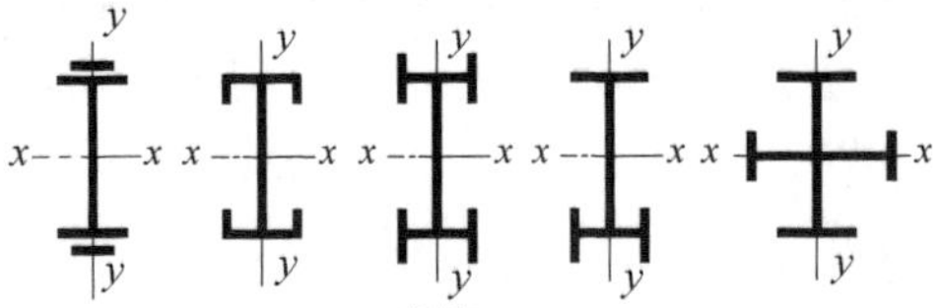 焊接	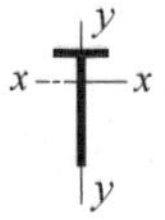 轧制截面和翼缘为焰切边的焊接截面	b类	b类
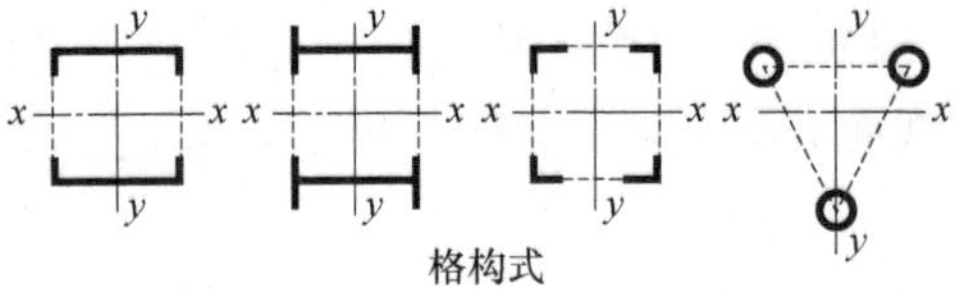 格构式	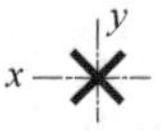 焊接，板件边缘焰切		
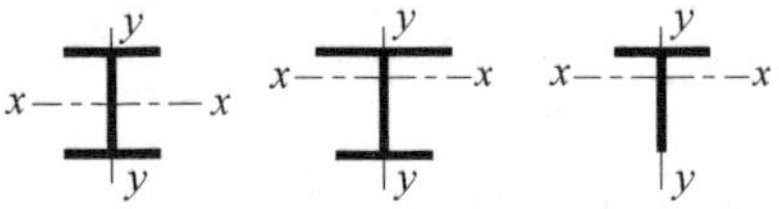 焊接，翼缘为轧制或剪切边		b类	c类
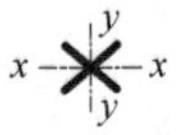 焊接，板件边缘轧制或剪切	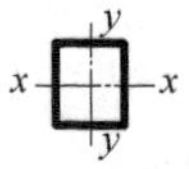 轧制、焊接(板件宽厚比≤20)	c类	c类

注：1. a* 类为 Q235 钢取 b 类，Q345、Q390、Q420 和 Q460 钢取 a 类；b* 类为 Q235 钢取 c 类，Q345、Q390、Q420 和 Q460 钢取 b 类。

2. 对无对称轴且剪心和形心不重合的截面，其截面分类可按有对称轴的类似截面确定，如不等边角钢采用等边角钢的类别；当无类似截面时，可取 c 类。

表 3-5 轴心受压构件的截面分类(板厚 $t \geq 40$mm)

截面形式		对 x 轴	对 y 轴
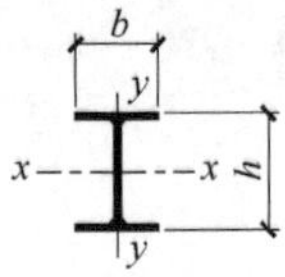 轧制工字形或H形截面	$t<80$mm	b类	c类
	$t \geq 80$mm	c类	d类
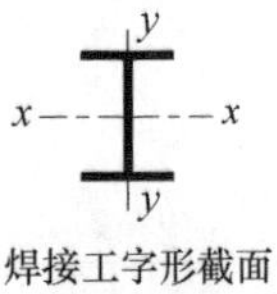 焊接工字形截面	翼缘为焰切边	b类	b类
	翼缘为轧制或剪切边	c类	d类
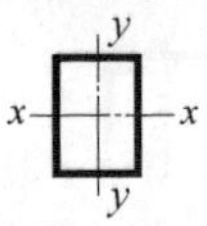 焊接箱形截面	板件宽厚比>20	b类	b类
	板件宽厚比≤20	c类	c类

构件的长细比 λ 按照下列规定确定：

1）截面为双轴对称或极对称的构件。

$$\lambda_x = l_{0x}/i_x \tag{3-7a}$$

$$\lambda_y = l_{0y}/i_y \tag{3-7b}$$

式中　l_{0x}、l_{0y}——构件对主轴 x 和 y 的计算长度；

i_x、i_y——构件截面对主轴 x 和 y 的回转半径。

对双轴对称十字形截面构件，λ_x 或 λ_y 取值不得小于 $5.07b/t$（其中 b/t 为悬伸板件宽厚比）。

2）截面为单轴对称的构件。以上讨论柱的整体稳定临界力时，假定构件失稳时只发生弯曲而没有扭转，即所谓弯曲屈曲。对于单轴对称截面，由于截面形心与剪心（剪切中心）不重合，绕对称轴失稳时，在弯曲的同时总伴随着扭转，即形成弯扭屈曲。在相同的情况下，弯扭失稳比弯曲失稳的临界应力要低。因此，对双板T形和槽形等单轴对称截面进行弯扭分析后，认为绕对称轴（设为 y 轴）的稳定应取计及扭转效应的换算长细比 λ_{yz} 代替 λ_y。

无任何对称轴且又非极对称的截面（单面连接的不等边单角钢除外）不宜用作轴心受压构件。对单面连接的单角钢轴心受压构件，考虑折减系数0.85后，可不考虑弯扭效应。当槽形截面用于格构式构件的分肢，计算分肢绕对称轴（y 轴）的稳定性时，不必考虑扭转效应，直接用 λ_y 查出 φ_y 值。

例3-2　如图3-8所示的轴心受压柱，截面为热轧工字钢Ⅰ32a型，计算长度 $l_{0x}=600\text{cm}$，$l_{0y}=200\text{cm}$，承受的轴心压力设计值为900kN，钢材为Q235。试验算该柱的刚度与整体稳定性是否满足要求。

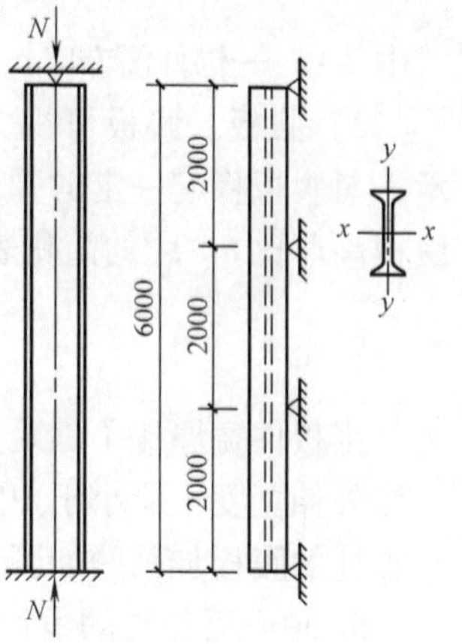

图3-8　例3-2图

解：查附表A-1可知，$f=215\text{N/mm}^2$，

查附表C-3可知，Ⅰ32a的截面特性为：

$A=67.1\text{cm}^2$，$i_x=12.8\text{cm}$，$i_y=2.62\text{cm}$

柱子的长细比为：

$\lambda_x = l_{0x}/i_x = 600/12.8 = 46.9 < [\lambda] = 150$

$\lambda_y = l_{0y}/i_y = 200/2.62 = 76.3 < [\lambda] = 150$

由表3-4可知，截面对 x 轴为a类，对 y 轴为b类，分别查附表B-1，附表B-2可知，$\varphi_x=0.924$，$\varphi_y=0.712$，取 $\varphi=\varphi_y=0.712$，则：

$$\sigma = \frac{N}{\varphi A} = \frac{900\times10^3}{0.712\times67.1\times10^2}\text{N/mm}^2 = 188.4\text{N/mm}^2 < f = 215\text{N/mm}^2$$

所以，截面满足容许长细比和整体稳定的要求。

（2）轴心受压构件的局部稳定　轴心受压构件都是由一些板件组成的，一般板件的厚度与板的宽度相比较小，设计时应考虑局部稳定问题。如图3-9所示为一工字形截面轴心受压构件发生局部失稳时的变形形态示意，图3-9a和图3-9b分别表示腹板和翼缘失稳时的情况。因为板件失稳发生在整体构件的局部部位，所以称为轴心受压构件丧失局部稳定或局部屈曲。构件丧失局部稳定后还可能继续维持整体的平衡状态，但由于部分板件屈曲后退出工作，使构件的有效截面减少，会加速构件整体失稳而丧失承载能力。以H字形截面为例，

《钢结构设计标准》(GB 50017—2017)规定：

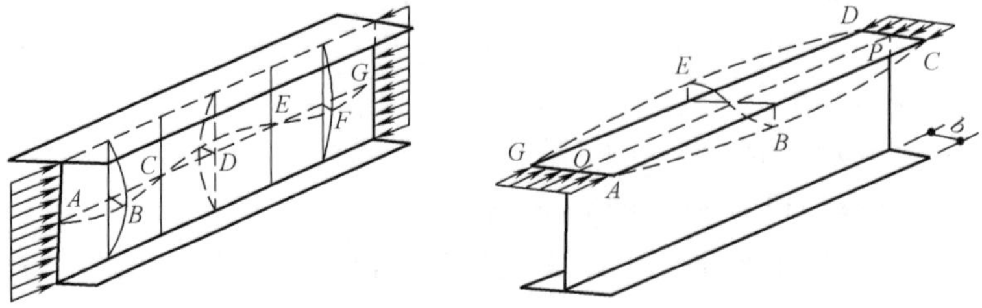

图3-9 轴心受压构件的局部失稳

a）腹板失稳 b）翼缘失稳

1）翼缘。由于H字形截面的腹板一般较翼缘板薄，腹板对翼缘板几乎没有嵌固作用，因此翼缘可视为三边简支一边自由的均匀受压板，由于翼缘板悬伸部分的宽厚比 b/t 与长细比 λ 的关系曲线的关系式较为复杂，为了便于应用，采用下列简单的直线式表达：

$$b/t \leqslant (10+0.1\lambda)\sqrt{\frac{235}{f_y}} \tag{3-8}$$

式中 λ——构件两方向长细比的较大值。当 $\lambda<30$ 时，取 $\lambda=30$；当 $\lambda>100$ 时，取 $\lambda=100$。

2）腹板。腹板可视为四边支承板，当腹板发生屈曲时，翼缘板作为腹板纵向边的支承，对腹板将起一定的弹性嵌固作用，这种嵌固作用可使腹板的临界应力提高，经简化可得腹板高厚比 h_0/t_w 的简化表达式为：

$$\frac{h_0}{t_w}=(25+0.5\lambda)\sqrt{\frac{235}{f_y}} \tag{3-9}$$

当板件宽厚比不满足要求时，可采用纵向加劲肋加强。加劲肋宜在腹板两侧成对布置，一侧外伸宽度不应小于 $10t_w$，厚度不应小于 $0.75t_w$。腹板屈曲后的有效截面如图3-10所示。实腹柱的腹板加劲肋如图3-11所示。

5. 轴心受压柱的设计

（1）截面形式 实腹式轴心受压柱一般采用双轴对称截面，以避免弯扭失稳。常用截面形式有轧制普通工字钢、H型钢、焊接工字形截面、型钢和钢板的组合截面、圆管和方管截面等，如图3-12所示。

选择轴心受压实腹柱的截面时，应考虑以下几个原则：

1）面积的分布应尽量开展，以增加截面的惯性矩和回转半径，提高柱的整体稳定性和刚度。

2）使两个主轴方向等稳定性，即使 $\varphi_x=\varphi_y$，以达到经济的效果。

3）便于与其他构件进行连接。

4）尽可能构造简单，制造省工，取材方便。

进行截面选择时一般应根据内力大小、两方向的计算长度值以及制造加工量、材料供应等情况综合进行考虑。单根轧制普通工字钢（图3-12a）由于对 y 轴的回转半径比对 x 轴的回转半径小得多，因而只适于计算长度 $l_{0x} \geqslant 3l_{0y}$ 的情况。热轧宽翼缘H型钢（图3-12b）的最大优点是制造省工，腹板较薄，翼缘较宽，可以做到与截面的高度相同(HW 型)，因而具有很好的截面特性。用三块板焊成的工字钢(图 3-12d)及十字形截面(图 3-12e)组合灵活，容易使截面分布合理，制造并不复杂。用型钢组成的截面(图 3-12c、图 3-12f、图 3-12g)适用于压力很大的柱。管形截面(图 3-12h、图 3-12i、图 3-12j)从受力性能来看，由于两个方向的回转半径相近，因而最适于两方向计算长度相等的轴心受压柱。这类构件为封闭式，内部不易生锈，但与其他构件的连接和构造稍麻烦。

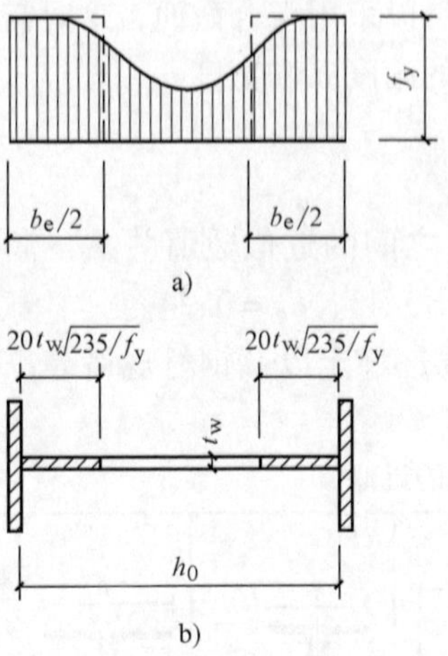

图 3-10　腹板屈曲后的有效截面

a）应力图　b）有效截面

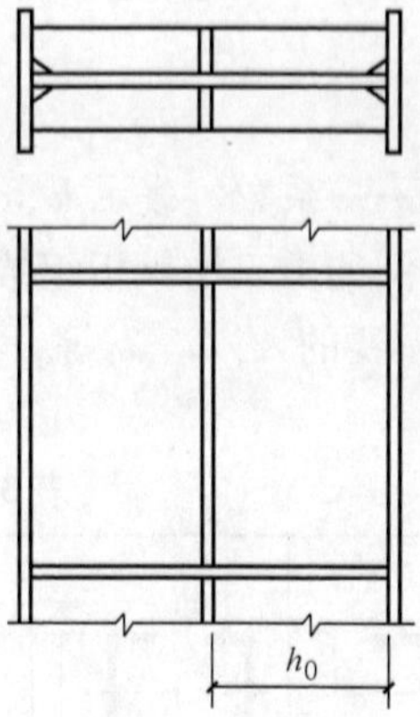

图 3-11　实腹柱的腹板加劲肋

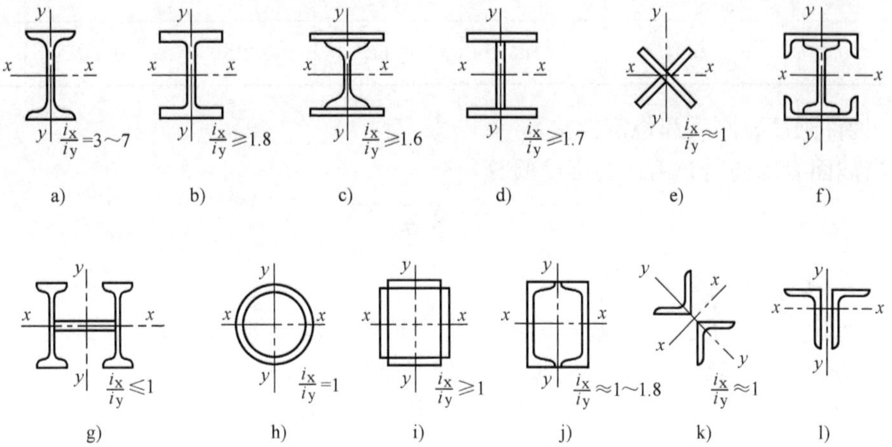

图 3-12　轴心受压实腹柱常用截面

（2）截面设计　截面设计时，首先按上述原则选定合适的截面形式，再初步选择截面尺寸，然后进行强度、刚度、整体稳定、局部稳定等的验算。具体步骤如下：

1）假定柱的长细比 λ，求出需要的截面面积 A。一般假定 $\lambda=50\sim100$，当压力大而计算长度小时取较小值，反之取较大值。根据 λ、截面分类和钢种可查得稳定系数 φ，则需要

的截面面积为

$$A=\frac{N}{\varphi f} \tag{3-10}$$

2）求两个主轴所需要的回转半径

$$i_x=\frac{l_{0x}}{\lambda};\ i_y=\frac{l_{0y}}{\lambda}$$

3）由已知截面面积 A、两个主轴的回转半径 i_x、i_y 优先选用轧制型钢，如普通工字钢、H 型钢等。当现有型钢规格不满足所需截面尺寸时，可以采用组合截面，这时需先初步定出截面的轮廓尺寸，一般是根据回转半径确定所需截面的高度 h 和宽度 b。

$$h\approx\frac{i_x}{\alpha_1};\ b\approx\frac{i_y}{\alpha_2} \tag{3-11}$$

式中 α_1、α_2——系数，表示 h、b 和回转半径 i_x、i_y 之间的近似数值关系，常用截面可由表 3-6 查得。例如由三块钢板组成的工字形截面，$\alpha_1=0.43$，$\alpha_2=0.24$。

4）由所需要的 A、h、b 等，再考虑构造要求、局部稳定以及钢材规格等，确定截面的初步尺寸。

表 3-6 各种截面回转半径的近似值

截面	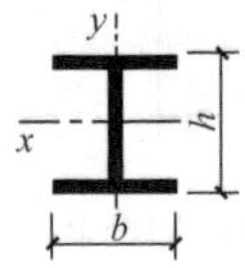	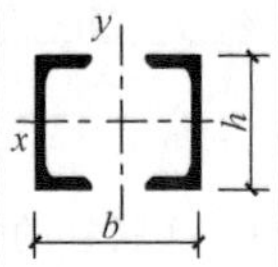	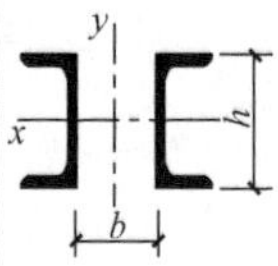	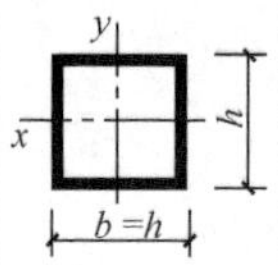	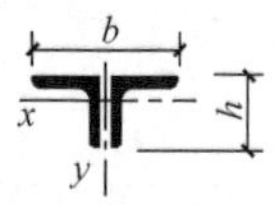	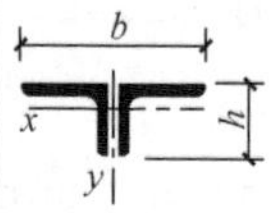	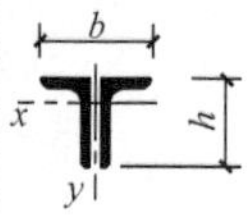
$i_x=\alpha_1 h$	$0.43h$	$0.38h$	$0.38h$	$0.40h$	$0.30h$	$0.28h$	$0.32h$
$i_y=\alpha_2 b$	$0.24b$	$0.44b$	$0.60b$	$0.40b$	$0.215b$	$0.24b$	$0.20b$

（3）构件强度、刚度和稳定性验算

1）当截面有削弱时，需进行强度验算。

$$\sigma=\frac{N}{A_n}\leqslant f$$

式中 A_n——构件的净截面面积。

2）刚度验算。轴心受压实腹柱的长细比应符合规范所规定的容许长细比要求。事实上，在进行整体稳定验算时，构件的长细比已预先求出，以确定整体稳定系数 φ，因而刚度验算可与整体稳定验算同时进行。

3）整体稳定验算。

$$\sigma=\frac{N}{\varphi A}\leqslant f$$

4）局部稳定验算。如上所述，轴心受压构件的局部稳定是以限制其组成板件的宽厚比来保证的。对于热轧型钢截面，由于其板件的宽厚比较小，一般能满足要求，可不验算。对于组合截面，则应根据表 3-7 的规定对板件的宽厚比进行验算。

表 3-7　轴心受压构件板件宽厚比限值

截面及板件尺寸	宽厚比限值
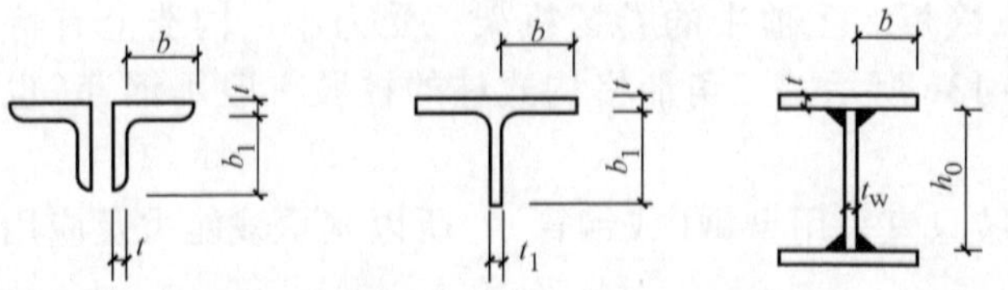	$\frac{b}{t}\left(或\frac{b_1}{t}\right)\leqslant(10+0.1\lambda)\sqrt{\frac{235}{f_y}}$ $\frac{b_1}{t_1}\leqslant(15+0.2\lambda)\sqrt{\frac{235}{f_y}}$ $\frac{h_0}{t_w}\leqslant(25+0.5\lambda)\sqrt{\frac{235}{f_y}}$
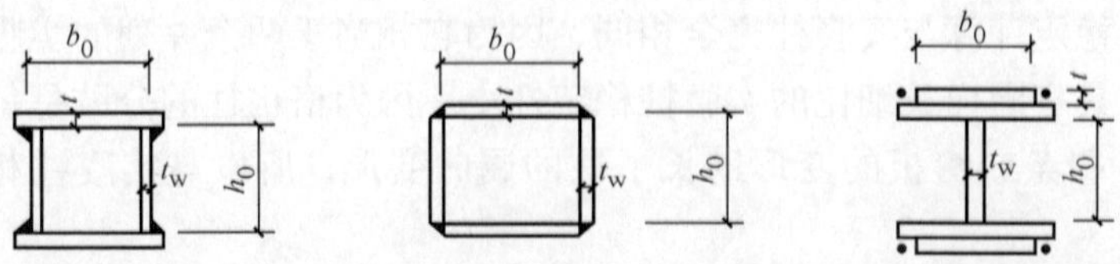	$\frac{b_0}{t}\left(或\frac{h_0}{t_w}\right)\leqslant 40\sqrt{\frac{235}{f_y}}$
	$\frac{d}{t}\leqslant 100\left(\frac{235}{f_y}\right)$

注：对两板焊接 T 形截面，其腹板高厚比应满足 $b_1/t_1\leqslant(13+0.17\lambda)\sqrt{235/f_y}$。

（4）格构式轴心受压柱　为提高轴心受压构件的承载能力，应在不增加材料用量的前提下，尽可能增大截面的惯性矩，并使两个主轴方向的惯性矩相同，即令 x 轴与 y 轴具有相等的稳定性。如图 3-13 所示，格构式受压构件就是把肢杆布置在距截面形心一定距离的位置上，通过调整肢间距离以使两个方向具有相同的稳定性。肢杆之间用缀件（缀条或缀板）连接，以保证各肢杆的共同工作。截面上横穿肢杆的轴（如图 3-13a、图 3-13b、图 3-13c 的 y 轴）称为实轴，与肢平行的轴（如图 3-13a、图 3-13b、图 3-13c 的 x 轴）称为虚轴。如图 3-13d、图 3-13e 的 x、y 轴均为虚轴。

格构式柱常用两根槽钢组成如图 3-14a、图 3-14b 所示，通常使翼缘朝内，这样缀件长

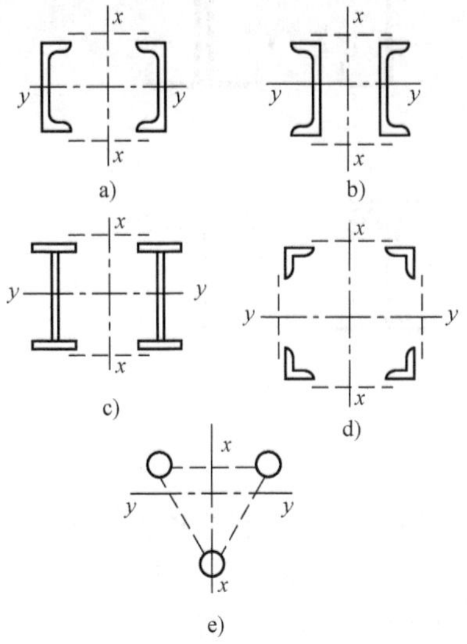

图 3-13　格构式轴心受压杆截面形式

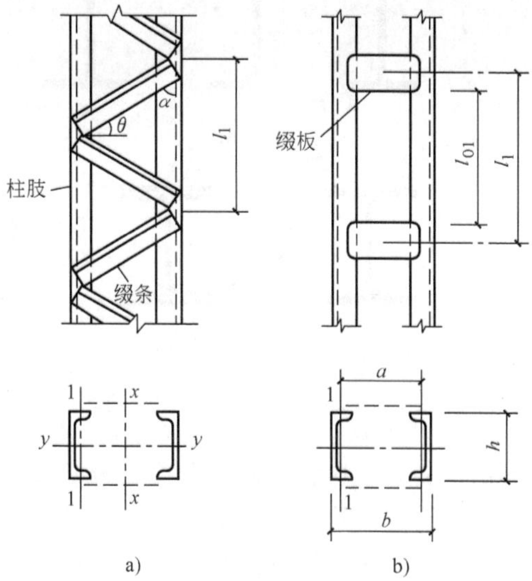

图 3-14　格构式构件的缀材布置
a）缀条柱　b）缀板柱

度较小，外部平整。当荷载较大时，也可用两个工字钢组成，如图3-13c所示。对荷载小但长度较大的杆件，例如桅杆、起重机臂等，其截面可用四个角钢组成，如图3-13d所示，并在四个平面内都连以缀条或缀板。工地中的卷扬机架，受力小，构造上有特殊要求，常用三角形格构式柱，如图3-13e所示。三角形格构式柱的柱肢一般用钢管(也可用角钢)组成。

格构式构件制造复杂，由于柱肢只宜采用型钢(或钢管)，所以其承载能力及应用也受到一定的限制。

格构式轴心受压柱对实轴的稳定计算与实腹柱完全相同，因为它相当于两个并列的实腹柱。但格构柱虚轴的稳定性却比具有同样长细比的实腹柱稳定性小。因为格构柱的分肢是每隔一定距离用缀件连接起来的，缀条或缀板的变形助长了柱的屈曲变形，所以与实腹柱相比，虚轴方向临界力较低。

为考虑缀件变形对临界力降低的影响，根据理论推导，设计计算时采用加大的换算长细比来代替整个构件对虚轴的实际长细比，这样也就相当于降低了虚轴方向的临界力。采用换算长细比的办法使格构柱的计算大为简化，因为格构柱对实轴稳定计算已与实腹柱相同，而对虚轴的稳定计算，只需换算长细比查取 φ 值，其余并无差别。

课题2 受弯构件

受弯构件概述

1. 受弯构件的形式和应用

建筑结构中，承受横向荷载的构件称为受弯构件，其形式有实腹式和格构式两个系列。

(1) 实腹式受弯构件——梁 钢梁按制作方法的不同可以分为型钢梁和组合梁两大类，如图3-15所示。

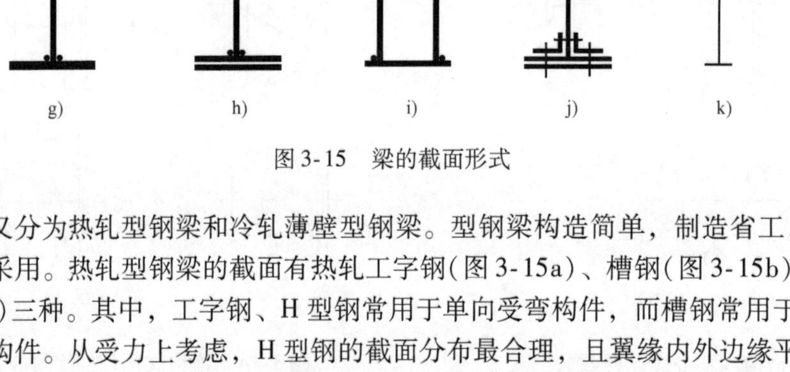

图3-15 梁的截面形式

型钢梁又分为热轧型钢梁和冷轧薄壁型钢梁。型钢梁构造简单，制造省工，成本较低，因而应优先采用。热轧型钢梁的截面有热轧工字钢(图3-15a)、槽钢(图3-15b)和热轧H型钢(图3-15c)三种。其中，工字钢、H型钢常用于单向受弯构件，而槽钢常用于墙梁、檩条等双向受弯构件。从受力上考虑，H型钢的截面分布最合理，且翼缘内外边缘平行，与其他构件连接较方便，应予优先采用。用于梁的H型钢宜为窄翼缘型(HN型)。槽钢因其截面扭转中心在腹板外侧，弯曲时将同时产生扭转，受荷不利，故只有在构造上使荷载作用线接近扭转中心，或能适当保证截面不发生扭转时才被采用。由于轧制条件的限制，热轧型钢腹板的厚度较大，用钢量较多。当所受荷载较小、跨度不大时某些受弯构件(如檩条)可采用冷弯薄壁C型钢(图3-15d、f)或Z型钢(图3-15e)做梁，可以有效地节约钢材，如檩条和墙梁等，但防腐要求较高。

当荷载和跨度较大时，型钢梁受到尺寸和规格的限制，往往不能满足承载力和刚度的要求，此时应采用组合梁。它的截面组成比较灵活，可使材料在截面上分布的更为合理。按其连接方法和使用材料的不同，组合梁可以分为焊接组合梁(简称为焊接梁)、铆接组合梁(简称为铆接梁)、异种钢组合梁和钢与混凝土组合梁等几种。最常应用的组合梁一般采用三块钢板焊接而成的工字形截面组合梁(图3-15g)，它构造简单，加工方便。当焊接组合梁翼缘板需要很厚时，可采用两层翼缘板的截面(图3-15h)。承受动力荷载的梁如钢材质量不能满足焊接结构的要求时，可采用高强度螺栓或铆钉连接而成的工字形截面(图3-15j)。荷载很大而高度受到限制或梁的抗扭要求较高时，可采用箱形截面(图3-15i)。混凝土适于受压，钢材适于受拉，钢与混凝土组合梁(图3-15k)可以充分发挥两种材料的优势，使材料在截面上的分布更为合理，节约钢材经济效果明显。

根据梁的支承情况，钢梁可做成简支梁、连续梁、悬伸梁等。简支梁的用钢量虽然较多，但由于制造、安装、修理、拆换较方便，而且不受温度变化和支座沉陷的不利影响，因而使用最为广泛。

根据荷载受力情况，梁又分为仅在一个主平面内受弯的单向受弯梁和在两个主平面内受弯的双向受弯梁。双向弯曲梁也称为斜弯曲梁。

为了更好地发挥材料的性能，可以做成截面沿梁长度方向变化的变截面梁，常用的有楔形梁，如图3-16所示。这种梁仅改变腹板高度，其他尺寸不改变，加工方便，经济性能较好，目前已经广泛地用于轻型门式刚架房屋中。对于简支梁，可以在支座附近降低截面高度，除节约材料外，还可节省净空，已广泛应用于大跨度吊车梁中，如图3-17所示。另外，还可以做改变翼缘板的宽度和厚度的变截面梁。

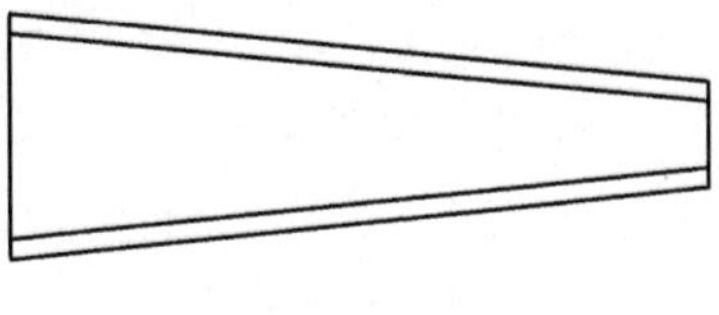

图3-16　楔形梁

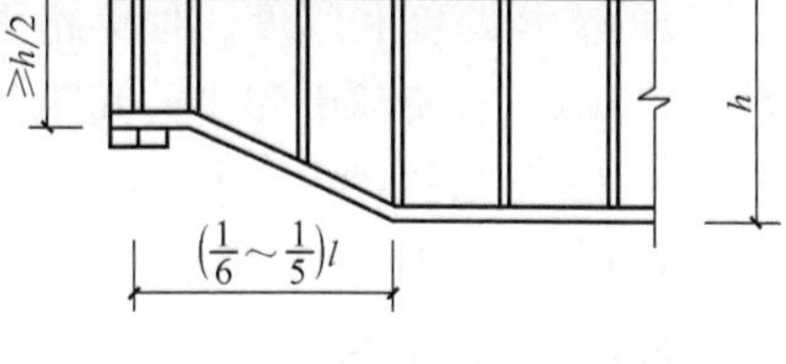

图3-17　变截面高度吊车梁

钢结构中，除少数情况如吊车梁、起重机大梁或上承式铁路板梁桥等可单根或两根梁成对布置外，通常采用纵横交叉的主、次梁组成梁格，再在梁格上铺设面板，形成结构的承重体系，如屋盖、楼盖、工作平台等。在这种结构中，荷载的传递方式是由面板传到次梁，次梁再传给主梁，主梁传给柱和墙，最后传给基础。

根据主梁和次梁的排列情况，梁格可分为三种类型，如图3-18所示即为工作平台梁格布置示例。

1）单向梁格(图3-18a)只有主梁，适用于的跨度较小或面板宽度较大的楼盖或平台

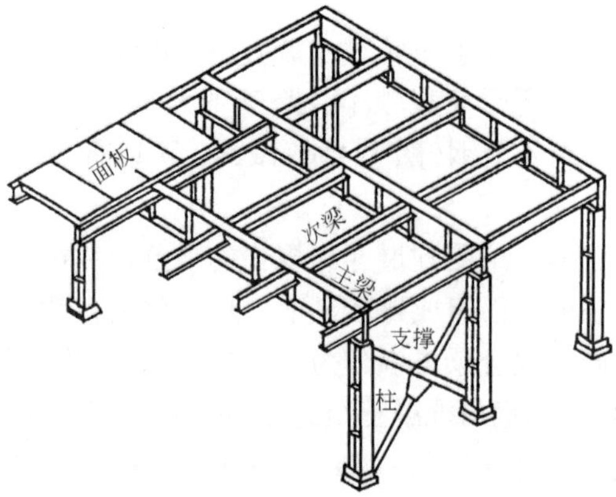

工作平台梁格示例

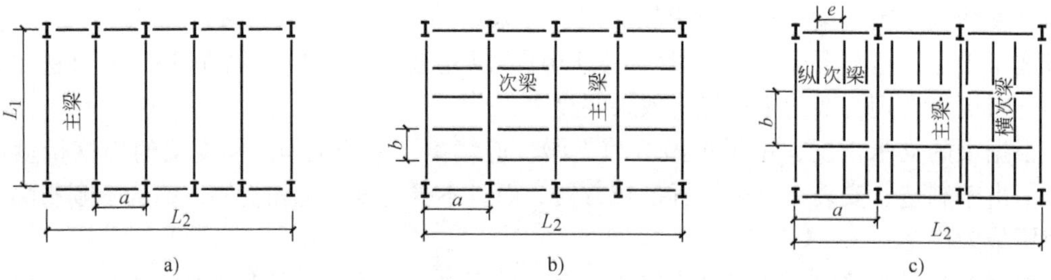

图 3-18　梁格形式

a）单向梁格　b）双向梁格　c）复式梁格

结构。

2）双向梁格(图 3-18b)有主梁及一个方向的次梁，次梁由主梁支承，并将板划分为较小区格，减小了面板的跨度和厚度，使梁格更为经济，是最为常用的梁格类型。

3）复式梁格(图 3-18c)在主梁间设纵向次梁，纵向次梁间再设与主梁平行的横向次梁，以减小面板的支承跨度和厚度，使梁格更为经济。这种梁格荷载传递层次多，构造复杂，故应用较少，只适用于荷载重和主梁间距很大的情况。

(2) 格构式受弯构件——桁架　格构式受弯构件又称为桁架，与梁相比，其特点是以弦杆代替翼缘，以腹杆代替腹板，而在各节点将腹杆与弦杆连接。这样，桁架整体受弯时，弯矩表现为上、下弦杆的轴心压力和拉力，剪力则表现为各腹杆的轴心压力或拉力。钢桁架可以根据不同使用要求制成所需的外形，对跨度和高度较大的构件，其钢材用量比实腹梁有所减少，而刚度却有所增加。只是桁架的杆件和节点较多，构造较复杂，制造较为费工。

与梁一样，平面钢桁架在土木工程中应用广泛，例如建筑工程中的屋架、托架、吊车桁架(桁架式吊车梁)，桥梁中的桁架桥，还有其他领域，如起重机臂架、水工闸门和海洋平台的主要受弯构件等。大跨度屋盖结构中采用的钢网架，以及各种类型的塔桅结构，则属于空间钢桁架。

钢桁架的结构类型有：

1）简支梁式(图3-19a～图3-19d)。简支梁式钢桁架受力明确，杆件内力不受支座沉陷的影响，施工方便，使用最广为如图3-19a～图3-19c所示用作屋架，其中i为屋面坡度。

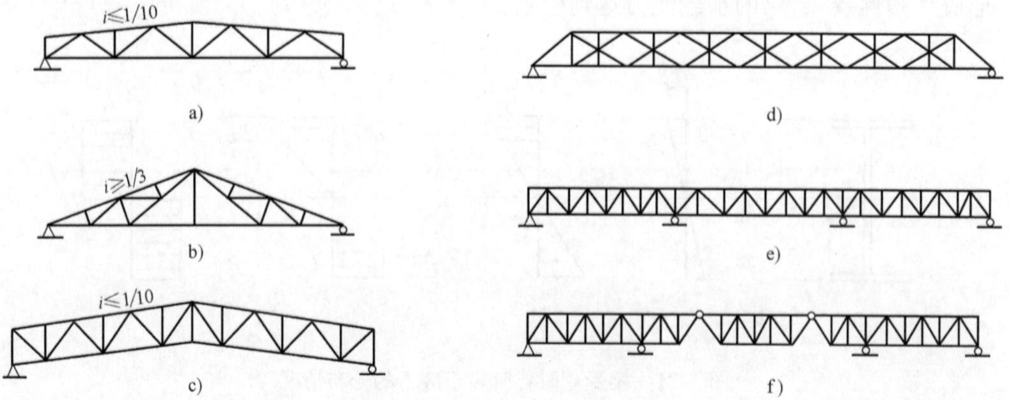

图3-19　梁式桁架的形式

2）钢架横梁式(图3-19a、图3-19c)。钢架横梁式的桁架端部上下弦与钢柱相连组成单跨或多跨钢架，可提高其水平刚度，常用于单层厂房结构。

3）连续式(图3-19e)。连续式钢桁架跨越较大的桥架常用多跨连续的桁架，可增加刚度并节约材料。

4）伸臂式(图3-19f)。伸臂式钢桁架既有连续式节约材料的优点，又有静定桁架不受支座沉陷的影响的优点，只是铰接处的构造较复杂。

5）悬臂式(图3-20)。悬臂式钢桁架用于塔架等，主要承受水平风荷载引起的弯矩。

2. 受弯构件的强度和刚度

为了确保安全使用、经济合理，钢梁在设计时必须同时考虑承载力极限状态和正常使用极限状态。其中，承载力极限状态包括强度、整体稳定和局部稳定三个方面。它要求在荷载设计值作用下，梁的弯曲正应力、剪应力、局部压应力和折算应力均不超过规范规定的相应强度设计值；整个梁不会侧向弯扭屈曲；组成梁的板件不会出现波状的局部屈曲。而正常使用极限状态主要考虑梁的刚度，设计时要求梁有足够的抗弯刚度，即在荷载标准值作用下，梁的最大挠度不大于《钢结构设计标准》(GB 50017—2017)规定的容许挠度。

图3-20　悬臂式桁架

（1）梁的强度　梁的强度分为抗弯强度、抗剪强度、局部承压强度、在复杂应力作用下的强度，其中抗弯强度的计算是首要的。

1）梁的抗弯强度。梁截面的弯曲应力随弯矩的增加而变化。在屈服点之前其性质接近理想的弹性体，而在屈服点之后又接近于理想的塑性体，因此钢材可以视为理想的弹塑性体。在弯矩作用下，梁截面上的正应力发展过程可分为三个阶段：

① 弹性工作阶段：当作用于梁上的弯矩M较小时，梁全截面弹性工作，如图3-21b所示，即应力与应变成正比，且最外边缘的应力不超过屈服点。

② 弹塑性工作阶段：弯矩M继续增加，截面边缘区域出现塑性变形，然而中间部分区

域仍保持弹性，应力与应变成正比，如图3-21c所示。

③ 塑性工作阶段：弯矩 M 继续增加，梁截面的塑性区不断向内发展，弹性核心不断变小。当弹性核心几乎完全消失时，如图3-21d所示，弯矩 M_x 不再增加，而变形却继续发展，形成“塑性铰”，梁的承载能力达到极限。

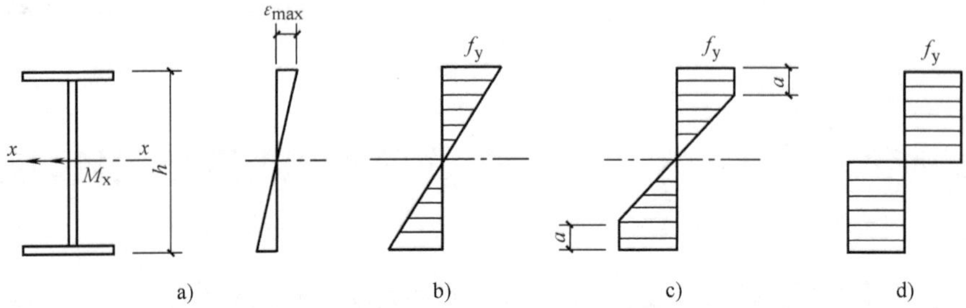

图3-21 梁受弯时各阶段正应力的分布情况

把边缘纤维达到屈服点视为梁承载能力的极限状态，作为设计时的依据，称为弹性设计；在一定条件下，考虑塑性变形的发展称为塑性设计。显然，塑性设计比弹性设计更充分地发挥了材料的作用，但为了使梁的塑性变形不致过大，发生早期破坏，保证塑性设计的正确性，《钢结构设计标准》（GB 50017—2017）在弹性设计的基础上引入塑性发展系数。

这样，梁的抗弯强度按下列规定计算：

双向弯曲时：

$$\frac{M_x}{\gamma_x W_{nx}}+\frac{M_y}{\gamma_y W_{ny}}\leqslant f \tag{3-12}$$

式中 M_x、M_y——同一截面处绕 x 轴和 y 轴的弯矩设计值（对工字形截面，x 轴为强轴，y 轴为弱轴）；

W_{nx}、W_{ny}——对 x 轴和 y 轴的净截面模量；

γ_x、γ_y——截面塑性发展系数；

f——钢材的抗弯强度设计值。

单向弯曲时：

$$\frac{M}{\gamma W_n}\leqslant f \tag{3-13}$$

截面塑性发展系数应按《钢结构设计标准》（GB 50017—2017）规定取值：

a. 对于工字型截面和箱型截面，当板件的宽厚比等级为S4级或S5级时，截面塑性发展系数应取1.0，当截面板件宽厚比等级为S1级、S2级及S3级时，截面塑性发展系数应按下列规定取值（板件宽厚比等级见表3-8）：工字形截面（x 为强轴，y 为弱轴）为 $\gamma_x=1.05$，$\gamma_y=1.20$；箱形截面为 $\gamma_x=\gamma_y=1.05$。

b. 其他截面按表3-9采用

c. 对需计算疲劳的梁，宜取 $\gamma_x=\gamma_y=1.0$。

当梁的抗弯强度不够时，增加梁截面的任一尺寸均可，但以梁的高度最有效。

表 3-8　压弯和受弯构件的截面板件宽厚比等级及限值

构件	截面板件宽厚比等级		S1 级	S2 级	S3 级	S4 级	S5 级
压弯构件	H 形截面	翼缘 b/t	$9\varepsilon_k$	$11\varepsilon_k$	$13\varepsilon_k$	$15\varepsilon_k$	20
		腹板 h_0/t_w	$(33+12\alpha_0^{1.3})\ \varepsilon_k$	$(33+12\alpha_0^{1.39})\ \varepsilon_k$	$(40+18\alpha_0^{1.5})\ \varepsilon_k$	$(45+25\alpha_0^{1.66})\ \varepsilon_k$	250
	箱形截面	壁板(腹板间)翼缘 b/t	$30\varepsilon_k$	$35\varepsilon_k$	$40\varepsilon_k$	$45\varepsilon_k$	—
	圆钢管截面	径厚比 D/t	$50\varepsilon_k^2$	$70\varepsilon_k^2$	$90\varepsilon_k^2$	$100\varepsilon_k^2$	—
受弯构件	工字形截面	翼缘 b/t	$9\varepsilon_k$	$11\varepsilon_k$	$13\varepsilon_k$	$15\varepsilon_k$	20
		腹板 h_0/t_w	$65\varepsilon_k$	$72\varepsilon_k$	$93\varepsilon_k$	$124\varepsilon_k$	250
	箱形截面	壁板(腹板间)翼缘 b/t	$25\varepsilon_k$	$32\varepsilon_k$	$37\varepsilon_k$	$42\varepsilon_k$	—

注：1. ε_k 为钢号修正系数，其值为235钢材牌号中屈服点数值的比值的平方根。

2. b 为工字形、H 形截面的翼缘外伸宽度，t、h_0、t_w 分别为翼缘厚度、腹板净高和腹板厚度，对轧制型钢截面，腹板净高不包括翼缘腹板过渡处圆弧段；对于箱形截面，b_0、t 分别为壁板间的距离和壁板厚度；D 为圆管截面外径。

3. 箱形截面梁及单向受弯的箱形截面柱，其腹板限值可根据 H 形截面腹板采用。

4. 腹板宽厚比可通过设置加劲肋减小。

5. 当按国家标准《建筑抗震设计规范》(GB 50011—2010)第9.2.14条第2款的规定设计，且S5级截面的宽厚比小于S4级经 ε_σ 修正的板件宽厚比时，可视作C类截面，ε_σ 为应力修正因子，$\varepsilon_\sigma=\sqrt{f_y/\sigma_{max}}$。

表 3-9　截面塑性发展系数 γ_x、γ_y

项　次	截 面 形 式	γ_x	γ_y
1	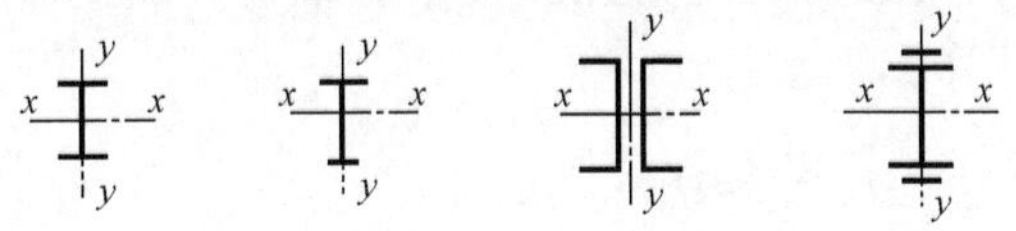	1.05	1.2
2	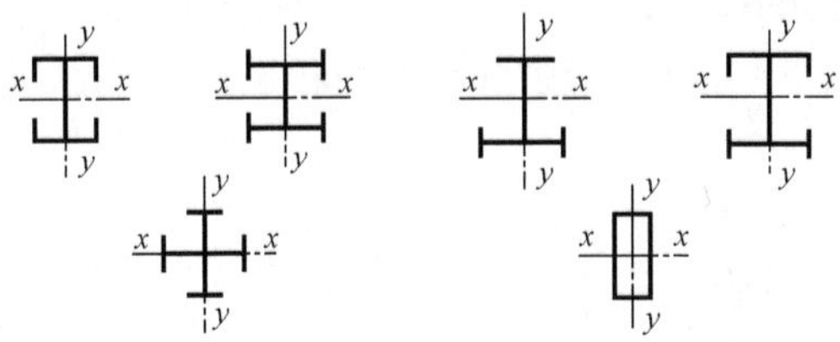		1.05
3		$\gamma_{x1}=1.05$ $\gamma_{x2}=1.2$	1.2
4			1.05

（续）

项　次	截面形式	γ_x	γ_y
5	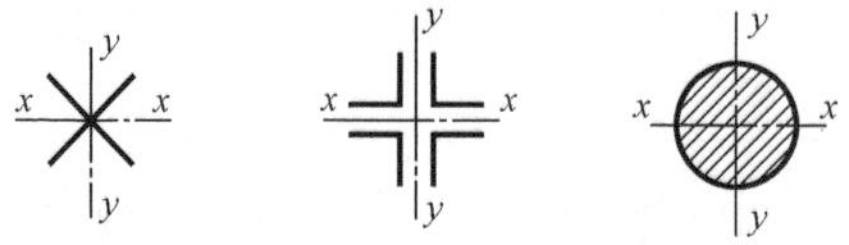	1.2	1.2
6	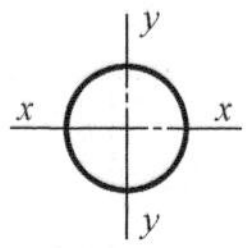	1.15	1.15
7		1.0	1.05
8			1.0

注：1. 当梁和压弯构件受压翼缘的自由外伸宽度与其厚度之比大于 $13\sqrt{235/f_y}$，而不超过 $15\sqrt{235/f_y}$ 时，应取 $\gamma_x=1.0$。

2. 需要计算疲劳的梁、拉弯及压弯构件，宜取 $\gamma_x=\gamma_y=1.0$。

2）梁的抗剪强度。一般情况下，梁既承受弯矩又承受剪力。对于工字形和槽形截面，腹板上的剪应力分布如图 3-22 所示，其最大剪应力在腹板中和轴处。因此，在主平面受弯的实腹构件，其抗剪强度应按下式计算：

$$\tau=\frac{VS}{It_w}\leqslant f_v \tag{3-14}$$

式中 V——计算截面沿腹板平面作用的剪力；

S——计算剪应力处以上（或以下）毛截面对中和轴的面积矩；

I——毛截面惯性矩；

t_w——腹板厚度；

f_v——钢材的抗剪强度设计值，见附表 A-1。

当梁的抗剪强度不足时，最有效的办法是增大腹板的面积，但腹板高度 h_w 一般由梁的刚度条件和构造要求确定，故设计时常采用加大腹板厚度 t_w 的办法来增大梁的抗剪强度。

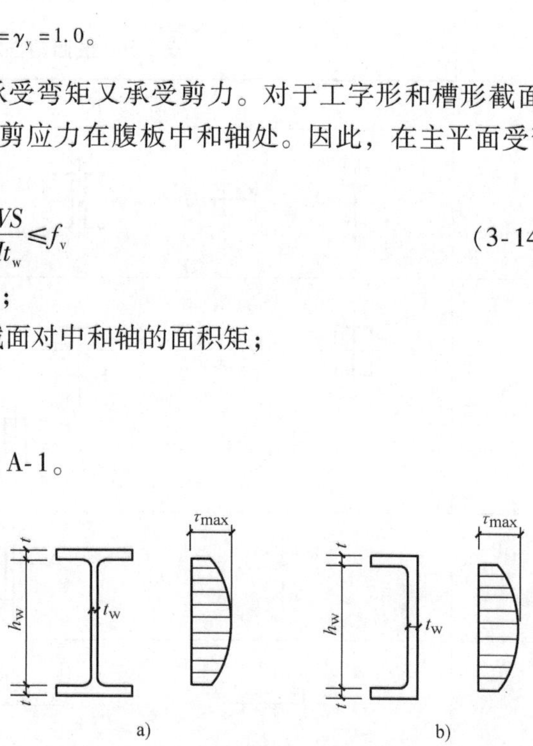

图 3-22　腹板剪应力分布

3）梁的局部承压强度。当梁的翼缘受沿腹板平面作用的固定集中荷载（包括支座反力)且该荷载处又未设置支撑加劲肋时，如图3-23a所示，或受移动的集中荷载(如吊车的轮压)时，如图3-23b所示，应验算腹板计算高度边缘的局部承压强度。假定集中荷载从作用处以1:2.5(在h_y高度范围)和1:1(在h_R高度范围)扩散，均匀分布于腹板计算高度边缘。

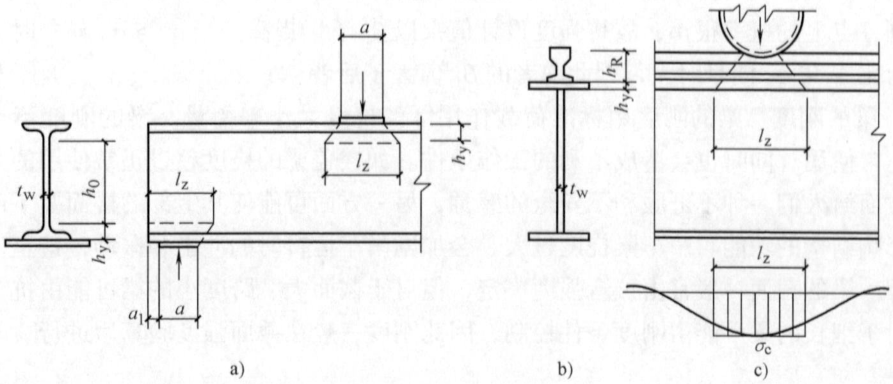

图3-23 局部压应力

按这种假定计算的均布压应力σ_c与理论的局部压应力的最大值十分接近。于是，梁的局部承压强度可按下式计算：

$$\sigma_c=\frac{\psi F}{t_w l_z}\leqslant f \tag{3-15}$$

式中 F——集中荷载，对动力荷载应考虑动力系数；

ψ——集中荷载增大系数：对重级工作制吊车梁，$\psi=1.35$；对其他荷载，$\psi=1.0$；

l_z——集中荷载在腹板计算高度边缘上的假定分布长度，按下式计算：

跨中集中荷载 $l_z=a+5h_y+2h_R$ (3-16a)

梁端支反力 $l_z=a+2.5h_y+a_1$ (3-16b)

a——集中荷载沿梁跨度方向的支承长度，对钢轨上的轮压可取为50mm；

h_y——自梁顶面至腹板计算高度边缘上的距离；

h_R——轨道的高度，对梁顶无轨道的梁$h_R=0$；

a_1——梁端到支座板外边缘的距离，按实取，但不得大于$2.5h_y$。

4）梁在复杂应力作用下的强度。在组合梁的腹板计算高度边缘处，当同时受有较大的正应力、剪应力和局部压应力时，或同时受有较大的正应力和剪应力时(如连续梁的支座处或梁的翼缘截面改变处等)，应按下式验算该处的折算应力：

$$\sqrt{\sigma^2+\sigma_c^2-\sigma\sigma_c+3\tau^2}\leqslant\beta_1 f \tag{3-17}$$

式中 σ——验算点处的弯曲正应力，$\sigma=\frac{M}{I_n}y_1$； (3-18)

M——验算截面的弯矩；

y_1——验算点至中和轴的距离；

σ_c——计算点处的局部压应力；

τ——验算点处的剪应力，按式(3-14)计算；

β_1——折算应力的强度设计值增大系数。当 σ 和 σ_c 异号时，取 $\beta_1=1.2$；当 σ 与 σ_c 同号或 $\sigma_c=0$ 时，取 $\beta_1=1.1$；

σ、τ、σ_c 是指腹板计算高度边缘同一点上同时产生的正应力、剪应力和局部压应力。σ 和 σ_c 均以拉应力为正值，压应力为负值。

在式(3-17)中，考虑到所验算部位是腹板边缘的局部区域，且几种应力皆以其较大值出现在同一点上的概率很小，故将强度设计值乘以 β_1 予以提高。当 σ 与 σ_c 异号时，其塑性变形能力比 σ 与 σ_c 同号时大，因此前者的 β_1 值大于后者。

（2）梁的刚度　梁的刚度用标准荷载作用下的挠度大小来衡量。梁的刚度不足，不但会影响正常使用，同时也会造成不利的工作条件。如楼盖梁的挠度超过正常使用的某一限值时，一方面给人们一种不舒服和不安全的感觉，另一方面可能使其上部的楼面及下部的抹灰开裂，影响结构的功能。吊车梁挠度过大，会加剧吊车运行时的冲击和振动，甚至使吊车运行困难等。梁的截面一般常由抗弯强度决定，但对于截面大、跨度小的梁可能由抗剪强度控制，而对于细长的梁可能由刚度条件控制，因此刚度一般在截面强度验算后进行。验算公式如下：

$$v \leqslant [v] \tag{3-19a}$$

或

$$\frac{v}{l} \leqslant \frac{[v]}{l} \tag{3-19b}$$

式中　v——由荷载标准值(不考虑荷载分项系数和动力系数)产生的最大挠度；

$[v]$——梁的容许挠度值,对某些常用的受弯构件，规范规定实践经验规定的容许挠度值 $[v]$ 见表3-10。

梁的挠度可按材料力学和结构力学的方法计算，也可由结构静力计算手册取用。取用的荷载标准值应与表3-10规定的容许挠度值 $[v]$ 相对应。例如，对吊车梁，挠度 v 应按自重和起重量最大的一台吊车计算；对楼盖或工作平台梁，应分别验算全部荷载产生的挠度和仅有可变荷载产生的挠度。由于截面削弱对梁的整体刚度影响不大，习惯上用毛截面特性按结构力学方法确定梁的最大挠度，表3-11给出了几种常用等截面简支梁的最大挠度计算公式。

表3-10　受弯构件挠度容许值

项　次	构件类别	挠度容许值	
		$[v_T]$	$[v_Q]$
1	吊车梁和吊车桁架(按自重和起重量最大的一台吊车计算挠度) （1）手动吊车和单梁吊车(含悬挂吊车) （2）轻级工作制桥式吊车 （3）中级工作制桥式吊车 （4）重级工作制桥式吊车	 l/500 l/800 l/1000 l/1200	—
2	手动或电动葫芦的轨道梁	l/400	—
3	有重轨(重量等于或大于38kg/m)轨道的工作平台梁 有轻轨(重量等于或大于24kg/m)轨道的工作平台梁	l/600 l/400	—

（续）

项　次	构件类别	挠度容许值	
		$[v_T]$	$[v_Q]$
4	楼（屋）盖梁或桁架、工作平台梁（第3项除外）和平台板		
	（1）主梁或桁架（包括设有悬挂起重设备的梁和桁架）	$l/400$	$l/500$
	（2）抹灰顶棚的次梁	$l/250$	$l/350$
	（3）除（1）、（2）款外的其他梁（包括楼梯梁）	$l/250$	$l/300$
	（4）屋盖檩条		
	支承无积灰的瓦楞铁和石棉瓦屋面者	$l/150$	
	支承压型金属板、有积灰的瓦楞铁和石棉瓦等屋面者	$l/200$	
	支承其他屋面材料者	$l/200$	
	（5）平台板	$l/150$	
5	墙架构件（风荷载不考虑阵风系数）		
	（1）支柱	—	$l/400$
	（2）抗风桁架（作为连续支柱的支承时）	—	$l/1000$
	（3）砌体墙的横梁（水平方向）	—	$l/300$
	（4）支承压型金属板、瓦楞铁和石棉瓦墙面的横梁（水平方向）	—	$l/200$
	（5）带有玻璃窗的横梁（竖直和水平方向）	$l/200$	$l/200$

注：1. l为受弯构件的跨度（对悬臂梁和伸臂梁为悬伸长度的2倍）。

2. $[v_T]$为永久和可变荷载标准值产生的挠度（如有起拱应减去拱度）的容许值；$[v_Q]$为可变荷载标准值产生的挠度的容许值。

表3-11　等截面简支梁的最大挠度计算公式

荷载情况	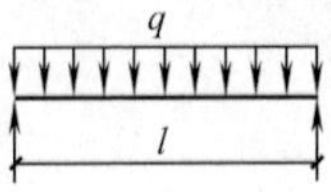	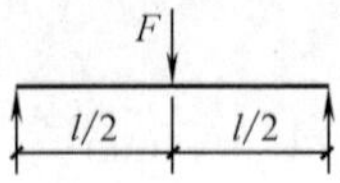	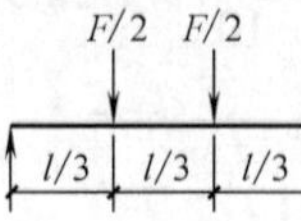	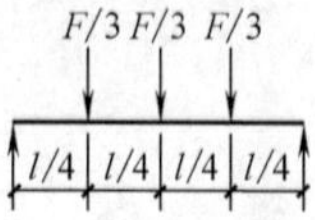
计算公式	$\frac{5}{384}\cdot\frac{ql^4}{EI}$	$\frac{1}{48}\cdot\frac{Fl^3}{EI}$	$\frac{23}{1296}\cdot\frac{Fl^3}{EI}$	$\frac{19}{1152}\cdot\frac{Fl^3}{EI}$

例3-3　如图3-24所示，某楼盖抹灰顶棚的次梁为简支梁，计算跨度为6m，采用型钢梁（Ⅰ32a），材料为Q235。跨中承受集中荷载，其中永久荷载10kN，可变荷载50kN，集中荷载沿梁跨度方向的支承长度为50mm。试验算梁的强度和刚度。

解：1. 截面特征确定

查型钢表可得Ⅰ32a的截面特征为：

$W_x = 692.5\text{cm}^3$；$I_x = 11080\text{cm}^4$；$\frac{I_x}{S_x} = 27.7\text{cm}$；$t_w = 9.5\text{mm}$；$h_y = 26.5\text{cm}$；自重为$q_b = 52.7\text{kg/m}$。

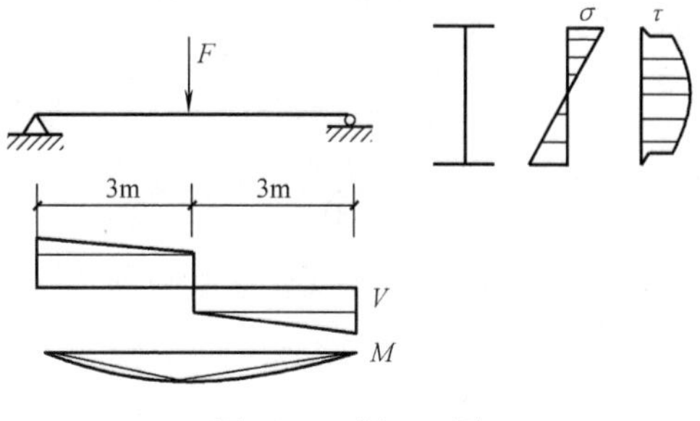

图3-24　例3-3图

2. 内力计算

集中荷载标准值：$F_k = (10 + 50)\text{kN} = 60\text{kN}$

集中荷载设计值：$F = (1.2 \times 10 + 1.4 \times 50)\text{kN} = 82\text{kN}$

自重产生的均布荷载标准值：$q_k = 0.516\text{kN/m}$

自重产生的均布荷载设计值：$q = (1.2 \times$

0.516)kN · m = 0.62kN/m

跨中最大弯矩设计值：$M_x=\frac{1}{4}Fl+\frac{1}{8}ql^2=\left(\frac{1}{4}\times82\times6+\frac{1}{8}\times0.62\times6^2\right)\text{kN}\cdot\text{m}=125.8\text{kN}\cdot\text{m}$

支座最大剪力设计值：$V=\frac{F}{2}+\frac{1}{2}ql=\left(\frac{82}{2}+\frac{1}{2}\times0.62\times6\right)\text{kN}=42.9\text{kN}$

跨中剪力设计值：$V_1=\frac{F}{2}=\frac{82}{2}\text{kN}=41\text{kN}$

3. 强度验算

(1) 抗弯强度验算(跨中截面)

$$\sigma=\frac{M_x}{\gamma_x W_{nx}}=\frac{125.8\times10^6}{1.05\times692.5\times10^3}\text{N/mm}^2=173.0\text{N/mm}^2<f=215\text{N/mm}^2$$

(2) 抗剪强度验算(支座截面)

$$\tau=\frac{VS_x}{I_x t_w}=\frac{42.9\times10^3}{277\times9.5}\text{N/mm}^2=16.3\text{N/mm}^2<f_v=125\text{N/mm}^2$$

(3) 局部承压验算(集中荷载作用处)

$$l_z=a+5h_y+2h_r=(50+5\times26.5+0)\text{mm}=182.5\text{mm}$$

$$\sigma_c=\frac{\psi F}{t_w l_z}=\frac{1.0\times82\times10^3}{9.5\times182.5}\text{N/mm}=47.3\text{N/mm}<f=215\text{N/mm}$$

(4) 折算应力的验算(跨中集中荷载作用处翼缘与腹板连接处)

$$\sigma=\frac{M_x}{I_x}y_1=\left(\frac{125.8\times10^6}{11080\times10^4}\times133.5\right)\text{N/mm}^2=151.6\text{N/mm}^2$$

$$\tau_1=\frac{V_1 S_1}{I_x t_w}=\frac{41\times10^3\times297375}{11080\times10^4\times9.5}\text{N/mm}^2=11.5\text{N/mm}^2$$

$$\sqrt{\sigma^2+\sigma_c^2-\sigma\sigma_c+3\tau_1^2}=\sqrt{151.6^2+47.3^2-151.6\times47.3+3\times11.5^2}\text{N/mm}^2$$
$$=135.8\text{N/mm}^2<\beta_1 f=1.1\times215\text{N/mm}^2=236.5\text{N/mm}^2$$

计算表明，型钢腹板上剪应力很小。

4. 刚度验算

根据已知条件查表3-10得：$\frac{[v]}{l}=\frac{1}{250}$

$$\frac{v}{l}=\frac{F_k l^2}{48EI_x}+\frac{5q_k l^3}{384EI_x}$$
$$=\frac{60\times10^3\times6000^2}{48\times206\times10^3\times11080\times10^4}+\frac{5\times0.516\times6000^3}{384\times206\times10^3\times11080\times10^4}$$
$$=\frac{1}{490}<\frac{[v]}{l}=\frac{1}{250}$$

所以，此梁的强度、刚度均满足要求。

3. 梁的稳定设计

(1) 梁的整体稳定

1) 梁整体稳定的概念。计算梁的强度时，假设荷载作用于梁截面的垂直对称轴平面，如图 3-25 中的 y 轴平面，即最大刚度平面，且它只产生沿 y 轴方向的弯曲变形，但实际上荷载不可能准确对称作用于梁的垂直平面，同时不可避免地也会有各种偶然因素所产生的横向作用，所以梁不但产生沿 y 轴的垂直变形，同时也会产生沿 x 轴的水平位移。梁在 x 轴的水平位移一般不大，但由于设计时为了提高抗弯与抗剪强度，节约钢材，钢梁截面一般做成高而窄的形式，受荷方向刚度大而侧向刚度较小，所以 x 轴方向的位移虽小，影响却很大。试验表明，在最大刚度平面内受弯的梁，当荷载较小时，梁的弯曲平衡状态是稳定的。虽然外界各种因素会使梁产生微小的侧向弯曲和扭转变形，但外界影响消失后，梁仍能恢复原来的弯曲平衡状态。然而，当荷载增大到某一数值后，梁在向下弯曲的同时，将突然发生侧向弯曲和扭转变形而破坏，这种现象称为梁的侧向弯扭屈曲或整体失稳。梁维持其稳定平衡状态所承担的最大荷载或最大弯矩，称为临界荷载或临界弯矩。此时，受压翼缘相应的最大应力就叫临界应力。

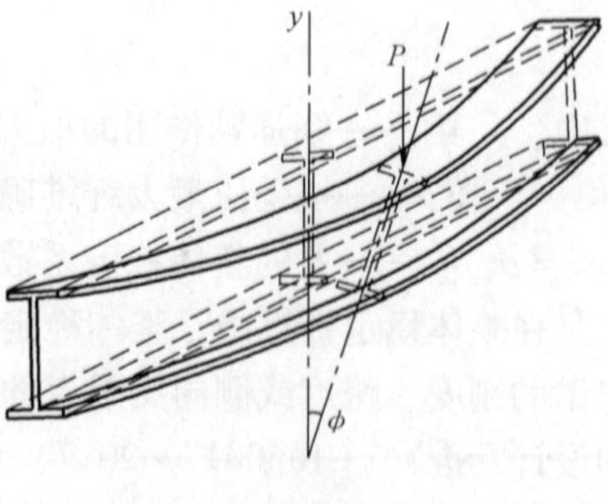

图 3-25 梁的整体失稳

梁整体失稳是突发的，并无明显预兆，因此比强度破坏更为危险，设计、施工中要特别注意。整体稳定计算就是要保证梁在荷载作用下产生的最大正应力不超过丧失稳定时的临界应力。梁整体稳定的临界应力与梁的侧向抗弯刚度、抗扭刚度、荷载沿梁跨分布情况及其在截面上的作用点位置有关。一般，梁的抗弯刚度 EI_y、抗扭刚度 GI_t 越大，相应梁的整体稳定临界应力越高；纯弯构件、承受均布荷载的构件以及承受集中荷载的梁的临界应力依次递增；在均布荷载和集中荷载情况下，荷载作用于上翼缘比作用在下翼缘时，临界应力要小；梁受压翼缘的自由长度 l_1 越大，临界弯矩 M_{cr} 越小。最后值得注意的是，设计梁时必须从构造上保证梁的支座及侧向支撑能有效地阻止梁的侧向弯曲和扭转。

2）梁整体稳定的保证。《钢结构设计标准》(GB 50017—2017)规定，当符合下列情况之一时，梁的整体稳定可以得到保证，不必计算：

① 有刚性铺板密铺在梁的受压翼缘上并与其牢固连接，能阻止梁受压翼缘的侧向位移；

② 当箱形截面简支梁的截面尺寸(图 3-26)满足 $h/b_0 \leqslant 6$，$l_1/b_0 \leqslant 95 \times \dfrac{235}{f_y}$时，可不计算整体稳定性，$l_1$ 为受压翼缘侧向支承点间的距离（梁的支座处视为有侧向支承）。

3）梁整体稳定的计算方法。当不满足前述不必计算整体稳定条件时，应对梁的整体稳定进行计算。计算时根据梁整体稳定临界弯矩 M_{cr}，可求出相应的临界应力 $\sigma_{cr}=M_{cr}/W_x$，并考虑钢材抗力分项系数 γ_R，对于在最大刚度主平面内单向弯曲的构件，其整体稳定条件为：

$$\sigma=\frac{M_x}{W_x}\leqslant\frac{\sigma_{cr}}{\gamma_R}=\frac{\sigma_{cr}f_y}{f_y\gamma_R} \tag{3-20}$$

令 $\sigma_{cr}/f_y=\varphi_b$，则在最大刚度主平面内受弯的构件，其整体稳定性应按下式计算：

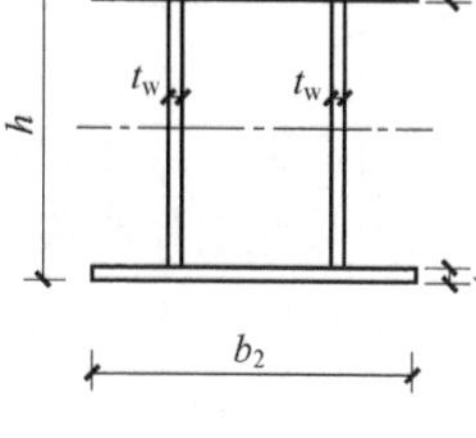

图 3-26 箱形截面

$$\frac{M_x}{\varphi_b W_x} \leqslant f \tag{3-21}$$

式中 M_x——绕强轴作用的最大弯矩设计值；

W_x——按受压最大纤维确定的梁毛截面模量；

$\varphi_b = \sigma_{cr}/f_y$——梁的整体稳定系数。

在整体稳定计算中，整体稳定系数 φ_b 的确定非常关键。根据试验与理论推导，它主要与梁的刚度、跨度或侧向支承点的距离、荷载的性质和作用位置等因素有关。因而，《钢结构设计标准》（GB 50017—2017）给出了相应的计算公式。对于常用的普通轧制工字钢简支梁，其截面几何尺寸有一定的比例关系，所以可将其整体稳定系数 φ_b 按工字钢型号和受压翼缘自由长度 l_1 制成表格直接查用，详见表 3-12。

表 3-12 普通轧制工字钢简支梁的 φ_b

项次	荷载情况			工字钢型号	自由长度 l_1/m								
					2	3	4	5	6	7	8	9	10
1	跨中无侧向支承点的梁	集中荷载作用于	上翼缘	10～20	2.00	1.30	0.99	0.80	0.68	0.58	0.53	0.48	0.43
				22～32	2.40	1.48	1.09	0.86	0.72	0.62	0.54	0.49	0.45
				36～63	2.80	1.60	1.07	0.83	0.68	0.56	0.50	0.45	0.40
2			下翼缘	10～20	3.10	1.95	1.34	1.01	0.82	0.69	0.63	0.57	0.52
				22～40	5.50	2.80	1.84	1.37	1.07	0.86	0.73	0.64	0.56
				45～63	7.30	3.60	2.30	1.62	1.20	0.96	0.80	0.69	0.60
3		均布荷载作用于	上翼缘	10～20	1.70	1.12	0.84	0.68	0.57	0.50	0.45	0.41	0.37
				22～40	2.10	1.30	0.93	0.73	0.60	0.51	0.45	0.40	0.36
				45～63	2.60	1.45	0.97	0.73	0.59	0.50	0.44	0.38	0.35
4			下翼缘	10～20	2.50	1.55	1.08	0.83	0.68	0.56	0.52	0.47	0.42
				22～40	4.00	2.20	1.45	1.10	0.85	0.70	0.60	0.52	0.46
				45～63	5.60	2.80	1.80	1.25	0.95	0.78	0.65	0.55	0.49
5	跨中有侧向支承点的梁（不论荷载作用点在截面高度上的位置）			10～20	2.20	1.39	1.01	0.79	0.66	0.57	0.52	0.47	0.42
				22～40	3.00	1.80	1.24	0.96	0.76	0.65	0.56	0.49	0.43
				45～63	4.00	2.20	1.38	1.01	0.80	0.66	0.56	0.49	0.43

注：1. 表中项次 1、2 中的集中荷载是指一个或少数几个集中荷载位于跨中央附近的情况，对其他情况的集中荷载，应按表中项次 3、4 内的数值采用。

2. 荷载作用在上翼缘是指荷载作用点在翼缘表面，方向指向截面形心；荷载作用在下翼缘是指荷载作用点在翼缘表面，方向背向截面形心。

3. 表中的 φ_b 适用于 Q235 钢。对其他钢号，表中数值应乘以 $235/f_y$。

应当指出，上述整体稳定系数是按弹性稳定理论求得的，且未考虑残余应力的影响，故只适用于弹性工作阶段。而研究证明，当求得的 φ_b 大于 0.6 时，梁已进入非弹性工作阶段，整体稳定临界应力有明显的降低，必须对 φ_b 进行修正。《钢结构设计标准》（GB 50017—2017）规定：当按上述公式或表格确定的 $\varphi_b > 0.6$ 时，用下式求得的 φ_b' 代替 φ_b 进行梁的整体稳定计算。

$$\varphi_b' = 1.07 - 0.282/\varphi_b \leqslant 1.0 \tag{3-22}$$

当梁的整体稳定承载力不足时，可采用加大梁的截面尺寸或增加侧向支承的办法予以解决，前一种办法中尤其是增大受压翼缘的宽度最有效。此外，不论梁是否需要计算整体稳定性，梁的支承处均应采取构造措施以阻止其端截面的扭转。

（2）梁的局部稳定　从用材经济的角度出发，选择组合梁截面时总是力求采用高而薄的腹板以增大截面的惯性矩和抵抗矩，同时也希望采用宽而薄的翼缘以提高梁的稳定性，但是，如果将这些板件不适当地减薄加宽，板中压应力或剪应力尚未达到强度限值或在梁未丧失整体稳定前，腹板或受压翼缘有可能偏离其平面位置，出现波形鼓曲，如图 3-27 所示，这种现象称为梁局部失稳或失去局部稳定。

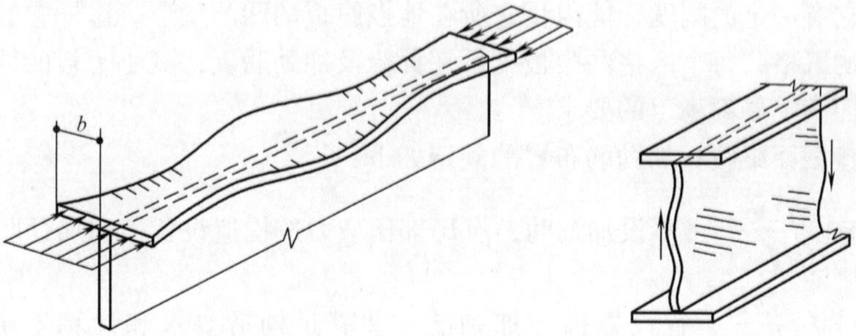

a)　　　　b)

图 3-27　梁的局部失稳

a）翼缘失稳　b）腹板失稳

如果梁的腹板或翼缘局部失稳，整体构件一般不会立即丧失承载能力，但由于对称截面转化为非对称截面而产生扭转、部分截面退出工作等原因，大大降低了构件的承载能力。所以，虽说局部失稳的危险性小于整体失稳，但它往往导致了钢结构早期破坏。

热轧型钢由于轧制条件，其板件宽厚比较小，都能满足局部稳定的要求，不需要计算。对冷弯薄壁型钢梁的受压或受弯板件，宽厚比不超过规定的限制时，认为板件全部有效；当超过此限制时，则只考虑一部分宽度有效（称为有效宽度），应按现行《冷弯薄壁型钢结构技术规范》（GB 50018—2002）计算。这里主要叙述一般钢结构组合梁中翼缘和腹板的局部稳定。为了避免组合梁出现局部失稳的现象主要采用以下两种措施：限制板件的宽厚比或高厚比；在垂直于钢板平面方向设置加劲肋。

1）受压翼缘的局部稳定。对于梁的受压翼缘，为了充分发挥材料强度，只能通过限制其自由外伸宽度 b 与其厚度 t 之比来保证翼缘板的局部稳定。即：

$$\frac{b}{t}\leqslant 13\sqrt{\frac{235}{f_y}} \tag{3-23a}$$

当梁在绕强轴的弯矩 M_x 作用下的强度按弹性设计（即取 $\gamma_x=1.0$）时，b/t 值可放宽为：

$$\frac{b}{t}\leqslant 15\sqrt{\frac{235}{f_y}} \tag{3-23b}$$

翼缘板自由外伸宽度 b 的取值为：对焊接构件，取腹板边缘至翼缘板（肢）边缘的距离；对轧制构件，取内圆弧起点至翼缘板（肢）边缘的距离。

箱形梁翼缘板在两腹板之间的部分，相当于四边简支单向均匀受压板，《钢结构设计规范》要求两腹板之间的无支承宽度 b_0 与其厚度 t 之比，应符合下式要求：

$$\frac{b_0}{t} \leqslant 40\sqrt{\frac{235}{f_y}} \tag{3-24}$$

2）腹板的局部稳定。梁的腹板以承受剪力为主，所需的厚度一般很小，此时如果仅为保证局部稳定而加厚腹板或降低梁高，显然是不经济的。因此，组合梁主要是通过采用加劲肋将腹板分割成较小的区格来提高其抵抗局部屈曲的能力。

① 加劲肋的种类和设置。一般情况下，沿垂直梁的轴线方向每隔一定间距设置加劲肋，称为横向加劲肋。当 h_0/t_w 较大时，还应在腹板受压区顺梁跨度方向设置纵向加劲肋。必要时在腹板受压区还要设置短加劲肋，不过这种情况较为少见。加劲肋一般用钢板成对焊于腹板两侧。由于它有一定的刚度，能阻止它所在地点腹板的凹凸变形，这样它的作用就是将腹板分成许多小的区格，每个区格的腹板支承在翼缘及加劲肋上，减小了板的周界尺寸，使临界力提高，从而满足局部稳定的要求。

规范对焊接截面梁腹板加劲肋布置的规定如下：

a. 当 $\frac{h_0}{t_w} \leqslant 80\sqrt{\frac{235}{f_y}}$，可不设加劲肋，有局部压应力按构造设置横向加劲肋。

b. 当 $\frac{h_0}{t_w} > 80\sqrt{\frac{235}{f_y}}$，宜设置横向加劲肋，并满足构造要求和计算要求，如图 3-28a 所示。

c. 直接承受动力荷载的吊车梁及类似构件，当 $\frac{h_0}{t_w} > 80\sqrt{\frac{235}{f_y}}$ 时，应配置横向加劲肋；当 $\frac{h_0}{t_w} > 170\sqrt{\frac{235}{f_y}}$ 且受压翼缘扭转受约束、$\frac{h_0}{t_w} > 150\sqrt{\frac{235}{f_y}}$ 且受压翼缘扭转无约束或计算需要时，应在弯曲应力较大区格的受压区增加配置纵向加劲肋，并满足构造要求和计算要求，

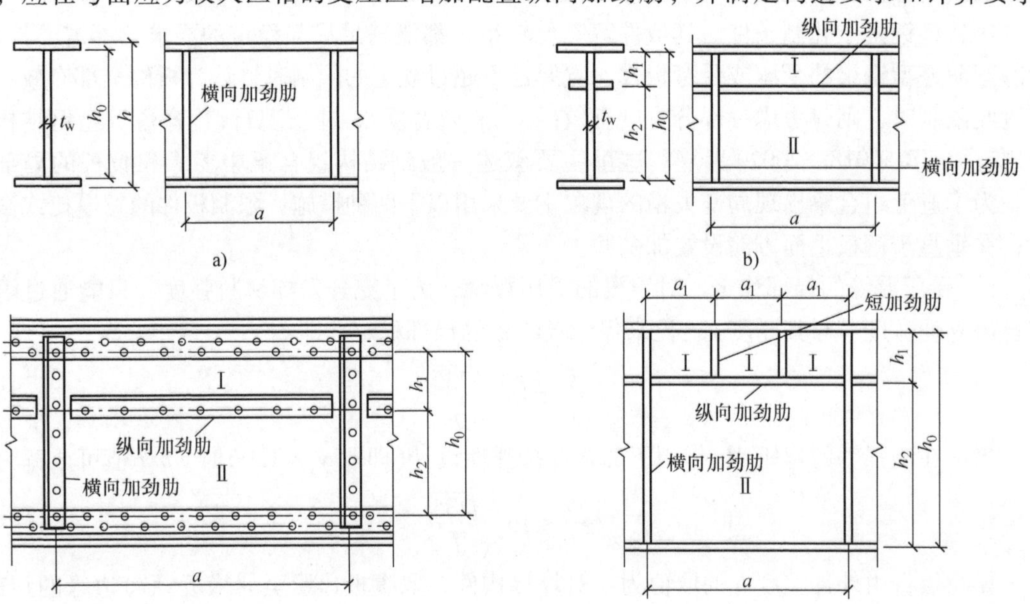

图 3-28 腹板加劲肋的布置

如图3-28b、c所示。

d. 局部压应力很大时，必要时宜在受压区配置短加劲肋，并满足构造要求和计算要求，如图3-28d所示。

e. 在梁支座处或上翼缘有较大集中荷载处，宜设置支承加劲肋，并满足构造要求和计算要求。

f. 任何情况下，$\frac{h_0}{t_w}$不宜超过$250\sqrt{\frac{235}{f_y}}$。

② 加劲肋的构造和截面尺寸。

a. 组合梁的加劲肋一般用钢板做成，加劲肋可以成对布置于腹板两侧，也可以单侧布置，但支承加劲肋和重级工作制吊车梁的加劲肋必须两侧布置。

b. 腹板同时设横向加劲肋和纵向加劲肋，相交处切断纵向加劲肋，横向加劲肋连续。

c. 横向加劲肋的间距a应满足$0.5h_0 \leqslant a \leqslant 2h_0$(对无局部压应力的梁，$\frac{h_0}{t_w} \leqslant 100$时，可采用$2.5h_0$)。纵向加劲肋距受压翼缘的距离应在$\frac{h_c}{2.5} \sim \frac{h_c}{2}$范围内（$h_c$为梁腹板受压区高度）。

d. 在腹板两侧成对布置的钢板横向加劲肋，外伸宽度$b_s \geqslant \frac{h_0}{30}+40$，厚度$t_s \geqslant \frac{b_s}{15}$(承压加劲肋)，$t_s \geqslant \frac{b_s}{19}$(不受力加劲肋)；单侧布置的横向加劲肋的外伸宽度$b_s$不应小于上式的1.2倍，厚度不应小于外伸宽度的1/15(承压加劲肋)和1/19(不受力加劲肋)。

e. 同时配置横向加劲肋和纵向加劲肋时，横向加劲肋的截面尺寸除符合上述要求，其截面惯性矩尚应符合：$I_z \geqslant 3h_0 t_w$；纵向加劲肋截面惯性矩：当$a/h_0 \leqslant 0.85$时，$I_y \geqslant 1.5h_0 t_w^3$；当$a/h_0 > 0.85$时，$I_y \geqslant \left(2.5-0.45\frac{a}{h_0}\right) \times \left(\frac{a}{h_0}\right)^2 h_0 t_w^3$。

f. 短加劲肋的最小间距为$0.75h_1$，短加劲肋的外伸宽度应取横向加劲肋外伸宽度的0.7~1.0倍，厚度不应小于短加劲肋外伸宽度的1/15。

g. 用型钢(H型钢、工字钢、槽钢、肢尖焊于腹板的角钢)做成的加劲肋，其截面惯性矩不得小于相应钢板加劲肋的惯性矩。在腹板两侧成对配置的加劲肋，其截面惯性矩应按梁腹板中心线为轴线进行计算。在腹板一侧配置的加劲肋，其截面惯性矩应按加劲肋相连的腹板边缘为轴线进行计算。

h. 焊接梁的横向加劲肋与翼缘板、腹板相接处应切角，当作为焊接工艺孔时，切角宜采用半径$R=30$mm的1/4圆弧。

i. 直接受动力荷载的梁(如吊车梁)的中间加劲肋下端不宜与受拉翼缘焊接，一般在距离受拉翼缘不小于50mm处断开。

③ 梁的支承加劲肋应符合的要求。

a. 应按承受梁支座反力或固定集中荷载的轴心受压构件计算其腹板平面外的稳定性；此受压构件的截面应包括加劲肋和加劲肋每侧$15t_w\sqrt{\frac{235}{f_y}}$范围内的腹板面积，计算长度取$h_0$。

b. 当支承加劲肋的端部为刨平顶紧时，应按其所承受的支座反力或固定集中荷载计算其端面承压应力；突缘支座的突缘加劲肋的伸出长度不得大于厚度的2倍；当端部为焊接时，应按传力情况计算其焊缝应力。

c. 支承加劲肋与腹板的连接焊缝，应按传力要求进行计算。

课题3 拉弯和压弯构件

拉弯与压弯构件概述

1. 概述

结构中，压弯和拉弯构件的应用十分广泛。它指的是同时承受轴向力和弯矩的构件。弯矩可能由轴向力的偏心作用、端弯矩作用或横向荷载作用等三种因素形成，如图3-29、图3-30所示。

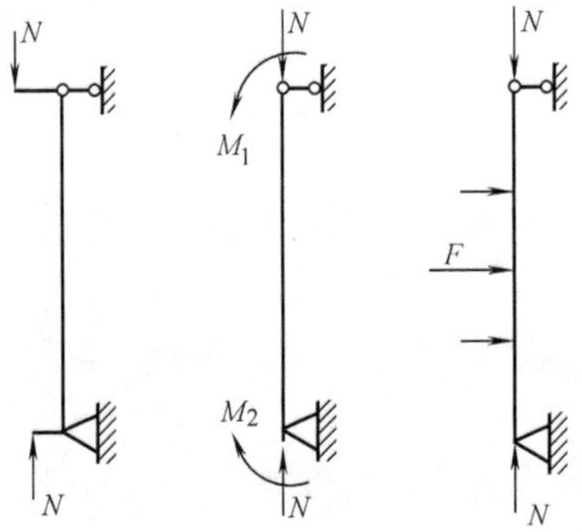

图3-29 压弯构件

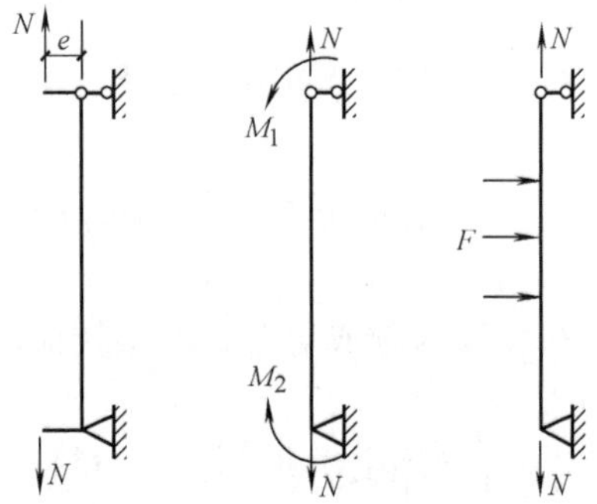

图3-30 拉弯构件

拉弯构件在钢结构中应用较少，例如有节间荷载作用的桁架下弦杆，受风荷载作用的墙架柱以及天窗架的侧立柱等。当承受的弯矩不大，而轴心拉力很大时，它的截面形式和一般轴心拉杆一样。当承受的弯矩很大时，应在弯矩作用平面内采用较大的截面高度。

压弯构件广泛的用于柱子，如工业建筑中的厂房框架柱(图3-31)、多层或高层建筑中的框架柱(图3-32)以及海洋平台的立柱等。它们不仅要承受上部结构传下来的轴向压力，同时还受弯矩和剪力的作用。当弯矩不大，而轴心压力很大时，其截面形式和一般轴心压杆相同；当弯矩相对较大时，除采用截面高度较大的双轴对称截面外，还经常采用实腹式或格构式单轴对称截面，在受压较大的一侧布置更多的材料。

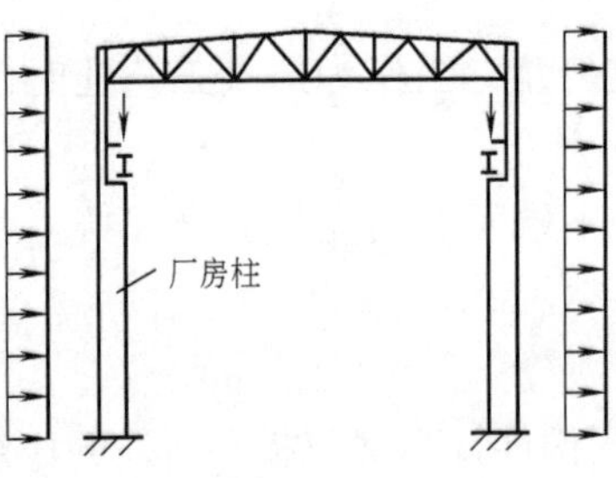

图3-31 单层工业厂房框架柱

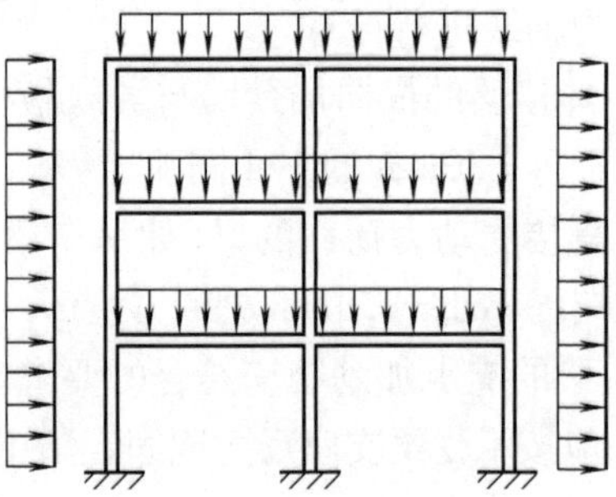

图3-32 多层框架柱

与轴心受力构件一样，在进行拉弯和压弯构件设计时，应同时满足承载能力极限状态和正常使用极限状态的要求。拉弯构件需要计算其强度和刚度(限制长细比)；对压弯构件，则存在局部失稳和三种整体破坏形式：一是当杆端弯矩很大或截面局部有严重削弱时的强度破坏；二是弯矩作用平面内的弯曲失稳破坏；三是弯矩作用平面外的弯曲扭转破坏。此外，还需计算刚度(限制长细比)。拉弯构件的容许长细比与轴心拉杆相同(表3-2)；压弯构件的容许长细比与轴心压杆的相同(表3-3)。

2. 拉弯和压弯构件的强度

考虑钢材的塑性性能，拉弯和压弯构件是以截面出现塑性铰作为其强度极限。在轴心压力及弯矩的共同作用下，工字形截面上应力有轴向力产生的拉(压)应力，还有弯矩产生的弯曲应力，二者叠加可得任意点的正应力。截面设计时应按上、下边缘正应力计算。

弯矩作用在两个主平面内的拉弯和压弯构件，其截面强度应符合《钢结构设计标准》(GB 50017—2017)的规定。

1) 除圆管截面外，弯矩作用在两个主平面内的拉弯和压弯构件，其截面强度应该按下式计算：

$$\frac{N}{A_n} \pm \frac{M_x}{\gamma_x W_{nx}} \pm \frac{M_y}{\gamma_y W_{ny}} \leqslant f \tag{3-25}$$

2) 弯矩作用在两个主平面内的圆形截面拉弯和压弯构件，其截面强度应该按下式计算：

$$\frac{N}{A_n} + \frac{\sqrt{M_x^2 + M_y^2}}{\gamma_m W_n} \leqslant f \tag{3-26}$$

式中 A_n——净截面面积；

W_n——构件的净截面模量；

M_x、M_y——分别为同一截面处对 x 轴和 y 轴的弯矩设计值；

γ_x、γ_y——与截面模量相应的截面塑性发展系数，根据其受压板件的内力分布情况确定其截面板件宽厚比等级，当截面宽厚比等级不满足S3级要求时，取1.0，满足S3级要求时应按表3-9采用；需验算疲劳强度的拉弯构件和压弯构件，宜取1.0；

γ_m——圆形构件的截面塑性发展系数，对于实腹圆形截面取1.2，当圆管截面板件宽厚比等级不满足S3级要求时取1.0，满足S3级要求时取1.15；需验算疲劳强度的拉弯和压弯构件，宜取1.0；

3. 拉弯和压弯构件的刚度

拉弯和压弯构件的刚度仍然采用容许长细比条件控制，即

$$\lambda_{max} \leqslant [\lambda] \tag{3-27}$$

式中 $[\lambda]$——构件的容许长细比，按表3-2、表3-3选取。

例3-4 如图3-33所示的拉弯构件，采用工20a普通热轧工字钢，承受静力荷载，轴向拉力的设计值为150kN，横向均布荷载设计值为35kN/m，杆长 $l=3$m，两端铰接，截面无削弱，钢材为Q235。试验算该构件的强度和刚度。

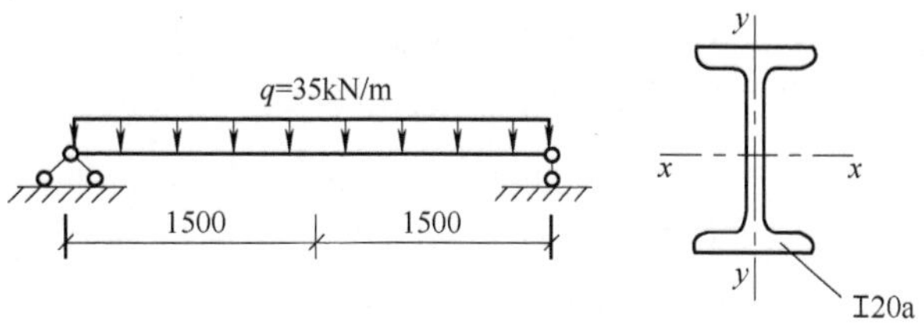

图3-33 例3-4图

解：(1) 截面几何特征

由型钢表查得工20a的截面几何特征：

$A=3555\text{mm}^2$；$W_x=236.9\times10^3\text{mm}^3$；$i_x=81.6\text{mm}$；$i_y=21.1\text{mm}$。

（2）构件内力设计值

构件最大弯矩设计值为：

$$M_x=\frac{1}{8}ql^2=\frac{1}{8}\times35\times3^2\text{kN}\cdot\text{m}=39.4\text{kN}\cdot\text{m}$$

（3）强度验算

因截面无削弱，净截面的几何特征与毛截面的几何特征相同；查表3-9得 $\gamma_x=1.05$，所以

$$\frac{N}{A_n}+\frac{M_x}{\gamma_x W_{nx}}=\left(\frac{150\times10^3}{3555}+\frac{39.4\times10^6}{1.05\times236.9\times10^3}\right)\text{N/mm}^2$$

$$=(42.19+158.40)\text{N/mm}^2=200.6\text{N/mm}^2\leqslant f=215\text{N/mm}^2$$

（4）刚度验算

最大长细比在 y 轴方向，所以

$$\lambda_y=\frac{l_{0y}}{i_y}=\frac{3000}{21.1}=142.2<[\lambda]=350$$

经以上验算，截面满足要求。

4. 压弯构件的整体稳定

压弯构件的截面尺寸通常由整体稳定控制。双轴对称截面一般将弯矩绕强轴作用，而单轴对称截面则将弯矩作用在对称轴平面内。这些构件可能在弯矩作用平面内弯曲失稳，也可能在弯矩作用平面外弯扭失稳。所以，压弯构件要分别计算弯矩作用平面内和弯矩作用平面外的稳定性。

（1）弯矩作用平面内的稳定　目前确定压弯构件弯矩作用平面内极限承载力的方法很多，可分为两大类：一类是边缘屈服准则的计算方法；一类是精度较高的数值计算方法。《钢结构设计标准》（GB 50017—2017）规定，弯矩作用在对称轴平面内（绕 x 轴）的实腹式压弯构件，其整体稳定性应按下列规定计算：

$$\frac{N}{\varphi_x A}+\frac{\beta_{mx}M_x}{\gamma_x W_{1x}\left(1-0.8\frac{N}{N'_{Ex}}\right)}\leqslant f \tag{3-28}$$

式中　N——所计算构件段范围内的轴向压力；

M_x——所计算构件段范围内的最大弯矩；

φ_x——弯矩作用平面内的轴心受压构件稳定系数；

W_{1x}——在弯矩作用平面内对较大受压纤维的毛截面模量；

N'_{Ex}——参数，为欧拉临界力除以抗力分项系数 γ_R（不分钢种，取 $\gamma_R=1.1$），$N'_{Ex}=\pi^2EA/(1.1\lambda_x^2)$；

β_{mx}——等效弯矩系数，《钢结构设计标准》（GB 50017—2017）按下列情况取值：

1）无侧移框架柱和两端支承的构件。

① 无横向荷载作用时。$\beta_{mx}=0.6+0.4M_2/M_1$，$M_1$ 和 M_2 为端弯矩，使构件产生同向曲率（无反弯点时）取同号，使构件产生反向曲率（有反弯点时）取异号，$|M_1|\geqslant|M_2|$。

② 无端弯矩但有横向荷载作用时。

跨中单个集中荷载：$\beta_{mx}=1-0.36N/N_{cr}$

全跨均布荷载：$\beta_{mx}=1-0.18N/N_{cr}$，$N_{cr}=\dfrac{\pi^2 EI}{(\mu l)^2}$

式中 N_{cr}——弹性临界力；

μ——构件的计算长度系数。

③ 有端弯矩和横向荷载同时作用时：$\beta_{mx}M_x=\beta_{mqx}M_{qx}+\beta_{m1x}M_1$

式中 M_{qx}——横向均布荷载产生的弯矩最大值；

M_1——跨中单个横向集中荷载产生的弯矩；

β_{m1x}——取按本条款第1款第1项计算的等效弯矩系数；

β_{mqx}——取按本条款第1款第2项计算的等效弯矩系数。

2）有侧移框架柱和悬臂构件。等效弯矩系数β_{mx}应按下列规定采用：

① 除第②项规定之外的框架柱：$\beta_{mx}=1-0.36N/N_{cr}$。

② 有横向荷载的柱脚铰接的单层框架柱和多层框架的底层柱：$\beta_{mx}=1.0$。

③ 自由端作用有弯矩的悬臂柱：$\beta_{mx}=1-0.36(1-m)N/N_{cr}$。

式中 m——自由端弯矩与固定端弯矩之比，当弯矩图无反弯点时取正号，有反弯点时取负号。

对于T型钢、双角钢T形等单轴对称截面压弯构件，当弯矩作用于对称轴平面内且使较大翼缘受压时，构件失稳时塑性区可能仅出现在受拉翼缘，由于受拉塑性区的发展而导致构件失去承载能力，故除了按式(3-28)计算外，还应按下式计算：

$$\left|\frac{N}{A}-\frac{\beta_{mx}M_x}{\gamma_x W_{2x}\left(1-1.25\dfrac{N}{N'_{Ex}}\right)}\right|\leqslant f \tag{3-29}$$

式中 W_{2x}——无翼缘端的毛截面模量；

γ_x——与W_{2x}相应的截面塑性发展系数。

其余符号同式(3-28)，上式第二项分母中的1.25也是经过与理论计算结果比较后引进的修正系数。

（2）弯矩作用平面外的稳定 开口薄壁截面压弯构件的抗扭刚度及弯矩作用平面外的抗弯刚度通常较小，当构件在弯矩作用平面外没有足够的支承以阻止其产生侧向位移和扭转时，构件可能因弯扭屈曲而破坏。考虑非均匀弯曲及截面形状调整，《钢结构设计规范》规定的压弯构件在弯矩作用平面外稳定计算的相关公式为：

$$\frac{N}{\varphi_y A}+\eta\frac{\beta_{tx}M_x}{\varphi_b W_{1x}}\leqslant f \tag{3-30}$$

式中 M_x——所计算构件段范围内（构件侧向支承点间）的最大弯矩；

η——截面影响系数：箱形截面$\eta=0.7$，其他截面$\eta=1.0$；

φ_y——弯矩作用平面外的轴心受压构件稳定系数；

φ_b——均匀弯曲的受弯构件的整体稳定系数，计算方法见《钢结构设计标准》（GB 50017—2017）；

β_{tx}——等效弯矩系数，应按下列规定确定：

1）在弯矩作用平面外有支承的构件，应根据两相邻支承点间构件段内的荷载和内力情况确定：

① 所考虑构件段无横向荷载作用时：$\beta_{tx}=0.65+0.35M_2/M_1$，$M_1$ 和 M_2 为在弯矩作用平面内的端弯矩，使构件产生同向曲率(无反弯点)时取同号，使构件产生反向曲率(有反弯点时)取异号，$|M_1|\geqslant|M_2|$。

② 所考虑构件段内有端弯矩和横向荷载同时作用时：使构件产生同向曲率时，$\beta_{tx}=1.0$；使构件产生反向曲率时，$\beta_{tx}=0.85$。

③ 所考虑构件段内无端弯矩但有横向荷载作用时：$\beta_{tx}=1.0$。

2）弯矩作用平面外为悬臂的构件，$\beta_{tx}=1.0$。

5. 压弯构件的局部稳定

与轴心受力构件和受弯构件相同，实腹式压弯构件可能因强度不足或丧失整体稳定而破坏，也可能因丧失局部稳定而降低其承载能力。因此设计时，必须要保证构件的局部稳定。为了保证压弯构件中板件的局部稳定，限制翼缘和腹板的宽厚比及高厚比。

复习思考题

3-1 提高轴心受压柱的钢材强度能否提高其稳定承载能力？为什么？

3-2 轴心受压构件整体失稳的形式是怎样的？与哪些因素有关？为什么稳定问题可一律用全界面计算？

3-3 对轴心受力构件为什么要规定容许长细比？

3-4 轴心受压构件翼缘与腹板的局部稳定，板件的宽厚比限值的确定原则是什么？

3-5 简述格构式轴心受压柱的设计步骤。

3-6 设计轴心受拉构件需要考虑哪些因素？轴心受拉构件需要验算哪些项目？

3-7 钢梁的强度计算包括哪些内容？什么情况下须计算梁的局部压应力和折算压应力？如何计算？

3-8 梁为何要进行刚度验算，且验算时为何要用荷载标准值？

3-9 梁发生强度破坏与丧失整体稳定有何区别？影响钢梁整体稳定的主要因素有哪些？

3-10 组合梁的腹板和翼缘可能发生哪些形式的局部失稳？《钢结构设计标准》(GB 50017—2017) 采取哪些措施防止发生这些形式的局部失稳？

3-11 压弯构件需要验算哪些项目？

3-12 我国《钢结构设计标准》(GB 50017—2017)规定在哪几种情况下验算压弯构件或拉弯构件的强度时取截面塑性发展系数 $\gamma_x=1.0$？

实训练习题

3-1 填空题

1. 双轴对称截面的工字型截面轴压构件失稳时的屈曲形式是________屈曲。
2. 单轴对称截面的轴心受压构件，当构件绕对称轴失稳时发生________屈曲。
3. 轴心受压构件的屈曲形式有________、________、________。
4. 缀条式格构柱的缀条设计时按________构件计算。
5. 工字形轴压构件翼缘局部稳定保证条件是根据________导出的。

6. 轴压构件腹板局部稳定保证条件是________。

7. 为保证组合梁腹板的局部稳定性，当满足$\frac{h_0}{t_w}>80\sqrt{\frac{235}{f_y}}$时，宜设置________。

8. 直接承受动力荷载的焊接工字形梁腹板高厚比$h_0/t_w>170\sqrt{\frac{235}{f_y}}$时，为保证腹板不发生局部失稳，应设置________。

9. 焊接工字形截面轴心受压柱保证腹板局部稳定的限值是：$\frac{h_0}{t_w}\leqslant(25+0.5\lambda)\sqrt{\frac{235}{f_y}}$。某柱$\lambda_x=57$，$\lambda_y=62$，应把________代入上式计算。

10. 梁的最小高度是由________控制的。

11. 加劲肋的种类有________、________、________。

12. 梁整体稳定判别式l_1/b_1中，l_1是________，b_1是________。

13. 焊接截面梁腹板$\frac{h_0}{t_w}$不宜超过______。

14. 在工字形梁弯矩、剪力都比较大的截面中，除了要验算正应力和剪应力外，还要在______处验算折算应力。

15. 对承受静力荷载或间接承受动力荷载的钢梁，允许考虑部分截面发展塑性变形，在计算中引入______。

16. 当组合梁腹板高厚比$\frac{h_0}{t_w}\leqslant$______时，对一般梁可不配置加劲肋。

17. 当梁整体稳定系数$\varphi_b>0.6$时，材料进入______工作阶段。这时，梁的整体稳定系数应采用______。

18. 按正常使用极限状态计算时，受弯构件要限制______，拉、压构件要限制______。

19. 承受静力荷载或间接承受动力荷载的工字形截面压弯构件，其强度计算公式中，塑性发展系数γ_x取______。

20. 实腹式偏心受压构件的整体稳定，包括弯矩______的稳定和弯矩______的稳定。

21. 实腹式压弯构件在弯矩平面内屈曲形式为______。

22. 实腹式压弯构件在弯矩平面外屈曲形式为______。

3-2 选择题

1. 为保证格构式构件单肢的稳定承载力，应（ ）。

A. 控制肢间距　　B. 控制截面换算长细比

C. 控制单肢长细比　　D. 控制构件计算长度

2. 轴压柱在两个主轴方向等稳定的条件是（ ）。

A. 杆长相等　B. 计算长度相等　C. 长细比相等　D. 截面几何尺寸相等

3. 实腹式组合H形截面轴心受压柱翼缘的宽厚比限值是（ ）。

A. $(10+0.1\lambda)\sqrt{\frac{235}{f_y}}$　　B. $(25+0.5\lambda)\sqrt{\frac{235}{f_y}}$

C. $15\sqrt{\frac{235}{f_y}}$　　D. $80\sqrt{\frac{235}{f_y}}$

4. 实腹式轴心受拉构件计算的内容有（　　）。

A. 强度　　B. 强度和整体稳定性

C. 强度、局部稳定和整体稳定　　D. 强度、刚度（长细比）

5. 实腹式轴压杆绕 x，y 轴的长细比分别为 λ_x、λ_y，对应的稳定的系数分别为 f_x、f_y，若 $\lambda_x=\lambda_y$，则（　　）。

A. $f_x>f_y$　　B. $f_x=f_y$

C. $f_x<f_y$　　D. 需要根据稳定性分类判别

6. 与轴心受压构件的稳定系数 φ 有关的因素是（　　）。

A. 截面类别、钢号、长细比

B. 截面类别、计算长度系数、长细比

C. 截面类别、两端连接构造、长细比

D. 截面类别、两个方向的长度、长细比

7. 某轴心受拉构件，截面积为 1400mm^2，承受轴拉力 $N=300\text{N}$，该杆截面上的应力是（　　）。

A. 120N/mm^2　　B. 200.2N/mm^2

C. 214.3N/mm^2　　D. 215N/mm^2

8. 下列梁不必验算整体稳定的是（　　）。

A. 焊接工字形截面　　B. 箱形截面梁

C. 型钢梁　　D. 有刚性铺板的梁

9. 验算组合梁刚度时，荷载通常取（　　）。

A. 标准值　　B. 设计值

C. 组合值　　D. 最大值

10. 计算梁的（　　）时，应用净截面的几何参数。

A. 正应力　　B. 剪应力

C. 整体稳定　　D. 局部稳定

11. 计算直接承受动力荷载的工字型截面梁抗弯强度时，γ_x 取值为（　　）。

A. 1.0　　B. 1.05

C. 1.15　　D. 1.2

12. 梁的纵向加劲肋应布置在（　　）。

A. 靠近上翼缘　　B. 靠近下翼缘

C. 靠近受压翼缘　　D. 靠近受拉翼缘

13. 梁的支承加劲肋应设在（　　）。

A. 弯矩较大的区段　　B. 剪力较大的区段

C. 有固定集中荷载的部位　　D. 有吊车轮压的部位

14. 当梁上有固定较大集中荷载作用时，其作用点处应（　　）。

A. 设置纵向加劲肋　　B. 设置横向加劲肋

C. 减少腹板宽度　　D. 增加翼缘的厚度

15. 对梁挠度的验算是（　　）。

A. 承载力极限状态的验算，荷载用设计值

B. 承载力极限状态的验算，荷载用标准值

C. 正常使用极限状态的验算，荷载用设计值

D. 正常使用极限状态的验算，荷载用标准值

16. 两端铰接、单轴对称的T形截面压弯构件，弯矩作用在截面对称轴平面并使翼缘受压，可用（ ）等公式进行计算。

Ⅰ、$\frac{N}{\varphi_x A}+\frac{\beta_{wx}W_x}{[\gamma_x W_{1x}(1-0.8N/N_{Ex})]}\leqslant f$　　Ⅱ、$\frac{N}{\varphi_x A}+\frac{\beta_{tx}M_x}{\varphi_b W_{1x}}\leqslant f$

Ⅲ、$\left|\frac{N}{A}-\frac{\beta_{wx}M_x}{[\gamma_x W_{2x}(1-1.25N/N_{Ex})]}\right|\leqslant f$　　Ⅳ、$\frac{N}{\varphi_x A}+\frac{\beta_{wx}M_x}{[W_{1x}(1-\varphi_x N/N_{Ex})]}\leqslant f$

A. Ⅰ、Ⅱ、Ⅲ　B. Ⅱ、Ⅲ、Ⅳ　C. Ⅰ、Ⅱ、Ⅳ　D. Ⅰ、Ⅲ、Ⅳ

17. 钢结构压弯构件的设计一般应进行（ ）的计算。

A. 强度、弯矩作用平面内的整体稳定性、局部稳定、变形

B. 弯矩作用平面内的整体稳定性、局部稳定、变形、长细比

C. 强度、弯矩作用平面内及平面外的整体稳定性、局部稳定、变形

D. 强度、弯矩作用平面内及平面外的整体稳定性、局部稳定、长细比

18. 实腹式偏心受压构件强度计算公式$\frac{N}{A_n}+\frac{M}{\gamma_x W_n}\leqslant f$中，$W_n$为（ ）。

A. 受压较大纤维的毛截面抵抗矩

B. 受压较小纤维的毛截面抵抗矩

C. 受压较大纤维的净截面抵抗矩

D. 受压较小纤维的净截面抵抗矩

19. 两根几何尺寸完全相同的压弯构件，一根端弯矩使之产生反向曲率，一根产生同向曲率，则前者的稳定性比后者的（ ）。

A. 好　B. 差　C. 无法确定　D. 相同

3-3 计算题

1. 已知某跨度为30m的梯形钢屋架的下弦杆，承受的轴心拉力设计值$N=975\text{kN}$，两主轴方向的计算长度分别为$l_{0x}=6\text{m}$和$l_{0y}=15\text{m}$，试选择此下弦杆的截面。（初步采用由两角钢组成的T形截面如图3-34所示，节点板厚14mm，钢材采用Q235钢）。

2. 某屋架上弦杆，承受的轴心压力设计值$N=800\text{kN}$，截面形式如图3-35所示，截面无削弱，计算长度$l_{0x}=150.8\text{cm}$，$l_{0y}=301.6\text{cm}$，试对其进行整体稳定验算。

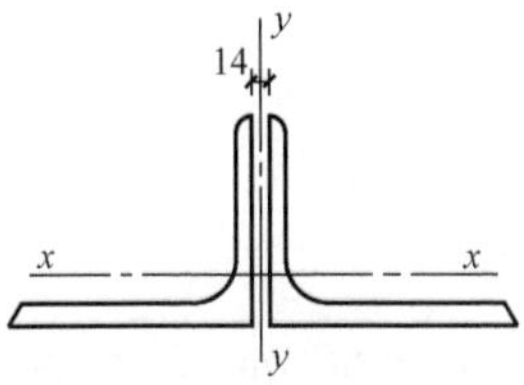

图3-34 计算题1图

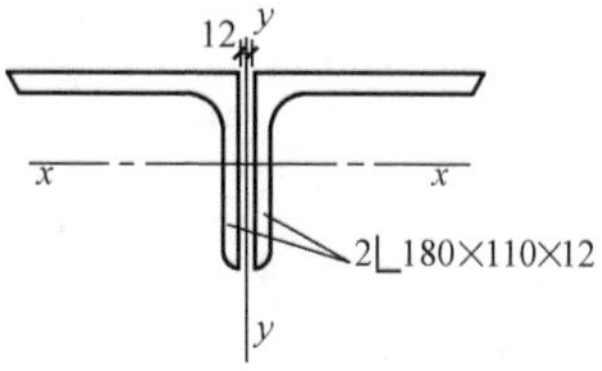

图3-35 计算题2图

3. 热轧普通工字钢简支梁如图3-36所示，型号为I36a，跨度为5m，梁上翼缘作用有均布荷载设计值$q=36\text{kN/m}$（包括自重），荷载标准值$q_k=27.69\text{kN/mm}$。试验算此梁的强度

与刚度。

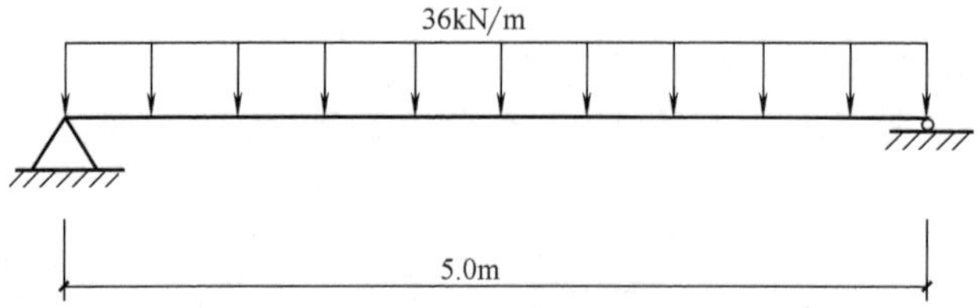

图3-36 计算题3图

4. 某热轧普通工字钢简支梁，采用型号I50a，$W_x=1860\text{cm}^3$，跨度为6m，梁上翼缘作用均布永久荷载标准值$g_k=10\text{kN/m}$（含自重）和可变荷载标准值$q_k=25\text{kN/m}$，跨中无侧向支承，选用Q235钢。试验算此梁的强度与刚度。

5. 试设计彩涂压型钢板屋面的H型钢檩条，材料Q235—A钢。檩条跨度12m，水平间距5m，屋面坡度1:10。彩涂压型钢板重0.13kN/m^2。雪荷载0.4kN/m^2，屋面均布活荷载0.5kN/m^2（按两者中的较大值取用）。

6. 如图3-37所示，压弯构件长12m，承受轴心压力设计值$N=1800\text{kN}$，构件的中央作用横向荷载设计值$F=540\text{kN}$，弯矩作用平面外有2个侧向支撑（在构件的三分点处），钢材采用Q235，翼缘为火焰切割边，验算该构件的稳定性。

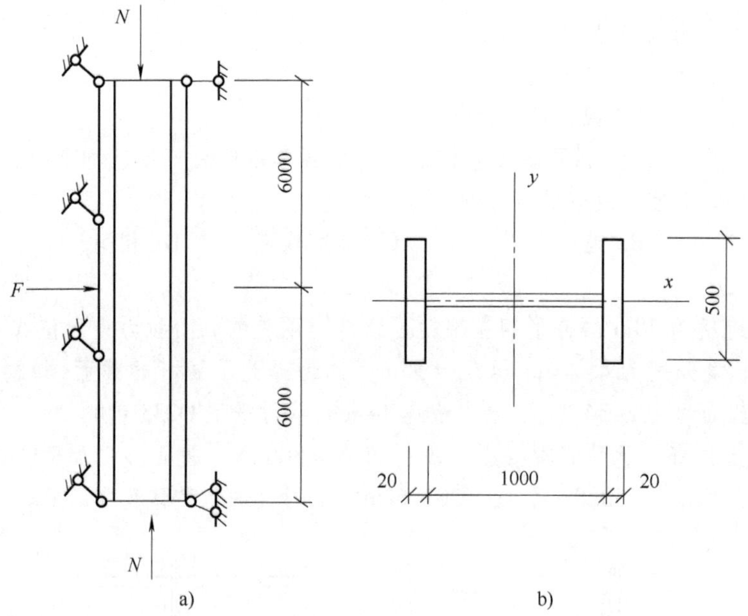

图3-37 计算题6图

7. 一格构式压弯构件，两端铰接，计算长度$l_{0x}=l_{0y}=600\text{mm}$。构件截面及缀条布置如图3-38所示。缀条采用角钢∠75×4，缀条倾角为45°。构件承受轴心压力设计值$N=450\text{kN}$，弯矩绕虚轴作用，钢材采用Q235。试计算该构件所能承受的最大弯矩设计值。

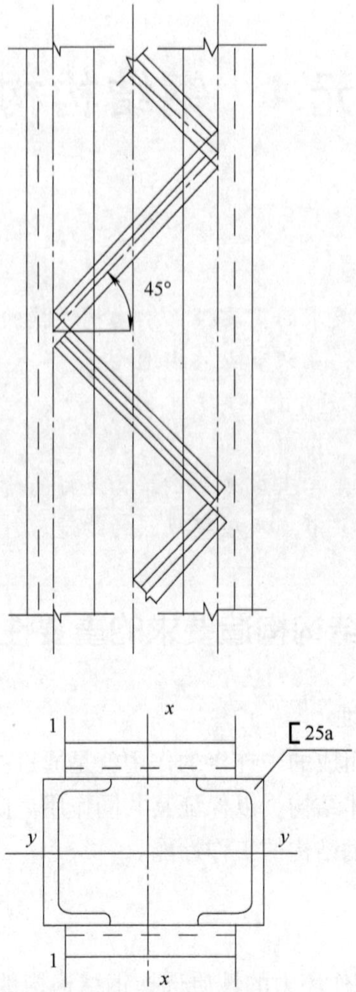

图3-38　计算题7图

单元4　钢结构构造

【单元概述】

本单元讲述了钢结构构造要求的重要性；钢结构连接的构造要求；各种结构构件的构造要求；刚架节点的构造要求；屋架节点的构造要求。

【学习目标】

通过本单元的学习、训练，学生应熟悉钢结构连接的构造要求；掌握各种构件之间的连接方法、构造要求；熟悉刚架节点及屋架节点的构造。

课题1　钢结构构造要求的重要性及一般要求

1. 钢结构构造要求的重要性

钢结构是由若干构件组合而成的。连接的作用就是通过一定的手段将板材或型钢组合成构件，或将若干构件组合成整体结构，以保证其共同作用。因此，连接方式和构造及其结构构件的构造质量优劣直接影响钢结构的工作性能。

2. 钢结构构造的一般要求

（1）钢结构连接一般要求

1）应根据施工环境条件和作用力的性质选择钢结构构件的连接方法。一般工厂加工构件采用焊接，主要承重构件的现场连接或拼接采用高强度螺栓连接或焊接。

2）普通螺栓连接受力状态下容易产生较大变形，而焊接连接刚度大，两者难以协同工作。承压型高强度螺栓连接与焊缝变形不协调，难以共同工作。摩擦型高强度螺栓连接刚度大，受静力荷载作用可考虑与焊缝协同工作，但仅限于在钢结构加固补强中采用栓焊并用连接。

因此规定：同一连接部位中不得采用普通螺栓或承压型高强度螺栓与焊接共用的连接；在改建、扩建工程中作为加固补强措施，可采用摩擦型高强度螺栓与焊接承受同一作用力的栓焊并用连接，其计算与构造宜符合行业标准《钢结构高强度螺栓连接技术规程》（JGJ 82—2011）的规定。

3）C级螺栓与孔壁间有较大间隙，故不宜用于重要的连接，如制动梁与吊车梁上翼缘的连接，承受着反复的水平制动力和卡轨力，应优先采用高强度螺栓，其次是采用低氢型焊条的焊接，不得采用C级螺栓连接。

C级螺栓宜用于沿其杆轴方向受拉的连接，在下列情况下可用于抗剪连接：承受静力荷载或间接承受动力荷载结构中的次要连接；承受静力荷载的可拆卸结构的连接；临时固定构件用的安装连接。

4）钢结构的安装连接应采用传力可靠、制作方便、连接简单、便于调整的构造形式，并应考虑临时定位措施。

根据连接的受力和安装误差情况分别采用C级螺栓、焊接、高强螺栓或栓焊接头连接。其选用原则是：凡沿螺栓杆轴方向受拉的连接或受剪力较小的次要连接，宜用C级螺栓；凡安装误差较大的，受静力荷载或间接受动力荷载的连接，可优先选用焊接或者栓焊连接；凡直接承受动力荷载的连接或高空施焊困难的重要连接，均宜采用高强度螺栓摩擦型连接或者栓焊连接。

梁或桁架的铰接支承宜采用平板支座直接支于柱顶或牛腿上。

当梁或桁架与柱侧面连接时，应设置承力支托或安装支托。安装时，先将构件放在支托上，再上紧螺栓，比较方便。此外，这类构件的长度不能有正公差，以便于插接，承力支托的焊接计算时应考虑施工误差造成的偏心影响。

除特殊情况外，一般不采用铆钉连接。

5）焊接工程中，首次采用的新钢种应进行焊接性试验，合格后应根据现行国家标准《钢结构焊接规范》（GB 50661—2011）的规定进行焊接工艺评定。

焊接性试验是指评定母材金属的试验。钢材的焊接性是指钢材对焊接加工的适应性，是用以衡量钢材在一定工艺条件下获得优质接头的难易程度和该接头能否在使用条件下可靠运行的具体技术指标。

（2）钢结构节点一般要求

1）钢结构节点设计应根据结构的重要性、受力特点、荷载情况和工作环境等因素选用节点形式、材料与加工工艺。

2）节点设计应满足承载力极限状态要求，传力可靠，减少应力集中。

3）节点构造应符合结构计算假定，当构件在节点偏心相交时，尚应考虑局部弯矩的影响。

4）构造复杂的重要节点应通过有限元分析确定其承载力，并宜进行试验验证。

5）节点构造应便于制作、运输、安装、维护，防止积水、积尘，并应采取防腐与防火措施。

6）拼接节点应保证被连接构件的连续性。

（3）钢结构的受力构件及其连接　在钢结构的受力构件及其连接中不宜采用：厚度小于4mm的钢板；壁厚小于3mm的钢管；截面小于∟45×4或∟56×36×4的角钢（对焊接结构）或截面小于∟50×5的角钢（对螺栓连接或铆钉连接结构）。

（4）设置支撑系统　为了保证结构的空间工作，提高结构的整体刚度，承担和传递水平力，防止杆件产生过大的振动，避免压杆的侧向失稳，以及保证结构安装时的稳定，应根据结构及其荷载的不同情况设置可靠的支撑系统。在建筑物每一个温度区段或分期建设的区段中，应分别设置独立的空间稳定的支撑系统。

（5）温度区段长度值　单层房屋和露天结构的温度区段长度（伸缩缝的间距），当不超过表4-1的数值时，可不考虑温度应力和温度变形的影响。

表4-1 温度区段长度值 （单位：m）

结构情况	纵向温度区段（垂直屋架或构架跨度方向）	横向温度区段（沿屋架或构架跨度方向）	
		柱顶为刚接	柱顶为铰接
采暖房屋和非采暖地区的房屋	220	120	150
热车间和采暖地区的非采暖房屋	180	100	125
露天结构	120	—	—

注：1. 厂房柱为其他材料时，应按相应规范的规定设置伸缩缝。围护结构可根据具体情况参照有关规范单独设置伸缩缝。

2. 无桥式吊车房屋的柱间支撑和有桥式吊车房屋吊车梁或吊车桁架以下的柱间支撑，宜对称布置于温度区段中部。当不对称布置时，上述柱间支撑的中点（两道柱间支撑时为两支撑距离的中点）至温度区段端部的距离不宜大于表4-1纵向温度区段长度的60%。

3. 当有充分依据或可靠措施时，表中数字可予以折减。

课题2 连接构造

1. 焊缝连接构造

（1）焊缝形式的选择 受力和构造焊缝可采用对接焊缝、角接焊缝、对接与角接组合焊缝、塞焊焊缝、槽焊焊缝。重要连接或有等强要求的对接焊缝应为熔透焊缝，较厚板件或无需焊透时可采用部分熔透焊缝。

（2）钢结构焊缝连接构造设计规定

1）尽量减少焊缝的数量和尺寸。

2）焊缝的布置宜对称于构件截面的形心轴。

3）应避免焊缝密集和双向、三向相交；焊缝位置宜避开最大应力区。

4）节点区留有足够空间，便于焊接操作和焊后检测。

5）焊缝连接宜选择等强匹配；当不同强度的钢材连接时，可采用与低强度钢材相匹配的焊接材料。根据试验，Q235钢与Q345钢钢材焊接时，若用E50××型焊条，焊缝强度比用E43××型焊条时提高不多，设计时只能取用E43××型焊条的焊缝强度设计值。此外，从连接的韧性和经济方面考虑，宜采用与低强度钢材相适应的焊接材料。

（3）焊缝的质量等级 焊缝的质量等级应根据结构的重要性、荷载特性、焊缝形式、工作环境以及应力状态等情况，按下列原则选用。

1）在承受动荷载且需要进行疲劳验算的构件中，凡要求与母材等强连接的焊缝应焊透，其质量等级应符合下列规定：作用力垂直于焊缝长度方向的横向对接焊缝或T形对接与角接组合焊缝，受拉时应为一级，受压时不应低于二级；作用力平行于焊缝长度方向的纵向对接焊缝不应低于二级；重级工作制（A6～A8）和起重量 $Q\geqslant 50t$ 的中级工作制（A4、A5）吊车梁的腹板与上翼缘之间以及吊车桁架上弦杆与节点板之间的T形连接部位焊缝应焊透，焊缝形式宜为对接与角接组合焊缝，其质量等级不应低于二级。

2）在工作温度等于或低于 -20℃ 的地区，构件对接焊缝的质量不得低于二级。

3）不需要疲劳验算的构件中，凡要求与母材等强的对接焊缝宜焊透，其质量等级受拉时不应低于二级，受压时不宜低于二级。

4）部分焊透的对接焊缝、采用角焊缝或部分焊透的对接与角接组合焊缝的T形连接部位，以及搭接连接角焊缝，其质量等级应符合下列规定：

直接承受动荷载且需要疲劳验算的结构和吊车起重量等于或大于50t的中级工作制吊车梁以及梁柱、牛腿等重要节点不应低于二级，其他结构可为三级。

（4）承受动荷载　承受动荷载时，塞焊、槽焊、角焊、对接连接应符合下列规定。

1）承受动荷载不需要进行疲劳验算的构件，采用塞焊、槽焊时，孔或槽的边缘到构件边缘在垂直于应力方向上的间距不应小于此构件厚度的5倍，且不应小于孔或槽宽度的2倍；构件端部搭接连接的纵向角焊缝长度不应小于两侧焊缝间的垂直间距 a，且在无塞焊、槽焊等其他措施时，间距 a 不应大于 $16t$（t 为较薄件厚度），如图4-1所示。

2）不得采用焊脚尺寸小于5mm的角焊缝。

3）严禁采用断续坡口焊缝和断续角焊缝。

4）对接与角接组合焊缝和T形连接的全焊透坡口焊缝应采用角焊缝加强，加强焊脚尺寸不应大于连接部位较薄件厚度的1/2，但最大值不得超过10mm。

5）承受动荷载需经疲劳验算的连接，当拉应力与焊缝轴线垂直时，严禁采用部分焊透对接焊。

6）除横焊位置以外，不宜采用L形和J形坡口。

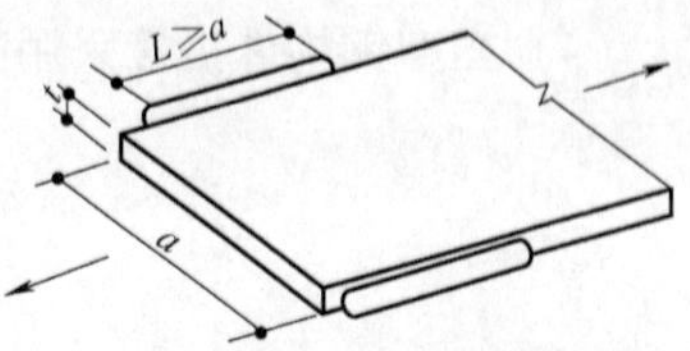

图4-1　承受动荷载不需要进行疲劳验算时构件端部纵向角焊缝长度及间距要求

（5）塞焊和槽焊焊缝　塞焊和槽焊焊缝的尺寸、间距、焊缝高度应符合下列规定。

1）塞焊和槽焊焊缝的有效面积应为贴合面上圆孔或长槽孔的标称面积。

2）塞焊焊缝的最小中心间距应为孔径的4倍，槽焊焊缝的纵向最小间距应为槽孔长度的2倍，垂直于槽孔长度方向的两排槽孔的最小间距应为槽孔宽度的4倍。

3）塞焊孔的最小直径不得小于开孔板厚度加8mm，最大直径应为最小直径加3mm和开孔件厚度的2.25倍两值中较大者。槽孔长度不应超过开孔件厚度的10倍，最小及最大槽宽规定应与塞焊孔的最小及最大孔径规定相同。

4）塞焊和槽焊的焊缝高度应符合下列规定：当母材厚度不大于16mm时，应与母材厚度相同；当母材厚度大于16mm时，不应小于母材厚度的一半和16mm两值中较大者。

5）塞焊焊缝和槽焊焊缝的尺寸应根据贴合面上承受的剪力计算确定。

2. 螺栓连接构造

（1）高强度螺栓摩擦型连接盖板构造　高强度螺栓摩擦型连接盖板按大圆孔、槽孔制孔时，应增大垫圈厚度或采用连续型垫板，其孔径与标准垫圈相同，对M24及以下的螺栓，厚度不宜小于8mm；对M24以上的螺栓，厚度不宜小于10mm。

不得在同一个连接摩擦面的盖板和芯板同时采用扩大孔（大圆孔、槽孔）。

（2）螺栓连接构造　螺栓连接设计应符合下列规定。

1）连接处应有必要的螺栓施拧空间。

2）螺栓连接或拼接节点中，每一杆件一端的永久性的螺栓数不宜少于2个；对组合构件的缀条，其端部连接可采用1个螺栓。

3）沿杆轴方向受拉的螺栓连接中的端板（法兰板），应采取构造措施适当增加其强度，如设置加劲肋，以免有时撬力过大影响紧固件的安全。

4）高强度螺栓连接设计应符合下列规定：采用承压型连接时，连接处构件接触面应清除油污及浮锈，仅承受拉力的高强度螺栓连接，不要求对接触面进行抗滑移处理。高强度螺栓承压型连接不应用于直接承受动力荷载的结构，抗剪承压型连接在正常使用极限状态下应符合摩擦型连接的设计要求。当高强度螺栓连接的环境温度为100～150℃时，其承载力应降低10%。

（3）直接承受动力荷载构件的螺栓连接构造　直接承受动力荷载构件的螺栓连接应符合下列规定。

1）抗剪连接时应采用摩擦型高强度螺栓。

2）普通螺栓受拉连接应采用双螺帽，或其他能防止螺帽松动的有效措施，如用弹簧垫圈，或将螺帽和螺杆焊死等。

（4）当型钢构件拼接采用高强度螺栓连接时，其拼接件宜采用钢板。

课题3　结构构件构造

1. 柱及主要节点的构造

（1）缀条柱与缀板柱　缀条柱在缀材面的抗剪刚度和抗弯刚度比缀板柱好，故剪力较大或宽度较大的格构式柱宜采用缀条柱，缀板柱构造简单，常用于轴心受压柱。缀板柱中，同一截面处缀板（或型钢横杆）的线刚度之和不得小于柱较大分肢线刚度的6倍。

（2）实腹式柱与结构式柱　当实腹式柱的腹板计算高度 h_0 与厚度 t_w 之比 $h_0/t_w > 80\sqrt{235/f_y}$ 时，应采用横向加劲肋加强，其间距不得大于 $3h_0$。

横向加劲肋的尺寸和构造应按局部稳定的有关规定采用。

大型实腹式柱或格构式柱，除在受有较大水平力处设置横隔外，还应在运输单元的端部设置横隔（即加宽的横向加劲肋），以增加杆件的抗扭刚度，保证截面的形状保持不变。横隔的间距不得大于柱截面长边尺寸的9倍和8m。横隔可用钢板或交叉角钢做成，如图4-2所示。

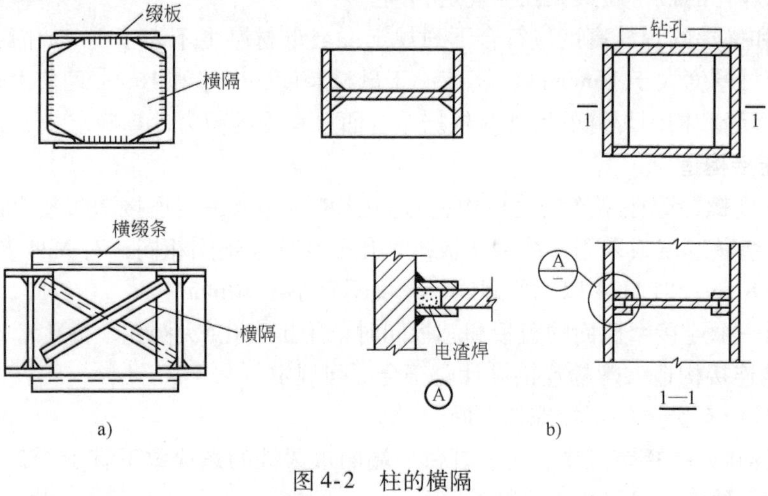

图4-2　柱的横隔

a）格构式柱　b）大型实腹式柱

（3）梁与柱的连接形式和构造　梁与柱的连接节点可以归纳为铰接与刚接两大类，实际的处理方法是各不相同的。

1）梁与柱的铰接连接。轴心受压柱主要承受由梁传来的荷载，与梁的连接一般均用铰接，若为刚接，则柱将承受较大的弯矩成为压弯柱。轴心受压柱与梁的铰接连接一般有两种方案，一种是梁支承于柱顶，另一种是梁连接于柱的侧面。如图4-3所示是梁支承于柱顶的铰接连接。梁的反力通过柱的顶板传给柱身，顶板一般取16～20mm厚，与柱用焊缝相连；梁与顶板用普通螺栓相连，以便安装就位。

梁与柱的连接

如图4-3a所示的构造方案，将梁支承加劲肋对准柱的翼缘，使梁的支承反力直接传递给柱的翼缘。两相邻梁之间留一个空隙，以便安装时有调节余地，最后用夹板和构造螺栓相连，有助于防止单梁的侧倾。这种连接形式传力明确，构造简单，施工方便，缺点是当两相邻梁反力不等时会引起柱的偏心受压，一侧梁传递的反力很大时，还可能引起柱翼缘的局部屈曲。

如图4-3b所示的构造方案，将梁的反力通过突缘加劲肋作用于柱的轴线附近，即使两相邻梁反力不等，柱仍接近轴心受压。突缘加劲肋底部应刨平顶紧于柱顶板；由于梁的反力大部分传给柱的腹板，因而腹板厚度不能太薄；在柱顶板之下，应设置加劲肋，加劲肋要有足够的长度，以满足焊缝长度的要求和应力均匀扩散的要求；两相邻梁之间应留一些空隙便于安装时调节，最后嵌入合适尺寸的填板并用螺栓相连。对于格构式柱如图4-3c所示，为了保证传力均匀并托住顶板，应在两柱肢之间设置竖向隔板。

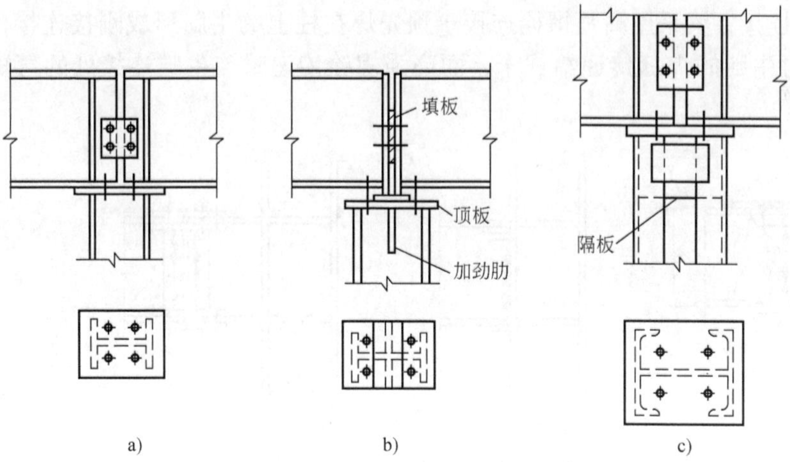

柱头

图4-3　梁支承于柱顶的铰接连接

如图4-4所示为梁支承于柱侧的铰接连接。在多层框架的中间梁柱中，横梁与柱只能在柱侧相连。

当梁反力较大时，可采用如图4-4a所示的做法。梁的反力由端加劲肋传给承托；承托采用厚钢板（其厚度应大于加劲肋的厚度）或T型钢，与柱侧用焊缝相连；梁与柱侧仍留一个空隙，安装后用垫板和螺栓相连。

如图4-4b所示的连接，只能用于梁反力较小的情况。这时，梁可不设支承加劲肋，直接搁置在柱的牛腿上，用普通螺栓相连；梁与柱侧间留一空隙，用角钢和构造螺栓相连。这种连接形式比较简单，施工方便。

图4-4 梁支承于柱侧的铰接连接

2）梁与柱的刚接连接。在框架结构中，梁与柱的连接节点一般用刚接，采用刚接可以减小梁跨中的弯矩，但制作施工较复杂。

梁与柱的刚接连接要求连接节点能够可靠地传递剪力和弯矩。如图4-5所示是梁与柱的刚接连接构造图。

如图4-5a所示的连接，通过上下两块水平板将弯矩全部传给柱子，梁端剪力则通过承托传递。

如图4-5b所示的连接，通过翼缘连接焊缝将弯矩全部传给柱子，而剪力则全部由腹板焊缝传递。为了使连接焊缝能在平焊位置施焊，要在柱侧焊上衬板，同时在梁腹板端部预先留出槽口，上槽口是为了让出衬板的位置，下槽口是为了满足施焊的要求。

如图4-5c所示的连接，梁采用高强螺栓连接于预先焊在柱上的牛腿形成刚接连接，梁端的弯矩和剪力是通过牛腿的焊缝传递给柱子，而高强螺栓传递梁与牛腿连接处的弯矩和剪力。

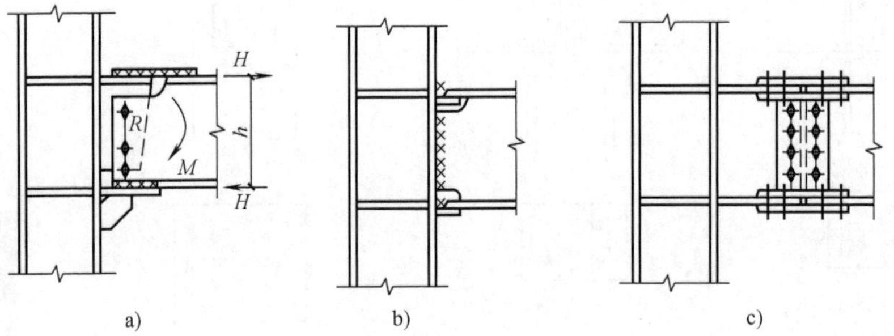

图4-5 梁与柱的刚接连接

梁上翼缘的连接范围内，柱的翼缘可能在水平拉力的作用下向外弯曲致使连接焊缝受力不均；在梁下翼缘附近，柱腹板有可能因水平压力的作用而局部失稳。因此，一般需在对应于梁的上、下翼缘处设置柱的水平加劲肋或横隔。

（4）柱脚的形式与构造 柱脚的构造应使柱身的内力可靠地传给基础，并与基础有牢固的连接。由于混凝土的强度远比钢材低，所以，必须把柱的底部放大，以增加其与基础顶部的接触面积。

1）按其与基础的连接方式不同分类。柱脚按其与基础的连接方式不同，又分为铰接和刚接两种。铰接柱脚只传递轴心压力和剪力，刚接柱脚除传递轴心压力和剪力外，还要传递弯矩。

① 铰接柱脚。铰接柱脚主要用于轴心受压柱，如图 4-6 所示是常用的铰接柱脚的几种形式。

铰接柱脚

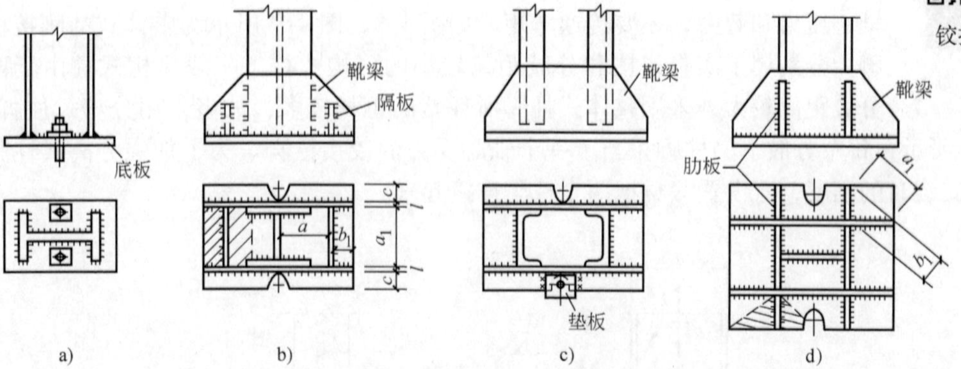

图 4-6　常用的铰接柱脚形式

如图 4-6a 所示的形式可用于当柱轴力较小时，柱通过焊缝将压力传给底板，底板将此压力扩散至混凝土基础。底板是柱脚不可缺少的部分，在轴心受压柱柱脚中，底板做成正方形或接近正方形。这种柱脚只能用于小型柱，如果是大型柱，底板会太厚。

当柱轴力较大时，需要在底板上采取加强措施，以防在基础反力作用下底板抗弯刚度不够。另外，还应使柱端与底板间有足够长的传力焊缝。这时，常用的柱脚形式如图 4-6b、c、d 所示。柱端通过竖焊缝将力传给靴梁，靴梁通过底部焊缝将压力传给底板。靴梁成为放大的柱端，不仅增加了传力焊缝的长度，也将底板分成较小的区格，减小了底板在反力作用下的最大弯矩值，厚度减薄。采用靴梁后，如底板区格仍较大因而弯矩值较大时，可采用隔板与肋板，这些加劲板又起到了提高靴梁稳定性的作用。

有靴梁的柱脚

如图 4-6c 所示是采用靴梁的形式，如图 4-6b、d 所示是分别采用了隔板与肋板的形式。靴梁、隔板、肋板等都应有一定的刚度。

整体式柱脚

布置柱脚中的连接焊缝时，应考虑施焊的方便与可能。如图 4-6b 所示隔板的里侧，如图 4-6c、d 所示靴梁中央部分的里侧，都不宜布置焊缝。

铰接柱脚通常仅按承受轴向压力计算。轴向压力一部分由柱身传给靴梁、肋板等，再传给底板，最后传给基础；另一部分是经柱身与底板间的连接焊缝传给底板，再传给基础。然而实际工程中，柱端难于做到齐平，而且为了便于控制柱长的准确性，柱端可能比靴梁缩进一些，如图 4-6c 所示。

柱脚是利用预埋在基础中的锚栓来固定其位置的。铰接柱脚只沿着一条轴线设立两个连接于底板上的锚栓。底板的抗弯刚度较小，锚栓受拉时，底板会产生弯曲变形，阻止柱端转动的抗力不大，因而此种柱脚仍视为铰接。

图 4-7　柱脚的抗剪键

铰接柱脚只传递轴心压力和剪力。剪力通常由底板与基础表面的摩擦力传递。当此摩擦力不足以承受水平剪力时，应在柱脚底板下设置抗剪键如图4-7所示。抗剪键可用方钢、短T型钢或H型钢做成。

刚接柱脚

② 刚接柱脚。刚接柱脚主要用于框架柱(受压受弯柱)。框架柱的柱脚可做成铰接和刚接。铰接柱脚的构造基本如上所述，刚接柱脚除了要传递轴心压力和剪力，还要传递弯矩。如图4-8、图4-9所示为整体式的刚接柱脚，分别用于实腹式柱和分肢距离较小的格构式柱。一般格构式柱由于两分肢距离较大，采用整体式柱脚所耗费的钢材较多，故多采用分离式柱脚，如图4-10所示，每个分肢下的柱脚相当于一个轴心受力的铰接柱脚。为了加强分离式柱脚在运输和安装时的刚度，宜设置缀材把两个柱脚连接起来。

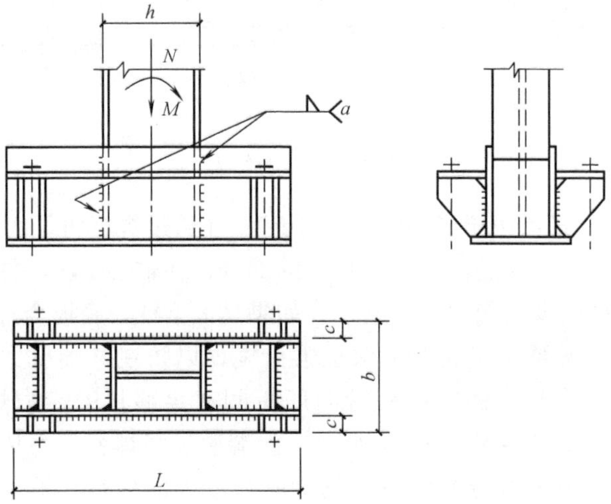

图4-8 实腹式柱的整体式刚接柱脚

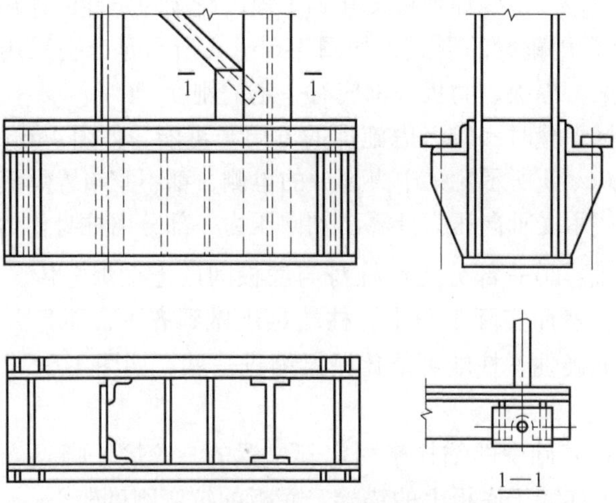

图4-9 格构式柱的整体式刚接柱脚

刚接柱脚在弯矩作用下产生的拉力需由锚栓来承受。为了保证柱脚与基础能形成刚性连接，锚栓不宜固定在底板而应采用如图4-8所示的构造，在靴梁侧面焊接两块肋板，锚栓固定在肋板上面的水平板上。为了便于安装，锚栓不宜穿过底板。

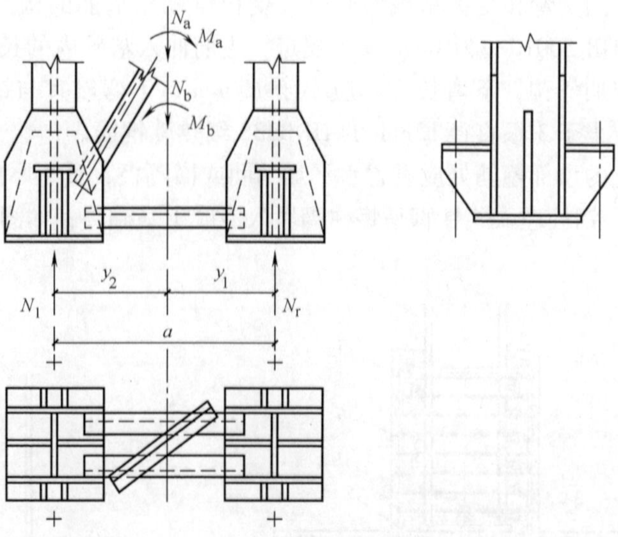

图4-10　分离式刚接柱脚

为了安装时便于调整柱脚的位置，水平板上锚栓孔的直径应是锚栓直径的1.5～2.0倍（锚栓直径一般为20～25mm），待柱子就位并调整到设计位置后，再用垫板套住锚栓并与水平板焊牢，垫板上的孔径比锚栓直径大1～2mm。

刚接柱脚同铰接柱脚一样，剪力由底板与基础间的摩擦力或专门设置的抗剪键传递，柱脚按承受弯矩和轴心压力计算。

2）按其位置不同分类。柱脚按其位置不同可分为外露式柱脚、外包式柱脚、埋入式柱脚、插入式柱脚。多高层结构框架柱的柱脚可采用埋入式柱脚、插入式柱脚及外包式柱脚，多层结构框架柱也可采用外露式柱脚，单层厂房刚接柱脚可采用插入式柱脚、外露式柱脚，铰接柱脚宜采用外露式柱脚。

① 外露式柱脚。钢柱外露式柱脚应通过底板锚栓固定于混凝土基础上，如图4-11所示。

钢柱底部的剪力可由底板与混凝土之间的摩擦力传递，摩擦系数取0.4；当剪力大于底板下的摩擦力时，应设置抗剪键，由抗剪键承受全部剪力；也可由锚栓抵抗全部剪力，此时底板上的锚栓孔直径不应大于锚栓直径加5mm，且锚栓垫片下应设置盖板，盖板与柱底板焊接，并计算焊缝的抗剪强度。

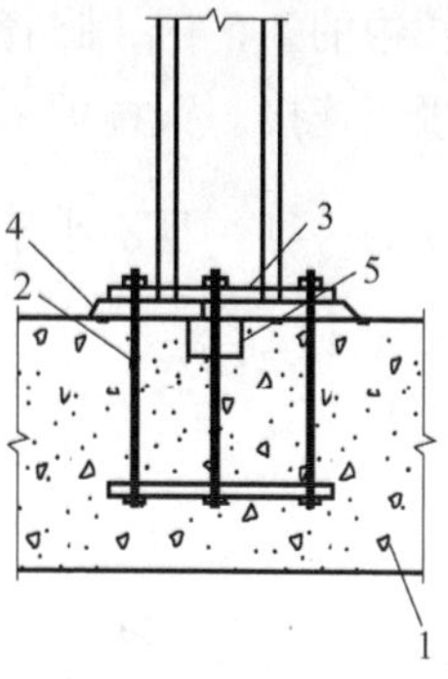

图4-11　外露式柱脚
1—基础　2—锚栓　3—底板
4—无收缩砂浆　5—抗剪键

② 外包式柱脚。外包式柱脚由钢柱脚和外包混凝土组成，位于混凝土基础顶面以上，如图4-12所示，属于钢和混凝土组合结构。

底板应按结构安装阶段荷载作用下轴心力、底板的支承条件计算确定，其厚度不宜小于16mm。

柱脚锚栓应按构造要求设置，直径不宜小于16mm，锚固长度不宜小于其直径的20倍。

当框架柱为圆管或矩形管时，应在管内浇灌混凝土，强度等级不应小于基础混凝土。浇灌高度应高于外包混凝土，且不宜小于圆管直径或矩形管的长边。

外包钢筋混凝土的受弯和受剪承载力验算及受拉钢筋和箍筋的构造要求应符合《混凝土结构设计规范》(GB 50010—2010)的有关规定，主筋伸入基础内的长度不应小于25倍直径，四角主筋两端应加弯钩，下弯长度不应小于150mm，下弯段宜与钢柱焊接，顶部箍筋应加强加密，并不应小于3根直径12mm的HRB335级热轧钢筋。

柱在外包混凝土的顶部箍筋处应设置水平加劲肋或横隔板，其宽厚比应符合相关规定。

③ 埋入式柱脚。钢柱埋入式柱脚是将柱脚埋入混凝土基础内，如图4-13所示。

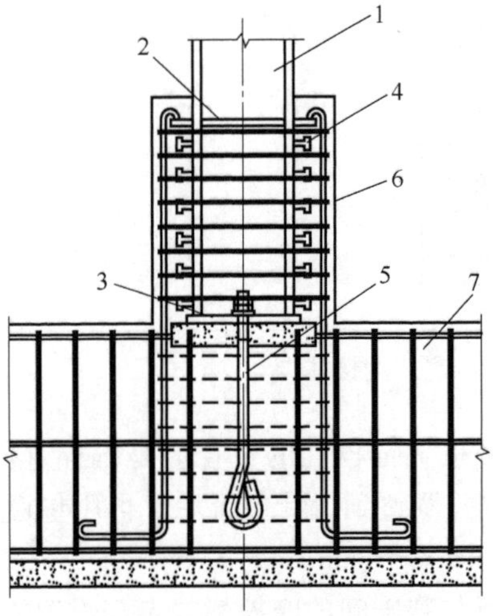

图4-12　外包式柱脚

1—钢柱　2—水平加劲肋　3—柱底板　4—栓钉(可选)　5—锚栓　6—外包混凝土　7—基础梁

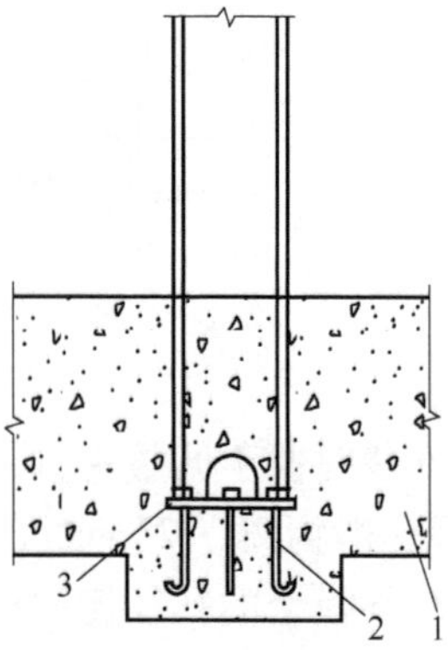

图4-13　埋入式柱脚

1—基础　2—锚栓　3—底板

H形截面柱的埋置深度不应小于钢柱截面高度的2倍，箱形柱的埋置深度不应小于柱截面长边的2.5倍，圆管柱的埋置深度不应小于柱外径的3倍；钢柱脚底板应设置锚栓与下部混凝土连接。钢柱埋入部分的侧边混凝土保护层厚度要求：C_1不得小于钢柱受弯方向截面高度的一半，且不小于250mm；C_2不得小于钢柱受弯方向截面高度的$\frac{2}{3}$，且不小于400mm，如图4-14所示。

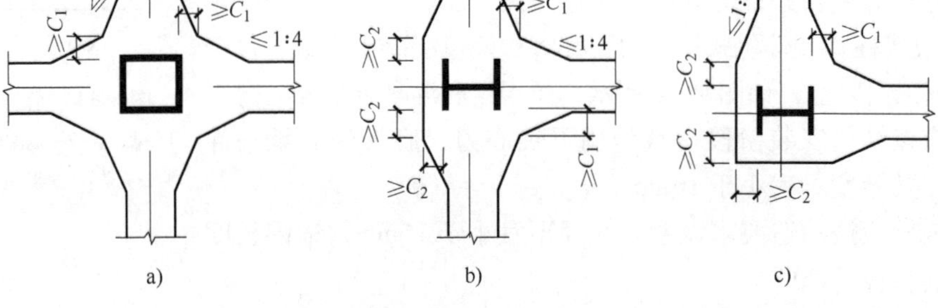

图4-14　柱翼缘或管柱外边缘混凝土保护层厚度

a) 方钢管中柱　b) 工字形中柱　c) 工字形角柱

钢柱埋入部分的四角应设置竖向钢筋，四周应配置箍筋，箍筋直径不应小于10mm，其间距不大于250mm；在边柱和角柱柱脚中，埋入部分的顶部和底部应设置U形钢筋，如图4-15所示，U形钢筋的开口应向内；U形钢筋的锚固长度应从钢柱内侧算起，锚固长度应根据《混凝土结构设计规范》(GB 50010—2010)的有关规定确定，埋入部分的柱表面宜设置栓钉。

柱脚端部及底板、锚栓、水平加劲肋或横隔板的构造要求与外包式柱脚规定相同。圆管柱和矩形管柱应在管内浇灌混凝土。对于有拔力的柱，宜在柱埋入混凝土部分设置栓钉。

在混凝土基础顶部，钢柱应设置水平加劲肋。当箱形柱壁板宽厚比大于30时，应在埋入部分的顶部设置隔板；也可在箱形柱的埋入部分填充混凝土，当混凝土填充至基础顶部以上1倍箱形截面高度时，埋入部分的顶部可不设隔板。

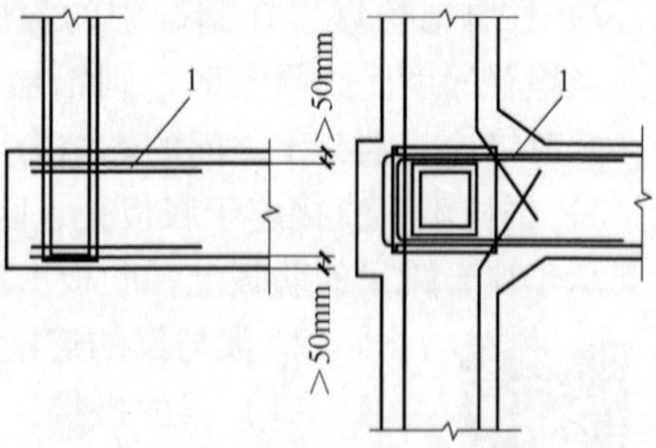

图4-15　边柱U形钢筋的设置

1—U形钢筋

④ 插入式柱脚。插入式柱脚是指钢柱直接插入已浇筑好的杯口内，经校准后用细石混凝土浇灌至基础顶面，使钢柱与基础刚性连接，如图4-16所示。柱脚的作用是将钢柱下端的内力(轴力、弯矩、剪力)通过二次浇灌的细石混凝土传给基础，其作用力的传递机理与埋入式柱脚基本相同。这种柱脚构造简单、节约钢材、安全可靠。

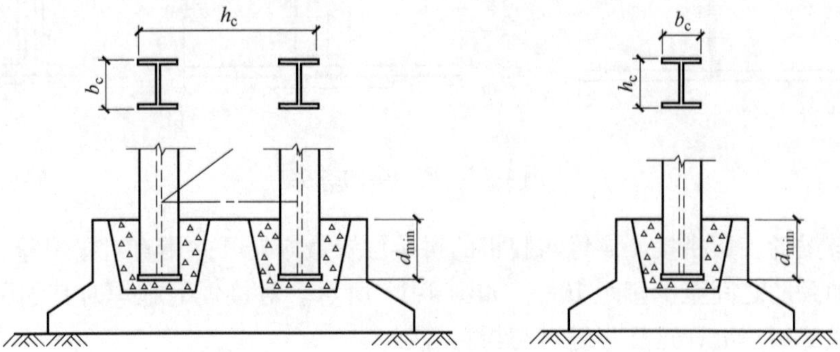

图4-16　插入式柱脚

a) 双肢柱脚　b) 单肢柱脚

钢柱插入杯口的最小深度应满足表4-2的要求。

表4-2　钢柱插入杯口的最小深度

柱截面形式	实　腹　柱	双肢格构柱(单杯口或双杯口)
最小插入深度 d_{min}	$1.5h_c$ 或 $1.5D$	$0.5h_c$ 和 $1.5b_c$(或 D)的较大值

注：1. 实腹H形柱或矩形管柱的 h_c 为截面高度(长边尺寸)，b_c 为柱截面宽度，D 为圆管柱的外径。

2. 格构柱的 h_c 为两肢垂直于虚轴方向最外边的距离，b_c 为沿虚轴方向的柱肢宽度。

3. 双肢格构柱柱脚插入混凝土基础杯口的最小深度不宜小于500mm，也不宜小于吊装时柱长度的1/20。H型钢实腹柱宜设柱底板，钢管柱应设柱底板，柱底板应设排气孔或浇筑孔。实腹柱柱底至基础杯口底的距离不应小于50mm，当有柱底板时，其距离可采用150mm。实腹柱、双肢格构柱杯口基础底板应验算柱吊装时的局部受压和冲切承载力。插入式柱脚宜采用便于施工时临时调整的技术措施。

(5) 柱脚锚栓

1) 柱脚锚栓不得用以承受柱脚底部的水平反力，此水平反力应由底板与混凝土基础间的摩擦力或设置抗剪键承受。

2) 柱脚锚栓埋置在基础中的深度，应使锚栓的内力通过其和混凝土之间的黏结力传递。当埋置深度受到限制时，则锚栓应牢固地固定在锚板或锚梁上，以传递锚栓的全部内力，此时锚栓与混凝土之间的黏结力可不予考虑。

3) 锚栓不宜直接连于底板上，因底板刚度不足，不能保证锚栓受拉的可靠性。锚栓通常支承于焊于靴梁的肋板上，肋板上同时搁置水平板和垫板(图4-6)。

梁与梁的连接

2. 梁与梁的连接构造

(1) 梁的拼接 梁的拼接有工厂拼接和工地拼接两种。由于钢材尺寸的限制，必须将钢材接长或拼大，这种拼接常在工厂中进行，称为工厂拼接。由于运输或安装条件的限制，梁必须分段运输，然后在工地拼装连接，称为工地拼接。

型钢梁的拼接可采用对接焊缝连接，如图4-17a所示，但由于翼缘与腹板连接处不易焊透，故有时采用拼接板连接，如图4-17b所示。上述拼接位置均宜放在弯矩较小处。

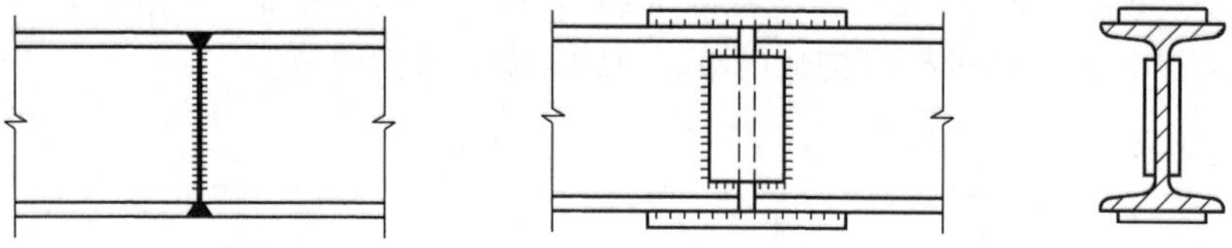

图4-17 型钢梁的拼接

焊接组合梁的工厂拼接，翼缘与腹板的拼接位置最好错开并用直对接焊缝。腹板的拼接焊缝与横向加劲肋之间至少相距$10t_w$，如图4-18所示。对接焊缝施焊时宜加引弧板，并采用一级焊缝或二级焊缝，这样焊缝可与板材等强。

梁的工地拼接应使翼缘与腹板基本上在同一截面处断开，以便分段运输。高大的梁在工地施焊时不便翻身，应将上、下翼缘的拼接边缘均做成向上开口的V形坡口，以便俯焊，如图4-19a所示。有时将翼缘和腹板的接头略为错开一些，如图4-19b所示，这样受力情况较好，但运输单元突出部分应特别保护，以免碰损。

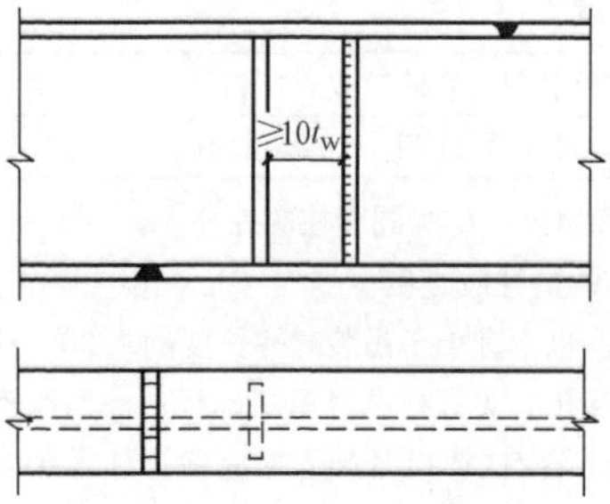

图4-18 组合梁的工厂拼接

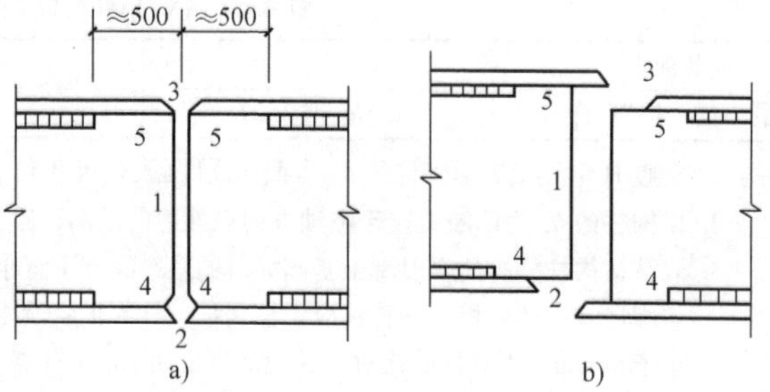

图4-19 组合梁的工地拼接

如图4-19所示，为了减少焊缝收缩应力，将翼缘焊缝留一段不在工厂施焊。图中注明的数字是工地施焊的适宜顺序。

由于现场施焊条件较差，焊缝质量难以保证，所以较重要或受动力荷载的大型梁，其工地拼接宜采用高强螺栓，如图4-20所示。

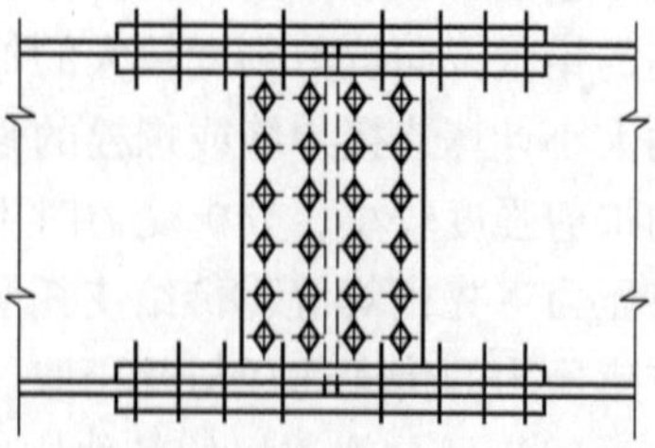
图4-20 采用高强螺栓的工地拼接

（2）次梁与主梁的连接 次梁与主梁的连接形式有叠接和平接两种。如图4-21所示，叠接是将次梁直接搁在主梁上面，用螺栓或焊缝连接，构造简单，但需要的结构高度大，其使用常受到限制。如图4-21a所示是次梁为简支梁时与主梁的连接构造，而如图4-21b所示是次梁为连续梁时与主梁的连接构造。如果次梁截面较大，应另采取构造措施防止支承处截面的扭转。

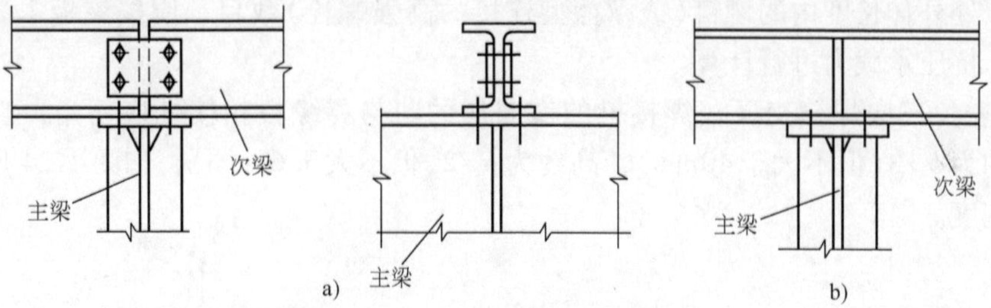

图4-21 次梁与主梁的叠接

如图4-22所示，平接是使次梁顶面与主梁相平或略高、略低于主梁顶面，从侧面与主梁的加劲肋或在腹板上专设的短角钢或支托相连接。如图4-22a、b、c所示是次梁为简支梁时与主梁的连接构造，如图4-22d所示是次梁为连续梁时与主梁的连接构造。平接构造虽然复杂，但可降低结构高度，故在实际工程中应用较广泛。

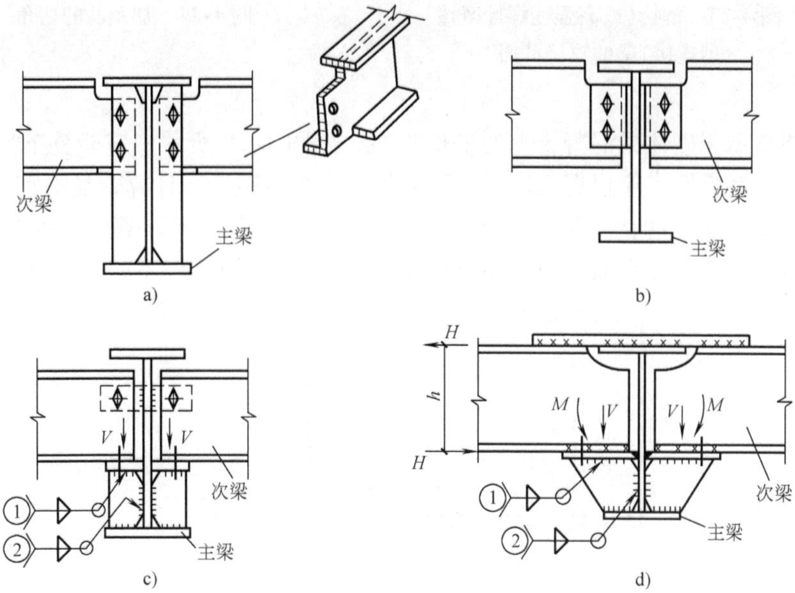

图4-22 次梁与主梁的平接

每一种连接构造都要将次梁支座的压力传给主梁，实质上这些支座压力就是梁的剪力。而梁腹板的主要作用是抗剪，所以应将次梁腹板连于与主梁的腹板上，或连于与主梁腹板相连的铅垂方向抗剪刚度较大的加劲肋上或支托的竖直板上。在次梁支座压力作用下，按传力的大小计算连接焊缝或螺栓的强度。由于主、次梁翼缘及支托水平板的外伸部分在铅垂方向的抗剪强度较小，分析受力时不考虑它们传递次梁的支座压力。在图4-22c、d中，次梁支座压力V先由焊缝①传给支托竖直板，然后由焊缝②传给主梁腹板。在其他的连接构造中，支座压力的传递途径与此相似。

（3）梁与梁连接的其他构造要求

1）铆接(或高强度螺栓摩擦型连接)梁的翼缘板不宜超过三层，翼缘角钢面积不宜少于整个翼缘面积的30%，当采用最大型号的角钢仍不能符合此要求时，可加设腋板，如图4-23所示。此时角钢与腋板面积之和不应少于翼缘总面积的30%。当翼缘板不沿梁通长设置时，理论截断点处外伸长度内的铆钉(或摩擦型连接的高强螺栓)数目，应按该板1/2净截面面积的抗拉、抗压承载力进行计算。

2）为避免三向焊缝交叉，焊接梁的横向加劲肋与翼缘板相接处应切角，当切成斜角时，其宽约为$b_s/3$(但不大于40mm)，高约为$b_s/2$(但不大于60mm)，如图4-24所示，b_s为加劲肋的宽度。

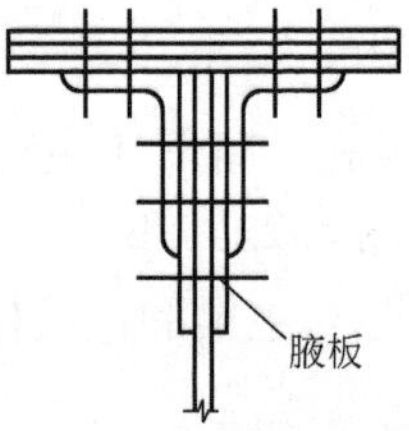

图4-23 铆接(或高强度螺栓摩擦型连接)梁的翼缘截面

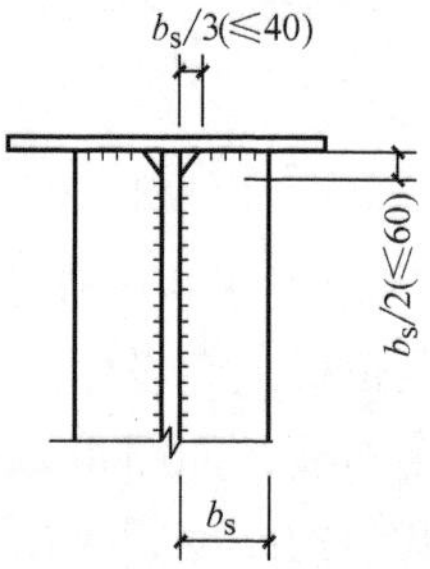

图4-24 加劲肋的切角

3. 支座

梁或桁架支承于砌体或混凝土上的平板支座，如图4-25所示，应验算下部砌体或混凝土的承压强度，底板厚度应根据支座反力对底板产生的弯矩进行计算，且不宜小于12mm。

梁的端部支承加劲肋的下端，按端面承压强度设计值进行计算时，应刨平顶紧，如图4-25中位置1，其中突缘加劲板的伸出长度不得大于其厚度的2倍，并宜采取限位措施。

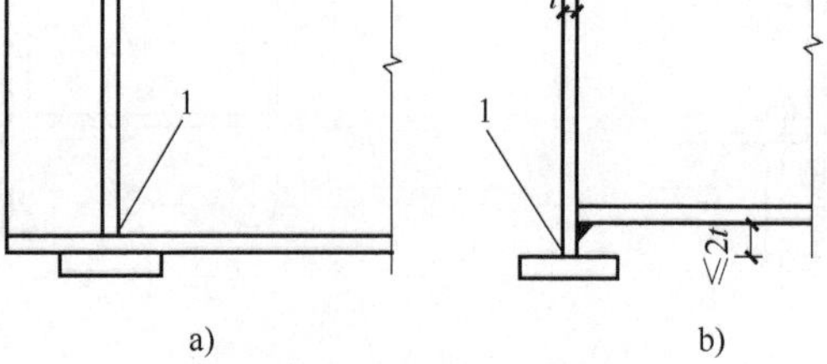

图4-25 梁的支座

a）平板支座 b）突缘支座

课题4　门式刚架构造

1. 门式刚架的组成

如图4-26所示，单层门式刚架结构是指以轻型焊接H型钢(等截面或变截面)、热轧H型钢(等截面)或冷弯薄壁型钢等构成的实腹式门式刚架或格构式门式刚架作为主要承重骨架，用冷弯薄壁型钢(槽形、卷边槽形、Z形等)做檩条、墙梁；以压型金属板(压型钢板、压型铝板)做屋面、墙面，并适当设置支撑的一种轻型房屋结构体系。

门式刚架结构的组成和特点

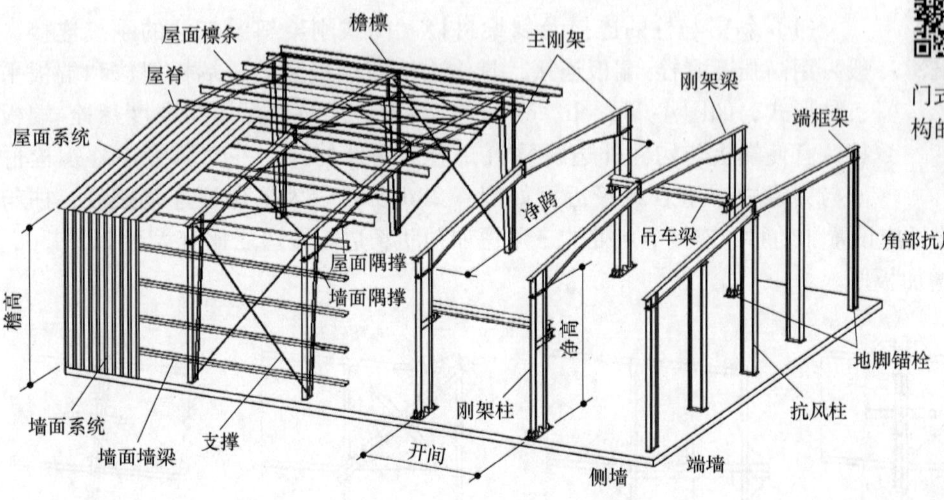

图4-26　单层门式刚架的组成

2. 门式刚架的结构形式

门式刚架按跨度可分为单跨(图4-27a、d)、双跨(图4-27b、e、f)和多跨(图4-27c)；按屋面坡脊数可分为单脊单坡(图4-27e、f)、单脊双坡(图4-27a、b、c、d)、多脊多坡等。

门式刚架的结构形式和结构布置

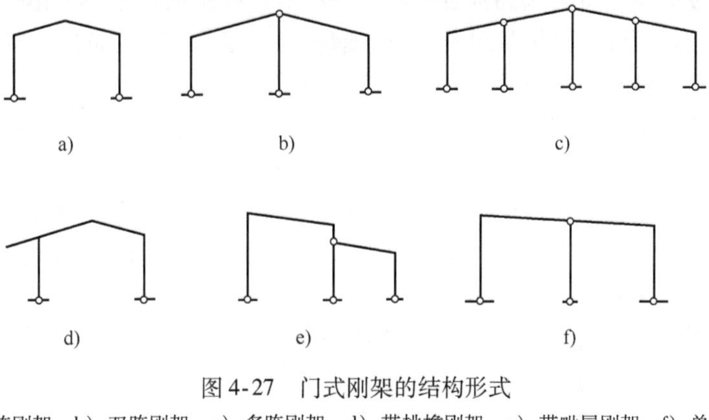

图4-27　门式刚架的结构形式

a）单跨刚架　b）双跨刚架　c）多跨刚架　d）带挑檐刚架　e）带毗屋刚架　f）单坡刚架

根据跨度、高度及荷载不同，门式刚架的梁、柱可采用变截面或等截面实腹焊接工字形截面或轧制H形截面。设有桥式吊车时，柱宜采用等截面构件。变截面构件通常改变腹板的高度，制成楔形；必要时也可改变腹板厚度。结构构件在运输单元内一般不改变翼缘截面，必要时可改变翼缘厚度。

门式刚架的柱脚多按铰接支承设计，通常为平板支座，设一对或两对地脚螺栓。当用于工业厂房且有桥式吊车时，宜将柱脚设计成刚接。

门式刚架轻型房屋屋面坡度宜取1/20～1/8，在雨水较多的地区取其中的较大值。

门式刚架可由多个梁、柱单元构件组成，柱一般为单独单元构件，斜梁可根据运输条件划分为若干个单元。单元构件本身采用焊接，单元之间可通过端板用高强度螺栓连接。

3. 刚架的节点构造

主刚架节点构造

（1）斜梁与柱的连接及斜梁拼接　门式刚架斜梁与柱的刚接连接，一般采用高强度螺栓-端板连接，具体构造有端板竖放、端板斜放和端板平放三种形式，如图4-28a、b、c所示。斜梁拼接时也可用高强度螺栓-端板连接，宜使端板与构件外边缘垂直，应采用外伸式，并使翼缘内外螺栓群中心与翼缘中心重合或接近，如图4-28d所示。为了保证连接刚度，柱与梁上、下翼缘处应设置加劲肋。连接节点处的三角短加劲肋长边与短边之比宜大于1.5∶1.0，不满足时可增加板厚。

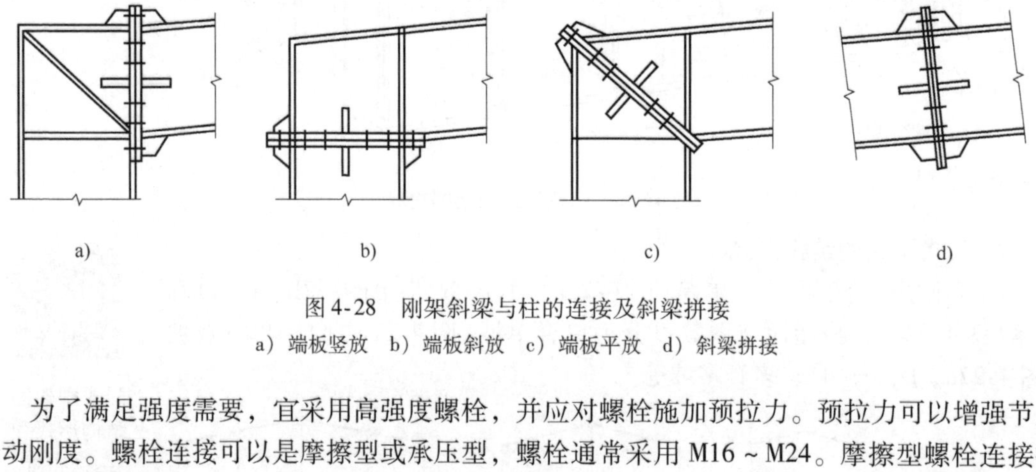

a)　b)　c)　d)

图4-28　刚架斜梁与柱的连接及斜梁拼接

a）端板竖放　b）端板斜放　c）端板平放　d）斜梁拼接

为了满足强度需要，宜采用高强度螺栓，并应对螺栓施加预拉力。预拉力可以增强节点转动刚度。螺栓连接可以是摩擦型或承压型，螺栓通常采用M16～M24。摩擦型螺栓连接按剪力大小决定端板与柱翼缘接触面的处理方法。当剪力较小时，摩擦面可不做专门处理。

端板螺栓应成对对称布置。在受拉翼缘和受压翼缘的内、外两侧各设一排，并宜使每个翼缘的4个螺栓的中心与翼缘的中心重合。在斜梁的拼接处，应采用将端板两端伸出截面高度范围以外的外伸式连接。在斜梁与刚架柱连接的受拉区，宜采用端板外伸式连接。

螺栓排列应符合构造要求，螺栓中心至翼缘板表面的距离应满足扣紧螺栓所用工具的净空要求，通常不小于45mm，螺栓端距不应小于2倍螺栓孔径，螺栓中距不应小于3倍螺栓孔径。端板上两对螺栓间的最大距离不应超过400mm。

（2）屋面梁与摇摆柱连接节点　屋面梁与摇摆柱连接节点为铰接节点，采用端板横放的顶接连接形式。如图4-29a所示。用于钢梁斜坡处与柱的连接，如图4-29b所示用于屋脊处与柱的连接，如图4-29c所示用于荷载较大时端板加肋的连接。

（3）牛腿节点　用于支承吊车梁的牛腿可做成等截面（图4-30a），也可做成变截面

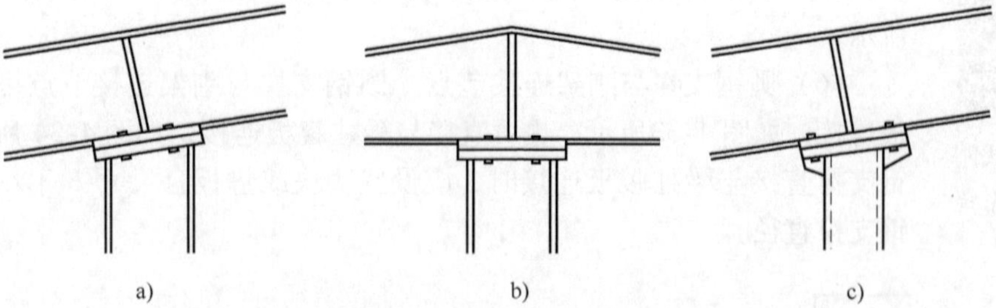

图4-29　屋面梁与摇摆柱连接节点

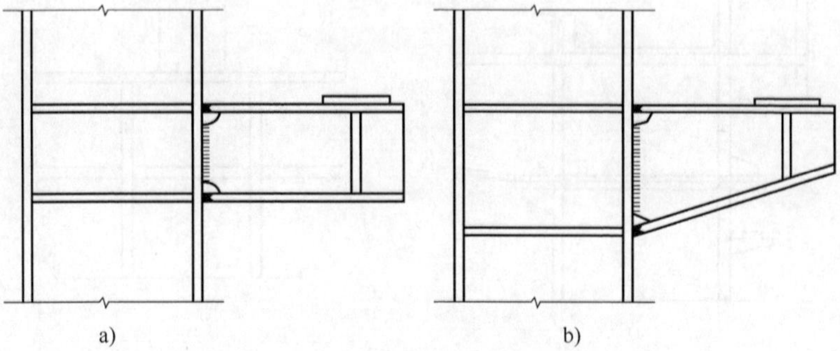

图4-30　牛腿节点

a）等截面牛腿　b）变截面牛腿

(图4-30b)。柱在牛腿上、下翼缘的相应位置处应设置横向加劲肋；在牛腿上翼缘吊车梁支座处应设置垫板，垫板与牛腿上翼缘连接应采用围焊；在吊车梁支座对应的牛腿腹板处应设置横向加劲肋。

(4) 吊车梁连接节点　吊车梁承受动力荷载，吊车梁之间采用高强度螺栓连接。吊车梁与刚架上柱的连接处宜设长圆孔(图4-31a)，吊车梁与牛腿处垫板宜采用焊接连接(图4-31b)。

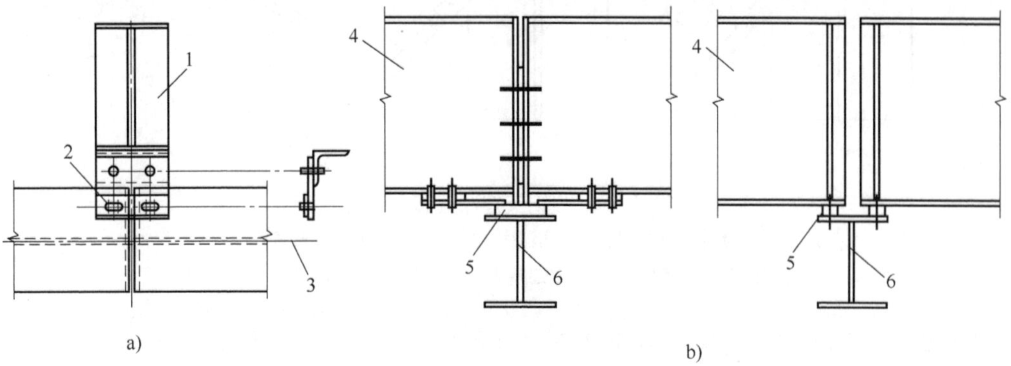

图4-31　吊车梁连接节点

a）吊车梁与上柱连接　b）吊车梁与牛腿连接

1—上柱　2—长圆孔　3—吊车梁中心线　4—吊车梁　5—垫板　6—牛腿

轻型门式刚架屋面系统

（5）女儿墙连接节点 女儿墙立柱可直接焊于屋面梁上，如图4-32所示。

（6）圆钢支撑与刚架连接节点 圆钢支撑与刚架连接节点可采用连接板连接，如图4-33所示；也可直接与梁柱腹板连接，如图4-34所示。当圆钢支撑直接与梁柱腹板连接时，应设置垫块或垫板且尺寸 B 不小于4倍圆钢支撑直径。

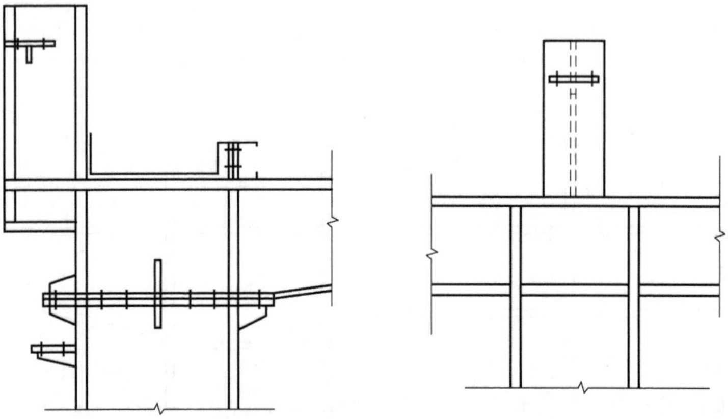

a) b)

图4-32 女儿墙连接节点

a）角部立柱连接 b）中间立柱连接

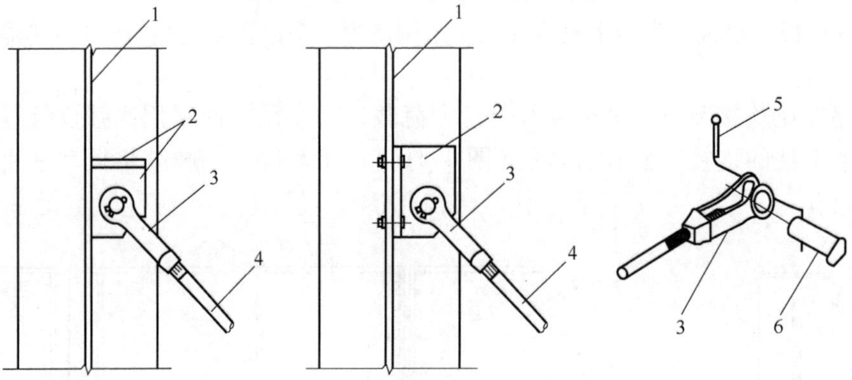

a) b) c)

图4-33 圆钢支撑与连接板连接

a）梯形连接板 b）矩形连接板 c）连接销钉形式

1—腹板 2—连接板 3—U形连接夹 4—圆钢 5—开口销 6—插销

（7）檩条与刚架斜梁连接 屋面檩条与刚架斜梁宜采用普通螺栓连接，檩条每端应设两个螺栓，如图4-35所示，檩条连接宜采用檩托板，檩条高度较大时，檩托板处宜设加劲肋。嵌套搭接方式的Z形连续檩条，有可靠依据时，可不设檩托，由Z形檩条翼缘用螺栓连于刚架上，如图4-36所示。连续檩条的搭接长度 $2a$ 不宜小于10%的檩条跨度，嵌

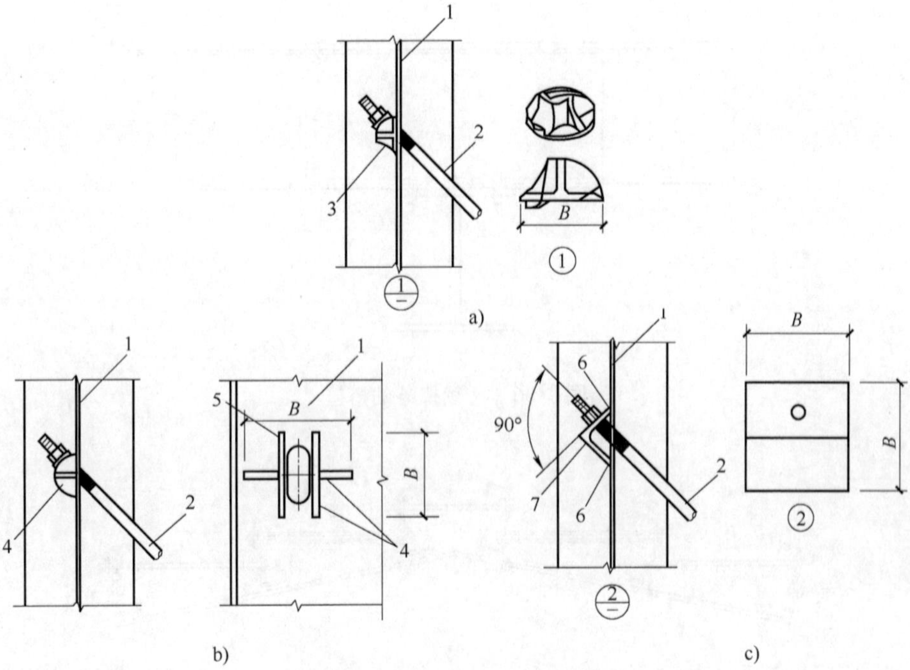

图4-34　圆钢支撑与腹板连接

a）弧形垫块　b）弧形垫板　c）角钢垫块

1—腹板　2—圆钢　3—弧形垫块　4—弧形垫板，厚度≥10mm

5—单面焊　6—焊接　7—角钢垫块，厚度≥12mm

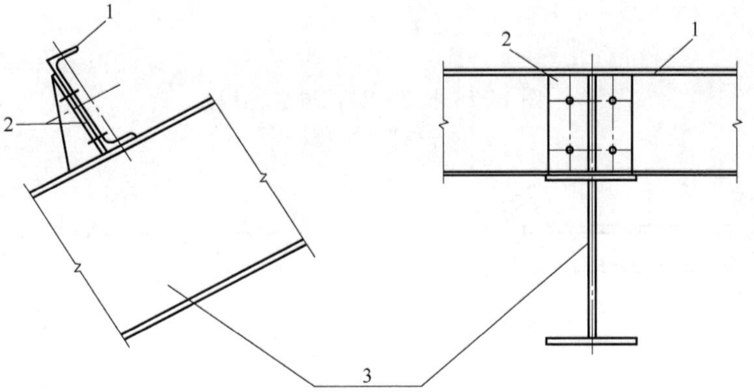

图4-35　檩条与刚架斜梁连接

1—檩条　2—檩托　3—屋面斜梁

套搭接部分的檩条应采用螺栓连接。

（8）拉条和撑杆与檩条的连接　檩条之间的拉条和撑杆应直接连于檩条腹板上，并采用普通螺栓连接(图4-37a)，斜拉条端部宜弯折或设置垫块(图4-37b、c)。

（9）屋脊檩条连接　屋脊两侧檩条之间可用槽钢、角钢和圆钢相连，如图4-38所示。

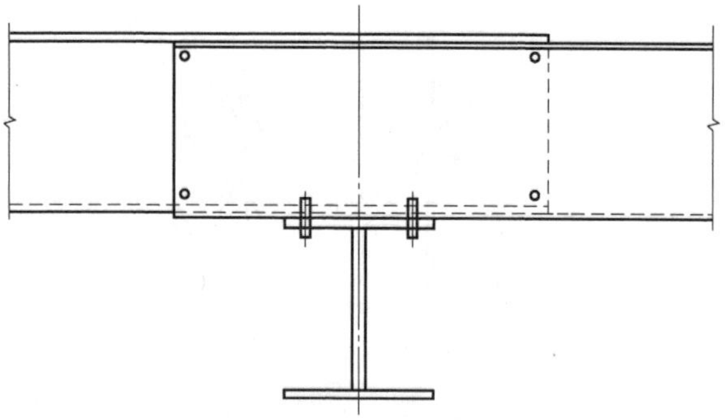

图4-36　连续檩条的搭接

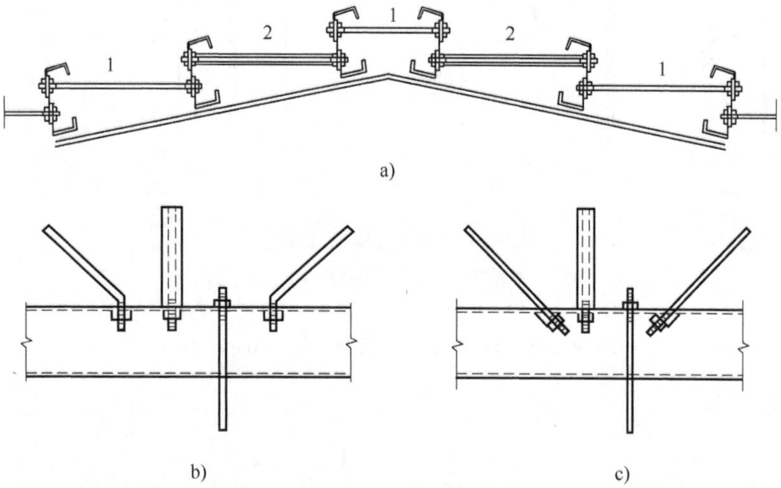

图4-37　拉条和撑杆与檩条连接

1—拉条　2—撑杆

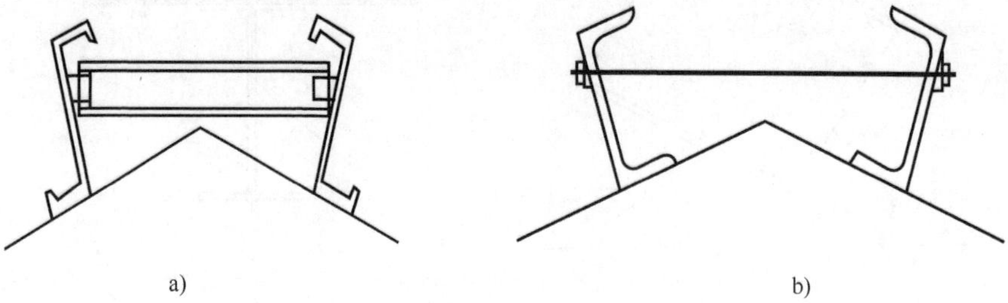

图4-38　屋脊檩条连接

a）屋脊檩条用槽钢相连　b）屋脊檩条用圆钢相连

（10）抗风柱与端部刚架连接　在屋面材料能够适应较大变形时，抗风柱柱顶可采用固定连接，如图4-39所示，作为屋面斜梁的中间竖向铰支座。抗风柱处，端开间的两根屋面斜梁之间应设置刚性系杆。一般情况下，端部刚架的屋面斜梁与檩条之间不宜设置隅撑。

端部刚架结构

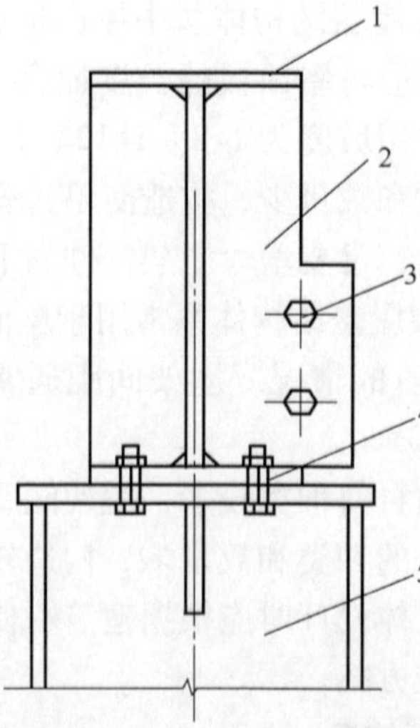

图4-39　抗风柱与端部刚架梁连接

1—厂房端部屋面梁　2—加劲肋　3—屋面支撑连接孔　4—抗风柱与屋面梁的连接　5—抗风柱

课题5　钢桁架体系构造

钢屋盖结构的组成

1. 钢屋架的组成及分类

钢屋盖结构通常由屋面、檩条、屋架、托架和天窗架等构件组成。根据屋面材料和屋面结构布置情况的不同，可分为无檩屋盖结构体系和有檩屋盖结构体系，如图4-40所示。

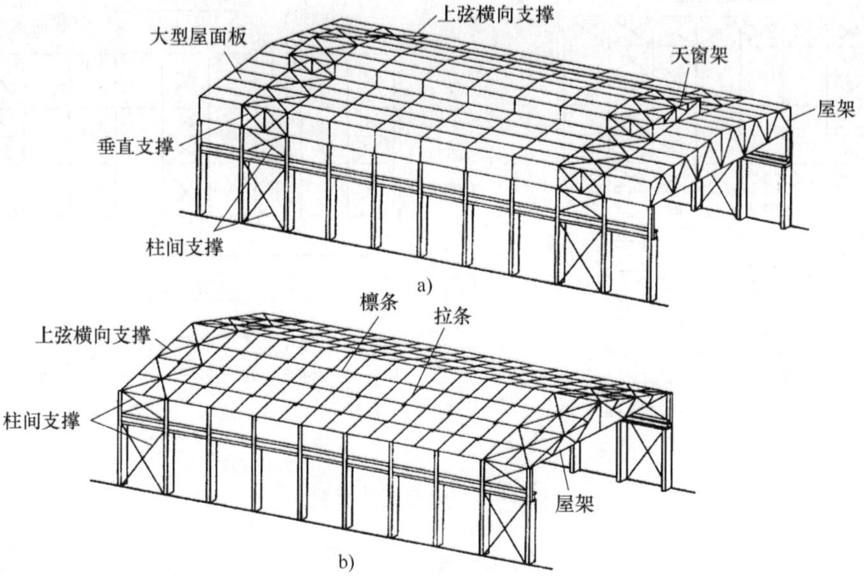

图4-40　屋盖结构体系

a）无檩屋盖　b）有檩屋盖

（1）无檩屋盖结构体系　无檩屋盖结构体系中屋面板通常采用钢筋混凝土大型屋面板、钢筋加气混凝土板等。屋架的间距应与屋面板的长度配合一致，通常为6m。无檩屋盖结构体系通常适用于较小屋面坡度，常用坡度为1∶8～1∶12。

无檩体系屋盖屋面构件的种类和数量少，构造简单，安装方便，施工速度快，且屋盖刚度大，整体性能好；但屋面自重大，常要增大屋架杆件和下部结构的截面，对抗震也不利。

（2）有檩屋盖结构体系　有檩屋盖结构体系常用于屋面使用轻型材料(如压型钢板、压型铝合金板、石棉瓦、瓦楞铁皮等)的情况。屋架间距通常为6m；一般采用较陡的屋面坡度以便排水，常用坡度为1∶2～1∶3。

有檩体系屋盖可供选用的屋面材料种类较多，屋架间距和屋面布置较灵活，自重轻，用料省，运输和安装较轻便；但构件的种类和数量多，构造较复杂。

两种屋盖体系各有优缺点，具体设计时应根据建筑物使用要求、受力特点、材料供应情况以及施工和运输条件等确定最佳方案。

钢屋盖支撑体系

2. 屋盖的支撑体系

当钢屋盖以平面桁架作为主要承架构件时，各个平面桁架(屋架)要用各种支撑及纵向杆件(系杆)连成一个空间几何不变的整体结构，才能承受荷载。这些支撑及系杆统称为屋盖支撑。它由上弦横向水平支撑、下弦横向水平支撑、下弦纵向水平支撑、垂直支撑及系杆组成，如图4-41所示。

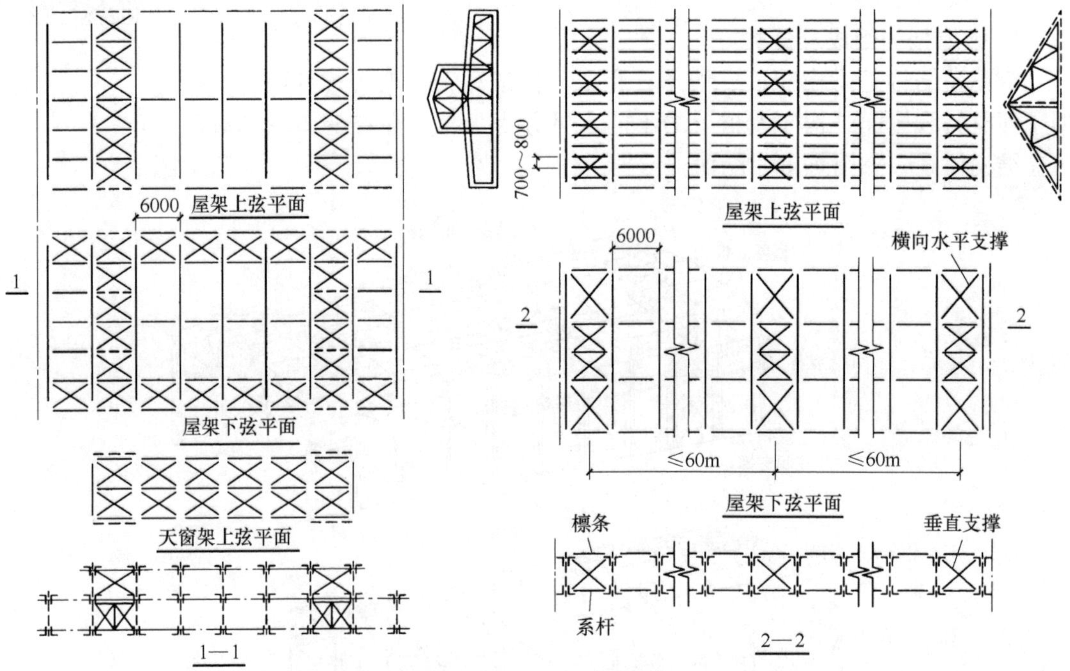

图4-41　屋盖支撑布置

屋盖支撑的作用：保证屋盖结构的几何稳定性；保证屋盖的刚度和空间整体性；为弦杆提供适当的侧向支承点；承担并传递水平荷载；保证结构安装时的稳定与方便。

（1）上弦横向水平支撑　上弦横向水平支撑通常设置在房屋两端(当有横向伸缩缝时设

在温度区段两端）的第一段或第二开间内，以便就近承受山墙传来的风荷载等。当设置在第二个开间内时，必须用刚性系杆将端屋架与横向水平支撑上弦横向水平支撑桁架的节点连接，保证端屋架上弦杆的稳定以及把端屋架受到的风荷载传递到横向水平支撑桁架的节点上。当无端屋架时，则应用刚性系统与山墙的抗风柱连接，作为抗风柱的支承点，并把支承点所受的力传给横向水平支撑桁架的节点。

上弦横向水平支撑的间距不宜超过60m。当房屋纵向长度较大时，应在房屋长度中间再增加设置横向水平支撑。

（2）下弦横向水平支撑　下弦横向水平支撑布置在与上弦横向水平支撑同一开间，它也形成一个平行弦桁架，位于屋架下弦平面。其弦杆即屋架的下弦，腹杆也是由交叉的斜杆及竖杆组成，其形式和构造与上弦横向水平支撑相同。

在设计中，凡属于下列情况之一者，宜设置下弦横向水平支撑：

1）屋架跨度大于18m时。

2）屋架下弦设有悬挂吊车，厂房内有起重量较大的桥式吊车或有振动设备时。

3）端墙抗风柱支承于桁架下弦时。

4）屋架下弦设有通长的纵向水平支撑时。

5）屋架与屋架之间设有沿屋架方向的悬挂吊车时。

6）屋架下弦设有沿厂房纵向的悬挂吊车时。

（3）下弦纵向水平支撑　下弦纵向水平支撑通常位于屋架下弦两端节间处，沿房屋全长设置。一般情况下，屋架可以不设置下弦纵向水平支撑，但属下列情况者之一，宜设置下弦纵向水平支撑：

1）当厂房内设有重级工作制吊车或起重量较大的中、轻级工作制吊车时。

2）在厂房排架计算时考虑工作空间时。

3）厂房内设有较大的振动设备时。

4）屋架下弦有纵向或横向吊轨时。

5）当屋架跨度较大，高度较高而空间刚度要求大时。

6）当设有托架时，在托架处局部加设下弦纵向支撑，由托架两端各延伸一个柱间设置。

（4）垂直支撑　垂直支撑位于上、下弦横向水平支撑同一开间内，形成一个跨长为屋架间距的平行弦桁架。垂直支撑中央腹杆的形成由支撑桁架的高跨比决定，一般常采用W形或双节间交叉斜杆等形式。腹杆截面可采用单角钢或双角钢T形截面。

在一般情况下，垂直支撑宜按下列要求布置：

1）跨度小于30m的梯形屋架通常在屋架两端和跨度中央各设置一道垂直支撑。当跨度大于30m时则在两端和跨度1/3处分别设置一道。

2）跨度小于18m的三角形屋架只需在跨度中央设一道垂直支撑，大于18m时则在1/3处分别各设一道。

（5）系杆　未设横向支撑的开间，相邻平面屋架由系杆连接。系杆通常在屋架两端，有垂直支撑位置的上、下弦节点以及屋脊和天窗侧柱位置处，沿房屋纵向通常布置。系杆有刚性系杆和柔性系杆两种。刚性系杆常用双角钢T形或十字形截面，柔性系杆常采用单角钢或圆钢截面。系杆在上、下弦平面内按下列原则布置：

1）在一般情况下，竖向支撑平面内的屋架上、下弦节点处应设置系杆。

2）在屋架支座节点处和上弦屋脊节点处应设置刚性系杆。

3）当屋架横向支撑设在厂房两端或温度缝区段的第二开间时，则在支撑节点与第一榀屋架之间应设置刚性系统。其余可采用柔性或刚性系杆。

（6）支撑与屋架的连接构造　屋盖支撑的构造应力求简单、安装方便。其连接节点构造如图4-42所示。上弦横向水平支撑的角钢肢尖应向下，且连接处适当离开屋架节点，如图4-42a所示，以免影响大型屋面板或檩条安放。交叉斜杆在相交处应有一根杆件切断，另加节点板用焊缝或螺栓连接，如图4-42a所示。交叉斜杆处如与檩条相连，则两根斜杆均应切断，用节点板相连，如图4-42b所示。

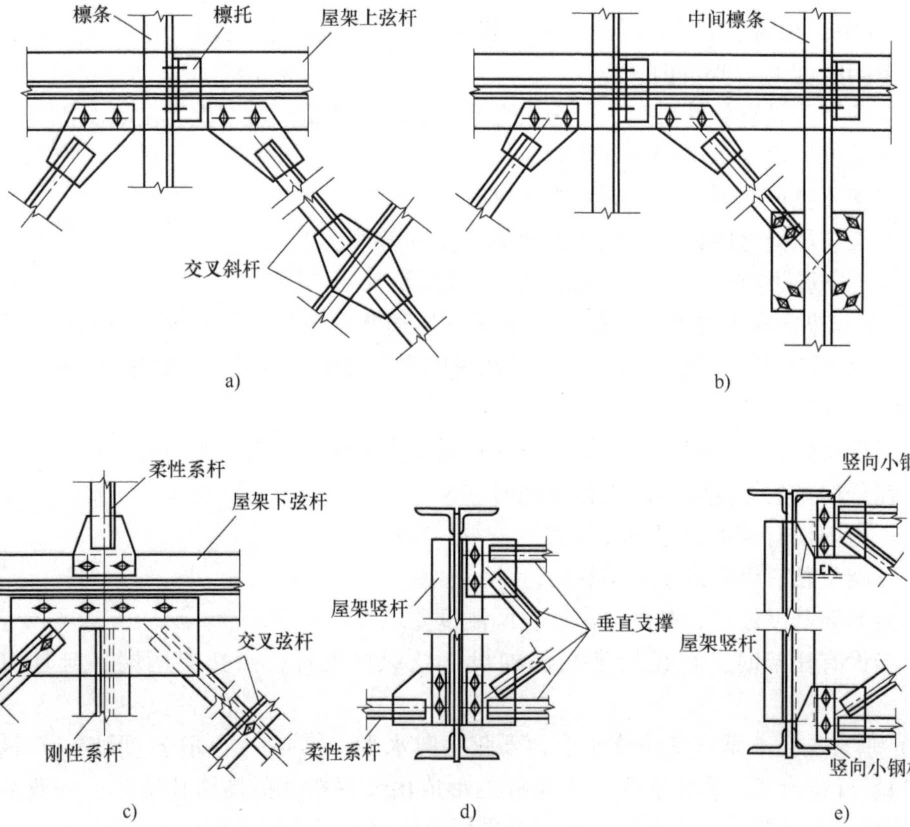

图4-42　支撑与屋架连接节点构造

下弦横向和纵向水平支撑的角钢肢尖允许向上，如图4-42c所示，其中交叉斜杆可以肢背靠肢背交叉放置，中间填以填板，杆件无需切断。

垂直支撑可只与屋架竖杆相连，如图4-42d所示；也可通过竖向小钢板与屋架弦杆及屋架竖杆同时相连，如图4-42e所示。

支撑与屋架的连接通常用M20C级螺栓，支撑与天窗架的连接可用M16C级螺栓。在有重级工作制吊车或有其他较大振动设备的厂房，屋架下弦支撑及系杆宜用高强度螺栓连接，或用C级螺栓再加焊缝将节点板固定。

3. 檩条

屋盖中檩条用钢量所占比例较大，因此，合理选择檩条形式、截面和间距，减少檩条用钢量，对减轻屋盖重量，节约钢材有重要意义。

檩条通常是双向弯曲构件，分为实腹式和桁架式两类，后者制造费工，应用较少。

实腹式檩条常采用槽钢、角钢以及冷弯薄壁 C 型钢和 Z 型钢，如图 4-43 所示，通过角钢檩托与屋架连接。槽钢檩条应用普遍，其制作、运输和安装均较简便；但热轧型钢壁较厚，材料不能充分发挥作用，故用钢量较大；薄壁型钢檩条受力合理，用钢量少，在材料有来源时宜优先采用，但防锈要求较高，实腹式檩条常用于屋架间距不超过 6m 的厂房，其高跨比可取 1/50 ~ 1/35。

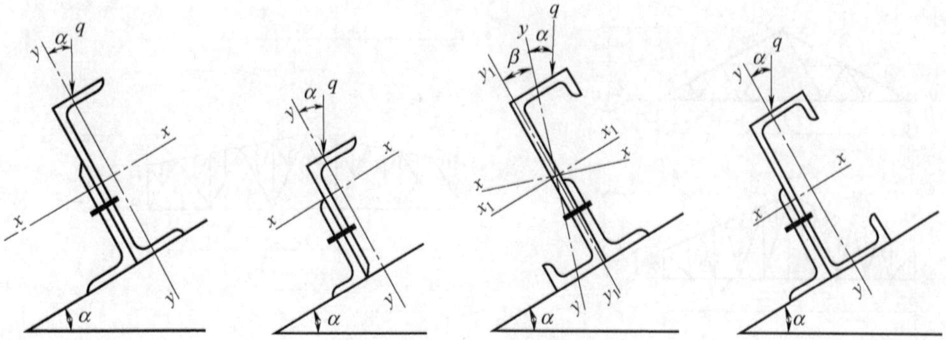

图 4-43　实腹式檩条截面形式

4. 钢屋架

普通钢桁架按其外形可分为三角形(图 4-44)、梯形(图 4-45)及平行弦(图 4-46)三种。在确定桁架外形时，应综合考虑房屋的用途、建筑造型、屋面材料的排水要求、桁架的跨度以及荷载的大小等因素，使之符合适用、受力合理、经济和施工方便等原则。从受力角度出发，桁架外形应尽量与弯矩图相近，以使弦杆受力均匀。腹杆布置应使短杆受压，长杆受拉，腹杆数量少且总长度短。腹杆与弦杆轴线间的夹角一般在 30° ~ 60°之间，最好在 45°左右。桁架上弦的坡度需适合屋面的排水要求。此外，还应考虑建筑的需要，以及设置天窗等方面的要求。

钢屋架形式

三角形桁架多用于屋面坡度较大的屋盖结构中。根据屋面的排水要求，上弦坡度一般为 $i = 1/3 \sim 1/2$，跨度一般在 18 ~ 24m 之间。这种形式的屋架与柱子多做成铰接，故房屋的横向刚度较小。此外，屋架弦杆的内力不均匀，在支座处最大，跨中较小，当弦杆采用同一规格截面时，其材料不能得到充分利用。因此，在荷载和跨度较大时，采用三角形屋架就不够经济。如图 4-44a、c 所示为芬克式桁架，它的腹杆受力合理，且可分为两榀小桁架运输，比较方便。如图 4-44b 所示为将三角形桁架的两端高度改为 500mm，这样改变以后，桁架支座处上、下弦的内力大大减少，改善了桁架的工作情况。

梯形桁架的外形较接近于弯矩图，各节间弦杆受力较均匀，且腹杆较短，适用于屋面坡度较小的屋盖体系。其坡度一般为 $i = 1/16 \sim 1/8$，跨度可达 36m。梯形桁架与柱的连接可做成刚接也可做成铰接。当做成刚接时，可提高房屋的横向刚度，因此是目前无檩体系工业厂房屋盖中应用最广的屋盖形式。

梯形桁架的腹杆体系有人字式(图4-45a、c)、再分式(图4-45b)。人字式腹杆体系的支座处斜杆(端斜杆)与弦杆组成的支承节点在上弦时称为上承式，在下弦时称为下承式，桁架与柱刚接时一般采用下承式，铰接时二者均可。再分式腹杆体系的桁架上弦节间短，屋面板宽度较窄时，可避免上弦承受节间荷载，产生局部弯矩，用料经济，但节点和腹杆数量增多，制造较费工，故有时仍采用较大节间使上弦杆承受节间荷载的做法，虽耗钢量增多，但构造较简单。折中的做法是在跨中弦杆内力较大处的一部分节间增加再分杆，而在支座附近弦杆内力较小的节间仍采用较大节间，以获得较好的经济效果。

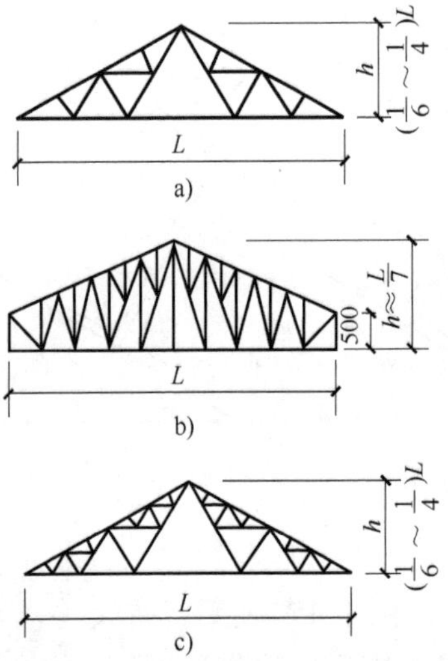

图4-44 三角形钢屋架

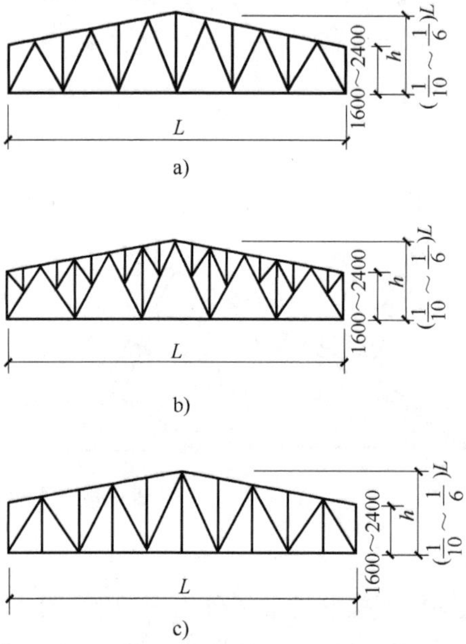

图4-45 梯形钢屋架

平行弦桁架具有杆件规格统一、节点构造统一、便于制造等优点。其上下弦杆相互平行，如图4-46所示，且可做成不同坡度。这种形式一般用于托架或支撑体系。

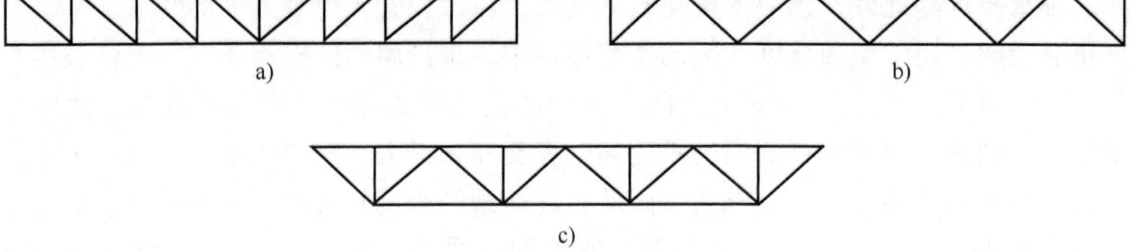

图4-46 平行弦桁架

a）单斜式 b）人字式 c）带竖杆的人字式

5. 屋架的杆件

(1) 截面形式 普通钢桁架的杆件一般采用两个角钢组成的T形或十字形截面，杆件由夹在一对角钢之间的节点板连接，同时通过不同角钢的截面组合，近似地满足杆件稳定性

（即 $\lambda_x \approx \lambda_y$）的要求。

对于桁架上弦，如无局部弯矩，往往其计算长度 $l_{0y} \geqslant 2l_{0x}$，为满足 $\lambda_x \approx \lambda_y$，要求截面的 $i_y \geqslant 2i_x$ 宜采用两个不等肢角钢短肢相连的T形截面。如有较大的局部弯矩，为提高上弦杆在桁架平面内的抗弯承载力，宜采用两个不等肢角钢长肢相连或两个等肢角钢组成的T形截面。

钢屋架的杆件

桁架的下弦杆，由于受轴向拉力作用，其截面一般由强度条件确定。但在桁架平面外的计算长度通常较大，为增强其刚度，宜优先采用两个不等肢角钢短肢相连或等肢角钢组成的T形截面。这种截面的侧向刚度较大，且由于水平肢较宽，便于与支撑连接。

对梯形桁架的端斜杆，由于 $l_{0x} = l_{0y}$，为使 $i_x \approx i_y$，宜采用两个不等肢角钢长肢相连的T形截面。

其他腹杆，由于 $l_{0x} = 0.8l_{0y}$，为使 $i_y \approx 1.25i_x$，宜采用两个等肢角钢组成的T形截面。受力很小的腹杆也可用单角钢截面，其放置方法为交替地单面连接在桁架平面的两侧，或在杆两端开槽嵌入节点板对称置于桁架平面。

连接垂直支撑的竖腹杆常采用两个等肢角钢组成的十字形截面。

（2）填板的设置　为确保由两个角钢组成的T形或十字形截面杆件形成一整体杆件共同受力，必须每隔一定距离在两个角钢间设置填板并用焊缝连接。这样，杆件才可按实腹式杆件计算。填板厚度同节点板厚；宽度一般取40～60mm；长度取：T形截面比角钢肢宽10～15mm，十字形截面则由角钢肢尖两侧各缩进10～15mm。填板间距对压杆取 $l_d \leqslant 40i$，对拉杆取 $l_d \leqslant 80i$。在T形截面中，i 为一个角钢对平行于填板的自身形心轴（图4-47a中的1—1轴）的回转半径；十字形截面中，i 为一个角钢的最小回转半径（图4-47b中的2—2轴）。受压构件两个侧向支承点之间的填板数不少于2个。

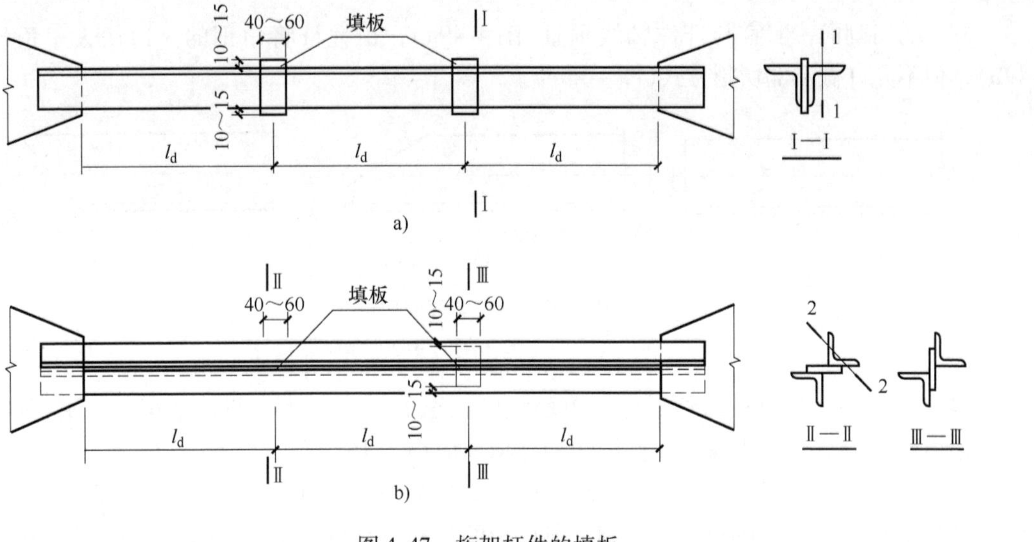

图4-47　桁架杆件的填板

（3）截面选择的一般原则

1）在相同截面积情况下，应优先选用宽肢薄壁的角钢，以增加截面的回转半径，这对压杆尤为重要。

2）角钢规格不宜小于∟45×4或∟56×36×4。有螺栓孔时，角钢的肢宽须满足螺栓间距的要求。放置屋面板时，上弦角钢水平肢宽须满足搁置尺寸要求。

3）同一榀桁架的角钢规格应尽量统一，一般宜调整到不超过5~6种。同时应尽量避免使用同一肢宽而厚度相差不大的角钢，同一种规格的厚度之差不宜小于2mm，以便施工时辨认。

4）桁架弦杆一般沿全跨采用等截面，但对跨度大于24m的三角形桁架和跨度大于30m的梯形桁架，可根据内力变化改变弦杆截面，但在半跨内只宜改变一次，且只改变肢宽而保持厚度不变，以便拼接的构造处理。

节点设计

6. 桁架的节点

桁架的杆件一般采用节点板相互连接，各杆件内力通过各自的杆端焊缝传至节点板，并汇交于节点中心而取得平衡。应做到传力明确、可靠，构造简单和制造、安装方便等。

（1）一般节点 桁架的一般节点如图4-48所示，以桁架杆件的形心线为轴线并在节点处相交于一点，肢背至轴线的距离为5mm的倍数。节点处，腹杆与弦杆或腹杆与腹杆之间焊缝的净距不宜小于10mm，或者杆件之间的空隙不小于15~20mm。当弦杆截面沿长度有改变时，一般将拼接处两侧弦杆表面对齐，这时形心线必然错开，此时宜采用受力较大的杆件形心线为轴线。当两侧形心线偏形的距离 e 不超过较大弦杆截面高度的5%时，可不考虑此偏心影响。

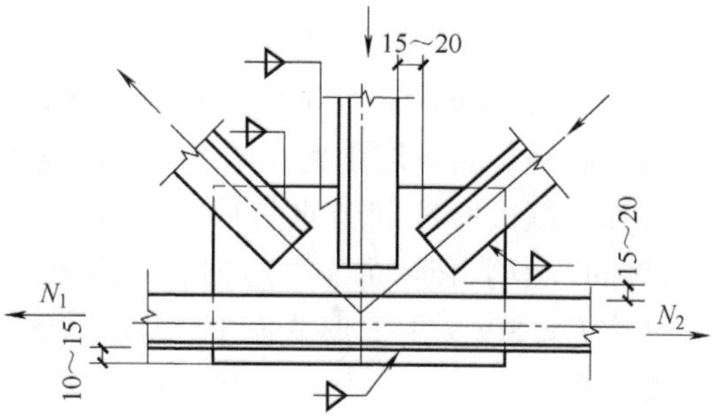

图4-48 桁架的一般节点

杆端的切割面一般宜与杆件轴线垂直（图4-49a），也允许将角钢的一边切去一角（图4-49b），但不允许做端部切割方式（图4-49c）。

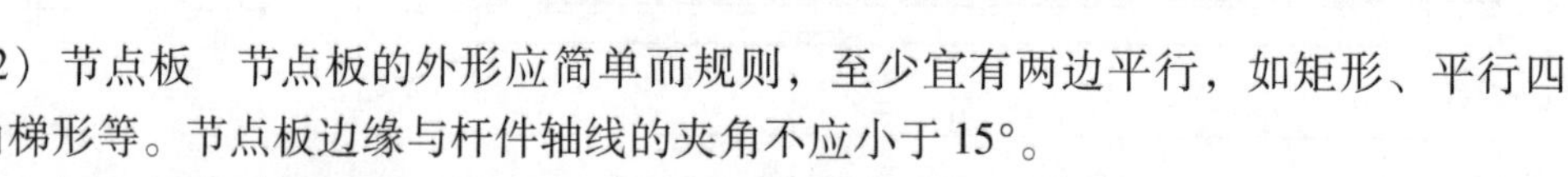

a) b) c)

图4-49 角钢端部的切割

a）常用方式 b）允许方式 c）不允许方式

（2）节点板 节点板的外形应简单而规则，至少宜有两边平行，如矩形、平行四边形和直角梯形等。节点板边缘与杆件轴线的夹角不应小于15°。

节点板宜优先采用矩形、梯形、平行四边形或至少有一直角的四边形，如图4-50所示，以减少加工时的钢材损耗和便于切割。节点板的长和宽宜取为10mm的倍数。

（3）上弦节点 如图4-51a所示为有檩屋盖中的桁架上弦节点。其主要特点是上弦杆与节点板件间的焊缝除承受弦杆节点相邻节点间的内力差外，还需承受由檩条传给上弦杆的竖向节点荷载。构造上需注意的是由于檩托的存在，节点板无法伸出角钢背面，如图4-51a中将节点板缩进（0.6~1.0）t（t 为节点板厚度），并在此进行槽焊。如图4-51b为有檩屋盖

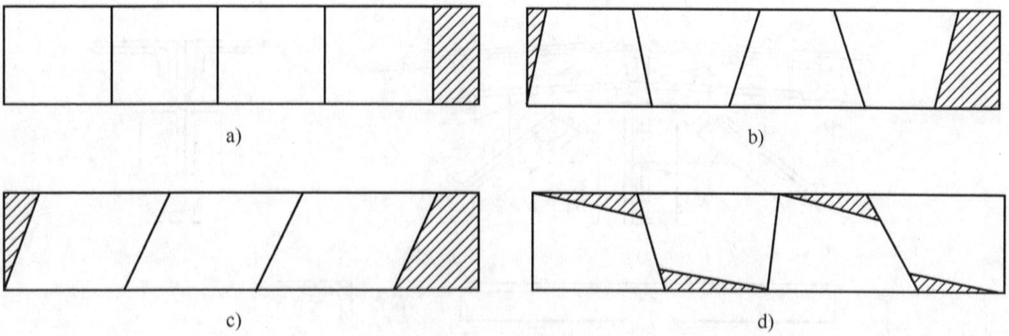

图4-50　节点板的切割

（阴影线部分表示切割余斜）

a）矩形　b）梯形　c）平行四边形　d）有一直角的四边形

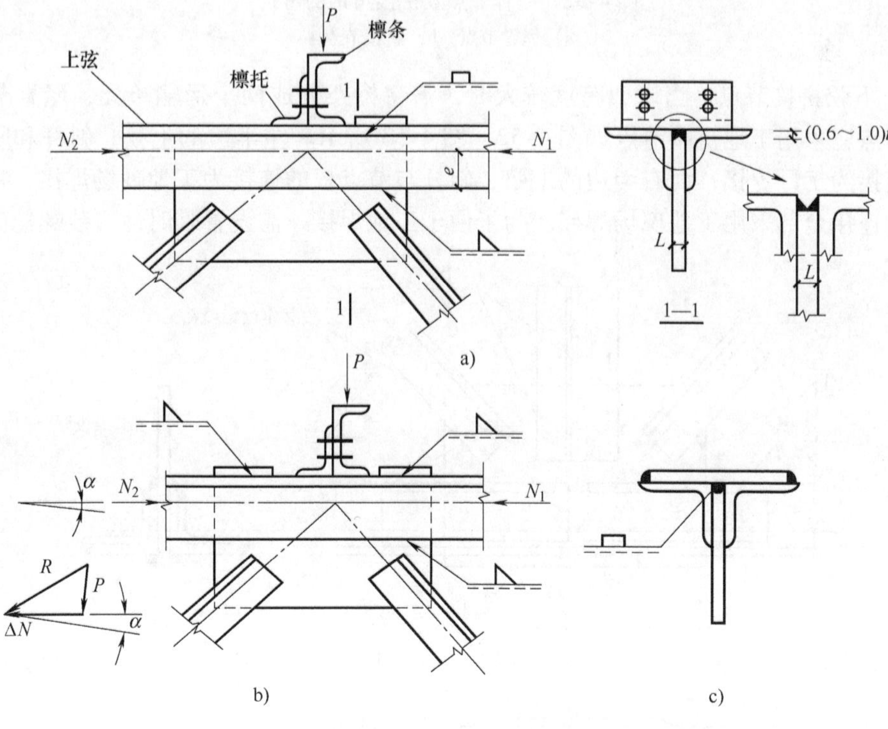

图4-51　上弦节点的构造

中上弦节点的另一形式，在节点板上边缘处开一凹口以容纳檩托和槽钢檩条，凹口处节点板缩进角钢背面，凹口以外伸出角钢背面10～15mm，在该处可设角焊缝。

（4）屋脊节点　图4-52所示为梯形桁架或三角形桁架的屋脊节点示例。在此节点上，左右两弦杆必然断开因而需用拼接件拼接。拼接件通常采用与弦杆相同的角钢截面，同时需将拼接角钢的棱角截去，并把竖向肢$\Delta = t + h_f + 5\text{mm}$的一部分切除。对屋面坡度较小的梯形桁架，拼接角钢可热弯成形；对屋面坡度较大的三角形桁架，则常需将拼接角钢的竖直边割一个开口，如图4-52b所示，然后冷弯成形并对焊连接。

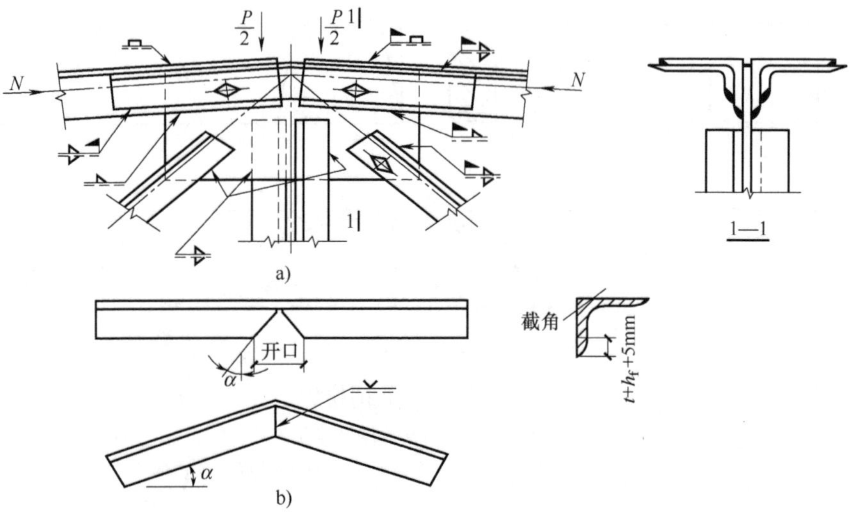

图4-52 屋脊节点及拼接角钢的弯折

a）屋脊节点 b）拼接节点

（5）下弦拼接节点 当桁架跨度较大时，需将桁架分成两个运输单元，屋脊节点和下弦跨中节点应采用工地拼接节点如图4-52、图4-53所示。左半边的上弦、斜杆和竖杆与节点板的连接为工厂焊接，而右半边的上弦、斜杆与节点板的连接为工地现场焊接。拼接角钢与上弦的连接全部采用工地现场焊接。为了便于工地焊接，需设置临时性安装螺栓。

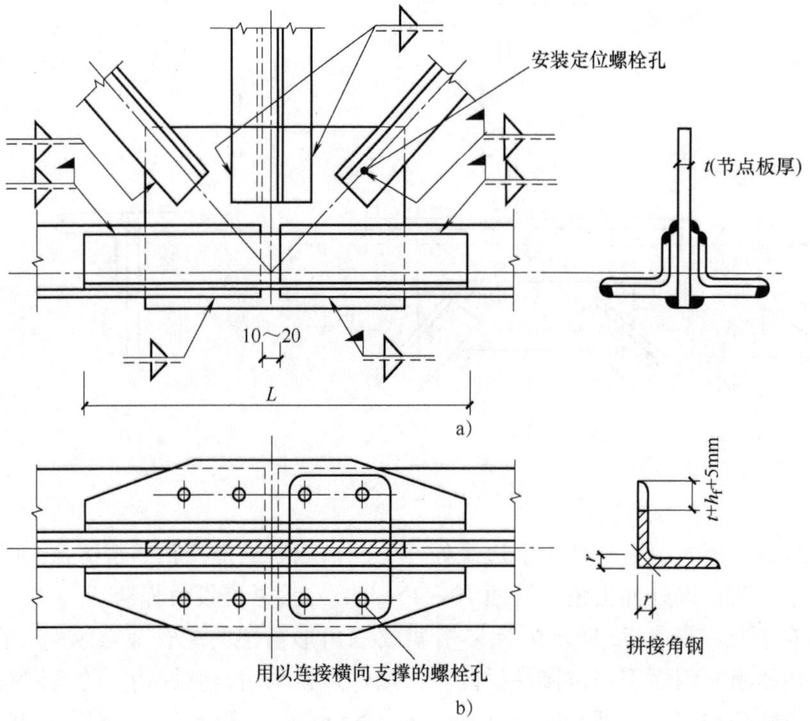

图4-53 下弦角钢的工地拼接节点

a）下弦节点 b）拼接节点

在下弦的拼接中，为了使拼接角钢与原来的角钢紧贴，拼接角钢顶部要截去棱角，宽度为 r（r 为角钢内圆弧半径）；对其竖向肢应割去 $h_f+t+5\text{mm}$（t 为角钢厚度），如图 4-53b 所示，以便施焊。因切割而对拼接角钢截面的削弱则考虑由节点板补偿。当节点两侧下弦杆的角钢截面不相同时，拼接角钢的截面可采用与较小截面相同尺寸。

（6）支座节点　桁架与柱的连接有铰接和刚接两种形式。支承于钢筋混凝土柱或砖柱上的桁架一般为铰接，而支承于钢柱上的桁架通常为刚接。

如图 4-54 所示为梯形桁架和三角形桁架在钢筋混凝土柱顶或砌体上的支座节点。这种支座由节点板、底板、加劲肋和锚栓等组成，由于其只传递桁架的竖向反力 R，看作为铰接。

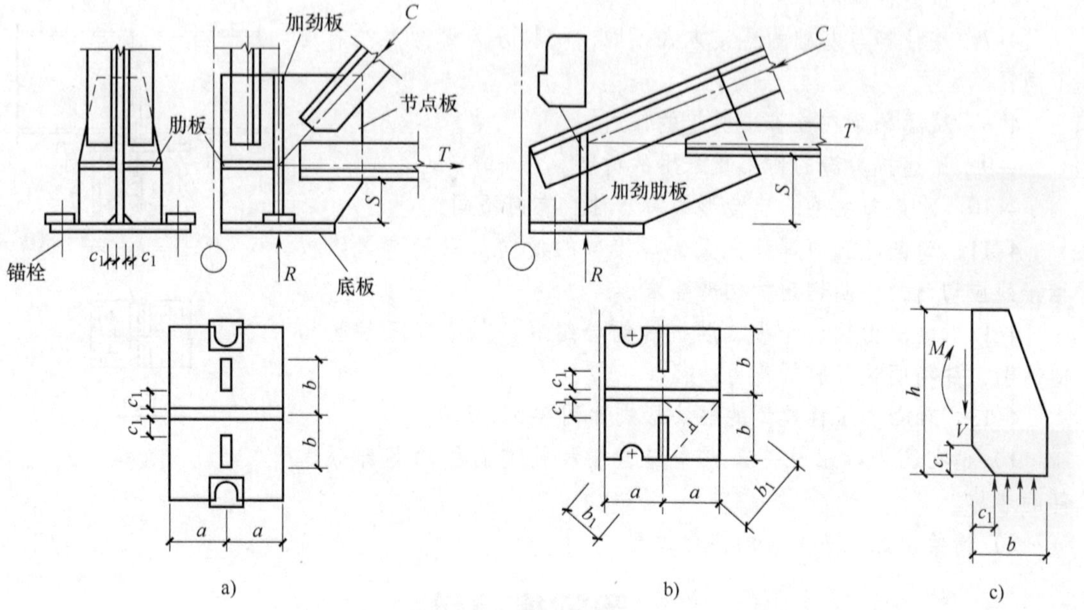

图 4-54　铰接支座节点

a）梯形桁架支座节点　b）三角形桁架支座节点　c）加劲肋板

铰接支座节点的锚栓用以固定桁架的位置，一般按构造要求采用 2 个直径 $d=20\sim24\text{mm}$ 的锚栓。桁架跨度大时，锚栓直径宜粗一些。当轻屋面的桁架建于风荷载较大的地区，则锚栓可起到防止桁架被掀起的作用。为了安装桁架的方便，底板上的锚栓孔宜为开口式，开口直径取锚栓直径的 2～2.5 倍，待桁架安装就位后，再用垫板套在锚栓顶部并与底板焊接，垫板上的孔径为 $d+(1\sim2)\text{mm}$。锚栓可设于底板的中线上，如图 4-54a 所示；也可设于中线旁，如图 4-54b 所示。

底板平面尺寸由其刚度和锚栓位置等构造要求确定，常用的尺寸为 240mm×240mm～400mm×400mm。底板的宽度和厚度均不可超出钢筋混凝土柱顶支承面的范围。

为了使底板有一定的刚性，底板的最小厚度宜满足下列构造要求：当桁架跨度 $L\leqslant18\text{m}$ 时，$t\geqslant16\text{mm}$；当桁架跨度 $L>18\text{m}$ 时，$t\geqslant20\text{mm}$。

加劲肋板可增强节点板平面外刚度和减少底板的弯矩，其厚度可取与节点板相同。肋板底端应切去一个角，如图 4-54c 所示，以避免 3 条互相垂直的角焊缝交于一点。

为了便于下弦角钢肢背施焊，下弦角钢水平肢的底面和支座底板之间的净距 S 不应小于下弦角钢外伸长的边长，同时又不小于130mm。

复习思考题

4-1 对高强度螺栓连接，构件接触面的处理方法有哪些？

4-2 C级螺栓宜用于沿其杆轴方向受拉的连接，哪些情况下可用于受剪连接？

4-3 对直接承受动力荷载的普通螺栓受拉连接应采用哪些能防止螺母松动的有效措施？

4-4 大型实腹式柱或格构式柱应在哪些位置设置横隔？横隔的间距有什么要求？

4-5 试述轴心受压柱与梁的铰接连接的两种方法。

4-6 试述柱脚的作用。

4-7 按柱脚与基础的连接方式不同，柱脚分为哪两类？有何不同？

4-8 试述靴梁在柱脚中所起的作用。

4-9 试述抗剪键的作用及采用的材料。

4-10 次梁与主梁的连接形式有几种？有何不同？

4-11 为避免三向焊缝交叉，焊接梁的横向加劲肋与翼缘板相接处应切角，说明切角的构造要求。

4-12 画出由柱、底板、肋板和锚栓组成的轴心受压柱脚构造简图，并指明该柱脚的传力途径。

4-13 轴心受压柱典型的柱头形式如图4-55所示。

1）请在图中标出柱头节点中与连接和构造有关的各部分零件的名称。

2）请给出此柱头节点的传力过程。

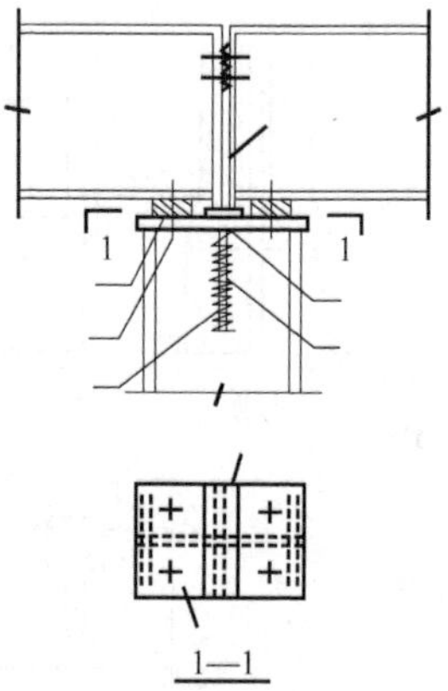

图4-55

实训练习题

4-1 填空

1. 在钢结构的受力构件及其连接中，不宜采用厚度________的钢板；不宜采用壁厚________的钢管；不宜采用截面________的角钢(对焊接结构)或截面________的角钢(对螺栓连接或铆钉连接结构)。

2. 焊缝金属宜与________相适应。当不同强度的钢材连接时，可采用与________强度钢材相适应的焊接材料。

3. 大面积的板材(如实腹梁的腹板)拼接，常会遇到纵横交叉的拼接焊缝。当采用对接焊缝时，纵横两方向的对接焊缝，可采用________或________。

4. 对接焊缝按是否焊透可分为________和________，一般采用________对接焊缝。

5. 杆件与节点板的连接焊缝，可采用________、________或________。

6. 每一杆件在节点上以及拼接接头的一端，永久性的螺栓(或铆钉)数不宜少于________个。对组合构件的缀条，其端部连接可采用________个螺栓(或铆钉)。

7. 当实腹式柱的腹板计算高度 h_0 与厚度 t 之比 $h_0/t>80\sqrt{235/f_y}$ 时，应采用________加强，其间距不得大于________。

8. 焊接组合梁的工厂拼接，翼缘与腹板的拼接位置最好________并用________焊缝。腹板的拼接焊缝与横向加劲肋之间至少相距________。

9. 当焊接桁架的杆件用节点板连接时，弦杆与腹杆、腹杆与腹杆之间宜留有一定的间隙，间隙不宜小于________。为便于施焊，改善焊缝附近钢材抗脆断的能力，相邻角焊缝焊趾间净距不应小于________。

4-2 选择题

1. 轴心受压柱脚中采用锚栓目的是（　　）。

A. 承受柱底的弯矩　　B. 承受柱底的剪力

C. 承受柱底的轴力　　D. 便于柱子安装定位

2. 当实腹式柱的腹板计算高度 h_0 与厚度 t 之比 $h_0/t > 80\sqrt{235/f_y}$ 时，应设置（　　）加强。

A. 横隔　　B. 纵向加劲肋　　C. 纵横向加劲肋　　D. 短加劲肋

模块2　钢结构识图

单元5　钢结构施工详图识读

【单元概述】

本单元讲述了钢结构施工详图、钢结构施工详图制图规定。

【学习目标】

通过教学和技能训练，学生能够全面了解钢结构施工详图的内容，熟练读懂钢结构各种结构形式的施工图。

课题1　钢结构施工详图识读概述

结构施工图简介

1. 钢结构工程设计分工特点

根据建设部文件建质[2003]84号《建筑工程设计文件编制深度规定》的要求，钢结构工程设计制图分为钢结构设计图(KM)及钢结构施工详图(KMⅡ)两个阶段。钢结构施工详图又称为钢结构加工制作图，简称钢结构施工图。前者由具有相应设计资质级别的设计单位编制，后者以前者为依据，由具有相应设计资质级别的钢结构加工制造企业或委托设计单位、详图公司完成。长期的建设经验表明，钢结构工程分两阶段出图作法分工合理，有利于保证工程质量、方便施工。

在钢结构施工详图设计阶段，设计人员依据钢结构设计图，将拟建钢结构的内外形状和大小、布置以及各部分的结构、构造，各构件的制作、安装要求等内容，按照国家制图标准规定，用正投影的方法，详细准确地表示出来的图样称为钢结构施工详图。

2. 钢结构设计图与钢结构施工详图的区别

钢结构设计图与钢结构施工详图在制图的深度、内容和表示方法上均有区别，见表5-1。

表5-1　钢结构设计图与钢结构施工详图的区别

	钢结构设计图	钢结构施工详图
设计依据	根据工艺、建筑要求及初步设计等，并经施工设计方案与计算等工作而编制的较高阶段施工设计图	直接根据设计图编制的工厂制造及现场安装详图(可含有少量连接、构造等计算)，只对深化设计负责

（续）

	钢结构设计图	钢结构施工详图
设计要求	表达设计思想，为编制施工详图提供依据	直接供制造、加工及安装的施工用图
编制单位	目前一般由设计单位编制	一般应由制造厂或施工单位编制，也可委托设计单位或详图公司编制
内容及深度	图样表示较简明，数量少；其内容一般包括设计总说明、结构布置图、构件图、节点图、钢材订货表等	图样表示详细，数量多；其内容除包括设计图内容外，着重从满足制造、安装要求编制详图总说明、构件安装布置图、构件及节点详图、材料统计表等
适用范围	具有较广泛的适用性	体现本企业特点，只适宜本企业使用

按规定，钢结构设计图在深度上一般只绘出构件布置、构件截面与内力及主要节点构造，故一般设计单位提供的设计图，不能直接用来进行施工。因此在施工详图设计阶段尚需补充必要的构造设计与连接计算，并且应结合本企业的制作工艺、制作设备、施工标准和施工管理水平，在设计图的基础上进一步深化设计。钢结构施工详图图样一般包括按构件系统（如屋盖结构、刚架结构、吊车梁、工作平台）分别绘制的各系统布置图、构件详图、必要的节点详图、施工设计总说明、材料表等内容。由于施工详图的要求较细、内容较多，其图样量约为设计图图样量的2.5~3倍。

钢结构施工详图是沟通设计人员与加工制作、安装等施工人员意图的详图，是钢结构制作安装各个工序、各项作业的指示书。因此，设计图是钢结构工程的基础和指导，施工详图则是钢结构工程施工的依据，直接影响着钢结构的质量和进度。

3. 钢结构施工详图识图

（1）识读钢结构施工详图的基本知识

1）掌握投影原理和形体的各种表达方法。钢结构施工详图是根据投影原理绘制的，用图样表明结构构件的设计及构造作法。所以要看懂图样，首先必须掌握投影原理，特别是正投影原理和形体的各种表达方法。

2）熟悉和掌握建筑结构制图标准及相关规定。钢结构施工详图采用了图例符号和必要的文字说明，把设计内容表现在图样上。因此，要看懂施工详图，必须掌握国家相关制图标准，熟悉施工详图中各种图例、符号表示的意义。此外，还应熟悉常用钢结构构件的代号表示方法，一般构件的代号用各构件名称的汉语拼音第一个字母表示，常用钢结构构件代号见表5-2。

表5-2 常用钢结构构件代号

序号	名　称	代号	序号	名　称	代号	序号	名　称	代号
1	板	B	10	屋面梁	WL	19	墙梁	QL
2	屋面板	WB	11	吊车梁	DL	20	门梁	ML
3	楼梯板	TB	12	过梁	GL	21	钢屋架	GWJ
4	墙板	QB	13	连系梁	LL	22	钢桁架	GHJ
5	檐口板	YB	14	基础梁	JL	23	梯	T
6	天沟板	TGB	15	楼梯梁	TL	24	托架	TJ
7	走道板	DB	16	次梁	CL	25	天窗架	CJ
8	组合楼板	SRC	17	悬臂梁	XL	26	刚架	GJ
9	梁	L	18	框架梁	KL	27	框架	KJ

（续）

序号	名　称	代号	序号	名　称	代号	序号	名　称	代号
28	支架	ZJ	38	水平支撑	SC	48	设备基础	SJ
29	檩条	LT	39	下弦水平支撑	XC	49	预埋件	M
30	刚性檩条	GL	40	刚性系杆	GG	50	雨篷	YP
31	屋脊檩条	WL	41	剪力墙支撑	JV	51	阳台	YT
32	隅撑	YC	42	柱	Z	52	螺栓球	QX
33	直拉条	ZLT	43	山墙柱	SQZ	53	套筒	TX
34	斜拉条	XLT	44	框架柱	KZ	54	封板	FX
35	撑杆	CG	45	构造柱	GZ	55	锥头	ZX
36	柱间支撑	ZC	46	柱脚	ZJ	56	钢管	GX
37	垂直支撑	CC	47	基础	J	57	紧固螺钉	eX

3）基本掌握钢结构的特点、构造组成，了解机械制造相关知识。钢结构具有区别于其他建筑结构的显著特点，其零件加工和装配属于机械制造范围，在学习过程中要善于积累有关钢结构组成和构造上的一些基本知识，随着学习的深入和专业实践，可以学到更详细的专业知识，在此基础上，有助于看懂钢结构施工图。

（2）阅读钢结构施工详图的步骤　对于一套完整的施工图，在详细看图前，先要大致了解这套图样包括多少构件系统，每个系统有几张，每张有些什么内容。然后再按设计总说明、构件布置图、构件详图、节点详图的顺序进行读图。从布置图中可了解到构件的类型及定位等情况，构件的类型由构件代号、编号表示，定位主要由轴线及标高确定。节点详图主要表示了构件与构件各个连接节点的情况，如墙梁与柱连接节点、系杆与柱的连接、支撑的连接等，用这些详图反映节点连接的方式及细部尺寸等。

阅读钢结构施工详图的步骤一般为："从上往下看、从左往右看、由外往里看、由大到小看、由粗到细看、图样与说明对照看、布置详图结合看"。有必要时还要把设备图拿来作参照，这样才能得到较好的看图效果。但是由于图面上的各种线条纵横交错，各种图例、符号繁多，对初学者来说，开始看图时必须要有耐心，认真细致，并要花费较长的时间，才能把图看明白。只有掌握了正确的看图方法，读懂每张施工图，做到心中有数，才能明确设计内容，领会设计意图，便于组织施工、指导施工和实施施工计划。

课题2　钢结构施工详图制图规定

钢结构施工详图制图应满足《房屋建筑制图统一标准》(GB/T 50001—2017)、《建筑结构制图标准》(GB/T 50105—2010)、《焊缝符号表示法》(GB/T 324—2008)等国家制图标准要求。钢结构施工详图中的基本内容如图样幅面规格、图线线型、定位轴线、字体、计量单位、比例、各种符号(剖切符号、索引符号、详图符号、引出线、对称符号、连接符号)、尺寸标注等规定与其他建筑结构施工图基本相同。此外，由于钢结构自身的特点，在钢结构施工详图中，还包含下列内容。

1. 常用型钢的标注方法

常用型钢的标注方法见表5-3。

表5-3　常用型钢的标注方法

序　号	名　称	截　面	标　注	说　明
1	等边角钢		∟ $b\times t$	b 为肢宽 t 为肢厚
2	不等边角钢		∟ $B\times b\times t$	B 为长肢宽　b 为短肢宽 t 为肢厚
3	工字钢		I N　Q I N	轻型工字钢加注Q字 N工字钢的型号
4	槽钢		[N　Q [N	轻型槽钢加注Q字 N槽钢的型号
5	方钢	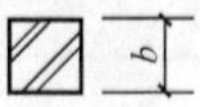	□ b	
6	扁钢	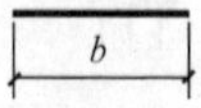	— $b\times t$	
7	钢板		$\frac{-b\times t}{l}$	$\frac{宽\times厚}{板长}$
8	圆钢		ϕd	
9	钢管		$DN\times\times$ $d\times t$	内径 外径×壁厚
10	薄壁方钢管		B□ $b\times t$	薄壁型钢加注B字 t 为壁厚
11	薄壁等肢角钢		B∟ $b\times t$	
12	薄壁等肢卷边角钢	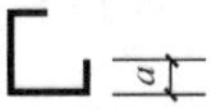	B∠ $b\times a\times t$	
13	薄壁槽钢	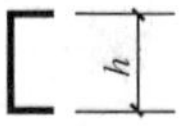	B[$h\times b\times t$	
14	薄壁卷边槽钢	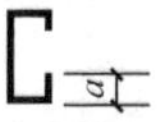	B[$h\times b\times a\times t$	
15	薄壁卷边Z型钢		B ⌐ $h\times b\times a\times t$	
16	T型钢		TW×× TM×× TN××	TW为宽翼缘T型钢 TM为中翼缘T型钢 TN为窄翼缘T型钢

（续）

序号	名称	截面	标注	说明
17	H型钢		HW×× HM×× HN××	HW为宽翼缘H型钢 HM为中翼缘H型钢 HN为窄翼缘H型钢
18	起重机钢轨		QU××	详细说明产品规格型号
19	轻轨及钢轨		××kg/m钢轨	

2. 螺栓、孔、电焊铆钉的表示方法

螺栓、孔、电焊铆钉的表示方法见表5-4。

表5-4 螺栓、孔、电焊铆钉的表示方法

序号	名称	图例	说明
1	永久螺栓	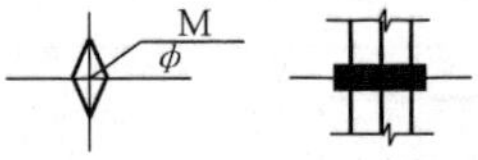	1. 细“+”线表示定位线 2. M表示螺栓型号 3. ϕ表示螺栓孔直径 4. d表示膨胀螺栓、电焊铆钉直径 5. 采用引出线标注螺栓时，横线上标注螺栓规格，横线下标注螺栓孔直径
2	高强螺栓	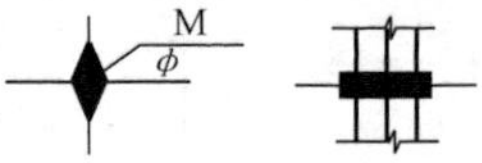	
3	安装螺栓	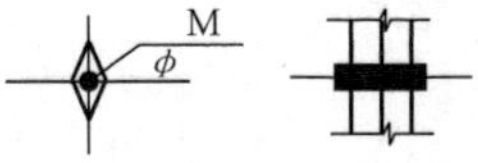	
4	胀锚螺栓	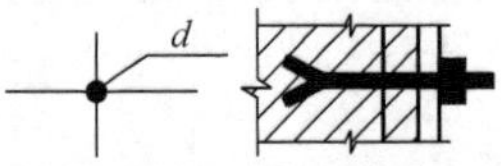	
5	圆形螺栓孔	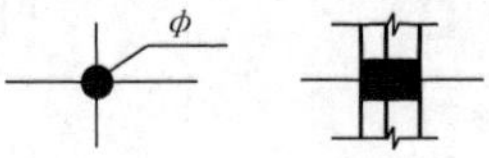	
6	长圆形螺栓孔	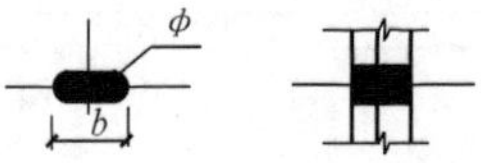	
7	电焊铆钉	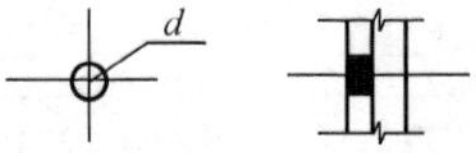	

3. 常见焊缝的标注

常用焊缝的基本符号见表5-5。

表 5-5　常用焊缝的基本符号

名称	对接焊缝					角焊缝	塞焊缝	点焊缝
	I形焊缝	V形焊缝	单边V形焊缝	带钝边的V形焊缝	带钝边的U形焊缝			
符号	‖	V	⊬	Y	Y	◺	⊓	○

注：单边V形与角焊缝的竖边画在符号的左边。

辅助符号用以表示焊缝表面形状特征，如对接焊缝表面余高部分需要加工使其与焊件表面平齐，则需在基本符号上加一短杠，此短杠即为辅助符号。补充符号是为了补充说明焊缝的某些特征而采用的符号，如带有垫板，三面或周围焊缝及工地焊缝等。钢结构中常用的辅助符号和补充符号见表5-6。

表 5-6　辅助符号和补充符号

名　称		示意图	符　号	类　别
辅助符号	平面符号	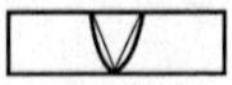	—	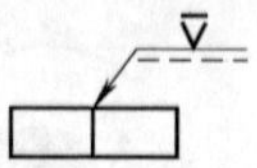
	凹面符号	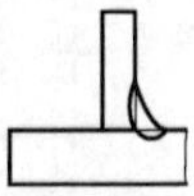	⌣	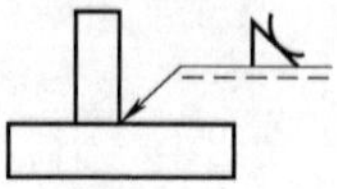
补充符号	三面围焊符号	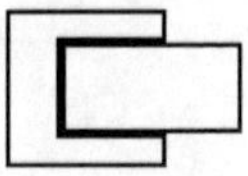	⊏	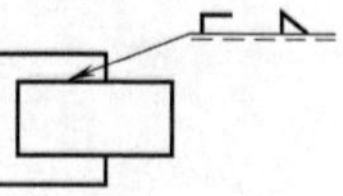
	周围焊缝符号	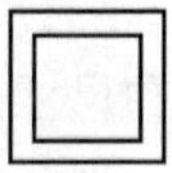	○	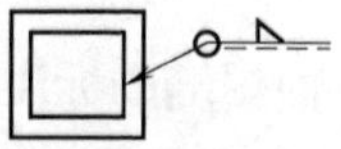
	工地现场焊符号		⚑	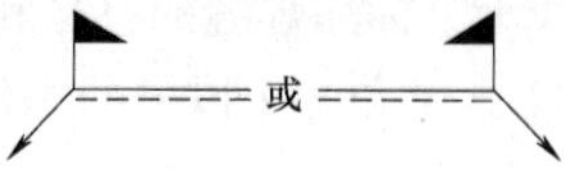
	带垫板施焊符号		▭	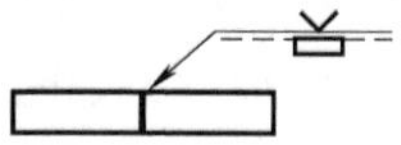
	尾部符号		<	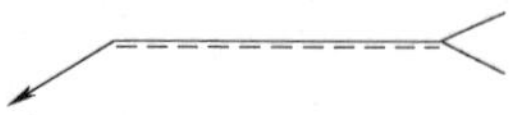

焊缝标注有必要时可附带有焊缝尺寸符号及数据。常见焊缝尺寸符号例如：坡口角度α、根部间隙b、钝边高度p、焊角尺寸K、焊缝长度l、焊缝间距e、焊缝段数n。焊缝尺寸符号及数据的标注原则：焊缝横截面上的尺寸标注在基本符号的左侧；长度方向的尺寸标注在基本符号右侧；坡口角度、坡口面角度、根部间隙等尺寸标注在基本符号的上侧或下侧。

相同焊缝数量的符号标在尾部。在基本符号的右侧无任何标注且又无其他说明时，表示焊缝在工件的整个长度上是连续的；在基本符号的左侧无任何标注且又无其他说明时，表示对接焊缝要完全焊透，如图5-1所示。

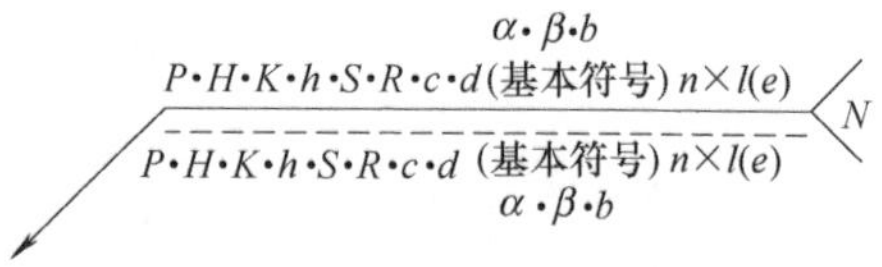

图5-1 焊缝尺寸符号及数据的标注

焊接钢构件的焊缝除应符合现行国家标准《焊缝符号表示法》(GB/T 324—2008)的规定外，还应符合下列各项规定。

1）单面焊缝的标注。

① 当箭头指向焊缝所在的一面时，应将图形符号和尺寸标注在横线的上方，如图5-2a所示；当箭头指向焊缝所在另一面(相对应的那面)时，应将图形符号和尺寸标注在横线的下方，如图5-2b所示。

② 表示环绕工作件周围的焊缝时，其围焊焊缝符号为圆圈，绘在引出线的转折处，并标注焊脚尺寸 K，如图5-2c所示。

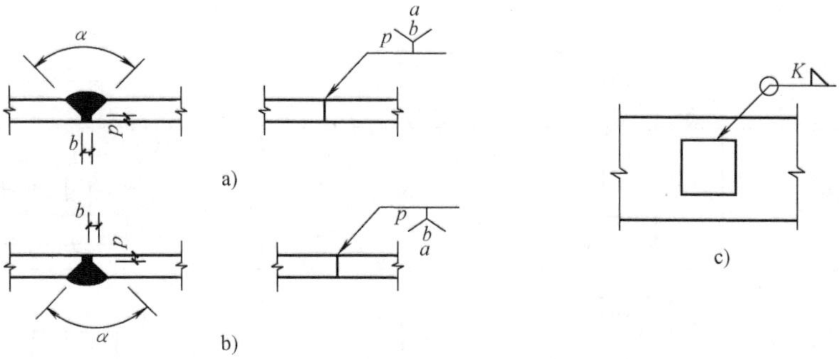

图5-2 单面焊缝的标注方法

2）双面焊缝的标注，应在横线的上、下都标注符号和尺寸。上方表示箭头一面的符号和尺寸，下方表示另一面的符号和尺寸，如图5-3a所示；当两面的焊缝尺寸相同时，只需在横线上方标注焊缝的符号和尺寸，如图5-3b、c、d所示。

3）3个和3个以上的焊件相互焊接的焊缝，不得作为双面焊缝标注。其焊缝符号和尺寸应分别标注，如图5-4所示。

4）相互焊接的2个焊件中，当只有1个焊件带坡口时(如单面V形)，引出线箭头必须指向带坡口的焊件，如图5-5所示。

5）相互焊接的2个焊件，当为单面带双边不对称坡口焊缝时，引出线箭头必须指向较大坡口的焊件，如图5-6所示。

6）当焊缝分布不规则时，在标注焊缝符号的同时，宜在焊缝处加中实线表示可见焊缝，或加细栅线表示不可见焊缝，如图5-7所示。

7）相同焊缝符号应按下列方法表示：

① 在同一图形上，当焊缝形式、断面尺寸和辅助要求均相同时，可只选择一处标注焊缝的符号和尺寸，并加注“相同焊缝符号”，相同焊缝符号为3/4圆弧，绘在引出线的转折处，如图5-8a所示。

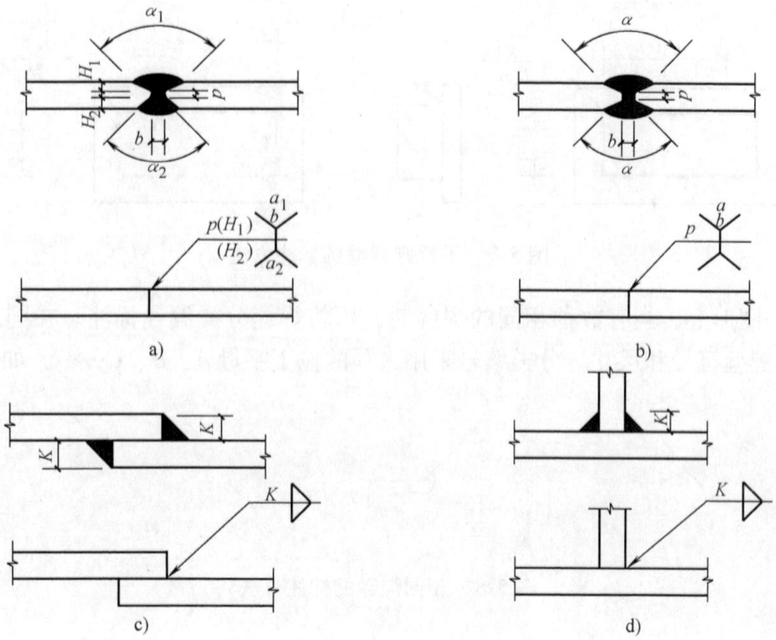

图 5-3　双面焊缝的标注方法

图 5-4　3 个和 3 个以上焊件的焊缝标注方法

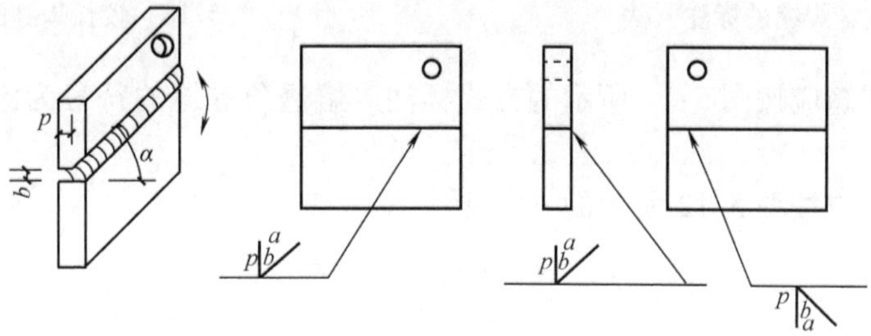

图 5-5　1 个焊件带坡口的焊缝标注方法

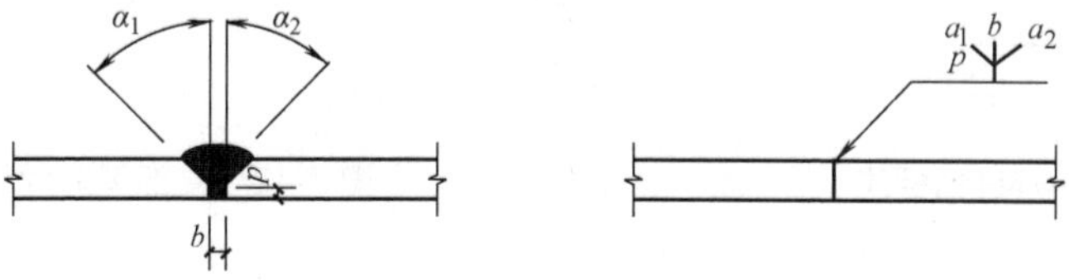

图 5-6　不对称坡口焊缝的标注方法

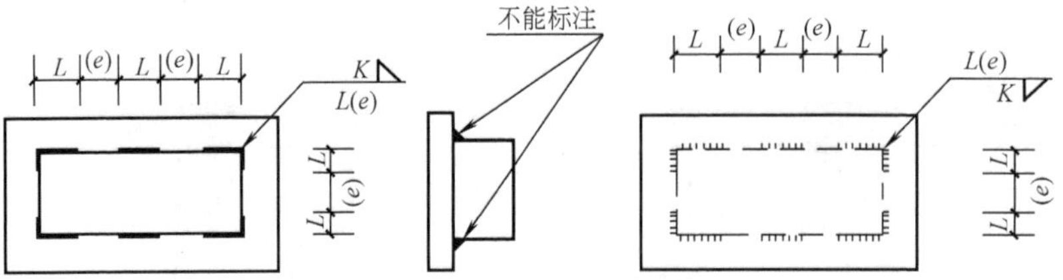

图 5-7 不规则焊缝的标注方法

② 在同一图形上，当有数种相同的焊缝时，可将焊缝分类编号标注。在同一类焊缝中可选择一处标注焊缝符号和尺寸。分类编号采用大写的拉丁字母 A、B、C……，如图 5-8b 所示。

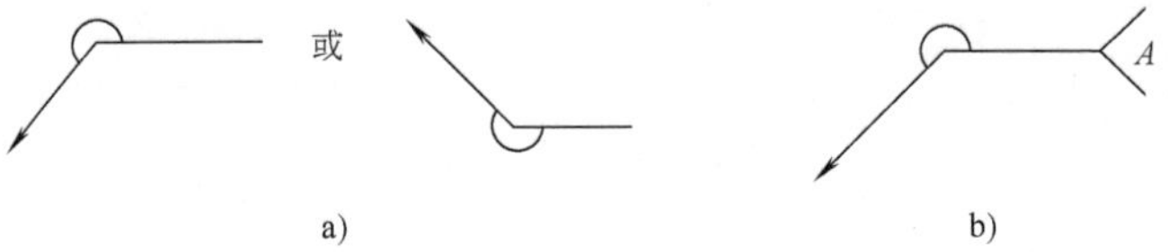

图 5-8 相同焊缝的标注方法

8）需要在施工现场进行焊接的焊件焊缝，应标注“现场焊缝”符号。现场焊缝符号为涂黑的三角形旗号，绘在引出线的转折处，如图 5-9 所示。

9）图样中较长的角焊缝(如焊接实腹钢梁的翼缘焊缝)，可不用引出线标注，而直接在角焊缝旁标注焊缝尺寸值 K，如图 5-10 所示。

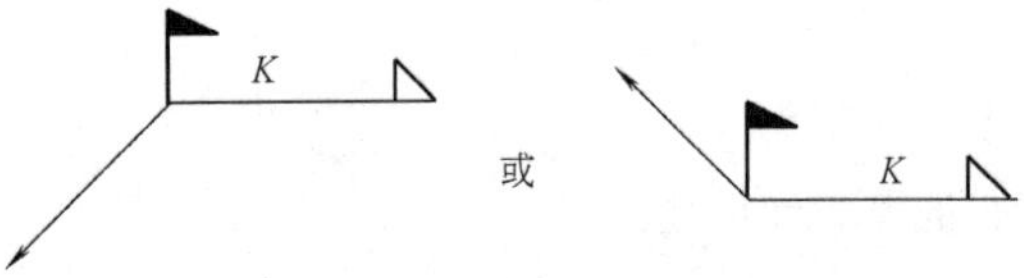

图 5-9 现场焊缝的标注方法

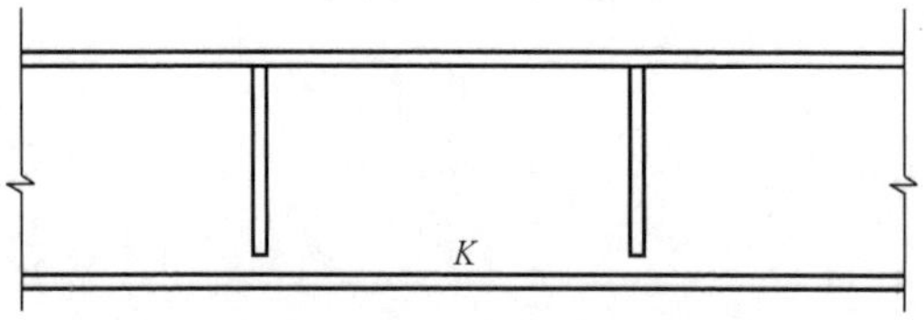

图 5-10 较长焊缝的标注方法

10）熔透角焊缝应按图 5-11 所示的方式标注。熔透角焊缝的符号为涂黑的圆圈，绘在引出线的转折处。

11）局部焊缝应按图 5-12 所示的方式标注。

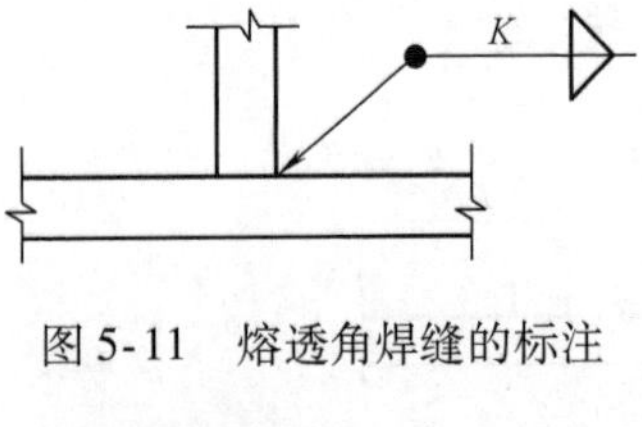

图 5-11 熔透角焊缝的标注

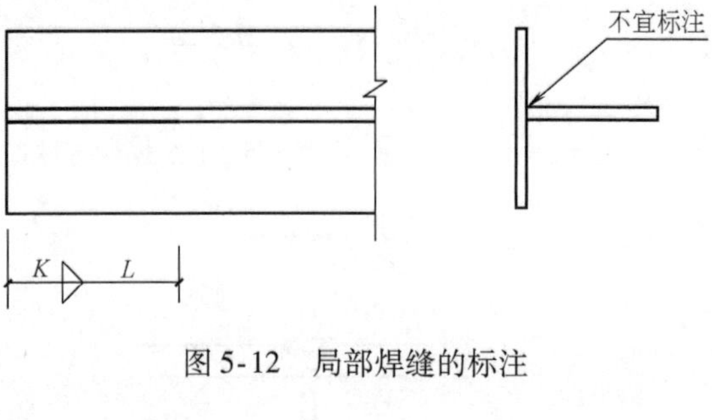

图 5-12 局部焊缝的标注

4. 尺寸标注

1）两构件的两条很近的重心线，应在交汇处将其各自向外错开，如图 5-13 所示。

2）弯曲构件的尺寸应沿其弧度的曲线标注弧的轴线长度，如图 5-14 所示。

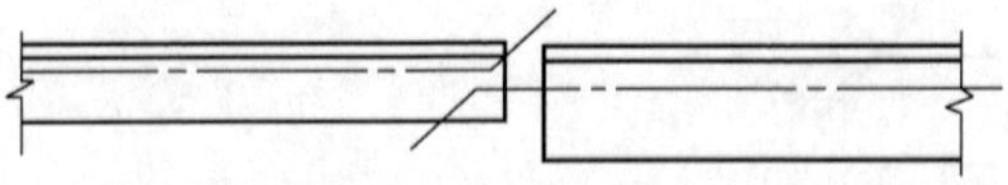

图 5-13　两构件重心线不重合的标注方法

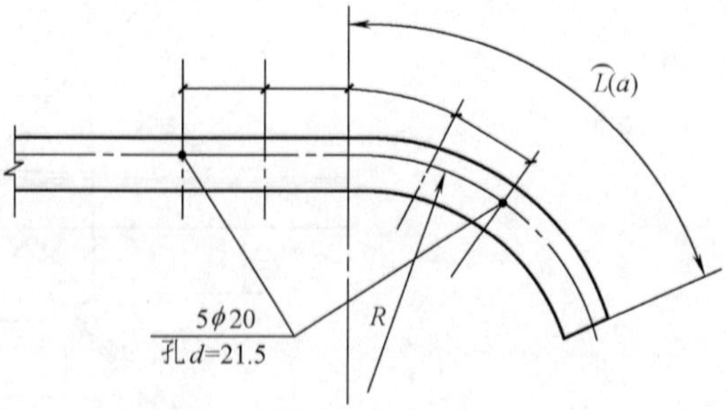

图 5-14　弯曲构件尺寸的标注方法

3）切割的板材，应标注各线段的长度及位置，如图 5-15 所示。

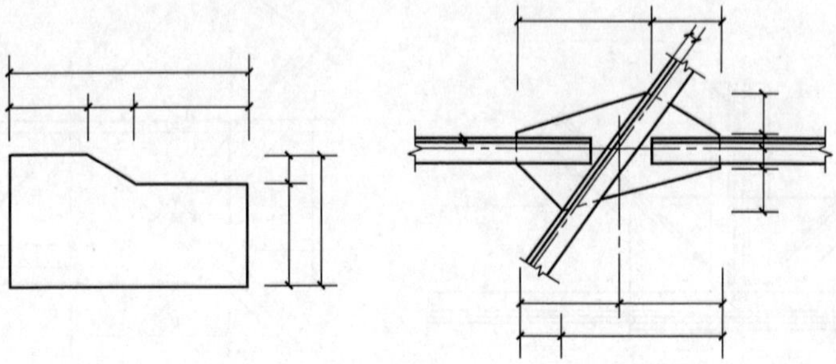

a)　　b)

图 5-15　切割板材尺寸的标注方法

4）不等边角钢的构件，必须标注出角钢一肢的尺寸，如图 5-16 所示。

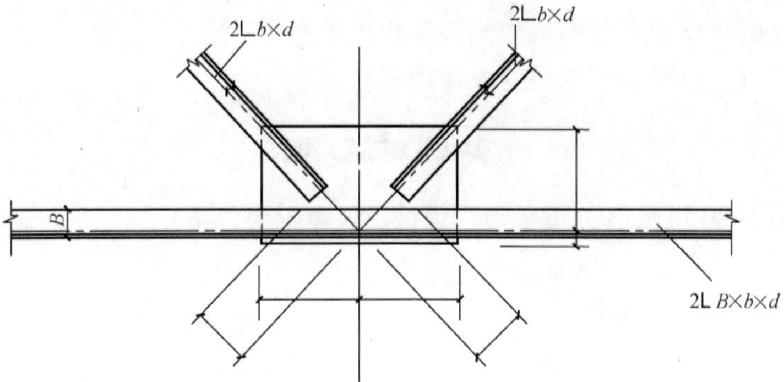

图 5-16　节点尺寸及不等边角钢的标注方法

5）节点尺寸，应注明节点板的尺寸和各杆件螺栓孔中心或中心距，以及杆件端部至几何中心线交点的距离，如图 5-16、图 5-17 所示。

6）双型钢组合截面的构件，应注明缀板的数量及尺寸，如图 5-18 所示。引出横线上方标注缀板的数量及缀板的宽度、厚度，引出横线下方标注缀板的长度尺寸。

7）非焊接的节点板，应注明节点板的尺寸和螺栓孔中心与几何中心线交点的距离，如图 5-19 所示。

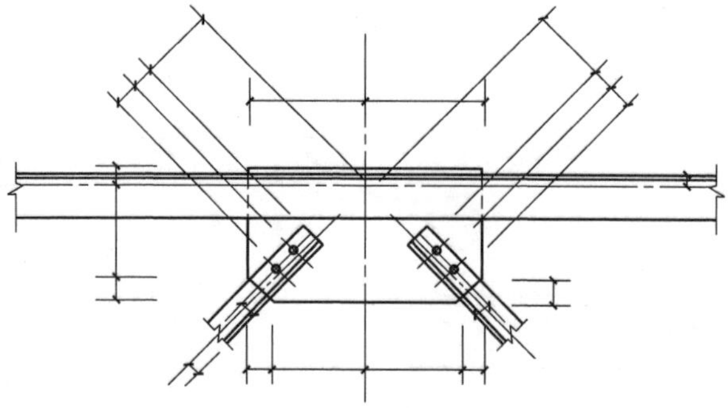

图 5-17 节点尺寸的标注方法

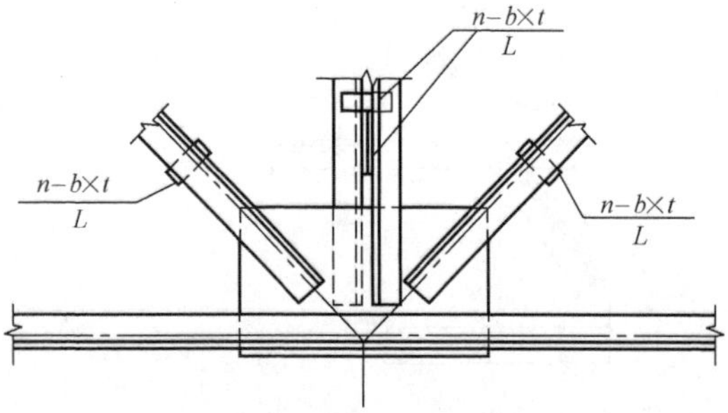

图 5-18 缀板的标注方法

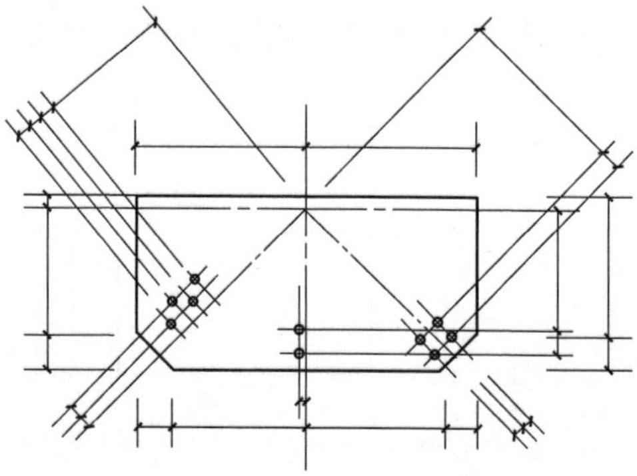

图 5-19 非焊接节点板尺寸的标注方法

复习思考题

5-1 简述钢结构设计图与钢结构施工详图的区别。

5-2 钢结构施工详图制图有哪些方面的规定？

实训练习题

5-1 说明图 5-20 中角钢、工字钢、槽钢、H 型钢的规格。

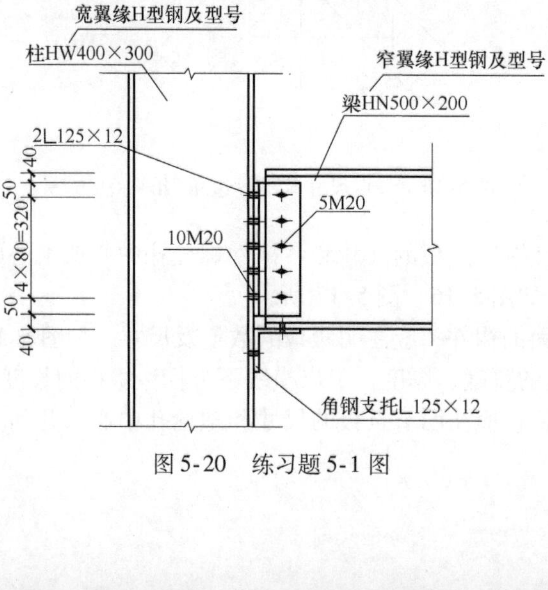

图 5-20 练习题 5-1 图

5-2　绘制永久螺栓、高强度螺栓、安装螺栓、圆形螺栓孔、长圆形螺栓孔的图例。

5-3　解释图5-21中的焊缝标注。

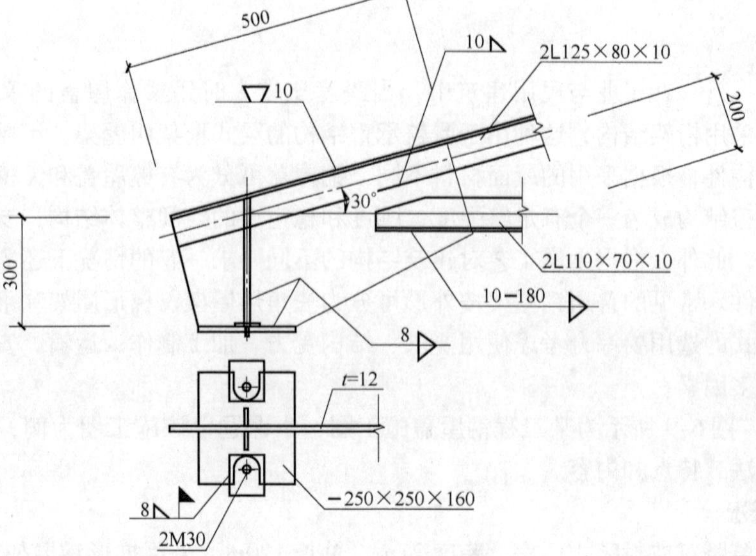

图5-21　练习题5-3图

钢屋架施工图的识读

单元6　钢屋盖施工图识读

在工业与民用建筑中，当跨度比较大时用梁作屋盖的承重结构是不经济的，这时宜采用桁架结构，这种用于屋盖承重结构的梁式桁架叫屋架。钢屋架是构成钢屋盖的主要承重构件，根据采用的屋面材料不同，钢屋盖可分为有檩屋盖和无檩屋盖两种承重结构。为使屋盖结构成为一个有足够强度、刚度和稳定性的空间整体结构，支撑也是不可缺少的组成部分。此外，根据生产工艺对建筑结构的不同要求，有的情况下还需设置托架、天窗架等承重构件。常见的普通钢屋架按外形可分为三角形屋架、梯形屋架和平行弦屋架三种形式。屋架形式的选用要综合考虑使用要求、结构受力、加工制作、运输、安装及综合技术经济效果等诸多因素。

如图6-1～图6-9所示为某工程钢屋盖施工图，本课题以该施工图为例，说明钢结构施工图的图示方法、特点和内容。

1. 工程概况

该工程为单跨双坡封闭式厂房，跨度21m，总长120m。采用梯形钢屋架，屋面坡度$i=1/10$，屋架间距6m，檩距1.508m，檩条水平投影间距1.5m。屋架铰支于钢筋混凝土柱柱顶，有2台5t重级工作制吊车（A6），外天沟。屋架下弦标高10m，屋面采用金属夹芯板，C型檩条。地面粗糙度类别为B类，结构重要性系数为$\gamma_0=1.0$，抗震设防烈度为7度。基本风压$\omega_0=0.5\text{kN/m}^2$，基本雪压$s_0=0.30\text{kN/m}^2$。钢材采用Q235B，焊条采用E43型。

2. 支撑布置

屋架支撑布置如图6-1所示。在房屋两端及伸缩缝处第一开间内，钢屋盖设有上弦横向水平支撑（SC1、SC2）、下弦横向水平支撑（SC3、SC4）、系杆（XG1、XG2、XG3）、竖向支撑（CC1、CC2）。在其余开间屋架下弦跨中设置一通长水平系杆（XG3），上弦横向水平支撑在节点处设通长系杆（XG2、XG3）。

根据《建筑抗震设计规范》（GB 50011—2010）规定，钢屋架应根据结构及其荷载的不同情况设置可靠的支撑系统，在建筑物每一个温度区段或分期建设的区段中，应设置独立的空间稳定的支撑系统。设置支撑系统的目的是为了保证钢屋架及其构件在安装和使用过程中的整体稳定性，提高结构的空间作用，减小屋架杆件在平面外的计算长度。支撑系统的设置应综合考虑工程的结构形式、跨度、房屋高度、起重机吨位、地质条件和所在地区的抗震设防烈度等因素。

支撑系杆分为刚性系杆和柔性系杆两种，其截面按长细比或受力要求确定。刚性系杆（XG1、XG2）既可受拉也可受压，一般采用双角钢组成的十字形截面或T形截面，也可采用钢管截面；柔性系杆（XG3）只能受拉，一般采用单角钢制作，对有张紧要求的拉杆可采用圆钢。本工程中，在设置水平支撑和竖向支撑的开间，两个横向支撑交叉斜杆之间及相应于竖向支撑平面间的上、下弦节点处的系杆，除在上、下弦杆端部及上弦杆跨中的系杆外，均按柔性系杆设计。如图6-1所示，支撑中的交叉斜杆按柔性杆设计，与交叉斜杆相连或相邻的水平直杆按刚性杆设计，详见图6-5～图6-8。实际中，当横向支撑设在厂房单元端部第二柱间时，则第一柱间的所有系杆均按压杆设计。

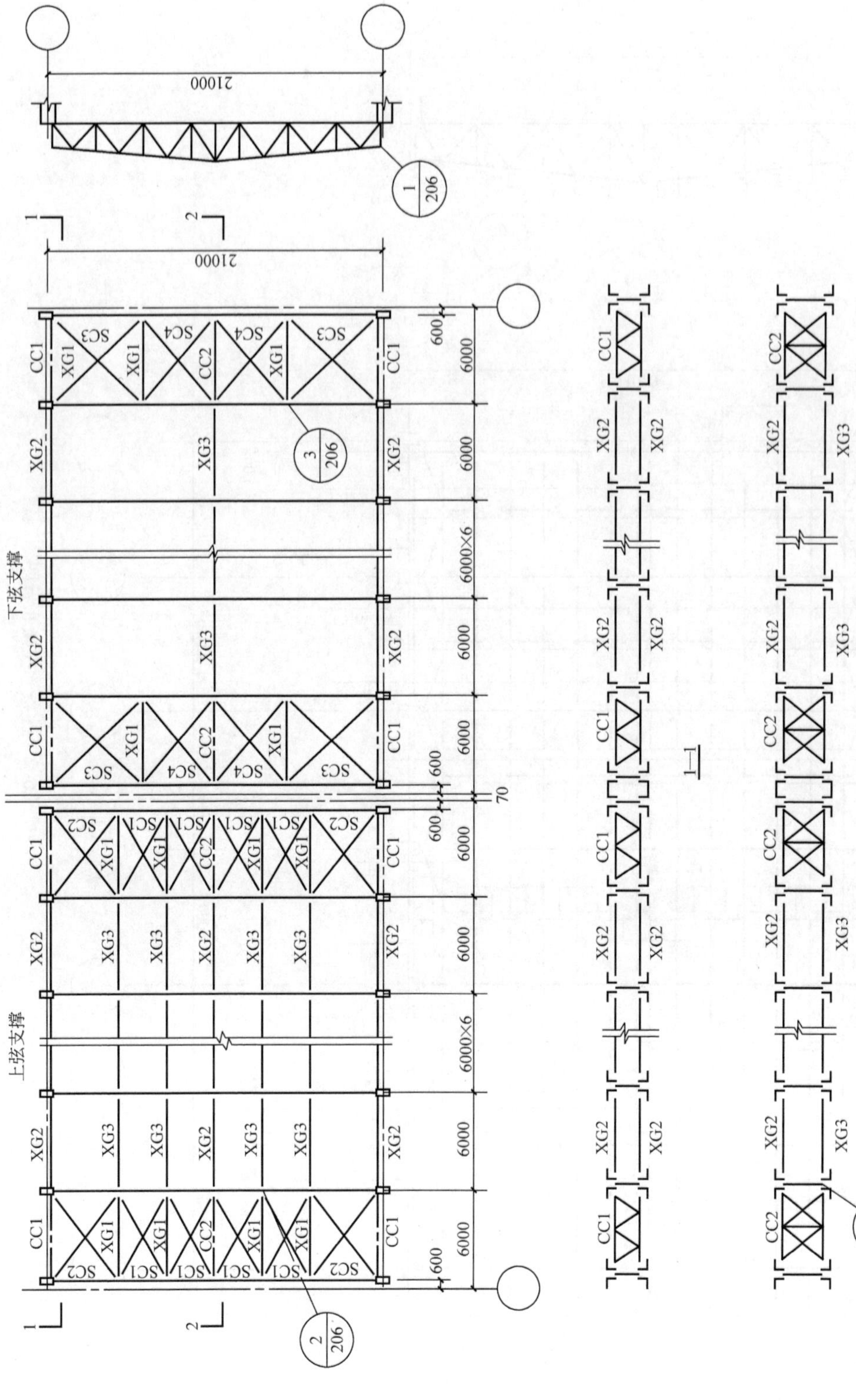

21000
1/206
上弦支撑
下弦支撑
CC1
CC2
XG1
XG2
XG3
SC1
SC2
SC3
SC4
2/206
3/206
4/207
600
6000
6000×6
70
1—1
2—2

图 6-1 屋架支撑布置图

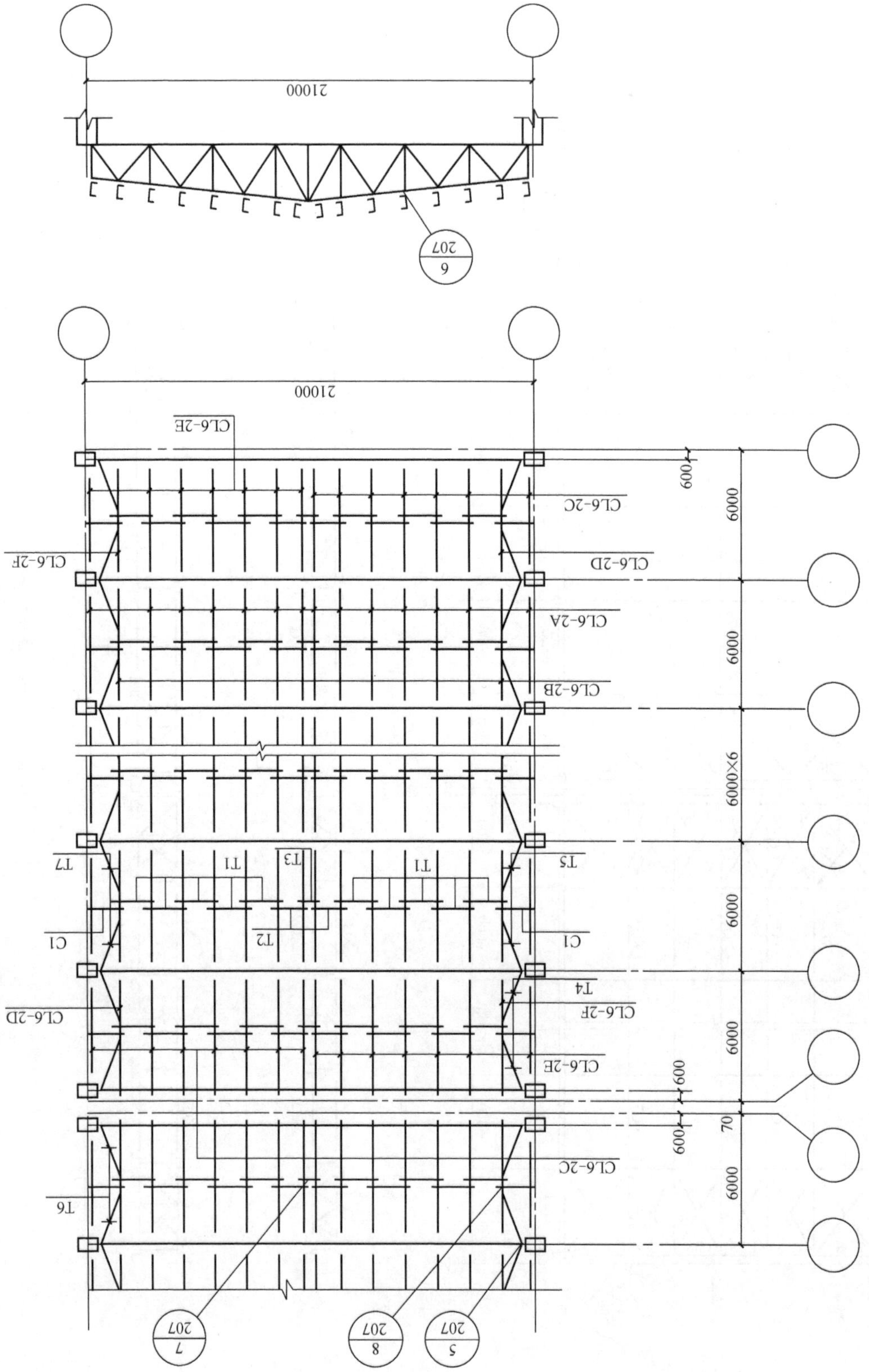
21000
6
207
21000
CL6-2E
CL6-2C
CL6-2F
CL6-2D
CL6-2A
CL6-2B
T7
T1
T3
T5
C1
T2
T4
CL6-2E
T6
600
6000
6000
6000×6
6000
6000
70
7
207
8
207
5
207

图6-2 檩条、拉条布置图

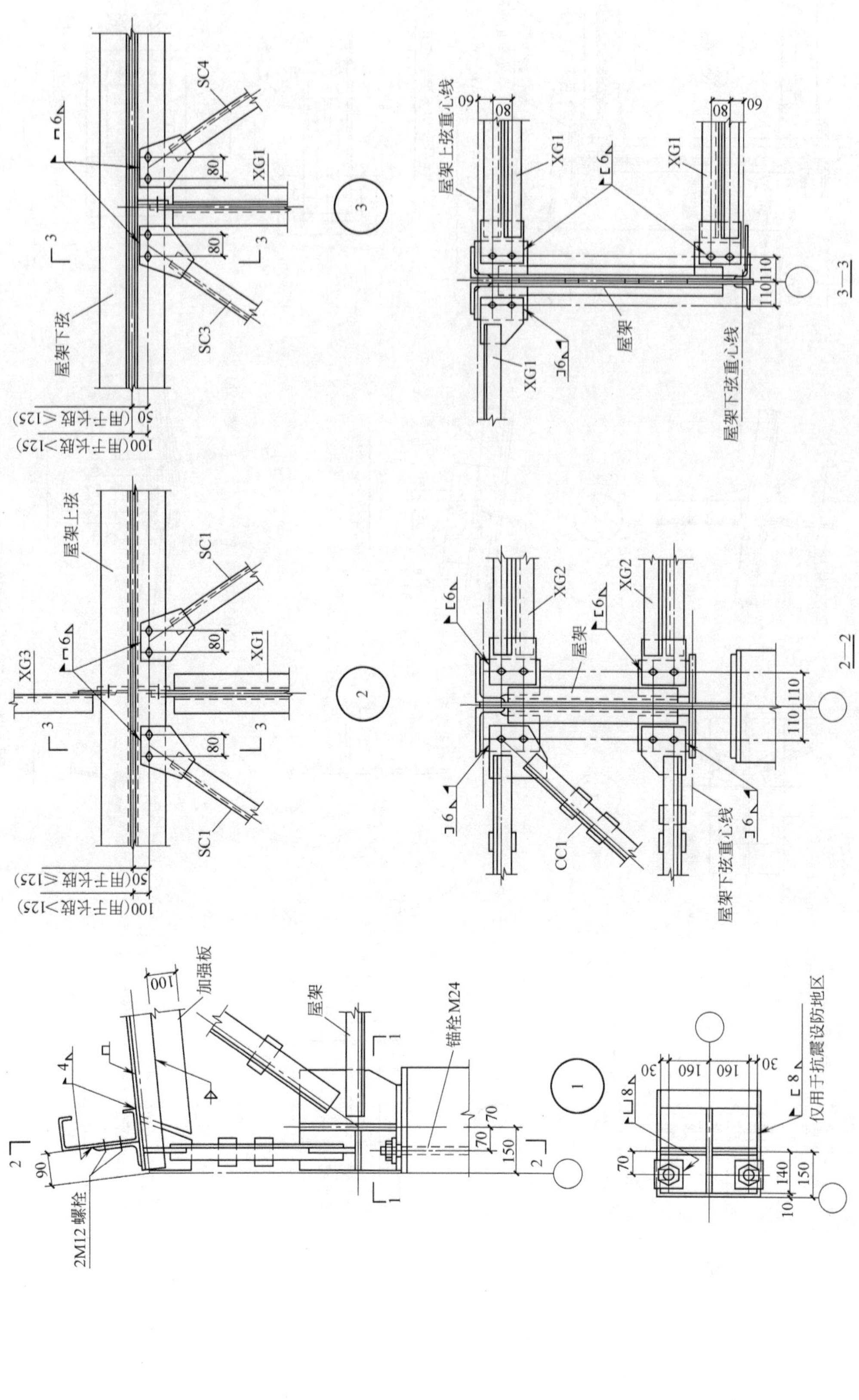
2M12螺栓
加强板
屋架
锚栓M24
仅用于抗震设防地区
1—1
屋架上弦
屋架下弦
XG1
XG2
XG3
SC1
SC3
SC4
CC1
100(用于长肢>125)
50(用于长肢≤125)
屋架下弦重心线
屋架上弦重心线
2—2
3—3

图6-3 安装节点详图(一)

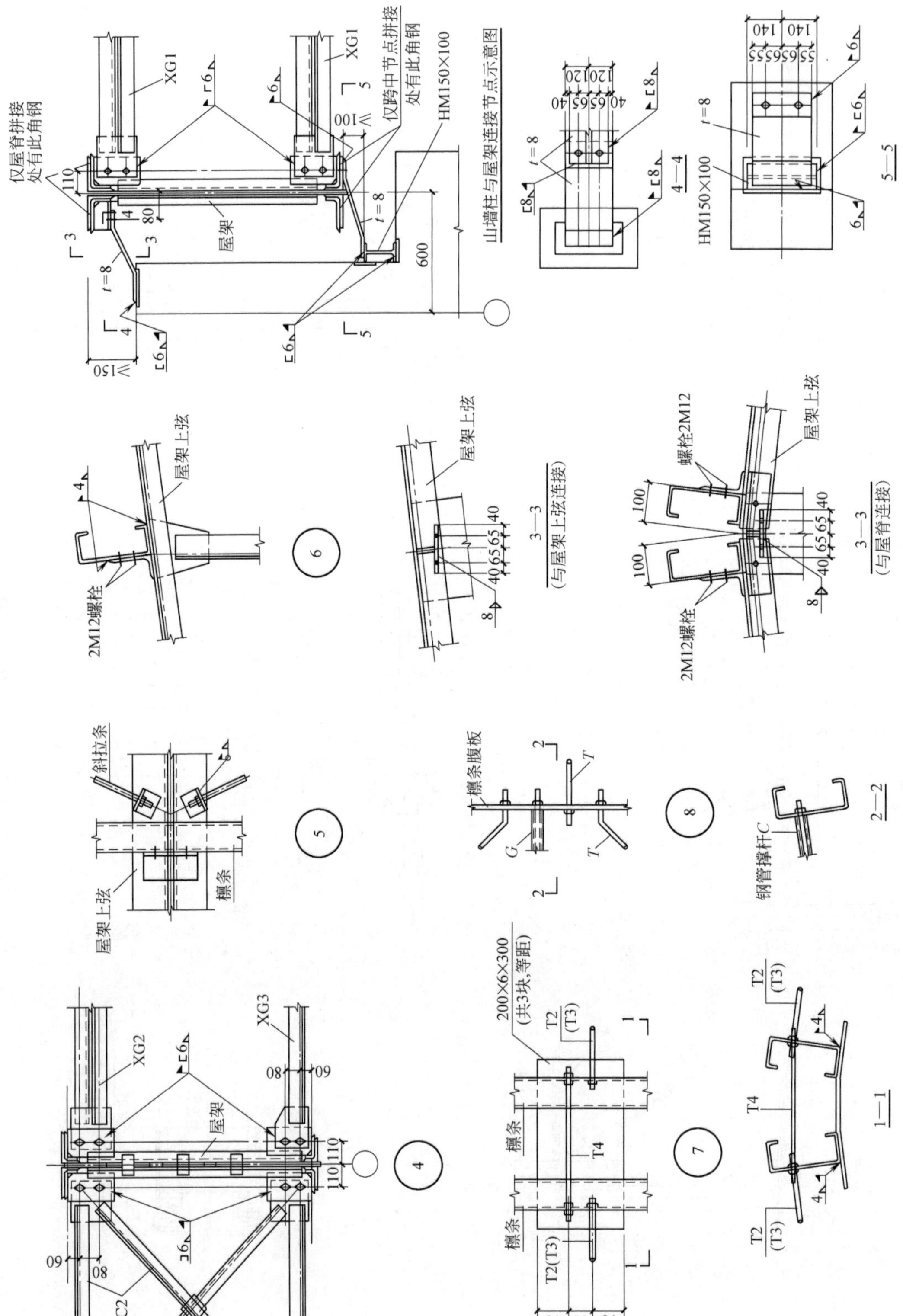
仅屋脊拼接
处有此角钢
XG1
仅跨中节点拼接
处有此角钢
HM150×100
屋架
t=8
600
≥100
≥150
110
80
山墙柱与屋架连接节点示意图
4—4
5—5
140
2M12螺栓
屋架上弦
6
3—3
(与屋架上弦连接)
螺栓2M12
100
(与屋脊连接)
斜拉条
檩条
5
檩条腹板
8
2—2
钢管撑杆C
XG2
XG3
CC2
4
200×6×300
(共3块,等距)
T2
(T3)
T4
7
1—1

图6-4 安装节点详图(二)

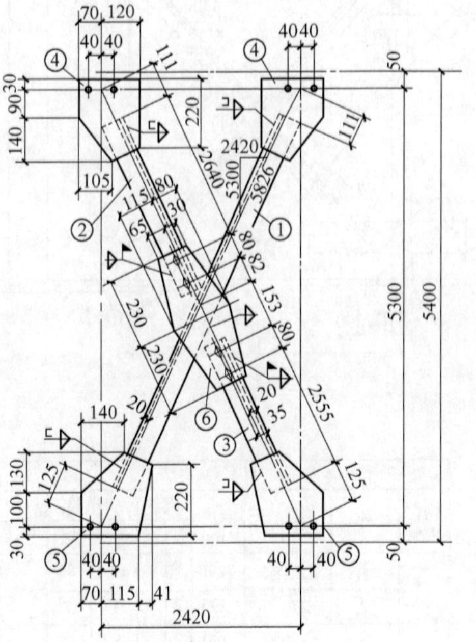

SC1

材　料　表								
构件编号	零件号	断面	长度/mm	数量		重量/kg		
				正	反	每个	共计	合计
SC1	1	∟70×5	5590	1		30.2	30	73
	2	∟70×5	2750	1		14.9	15	
	3	∟70×5	2665	1		14.4	14	
	4	−190×6	260	2		2.3	5	
	5	−225×6	260	2		2.7	5	
	6	−195×6	460	1		4.2	4	
SC2	1	∟70×5	6315	1		34.1	34	86
	2	∟70×5	3135	1		17.9	18	
	3	∟70×5	3065	1		16.6	17	
	4	−240×6	260	2		2.9	6	
	5	−260×6	280	2		3.4	7	
	6	−215×6	400	1		4.0	4	

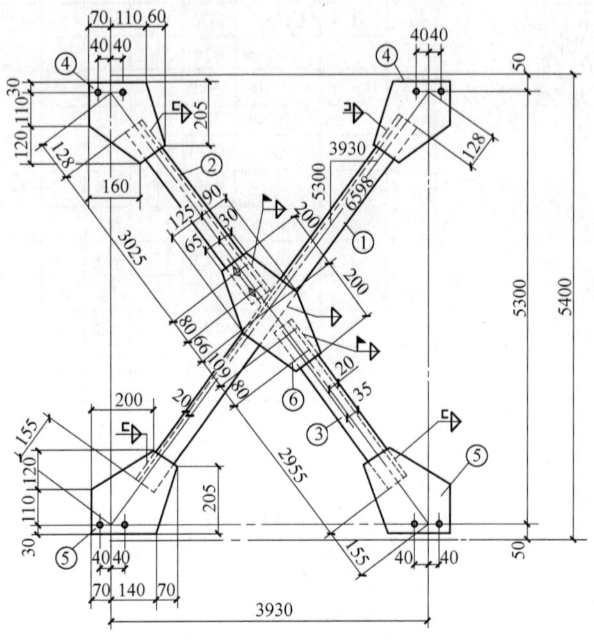

SC2

附注：

1. 未注明的角焊缝焊脚尺寸为5mm。
2. 角钢两端与节点板用三面围焊，其焊脚尺寸分别为：肢背6mm，角钢端部和肢尖5mm。
3. 未注明的长度的焊缝一律满焊。
4. 未注明的螺栓为M16，孔为ϕ17。

图6-5　水平支撑SC1、SC2详图

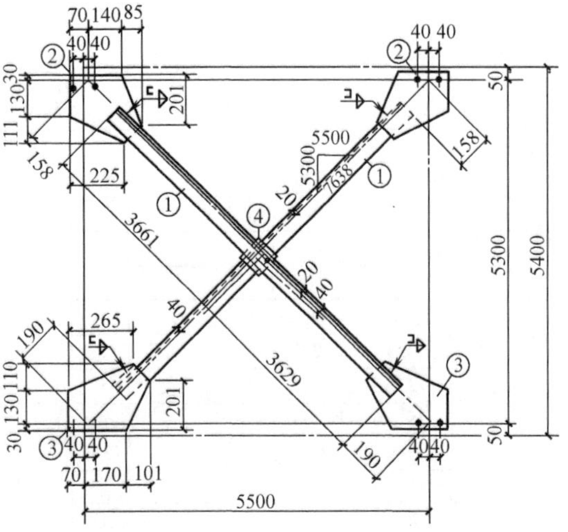

SC3

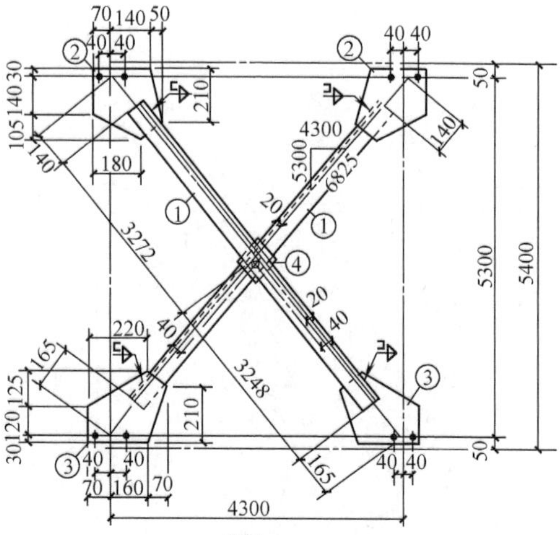

SC4

材料表								
构件编号	零件号	断面	长度/mm	数量		重量/kg		
				正	反	每个	共计	合计
SC3	1	L75×5	7290	2		42.4	85	102
	2	−270×6	295	2		3.7	7	
	3	−270×6	340	2		4.3	9	
	4	−100×6	105	1		0.5	1	
SC4	1	L75×5	6520	2		37.9	86	102
	2	L260×6	275	2		3.3	7	
	3	−275×6	300	2		3.9	8	
	4	−100×6	125	1		0.6	1	
XG1	1	L70×5	5070	2		27.4	55	61
	2	−180×6	180	2		1.5	3	
	3	−60×6	120	9		0.3	3	
XG2	1	L70×5	5670	2		30.6	61	67
	2	−180×6	180	2		1.5	3	
	3	−60×6	120	9		0.3	3	
XG3	1	L75×5	5670	1		33.0	33	36
	2	−160×6	210	2		1.6	3	

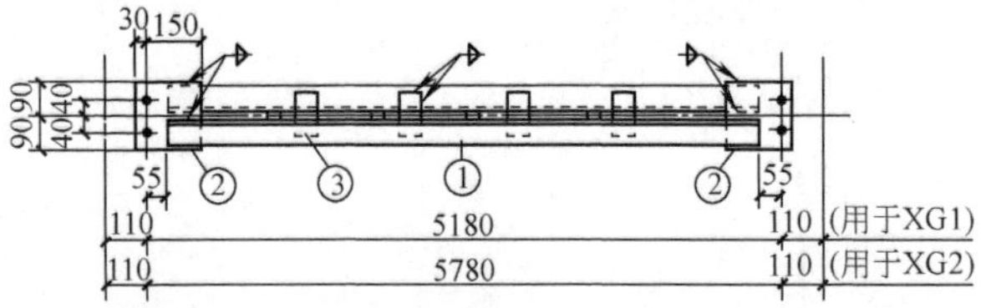

XG1、XG2

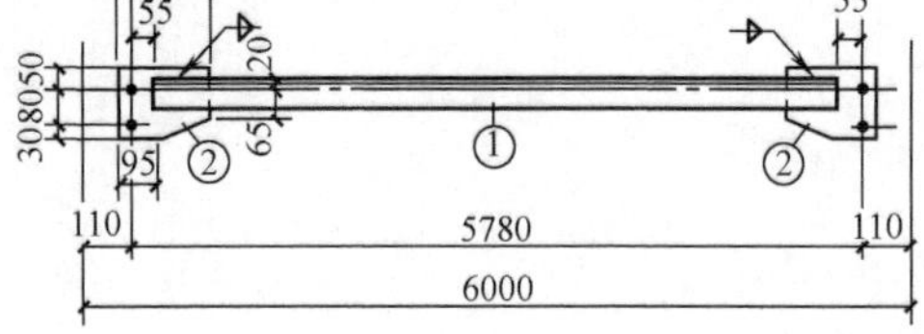

XG3

附注:

1.未注明的角焊缝焊脚尺寸为5mm。
2.角钢两端与节点板用三面围焊,其焊脚尺寸分别为:肢背6mm,角钢端部和肢尖5mm。
3.未注明长度的焊缝一律满焊。
4.未注明的螺栓为M16,孔为ϕ17。

图6-6 水平支撑SC3、SC4,系杆XG1~XG3详图

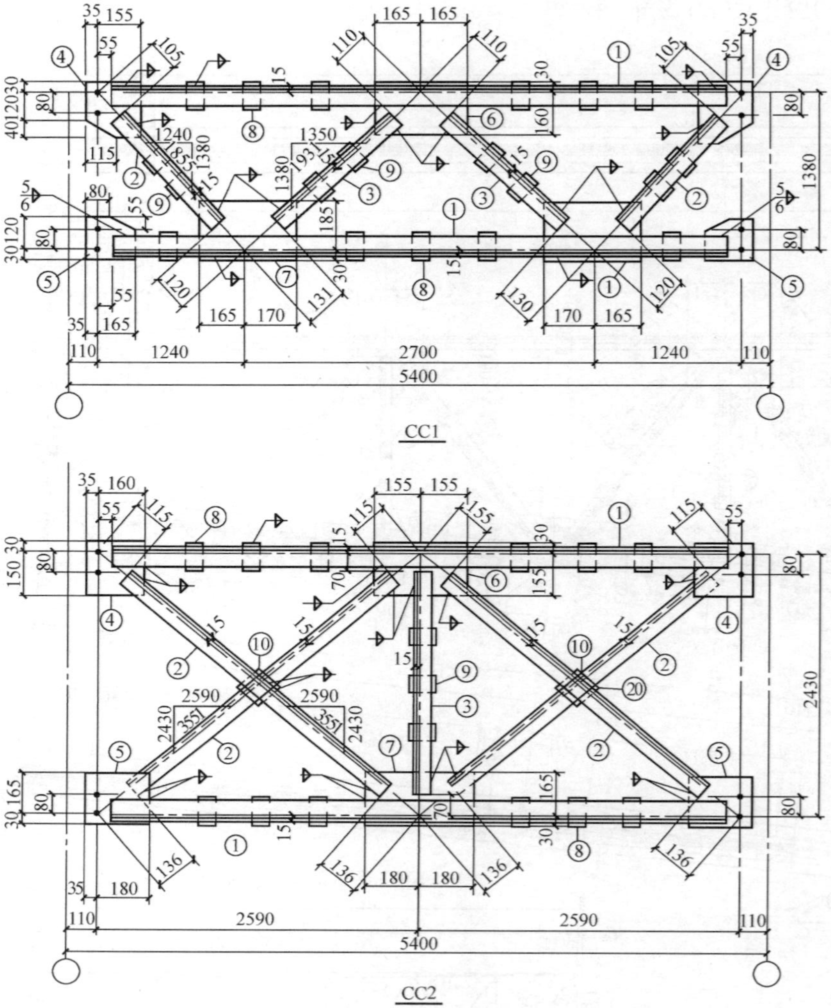

材料表								
构件编号	零件号	断面	长度/mm	数量		重量/kg		
				正	反	每个	共计	合计
CC1	1	∟63×5	5070	4		24.4	98	175
	2	∟50×5	1630	4		6.1	24	
	3	∟50×5	1690	4		6.4	26	
	4	−190×8	190	2		2.3	5	
	5	−150×8	200	2		1.9	4	
	6	−190×8	330	1		3.9	4	
	7	−215×8	335	2		4.5	9	
	8	−60×8	85	11		0.3	3	
	9	−60×8	70	8		0.3	2	
CC2	1	∟63×5	5070	4		24.4	98	182
	2	∟50×5	3300	4		12.4	50	
	3	∟50×5	2290	2		8.6	17	
	4	−185×6	195	2		1.7	3	
	5	−195×6	215	2		2.0	4	
	6	−185×6	310	1		2.7	3	
	7	−195×6	360	1		3.3	3	
	8	−60×6	85	12		0.2	2	
	9	−60×6	70	3		0.2	1	
	10	−80×6	100	2		0.4	1	

附注：

1.未注明的角焊缝焊脚尺寸为5mm。

2.未注明长度的焊缝一律满焊。

3.未注明的螺栓为M16，孔为ϕ17。

4.所有杆件均三面围焊。

图6-7 竖向支撑CC1、CC2详图

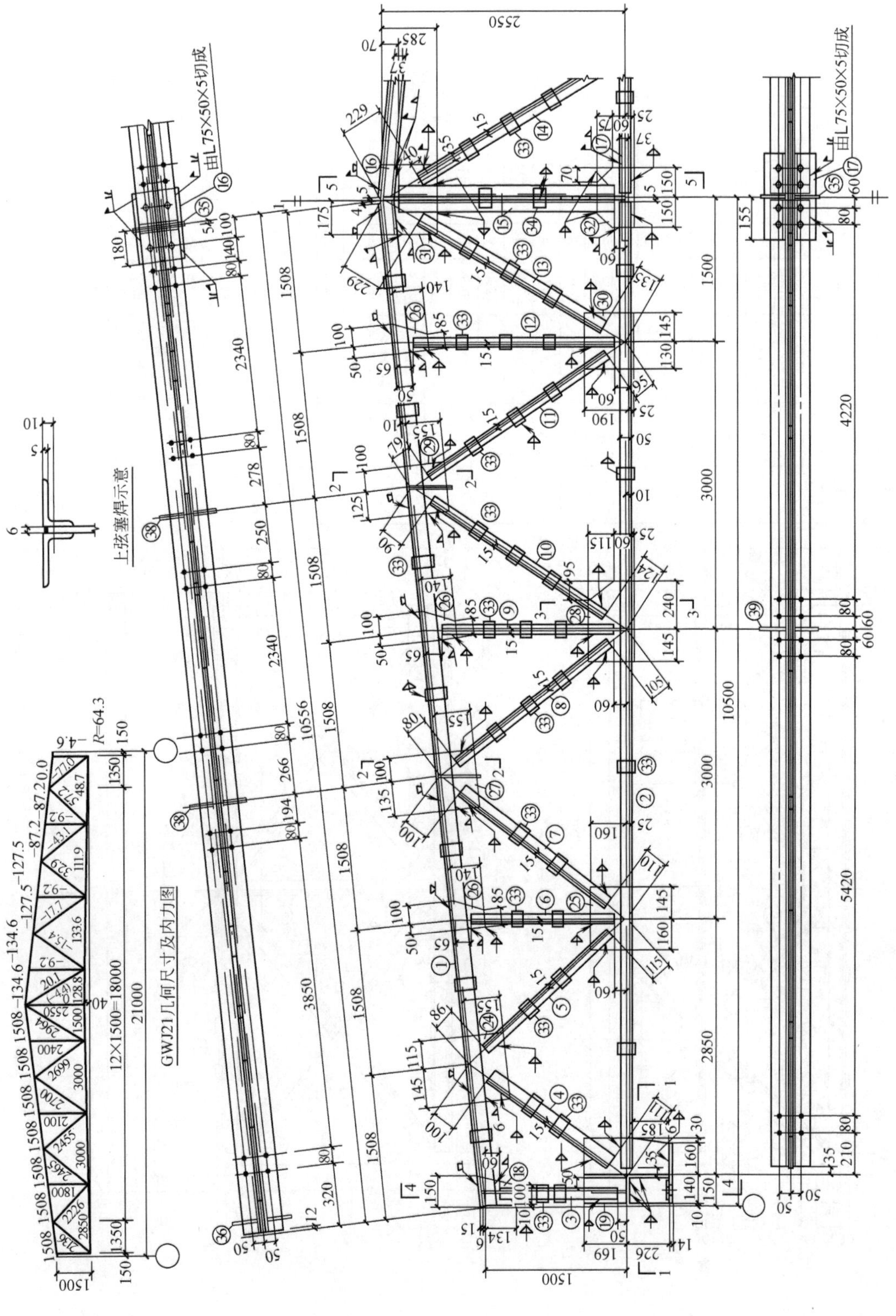

图 6-8 屋架 GWJ21 详图(一)

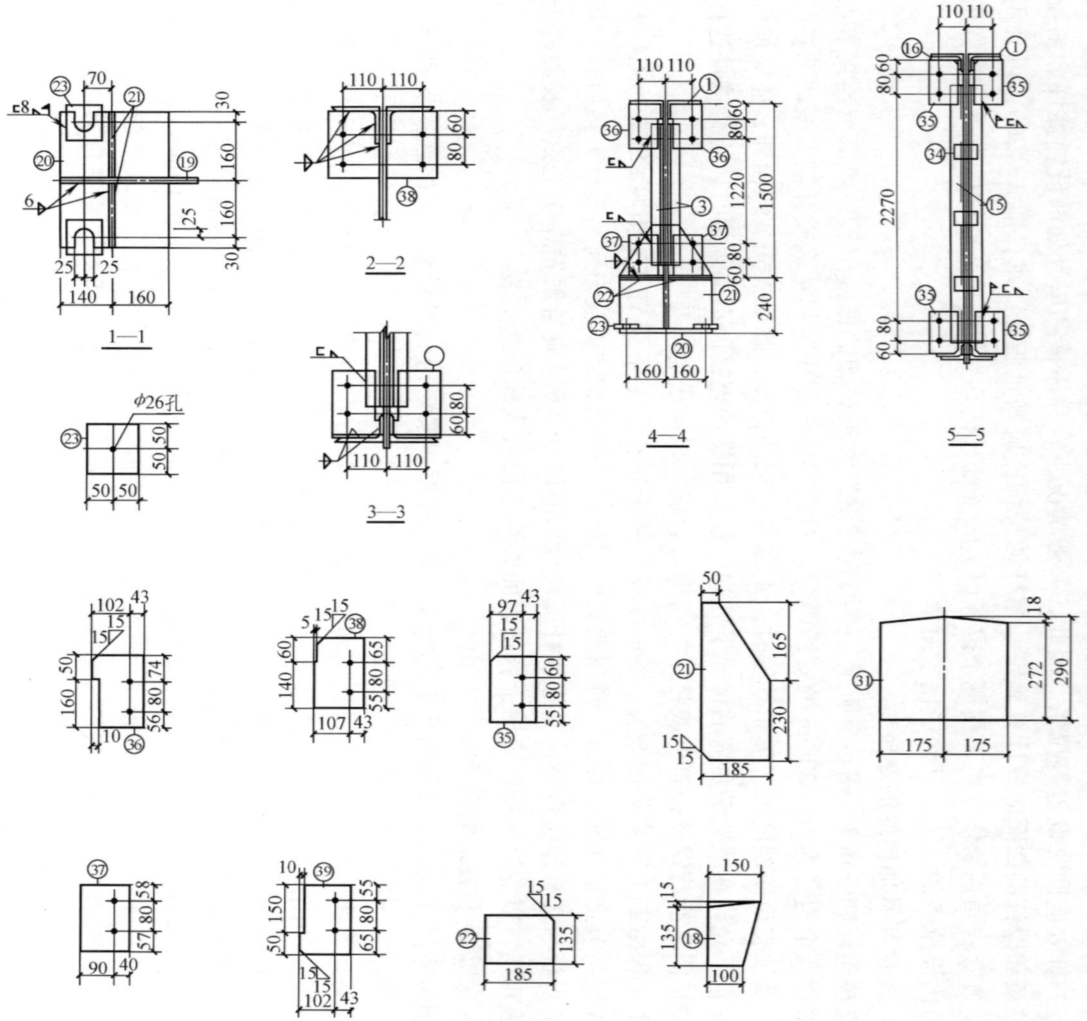

材料表								
构件编号	零件号	断面	长度/mm	数量		重量/kg		
				正	反	每个	共计	合计
GWJ21	1	∟75×50×5	10540	2	2	50.7	203	956
	2	∟75×50×5	10310	2	2	49.6	198	
	3	∟56×5	1390	4		5.9	24	
	4	∟56×5	1925	4		8.2	33	
	5	∟50×5	2025	4		7.6	31	
	6	∟50×5	1675	4		6.3	25	
	7	∟50×5	2255	4		8.5	34	
	8	∟50×5	2270	4		8.6	34	
	9	∟50×5	1975	4		7.4	30	
	10	∟50×5	2495	4		9.4	38	
	11	∟50×5	2525	4		9.5	38	
	12	∟50×5	2275	4		8.6	34	
	13	∟56×5	2600	2		11.0	22	
	14	∟56×5	2600	1	1	11.0	22	
	15	∟56×5	2420	2		10.3	21	
	16	∟75×50×5	360	2		1.7	3	
	17	∟75×50×5	310	2		1.5	3	
	18	−150×6	155	2		1.1	2	
	19	−330×8	395	2		8.2	16	
	20	−300×14	380	2		12.5	25	
	21	−185×8	395	4		4.6	18	
	22	−135×6	185	4		1.2	5	
	23	−100×14	100	4		1.1	4	
	24	−160×6	260	2		2.0	4	
	25	−185×6	305	2		2.7	5	
	26	−145×6	150	6		1.0	6	
	27	−160×6	235	2		1.8	4	
	28	−200×6	385	2		3.6	7	
	29	−160×6	225	2		1.7	3	
	30	−215×6	275	2		2.8	6	
	31	−290×6	350	1		4.8	5	
	32	−160×6	300	1		2.3	2	
	33	−60×6	80	78		0.2	18	
	34	−60×6	90	5		0.3	1	
	35	−140×6	195	4		1.3	5	
	36	−145×6	210	4		1.4	6	
	37	−130×6	195	4		1.2	5	
	38	−150×6	200	8		1.4	11	
	39	−145×6	200	4		1.4	5	

附注：

1.未注明的角焊缝焊脚尺寸为5mm。

2.未注明长度的焊缝不小于70mm，一律满焊。

3.未注明的螺栓为M16，孔为φ17。

图 6-9　屋架 GWJ21 详图（二）

3. 屋面构件布置

屋面构件布置如图6-2所示。屋面构件有檩条、拉条和撑杆等。有檩屋盖一般用于轻型屋面，常用檩条形式有实腹式和桁架式两种，实腹式檩条一般采用普通型钢或冷弯薄壁型钢。本工程檩条采用C形截面冷弯薄壁卷边槽钢(CL6-2A ~ CL6-2F)。为使屋架上弦杆不产生弯矩，檩条位于屋架上弦节点处；为减小屋面荷载偏心而引起的扭矩，檩条肢尖(或卷边)朝向屋脊方向；脊檩采用双檩方案，用拉条T3相互拉接；中间开间檩条跨度为6m；为方便山墙与屋面连接，端开间檩条外伸0.6m。

檩条的拉条设置与否主要和檩条的侧向刚度有关，对于侧向刚度较差的实腹式和平面桁架式檩条，为了减小檩条在安装和使用阶段的侧向变形和扭转，保证其整体稳定性，一般需根据檩条跨度设置一至两道拉条，作为其侧向支撑点。本工程在檩条跨中靠近受压翼缘设置一道拉条(T1 ~ T3)。

檩条撑杆的作用主要是限制檐檩和脊檩以及天窗缺口处边檩向上或向下两个方向的侧向弯曲，撑杆处应同时设置斜拉条。因此，一般情况下，在屋檐和屋脊处都设置撑杆和斜拉条。拉条和撑杆的截面应按计算确定，撑杆的长细比应满足压杆要求，即$\lambda \leqslant 200$，可采用钢管、方管或角钢制作。本工程檩条撑杆(C1)、斜拉条(T4 ~ T7)只在檐檩处设置，撑杆采用钢管内设拉条的作法，其构造比较简单。

4. 支撑与其他构件的连接

支撑连接如图6-3 ~ 图6-7所示。支撑在与屋架和天窗架的连接中，一般每个连接节点处均采用两个直径为16 ~ 20mm的C级螺栓。对设有重级工作制起重机或有较大振动设备的厂房，及抗震设防烈度大于等于6度时，支撑与屋架的连接，除设置安装螺栓外，还应加焊缝，并且不允许在屋架满负荷的情况下施焊。仅采用螺栓连接而不加焊接时，应待构件连接完毕校正固定后将螺丝扣打毛或将螺杆与螺母焊接，以防松动。

本工程由于上下弦角钢肢宽(75mm)较大便于制孔，上下弦交叉支撑杆(SC1 ~ SC4)预先用焊缝与节点板在地面焊接，待屋架安装就位后，再用安装螺栓与屋架连接，最后在现场加焊节点板与弦杆连接焊缝。支撑横杆或系杆(XG1、XG2等)应与预先焊在上弦杆及腹杆上的竖板相连，以免这些构件突出上弦杆表面影响屋面板或檩条的安装。

5. 钢屋架与柱顶的连接

钢屋架与柱顶的连接如图6-3①所示。本工程钢屋架与钢筋混凝土柱顶的连接支座节点设计为铰接，用两个M24的锚栓连接。为保证底板的刚度、力的传递以及节点板平面外刚度的需要，支座节点处应对称设置加劲板。为便于施焊，下弦角钢背与底板间的距离一般应不小于下弦伸出肢的宽度，且不小于130mm；梯形屋架端竖杆角钢肢朝外时，角钢边缘与加劲板中线距离不宜小于50mm。为便于屋架安装就位及固定牢靠，底板上应开较大的锚栓孔，待屋架安装定位后，再将套进锚栓的垫板焊于底板上；底板上的锚栓孔常用U形孔，孔径为 $(2 \sim 2.5)d$；垫板上的孔径取 $d+(1 \sim 2)$mm，垫板的边长尺寸取10mm的整数倍。锚栓预埋于柱中，锚栓的埋置深度(锚固长度)、弯钩及锚栓直径按构造要求确定，锚栓的外露长度为屋架底板厚+垫板厚+双螺母厚+15mm，丝扣长度为螺栓外露长度减20mm或全丝扣，锚栓的位置应便于其操作定位。

6. 屋面构件的连接

屋面构件的连接如图6-4所示。檩条(CL6-2A ~ CL6-2F)与屋架的连接处设置角钢檩托，以防止檩条在支座处的扭转变形和倾覆。角钢檩托与屋架上弦焊接，但屋面坡度与屋面荷载较小时，也可用钢板直接焊于屋架上弦作为檩托。檩条端部与檩托的连接螺栓应不少于两个，并沿檩条高度方向设置。本工程檩条与檩托连接采用两个 M12 的螺栓。

拉条(T1 ~ T3)、斜拉条(T4 ~ T7)及檩条撑杆(C1)与檩条、屋架上弦全部采用螺栓连接。拉条、撑杆与檩条连接处距檩条受压翼缘距离为檩条高度的 1/3。斜拉条与檩条腹板的连接，在本工程中采用在连接处将檩条弯折的方法，弯折点距腹板边距离为 10 ~ 15mm。如条件许可，斜拉条也可不弯折，而采用在连接处设置斜垫板或角钢连接。斜拉条与屋架上弦的连接，在本工程中采用在屋架上焊一短角钢与斜拉条连接。当屋面坡度较小时，也可直接连接于檩条的檩托或端部的预留孔上。

7. 支撑详图

支撑详图如图 6-5 ~ 图 6-7 所示。支撑详图包括各支撑中零件布置图、零件大样图、材料表等。支撑详图标明了各零件的相互位置关系、细部尺寸、材料规格、编号、孔洞位置以及制作安装要求。定位尺寸主要包括轴线至角钢肢背的距离，节点中心至腹杆端部的距离，节点中心至节点板上、下、左、右边缘的距离等。螺栓孔位置要符合型钢线距表和螺栓排列规定距离的构造要求。材料表依次按构件编号和零件号说明构件的截面尺寸、长度、数量和自重。材料表是构件详图在一张图样上所用全部材料的汇总表格，其统计的零件单重和构件总重按构件轴线长度计算，不包括加工时的损耗量。零件尺寸为加工后的尺寸，弯曲零件的长度按重心线计算。如果图面允许，材料表中要设备注栏，主要注明对零件材质的特殊要求，或对零件的特殊加工要求。材料表的用途主要是配料和计算用钢指标，其次是为吊装时配备起重运输设备。超出施工详图总说明的内容，图样又未表示清楚的，对加工及工地施工的其他要求，如零件切斜角、孔洞直径和焊缝尺寸等在附注中作了说明。

8. 屋架详图

屋架详图如图 6-8、图 6-9 所示。屋架详图包括屋架索引图、屋架正面图、上下弦平面图、必要的侧面图、某些安装节点或特殊零件的大样图、材料表和附注等。对于对称屋架，索引图中一半注明杆件几何长度(mm)，另一半注明杆件内力(kN)。按规定，屋架跨度较大时(梯形屋架 $L \geqslant 24\mathrm{m}$，三角形屋架 $L \geqslant 15\mathrm{m}$)挠度较大，影响使用与外观，制造时应予起拱，以避免在竖向荷载作用下屋架跨中下垂，起拱拱度一般采用 $f = L/500$。本工程屋架起拱 40mm。

钢屋架详图通常采用两种比例：杆件轴线一般为 1∶30 ~ 1∶20 以免图幅太大；节点(包括杆件截面，节点板和小零件)一般为 1∶15 ~ 1∶10 或更大，以清楚地表达节点的细部制造要求。屋架详图标明了屋架所有零件的图形、组装关系和相关尺寸。上下弦平面图着重表示弦杆的定位尺寸及其螺栓孔的位置。跨度为 21m 的屋架可分为两个运输单元，在跨中节点常用工地焊缝拼接。左半边的弦杆和腹杆与节点板连接用工厂焊缝，而右半边的弦杆和腹杆与节点板连接用工地焊缝。上下弦杆在跨中节点处用拼接角钢现场施焊拼接。连接垂直支撑和系杆的竖板则应在工厂与弦杆和腹杆焊接。在材料表中，有些零件需分别用“正”和“反”表示其数量，其原因为当组成杆件的两型钢的型号尺寸完全相同，因开孔位置或切斜角等原因，经加工后成镜面对称时，则其中一个为正，另一个为反，采用同一编号，在

钢桁架厂房安装

材料表中注明正反二字以示区别(如图中上弦杆①、下弦杆②)。

复习思考题

6-1 屋架支撑有哪些作用？分为哪几种类型？布置在哪些位置？

6-2 从图6-2中檩条（CL6-2A ~ CL6-2F）的布置规律，总结檩条编号及布置的依据。

6-3 檩条间为什么要设置拉条和撑杆，如何设置？

6-4 支撑杆件与屋架如何连接？

6-5 为什么要设置檩托？一般用什么材料制作？如何连接？

6-6 材料表有哪些作用？其“正”“反”数量表示什么意义？

6-7 根据图6-7，通过放样确定竖向支撑（CC2）中杆件②和节点板④、⑦的尺寸(焊缝长度按构造要求确定)。放样时应考虑加工余量和焊件伸缩量。

6-8 根据图6-8，通过放样确定腹杆⑧、⑨、⑩和节点板㉖、㉗、㉘的尺寸（焊缝长度按计算确定)。放样时应考虑加工余量、焊件收缩量和起拱。

单元7　单层门式刚架施工图识读

随着经济与社会的发展，大量的工业厂房采用门式刚架结构。门式刚架具有轻质，高强，工厂化、标准化程度较高，现场施工进度快等特点。单层门式刚架主要适用于一般工业与民用建筑及公用建筑、商业建筑，也可用于起重机起重量不大（$Q \leqslant 15t$）且跨度不大的工业厂房。在工业厂房中大量采用实腹式构件。实腹式构件的特点是用工量较少，可装运性好，还可降低房屋高度。由于其梁柱节点多，可视为刚接，使其具有卸载作用，使得实腹门式刚架具有跨度大的特点，其刚架梁的高度可取跨度的1/40～1/30。目前单跨刚架的跨度国内最大已达72m。

门式刚架结构施工图的识读

以下为某工程门式刚架施工详图，本单元以此施工图为例，说明门式刚架结构施工图的图示方法、特点和内容。

1. 工程概况

该工程为双跨双坡封闭式厂房，如图7-1所示，一跨为12m，另一跨为15m，总长为28.5m。屋面坡度分别为$i=1/12$和$i=1/15$，柱距5.7m，檩距1.508m，檩条水平投影间距1.5m。门式刚架梁刚接于柱顶，有2台5t重级工作制吊车，如图7-2所示，屋面排水采用外天沟的形式，檐口标高8.5m，屋面采用金属夹芯板，C型檩条。地面粗糙度类别为B类，结构重要性系数为$\gamma_0=1.0$，抗震设防烈度为7度，基本风压$\omega_0=0.5\text{kN/m}^2$，基本雪压$s_0=0.30\text{kN/m}^2$。钢材采用Q235钢，焊条采用E43系列焊条。

2. 刚架梁柱的要求

1）刚架的合理间距（柱距）应综合考虑使用要求、刚架跨度、檩条合理跨度及荷载条件等因素确定。一般情况下，可在6～12m间选用。本工程中，刚架的间距为5.7m。对有檩轻板屋面且跨度较大时，宜选用较大值。有时，为使小柱距布置支撑的方便，也可在大柱距中插入个别小柱距，如12m＋6m的混合柱距。在本工程中增设了中间柱做成一个屋脊的大双坡屋面，中间柱可采用上下铰接摇摆柱，占空间较小。

主刚架梁柱构造

2）当刚架梁、柱节点处采用折线形加腋，并构造连接高度较大时，宜在此处设置纵向支撑系统，以维持刚架节点的稳定。必要时，为保证刚架梁下翼缘和柱内翼缘的平面外稳定性，可在檩条或墙梁处增设隅撑作为横梁的侧向支承，如图7-3所示的隅撑为∟50×5，呈45°斜向放置，与檩条采用螺栓连接。

3）在建筑物山墙处，一般仍需设置端刚架（刚架梁、刚架柱）（GJL-1、GJZ-1），如图7-1所示，有时为降低用钢量，也可用山墙横向墙架柱并增设压顶斜梁代替端刚架。本工程中在厂房的端部设置了抗风柱（KFZ-1、KFZ-2），以保证厂房的纵向稳定性。

4）为加强门式刚架的整体性、空间刚度和墙体围护结构的安装，一般在门式刚架的柱间设置墙梁（QL-11、QL-12、QL-13），如图7-4所示。墙梁一般采用C型钢，墙梁的间距为1.4m，墙梁采用C型钢（C180×70×20×2.5），与柱的连接形式如图7-5所示，即在柱翼缘上设置檩托，在檩托上放置墙梁，墙梁与檩托采用螺栓连接。本工程中，柱间支撑采用通

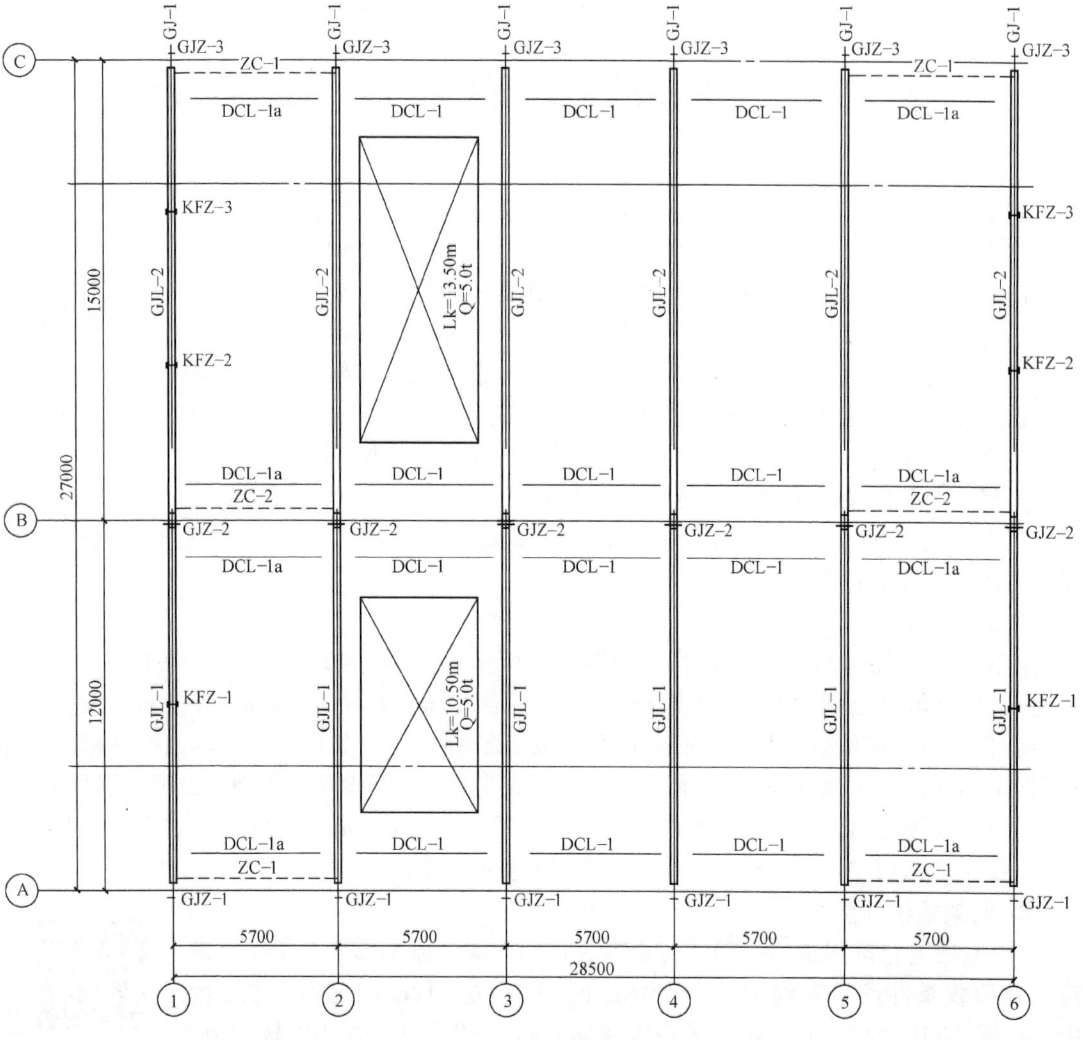

图 7-1 结构平面布置图

过节点板连接的单角钢组成，角钢与节点板之间采用焊接连接，为避免应力集中节点板大多采用转折过渡，如图 7-6 所示。

支撑布置图及详图识读

5）柱加腋托座节点如图 7-7 所示，为在柱上先焊加腋托座（图 7-7 中 1），梁安装在托座上后，上、下翼缘分别以拼接板与柱顶板及托座板连接，连接可为现场焊接，也可用高强螺栓连接。本工程为采用高强螺栓连接。对于加腋端板连接节点，梁端端板与柱宜优先选用高强螺栓连接（图 7-7 中 2），此时可不设柱上的抗剪托板；梁端弯矩 M 和剪力 V 均由连接螺栓群承受；当采用普通螺栓时，宜设柱上抗剪托板承受剪力 V，而螺栓群仅承受弯矩 M；当加腋段较短时，可为构造加腋。主刚架构件的连接宜采用高强度螺栓，可采用承压型或摩擦型连接，当为端板连接且只受轴向力和弯矩或剪力小于其实际抗滑移承载力（按抗滑移系数为 0.3 计算）时，宜采用高强度承压型螺栓连接。吊车梁与制动梁的连接可采用高强度摩擦型螺栓连接或焊接。高强度螺栓直径可根据需要选用，通常采用 M16 ~ M24 螺栓。檩条和墙梁与刚架横梁和柱的连接通常采用 M12 螺栓。

门式刚架详图识读

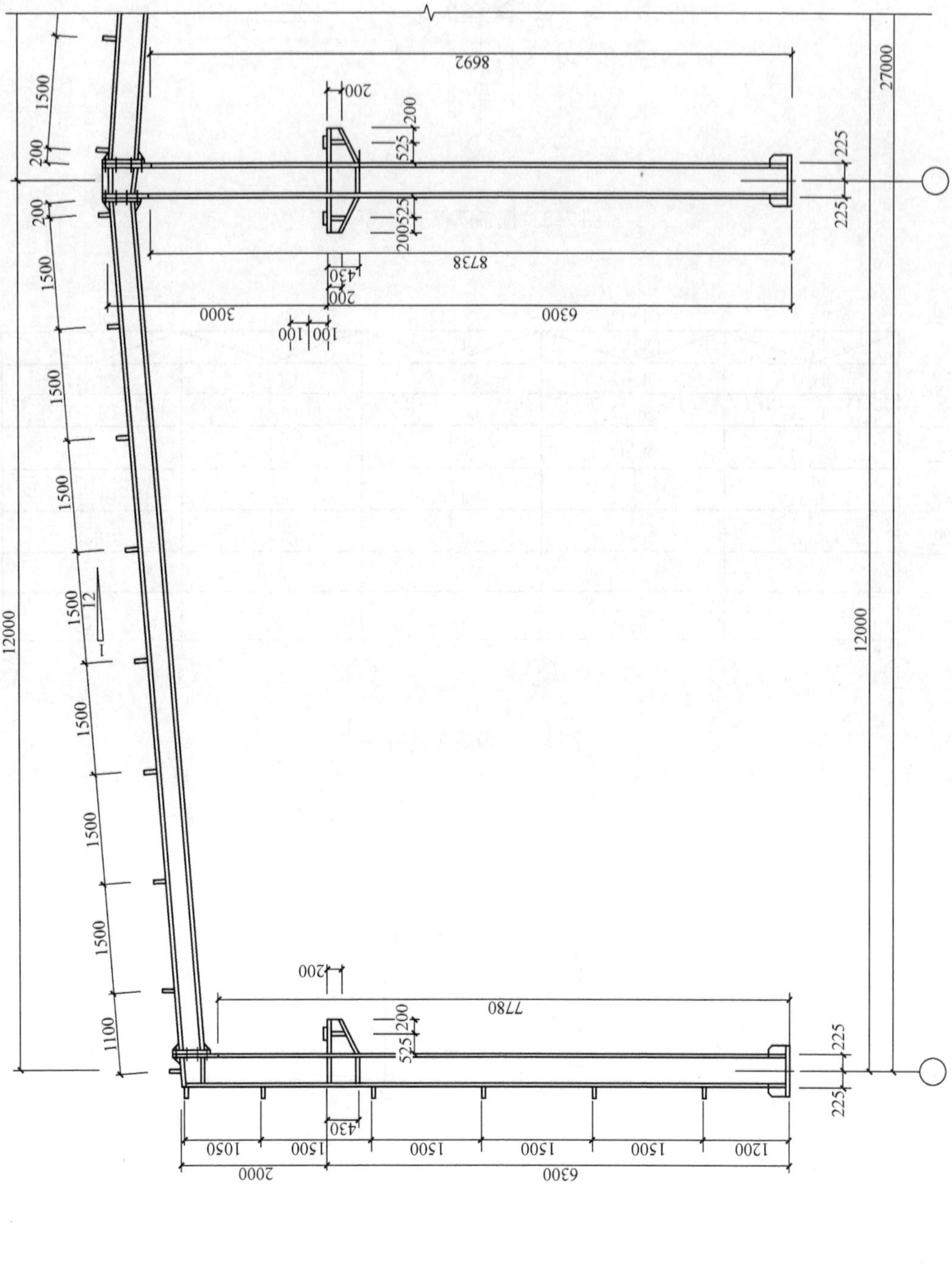

图 7-2 刚架立面图

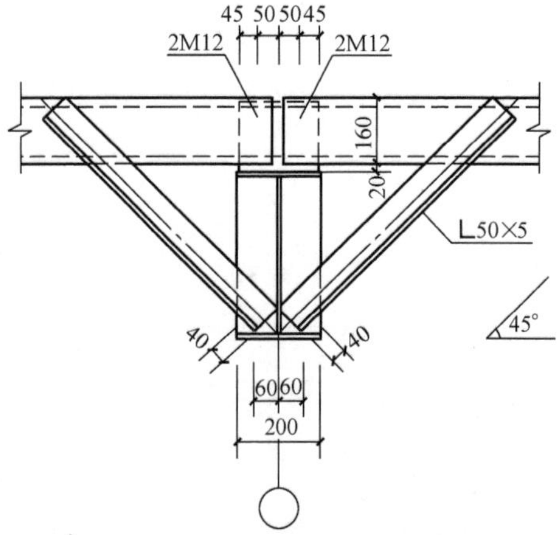

图 7-3 檩条隅撑节点图

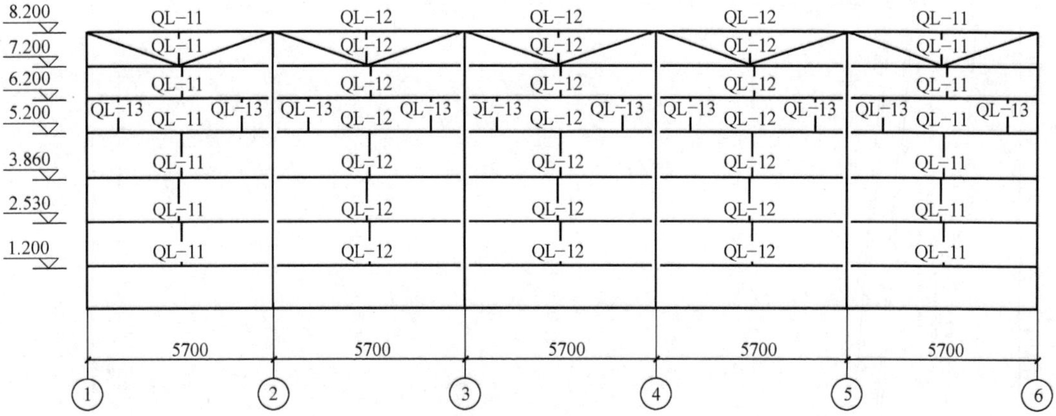

图 7-4 墙梁布置图

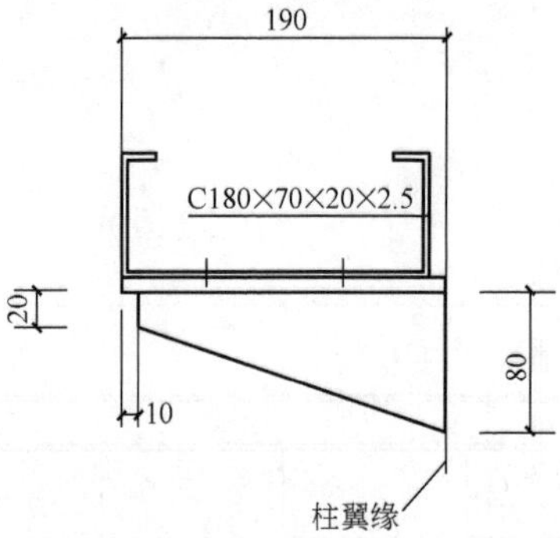

图 7-5 墙梁与檩托的连接

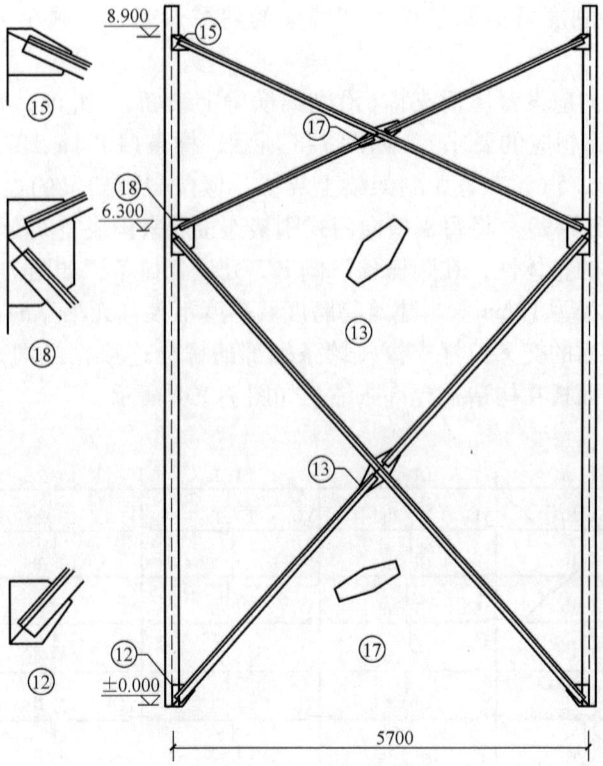

图 7-6　柱间支撑

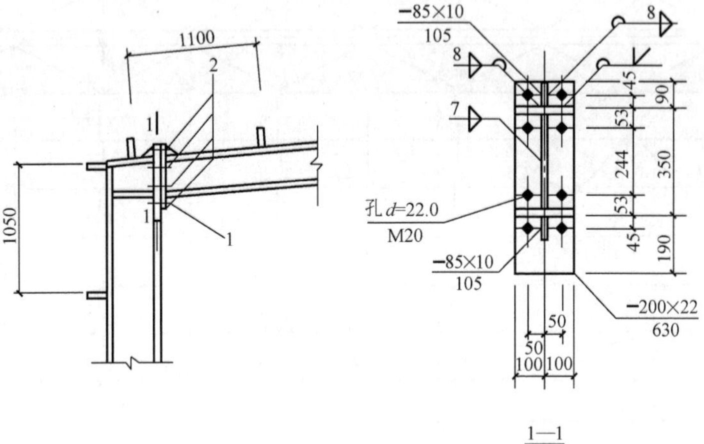

图 7-7　梁、柱节点连接

3. 伸缩缝的布置

刚架结构的伸缩缝应按表 7-1 及有关规定设置。伸缩缝的设置可采用双柱或只在檩条相连处设长圆孔的单柱伸缩缝构造。在每一伸缩缝区段，沿每一纵向柱列均应设置柱间垂直支撑，同时刚架的侧向刚度可借助于檩条和墙梁的隅撑保证，以减小纵向刚性构件和翼缘宽度。

在区段端部柱距内应设置屋面支撑（沿刚架横梁上表面），此时，部分檩条可兼作支撑系杆（其长细比应满足相应的要求）。如图 7-8 所示，檩条（LT-1a、LT-1b、LT-2a、LT-2b）间距为 1.5m，布置于刚架梁上翼缘，檩条与刚架梁的连接采用 4M12 螺栓连接（图 7-9）。将每榀横向门式刚架连接起来构成空间受力结构。为加强门式刚架的整体性，在距檩条下侧 1/3 处设置拉条，如图 7-10a 所示，圆钢拉条的直径为 12mm。当建筑物跨度及高度不大且无吊车时，斜支撑也可采用圆钢截面的交叉拉杆支撑。檩条端部的螺栓连接在纵向采用长圆孔，并使该处屋面板在构造上允许胀缩，如图 7-10b 所示。

檩条墙梁布置图及详图识读

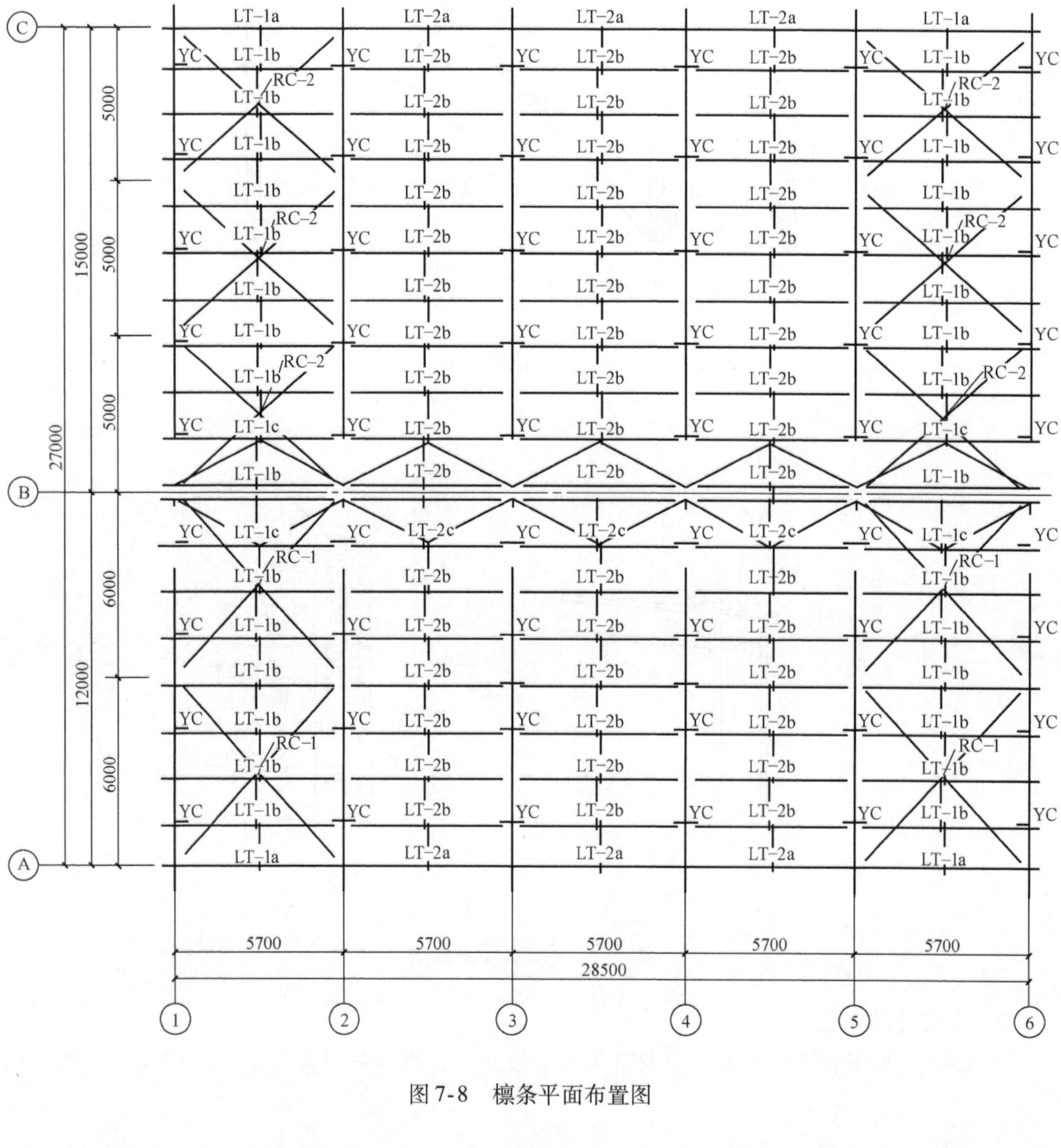

图 7-8 檩条平面布置图

表7-1 刚架结构伸缩缝的设置

项次	结构情况	纵向温度区段(垂直屋架或构架跨度方向)	横向温度区段(沿屋架或构架跨度方向)	
			柱顶为刚接	柱顶为铰接
1	采暖地区的房屋和非采暖地区的房屋	220	120	150
2	热车间和采暖地区的非采暖房屋	180	100	125
3	露天结构	120	—	—

注：1. 厂房柱为其他材料时(非钢结构)，应按相应规范的规定设置伸缩缝。围护结构可根据具体情况参照有关规范单独设置伸缩缝。

2. 无桥式吊车房屋的柱间支撑和有桥式吊车房屋吊车梁或吊车桁架以下的柱间支撑，宜对称布置于温度区段的中部。当不对称布置时，上述柱间支撑的中点(两道柱间支撑时，为两支撑距离的中点)至温度区段端部的距离不宜大于表中纵向温度区段长度的60%。

4. 连接螺栓的布置及板厚的要求

1）端板连接螺栓应成对对称布置。在受拉翼缘和受压翼缘的内外两侧均应设置端板连接螺栓，并宜使每个翼缘的螺栓群中心与翼缘的中心重合或接近。为此，应采用将端板伸出截面高度范围以外的外伸式连接，如图7-7所示。当螺栓群间的力臂足够大(例如在端板斜置时)或受力较小时(例如某些横梁拼接)，也可采用将螺栓全部设在构件截面高度范围内的端板平接式连接。

2）螺栓中心至翼缘板表面的距离应满足拧紧螺栓时的施工要求，不宜小于35mm，螺栓端距不应小于2倍的螺栓孔径。

3）在门式刚架中，受压翼缘的螺栓不宜少于两排。当受拉翼缘两侧各设一排螺栓尚不能满足承载力要求时，可在翼缘内侧增设螺栓，其间距可取75mm，且不小于3倍的螺栓孔径。

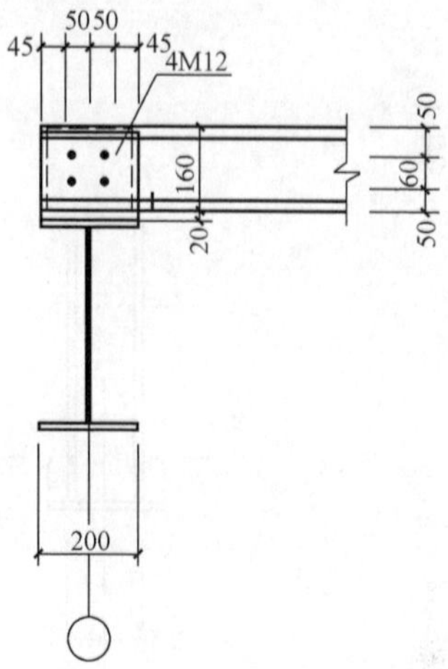

图7-9 檩条与刚架梁的连接

4）与横梁端板连接的柱翼缘部分应与端板等厚度。端板的厚度可根据支承条件计算确定，但不宜小于16mm。当端板上两对螺栓间的最大距离大于400mm时，应在端板的中部增设一对螺栓。受拉和受剪的螺栓，应验算螺栓在拉剪共同作用下的强度。

5）柱翼缘板厚度不宜小于16mm，当柱翼缘板厚度不能满足此要求时，可在柱头翼板局部加厚。本工程中柱的翼缘板为10mm，故在柱头翼板采取局部加厚措施。

6）铰接柱脚及刚接柱脚的一般构造采用低锚栓直接锚固柱底板，可承受柱底剪力，同时也具有一定的抗弯能力以保证柱在安装过程中的稳定。为了带有一定高度柱靴高锚栓构造，此时锚栓不能承受剪力，当剪力大于静摩擦力时，应设置专门的抗剪件。本工程为带加劲肋的刚性柱脚，如图7-11所示。

7）柱脚底板厚度 t 一般不宜小于16mm；柱与底板的连接焊缝一般应比柱身焊缝加厚1～2mm。

8）锚栓直径一般不宜小于24mm，并由计算确定。锚栓的螺帽应采用双螺帽等防松措

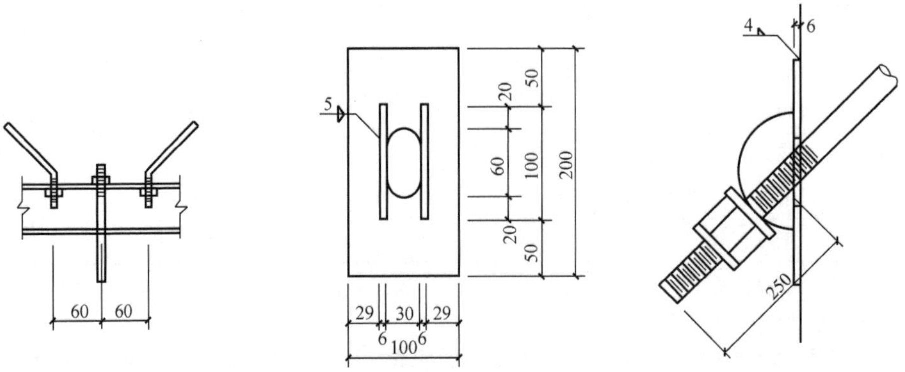

a) b)

图 7-10 拉条与圆钢的支撑形式

a）拉条与檩条的连接 b）圆钢柱间支撑的连接

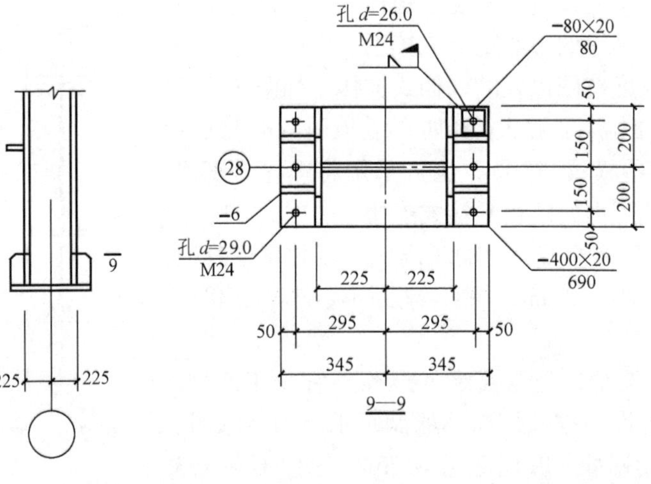

a) b)

图 7-11 柱脚构造

a）柱脚立面图 b）底板平面图

施。本工程中采用 M24 螺栓。

5. 围护结构的要求

刚架的屋(墙)面围护结构宜选用有檩轻板体系，本工程中采用金属夹芯板。刚架屋面的坡度可视屋面材料及排水条件的不同，在 1/20 ~ 1/10 间选用。本工程中屋面坡度分别为 $i = 1/12$ 和 $i = 1/15$，符合一般规定。采用轻型屋面，可减小梁柱截面及基础尺寸。

门式刚架厂房安装

复习思考题

7-1 门式刚架中隅撑起什么作用？绘图说明如何连接。

7-2　山墙处门式刚架结构有哪两种处理方法？

7-3　门式刚架中如何设置屋面支撑？

7-4　门式刚架斜梁与柱的连接方式有几种？试绘图说明。

7-5　门式刚架柱脚有哪两种形式？各适用什么情况？

实训练习题

题目

常见轻型门式刚架模型制作。

制作目的

本任务采取分组团队合作形式完成，旨在调动学生的学习积极性和学习参与度，增强学生动手实践和处理实际工程的能力，提升学生的团队合作能力以及应有的职业精神，为国家建筑工程领域的大国工匠、高技能人才做好储备。

制作依据

本书门式刚架施工图，门式刚架施工图标准图集，实际门式刚架结构施工图，《钢结构工程施工质量验收规范》（GB 50205—2001）及相关标准。

制作材料

因地制宜选择工程上常用的、比较适宜的建筑材料或装饰材料，如各种木材、金属材料、有机材料、粘结材料、螺栓等。

制作要求

1）首先看懂施工图，理解设计意图，把握各种结构制作特点，合理选择材料。

2）选择合适比例，杆件轴线尺寸和截面尺寸可采用不同比例，零件大小可采用不同比例。

3）通过放样确定零件尺寸，严格按比例制作，保证裁料精度。

4）作品应美观、大方，具有一定的耐久性和承载力。

5）模型应是稳定的空间几何不变体系。因此，应至少制作两榀结构和设计图样要求的各种支撑。

6）制作完成后，写出实训报告。

单元8　网架施工图识读

网架和网壳总称为空间网格结构，这种空间网格结构是由多根杆件按照某种有规律的几何图形通过节点连接起来的空间结构，它可以充分发挥三维空间的优越性，传力路径更加简捷，特别适用于大跨度建筑。平板形的空间网格称为网架结构（简称网架），曲面形的空间网格称为网壳。

网架结构是近乎“全能”的适用大、中、小跨度屋盖体系的一种良好的结构形式，既可用于体育馆、俱乐部、展览馆、影剧院、车站候车大厅等公共建筑，近年来也越来越多地用于仓库、飞机库、厂房等工业建筑中。

网架结构的组成和形式

1. 网架结构的组成及形式

网架按弦杆层数不同可分为双层网架和三层网架。双层网架是由上弦、下弦和腹杆组成的空间结构，是最常用的网架形式，如图8-1所示。三层网架是由上弦、中弦、下弦、上腹杆和下腹杆组成的空间结构，如图8-2所示。当网架跨度较大时，三层网架用钢量比双层网架用钢量省，但由于节点和杆件数量增多，尤其是中层节点所连杆件较多，使构造复杂，造价有所提高。

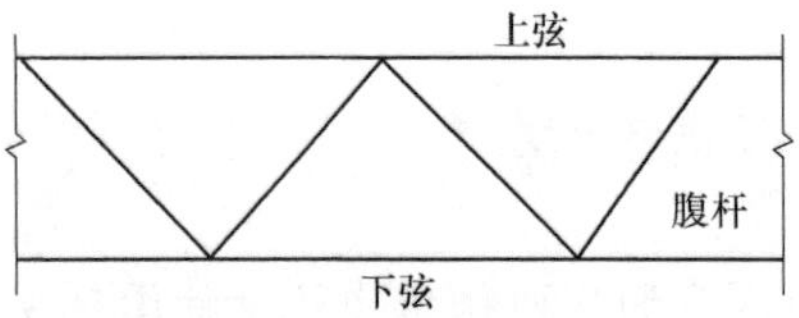

图8-1　双层网架基本构造

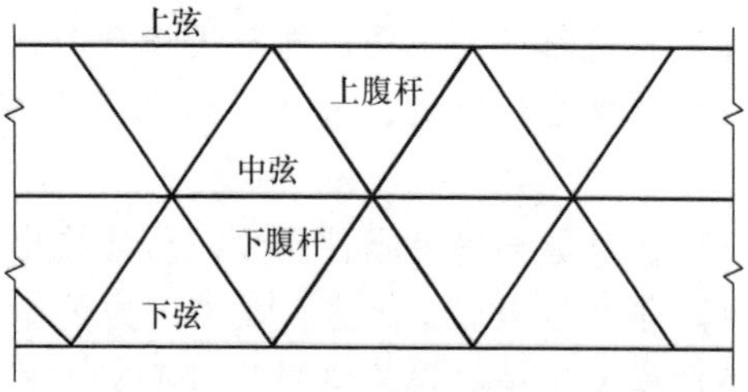

图8-2　三层网架基本构造

双层网架的结构形式很多，目前常用的按照组成情况分有三类，由两向或三向平面桁架组成的网架、由三角锥体或四角锥体组成的网架。

1）第一类是由平面桁架系组成的网架结构，它是由平面桁架发展和演变而来的，组成这类网架结构的基本单元是网片。由于平面桁架系的数量和设置方向的不同，这类网架又分为四种形式，即两向正交正放网架、两向正交斜放网架、两向斜交斜放网架、三向交叉网架。下面介绍工程中常用的平面桁架系组成的网架。

① 两向正交正放网架：它是由两组平面桁架系组成的网架，桁架系在平面上的投影轴线互成90°交角，且与边界平行或垂直，所形成网格可以是矩形，也可以是正方形，如图8-3所示。

② 两向正交斜放网架：它是由两向正交正放网架在水平面上旋转45°而得，每片桁架不与建筑物轴线平行，而是成45°的交角，故称为两向正交斜放网架，如图8-4所示。

③ 三向交叉网架：它是由三个方向的平面桁架相互交叉而成，相互交角60°，上下弦杆

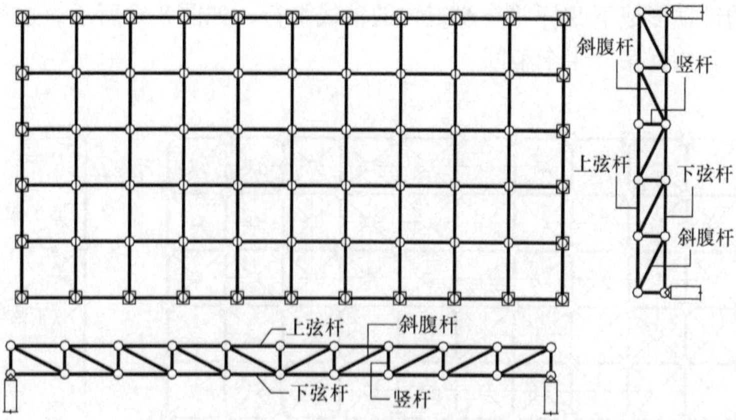

图 8-3　两向正交正放网架

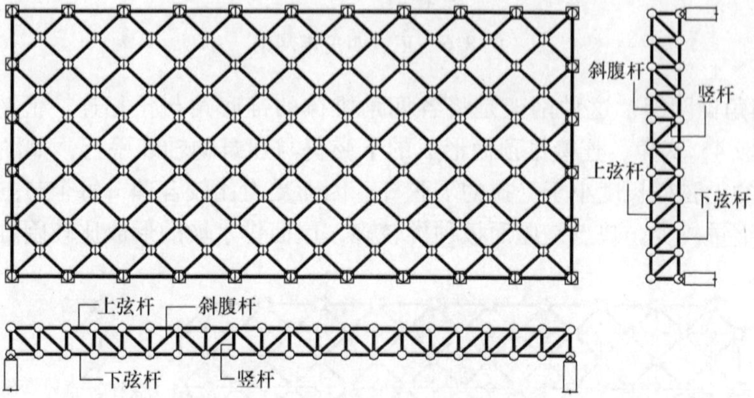

图 8-4　两向正交斜放网架

在平面中组成正三角形，如图 8-5 所示。三向网架比两向网架的刚度大，适合在大跨度结构中采用，其平面适用于三角形、梯形及正六边形，在圆形平面中也可采用。

2）第二类是由四角锥体组成的网架，由四根上弦组成正方形锥底，锥顶位于正方形的形心下方，由正方形四角节点向锥顶连接四根腹杆即形成一个四角锥体，将各个四角锥体按一定规律连接起来，便成为四角锥体网架。四角锥体组成的网架可分为正放四角锥网架、斜放四角锥网架、棋盘四角锥网架、星形四角锥网架、正放抽空四角锥网架等。下面介绍几种常用的四角锥体网架。

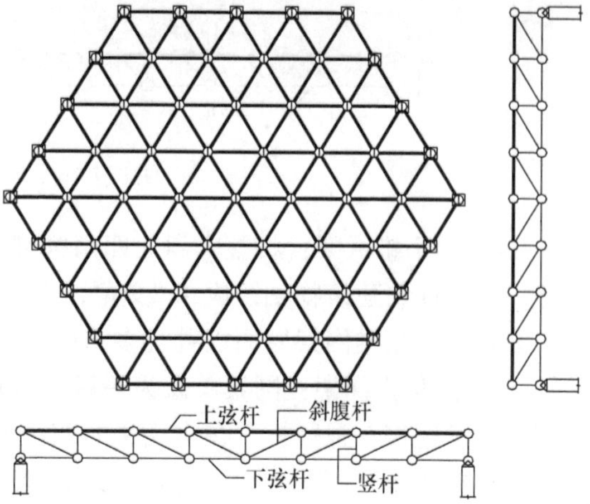

图 8-5　三向交叉网架

① 正放四角锥网架：四角锥底边分别与建筑物的轴线相平行，各个四角锥体的底边相互连接形成网架的上弦杆，连接

各个四角锥体的锥顶形成下弦杆并与建筑物的轴线平行，如图8-6所示。这种网架的上、下弦杆长度相等，并相互错开半个节间。

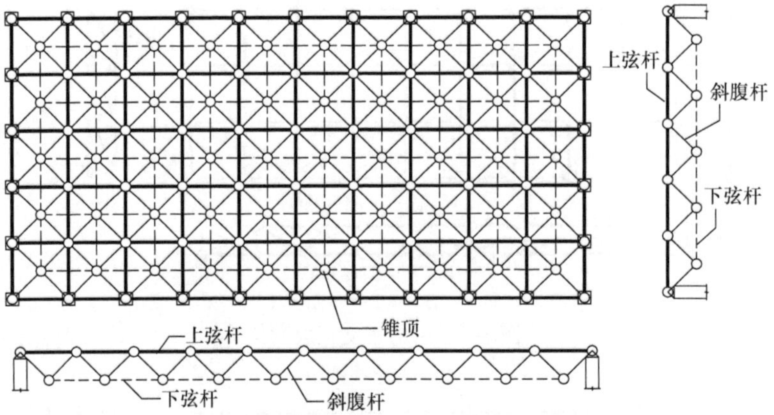

图8-6 正放四角锥网架

② 斜放四角锥网架：这种网架是将各四角锥体的锥底角与角相连，上弦（即锥底边）与建筑物轴线成45°交角，连接锥顶而形成的下弦仍与建筑物轴线平行，如图8-7所示。这种网架，受压的上弦杆长度小于受拉的下弦杆，因而受力比较合理，每个节点交汇的杆件数量少，因此用钢量较少。缺点是屋面板种类较多，屋面排水坡的形成比较困难。

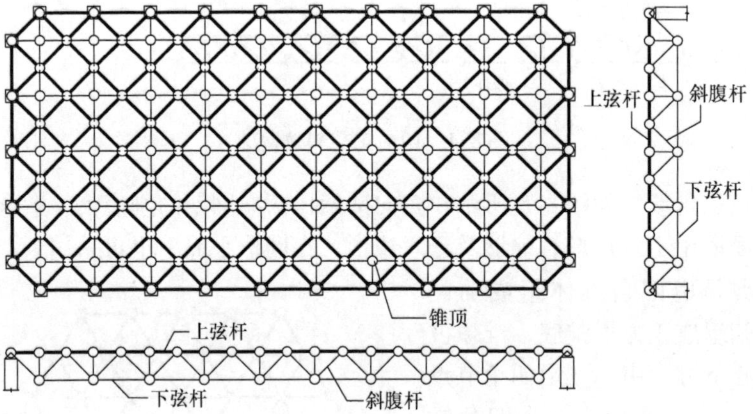

图8-7 斜放四角锥网架

③ 棋盘四角锥网架：将整个斜放四角锥网架水平转动45°角，使网架上弦杆与建筑物轴线平行，下弦杆与建筑物轴线成45°交角，即得棋盘四角锥网架，如图8-8所示。这种网架可以克服斜放四角锥网架屋面板种类多，屋面排水坡度形成困难的缺点。

④ 星形四角锥网架：网架单元为一星形四角锥，十字交叉的四根上弦杆为锥体的底边，由十字交叉点连接一根竖杆，在由交叉的四根上弦杆的另一端向竖杆下端连接，形成四根腹杆，构成星形四角锥网架单元，将各单元的锥顶相连成为下弦杆，如图8-9所示。这种网架的受力性能和刚度都比较好。

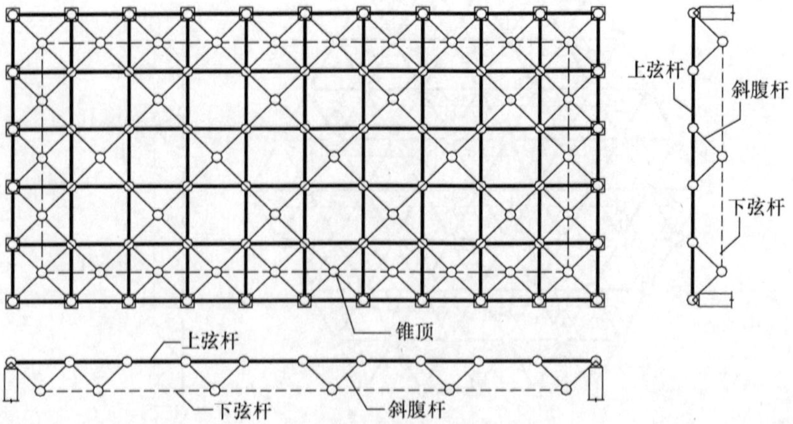

图 8-8　棋盘四角锥网架

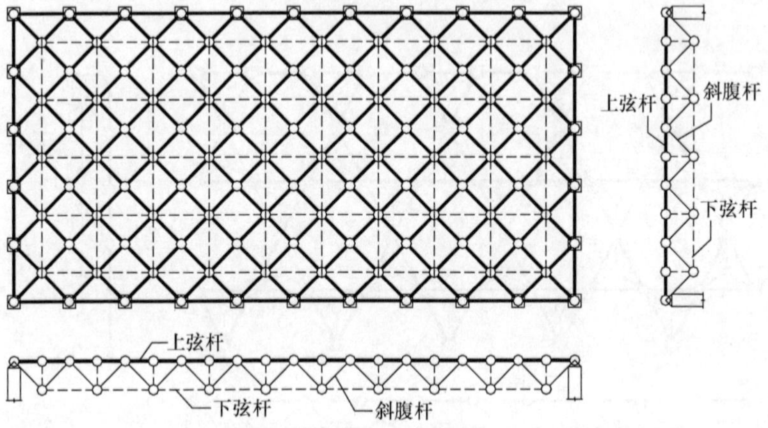

图 8-9　星形四角锥网架

3）第三类是由三角锥体组成的网架结构，它的基本单元是由 3 根弦杆、3 根斜杆所构成的正三角锥体，即四面体。三角锥体可以顺置，也可以倒置。

三角锥网架的刚度较好，适用于大跨度工程，在平面为梯形、六边形和圆形工程中采用尤为适宜。工程中常用的形式有：三角锥网架、蜂窝型三角锥网架。

① 三角锥网架：将三角锥体的角与角连接，使上下弦杆组成的平面图均为正三角形，即三角锥网架，如图 8-10 所示。

② 蜂窝型三角锥网架：这种网架也由三角锥体单元组成，但其连接方式为上弦杆与腹杆位于同一垂直平面内，上、下弦节点均汇集六根杆件，是常见网架中节点汇集杆件最少的一种，如图 8-11 所示。由于其受压上弦杆的长度比受压下弦杆的长度短，受力比较合理，用钢量较少。但其上弦组成的图形为六边形，给屋面板设计带来一定的困难。

4）常用的筒壳如图 8-12、图 8-13 所示。

2. 网架几何尺寸的确定

网架的几何尺寸包括网格的大小、网架的高度（上下弦平面间的垂直距离）、腹杆与上

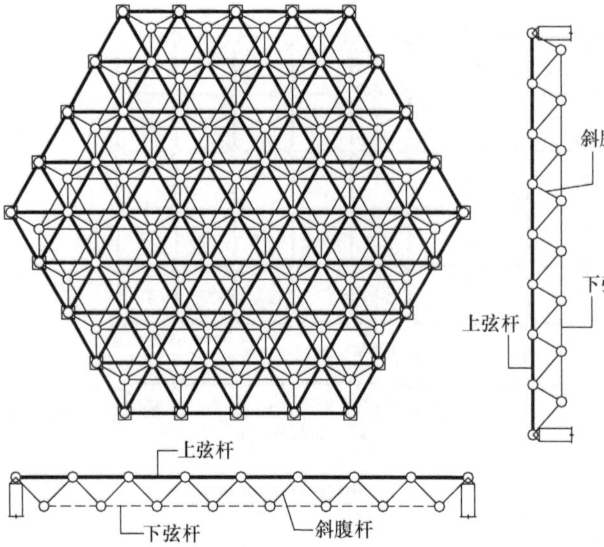

图 8-10 三角锥网架

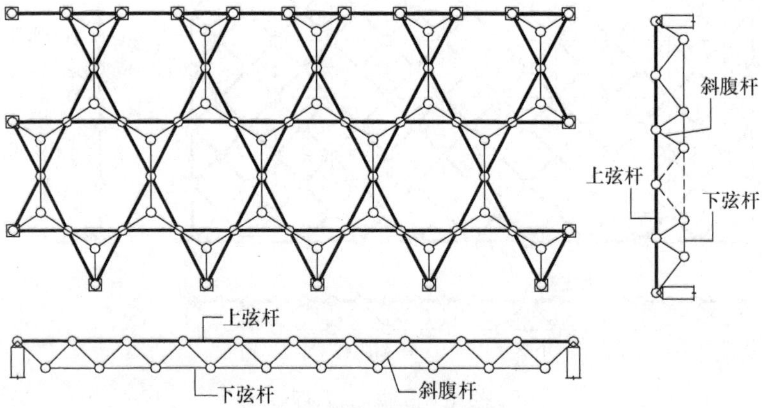

图 8-11 蜂窝型三角锥网架

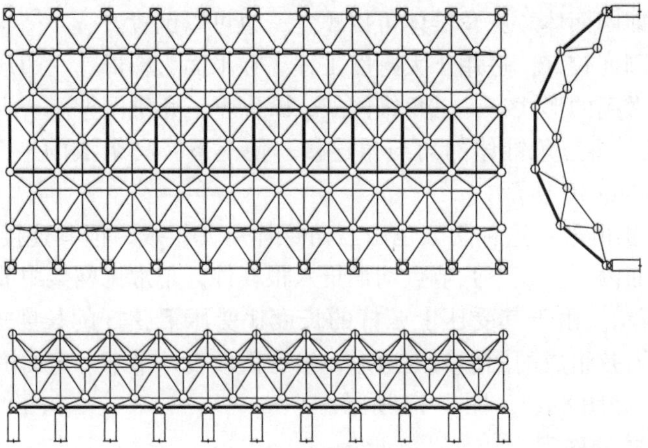

图 8-12 筒壳

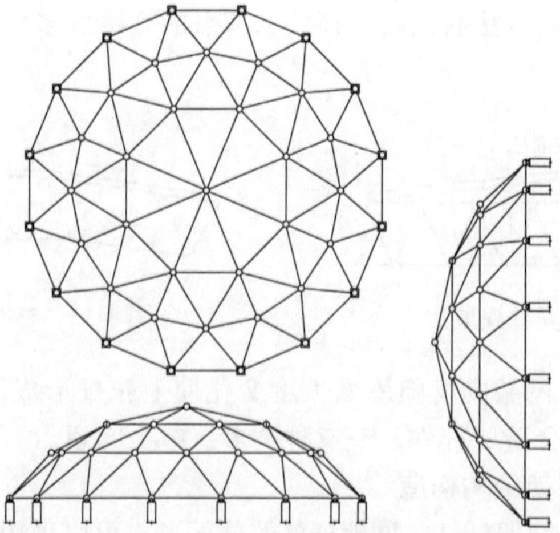

图 8-13　筒壳联方

下弦所在平面的夹角等，根据网架跨度的大小、支点布置情况、屋面材料及建筑功能要求等因素确定。

1）上弦网格尺寸见表 8-1，上弦网格一般设计正方形。

表 8-1　上弦网格尺寸

网架短向跨度（L_2）	网格尺寸
<30m	1/12 ~ 1/6L_2
30 ~ 60m	1/16 ~ 1/10L_2
>60m	1/20 ~ 1/12L_2

2）网架高度见表 8-2。网架杆件的内力及挠度与网架的高度有很大的关系，网架的高度越大，杆件的内力越小，但占的空间较大；网架的高度越小，杆件的内力越大，但挠度不宜满足要求。

表 8-2　网架高度

网架短向跨度（L_2）	网架高度（h）
<30m	1/14 ~ 1/10L_2
30 ~ 60m	1/16 ~ 1/12L_2
>60m	1/20 ~ 1/14L_2

3. 网架的起拱及屋面排水

网架起拱主要是为了消除人们在视觉上或心理上对建成的网架的下垂感觉。然而，起拱将给网架制造增加麻烦，故一般网架可不起拱。当要求起拱时，拱度可取小于等于网架短向跨度的 1/300。此时，网架杆件内力变化一般为 5% ~ 10%，设计时可不按起拱计算。

网架作为屋盖的承重结构，由于屋面面积大，一般屋面中间起坡高度也比较大，对排水问题更应高度重视。通常，网架屋面排水有下述几种方式：

① 在上弦节点上加设不同高度的小立柱形成所需坡度，如图 8-14 所示。当小立柱较高时，须注意小立柱自身稳定性。这种方法构造比较简单，是网架屋面排水采用较多的一种方法。

② 对整个网架起拱找坡，如图8-15所示。网架高度不变，将网架上弦平面及下弦平面与屋面坡度一致。采用这种方法起拱后，杆件、节点的规格增多，起拱过高时会使网架杆件内力变化较大。

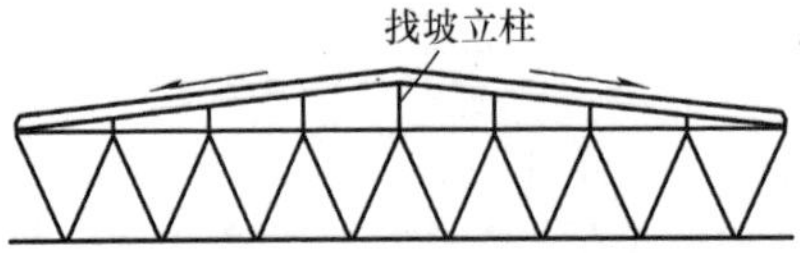

图8-14 加小立柱找坡

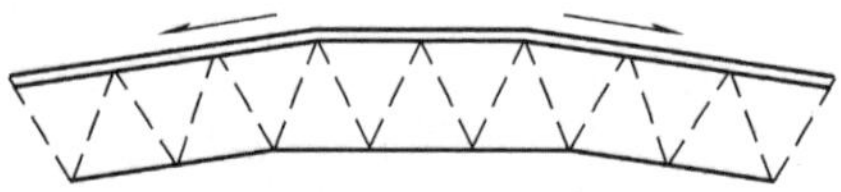

图8-15 整个网架起拱找坡

③ 采用变高度网架。网架高度随屋面坡度变化使上弦杆形成所需坡度，该种方法可降低上、下弦杆的内力，但会造成杆件、节点种类多，施工麻烦。

4. 网架结构构造

网架结构的构造

（1）网架杆件 网架杆件的截面形式可以采用钢管、角钢、冷弯薄壁型钢杆件，但以钢管截面为最优，如圆钢管、方钢管等。圆钢管各方向惯性矩相同、截面封闭、回转半径大，对受压受扭有利。端部封闭后，内部不易锈蚀，表面也难以积灰和积水，具有较好的防腐性能。它适用于普遍采用的焊接空心球节点和螺栓球节点。对于中小跨度网架可采用角钢杆件，如双角钢截面，大跨度时可将角钢拼成十字形或箱形。此外，也可以采用冷弯薄壁型钢杆件。

（2）网架的节点构造 网架的节点起着连接各方向的汇交杆件并传递杆件内力的作用。节点的构造和连接应具有足够的刚度和强度，同时应尽量使节点构造与计算假定相符，以减少和避免由于节点构造的不合理而使网架杆件产生次应力和引起杆件内力的变号。此外，应使网架的节点构造力求简单、受力合理、传力明确、制作容易、便于安装和节省材料，尽量使杆件重心线在节点处交汇于一点，以避免出现偏心的影响。常用的节点有：焊接钢板节点、焊接空心球节点、螺栓球节点。

1）焊接钢板节点。焊接钢板节点可由十字节点板和盖板组成，适用于连接角钢或薄壁型钢杆件，如图8-16所示。焊接钢板节点刚度大，整体性好，制作加工简单，但不宜用于圆钢管杆件连接。

十字节点板宜由两块带企口的钢板对插焊成，也可由三块钢板焊成，如图8-17所示。小跨度网架的受拉节点，可不设置盖板。

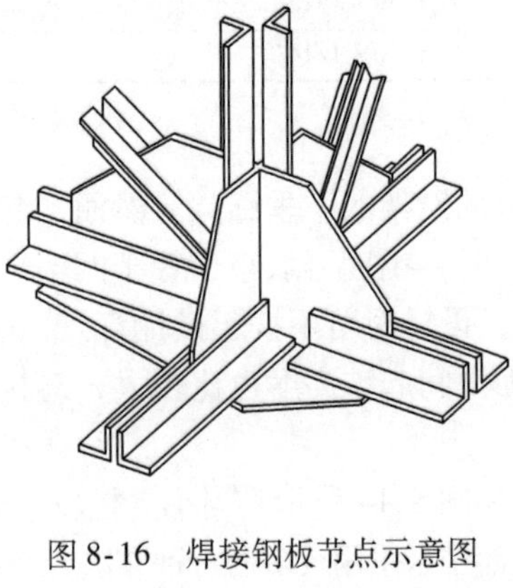

图8-16 焊接钢板节点示意图

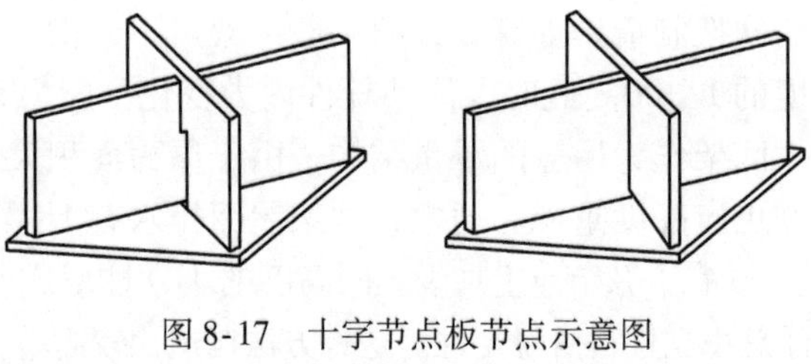

图8-17 十字节点板节点示意图

2）焊接空心球节点。焊接空心球节点是用两个半球焊接而成的空心球，适用于连接钢管杆件，如图 8-18 所示。焊接空心球节点可与任意方向的杆件连接，适应性强，传力明确，造型美观，但焊接质量要求高，焊接量大，易产生焊接变形，并且要求下料准确。

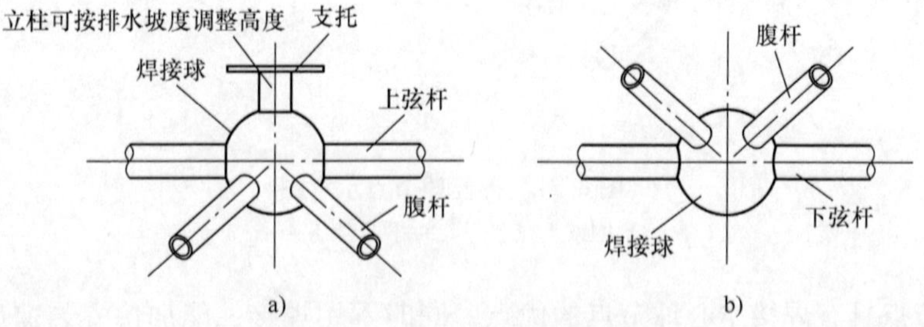

图 8-18　焊接空心球节点示意图

a）网架上弦节点　b）网架下弦节点

根据受力大小可采用无肋空心球（图 8-19）和有肋空心球（图 8-20）两种。为保证焊缝质量，钢管端头可加套管与空心球焊接。

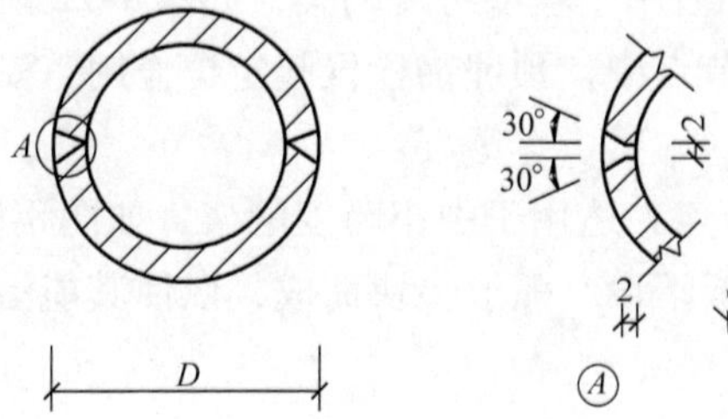

图 8-19　无肋空心球

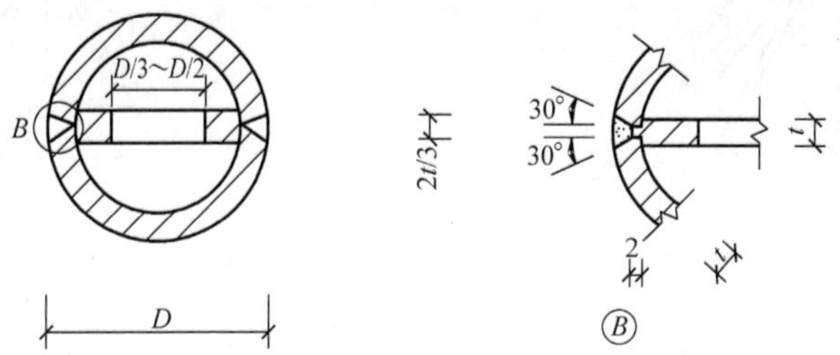

图 8-20　有肋空心球

3）螺栓球节点。螺栓球节点由螺栓球、高强度螺栓、套筒、紧固螺钉和锥头或封板等零件组成的节点，如图 8-21 所示，适用于连接钢管杆件。锥头或封板是钢管端部的连接件。当杆件管径较大时采用锥头连接，采用锥头后可以避免杆件端部相碰；当杆件管径较小时采用封板连接。

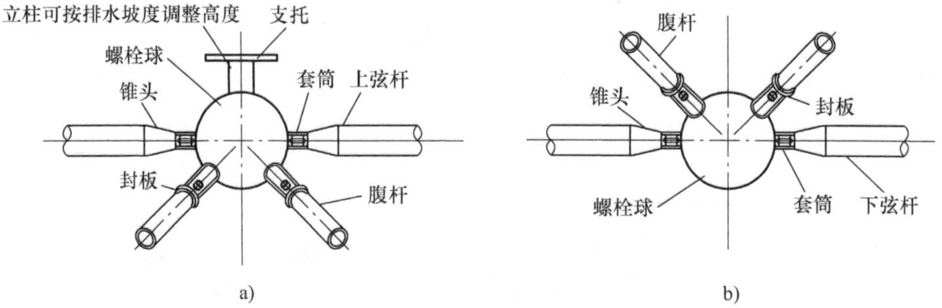

图 8-21 螺栓球节点示意图

a）网架上弦节点 b）网架下弦节点

螺栓球节点具有焊接空心球节点的优点，同时不用焊接，能加快安装速度，缩短工期。但这种节点构造复杂，机械加工量大。

（3）支座节点 网架支座节点是指支承结构上的网架节点，它是网架与支承结构之间联系的纽带，也是结构的重要部位。网架在竖向荷载作用下，支座节点一般都受压，但有些支座也有可能受拉。根据受力状态，支座节点分为压力支座节点和拉力支座节点。常用压力支座节点有下列几种构造形式：

1）平板压力支座节点：适用于较小跨度网架，如图8-22所示。这种节点构造简单，加工方便，用钢量省。在这种节点中，预埋锚栓仅起定位作用，安装就位后，应将底板与下部支撑面板焊牢。

2）单面弧形压力支座节点：适用于中小跨度网架，如图8-23所示。它是在平板压力支座节点的基础上，在支座垫板下设一弧形垫块而成，以使其能沿弧形方向移动。

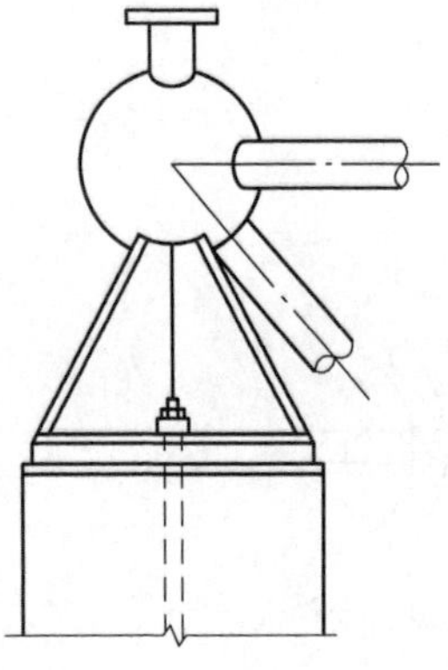

图 8-22 平板压力支座节点

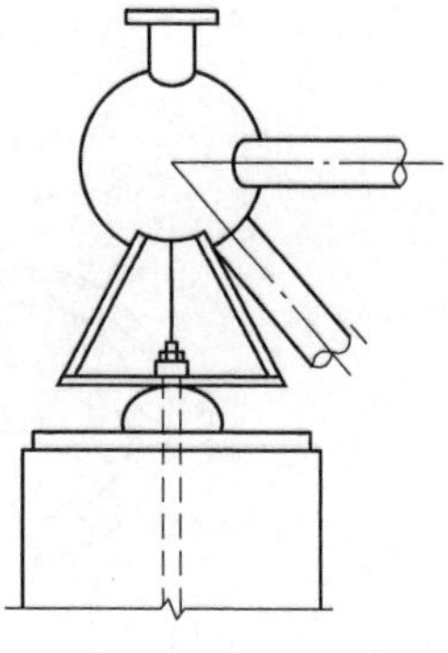

图 8-23 单面弧形压力支座节点

3）双面弧形压力支座节点：适用于大跨度网架，如图8-24所示。它是在支座和柱顶板间设上下面都是弧形的垫块。这种支座既可转动又可平移，但构造较复杂，加工麻烦，造价较高，对下部结构的抗震不利。

4）球铰弧形压力支座节点：适用于多支点的大跨度网架，如图8-25所示。这种支座只能转动而不能平移，构造复杂。

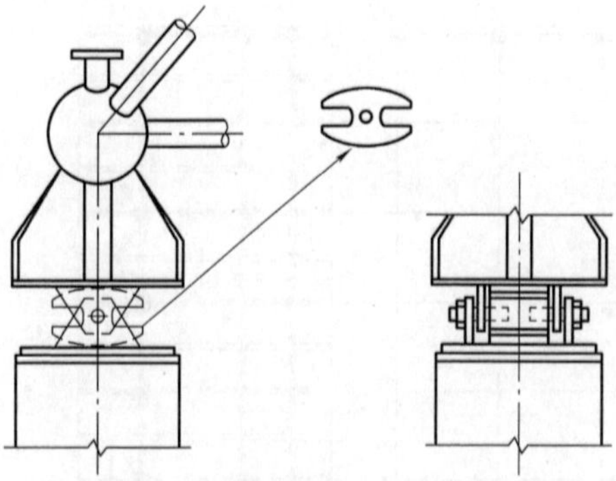

图 8-24　双面弧形压力支座节点

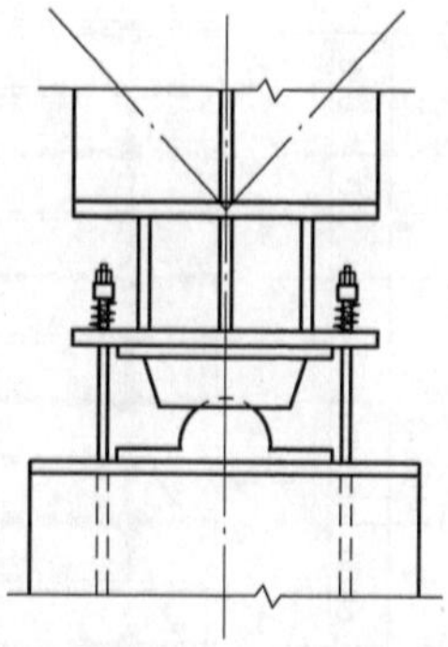

图 8-25　球铰弧形压力支座节点

5）板式橡胶压力支座节点：适用于大、中跨度网架，如图 8-26 所示。它是在支座和支承面之间设置一块橡胶垫板，通过橡胶垫板的压缩和剪切变形，支座既可转动又可平移。这种节点构造简单，加工方便，节省钢材，造价较低。

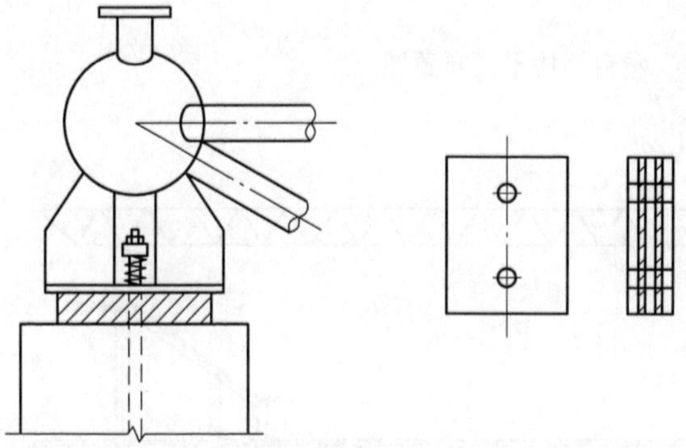

图 8-26　板式橡胶压力支座节点

网架结构施工图的识读——概述

5. 某工程网架施工图实例

（1）工程概况　某中学体育馆，建筑平面总长 58.5m，宽 45.0m，底层作为风雨操场使用，二层为篮球、排球比赛场，二层以上两侧设斜板看台夹层，其看台结构平面布置图及建筑断面图如图 8-27、图 8-28 所示。体育馆下层采用现浇混凝土框架结构，屋盖采用正方四角锥钢网架结构，网格尺寸为 3.3m × 3.0m，下弦支撑，平面尺寸为 52.8m × 42.0m，四周悬挑 5m，柱距 6.6m，屋面为轻型屋面。

（2）网架施工图识读　该工程的设计图样包括：网架结构设计说明、网架平面布置图、网架上弦杆件及球编号图、网架下弦杆件及球编号图、网架腹杆杆件编号图、网架屋面檩条布置图及节点详图、网架支座布置图及节点详图、网架材料表。

网架设计说明主要包括：工程概况、设计依据、材料制作与安装要求、防腐防火要求等。在阅读中，注意材料的选用、除锈等级和油漆品种及涂层厚度等。

网架平面布置图（图 8-29）主要是用来对网架的主要构件（支座、节点球、杆件）进

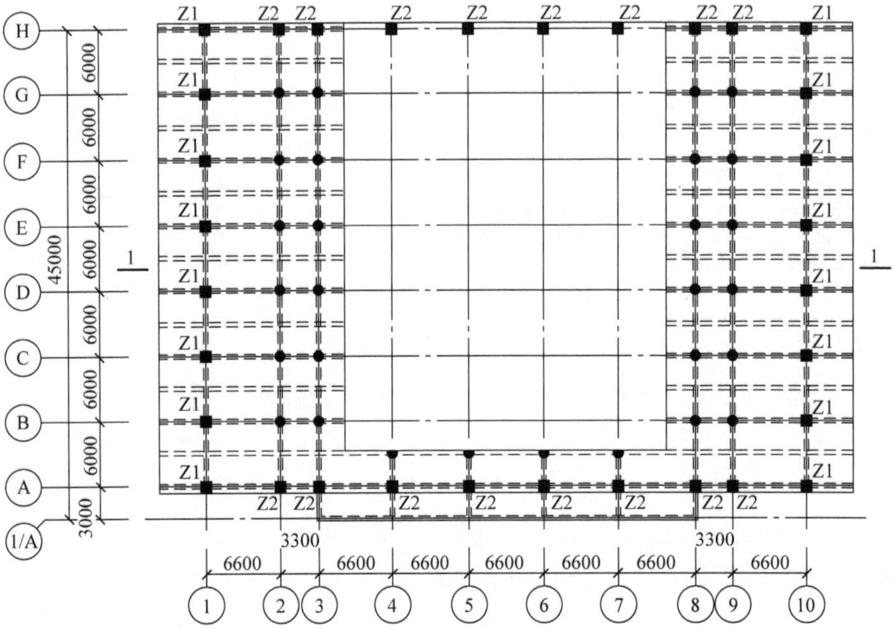

图 8-27 看台结构平面布置图

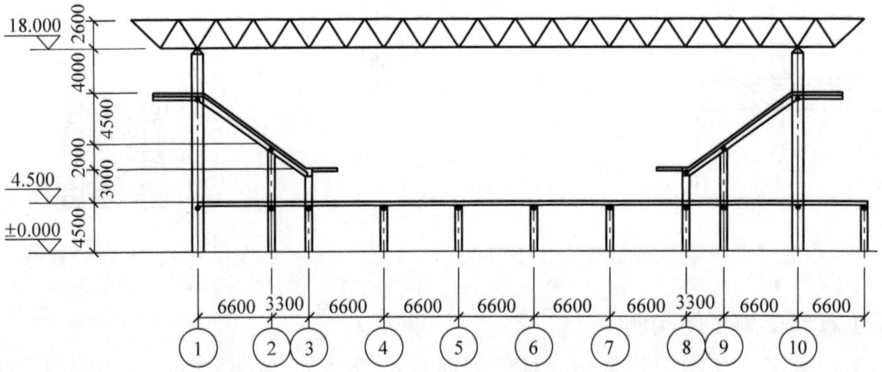

图 8-28 1—1 断面图

行定位，一般配合纵、横两个方向剖面图共同表达。另外，从网架平面布置图中还可以看出网架的类型，本工程网架为焊接球节点，正放四角锥网架，网格尺寸为 3. 3m ×3. 0m。

结合网架上弦杆件及球编号图（图 8-30）、网架下弦杆件及球编号图、网架腹杆杆件编号图（图 8-31）、网架材料表，可以知道上弦杆、下弦杆、腹杆以及空心球的规格及重量。由网架屋面檩条布置图及节点详图（图 8-32）看出，该工程采用内排水，小立柱找坡，坡度为 5%。

由网架支座布置图及节点详图（图 8-33）可知支座的类型及详细构造。本工程 ZZ1 采用平板支座，ZZ2 采用板式橡胶支座。

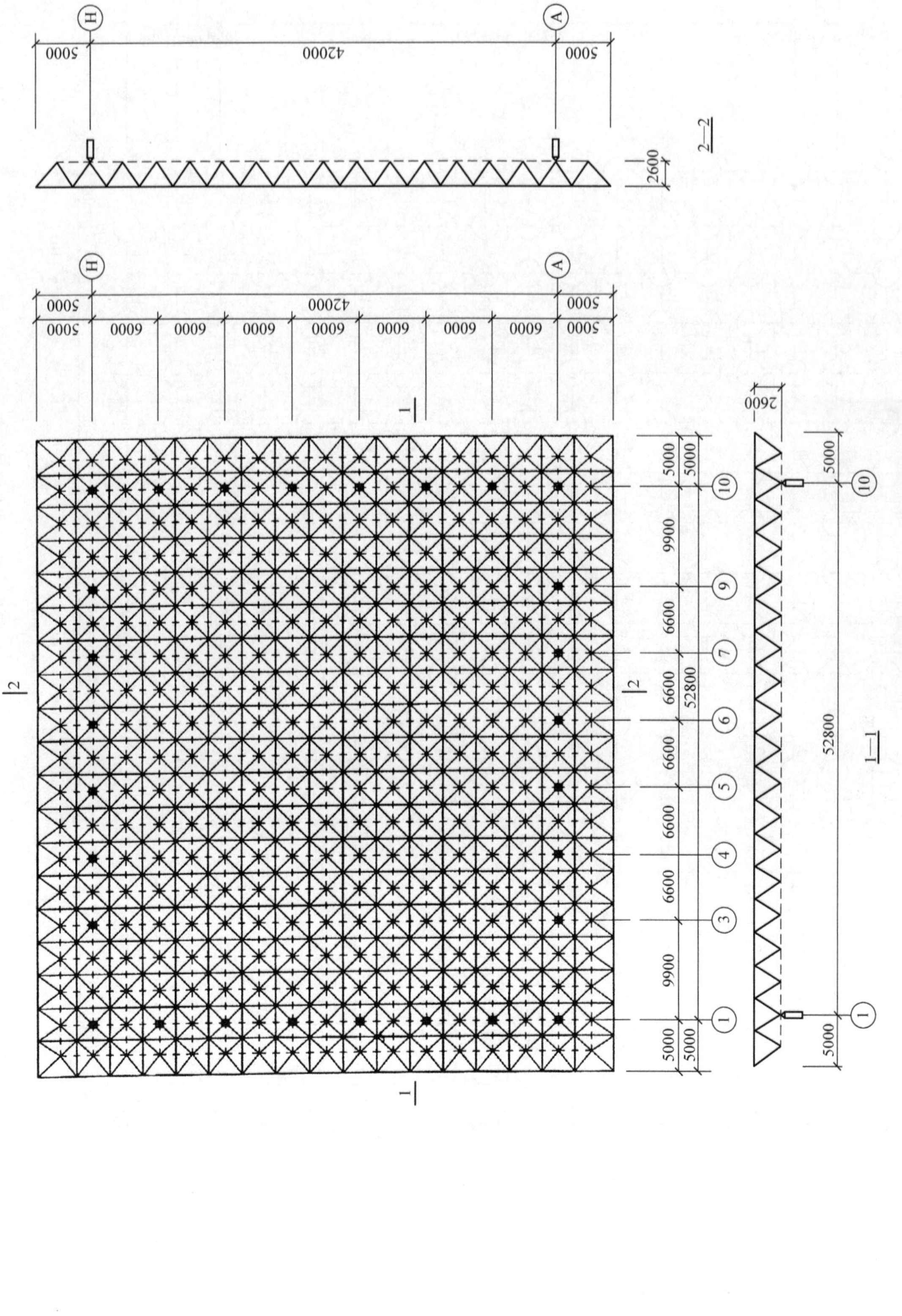

图 8-29　网架平面布置图

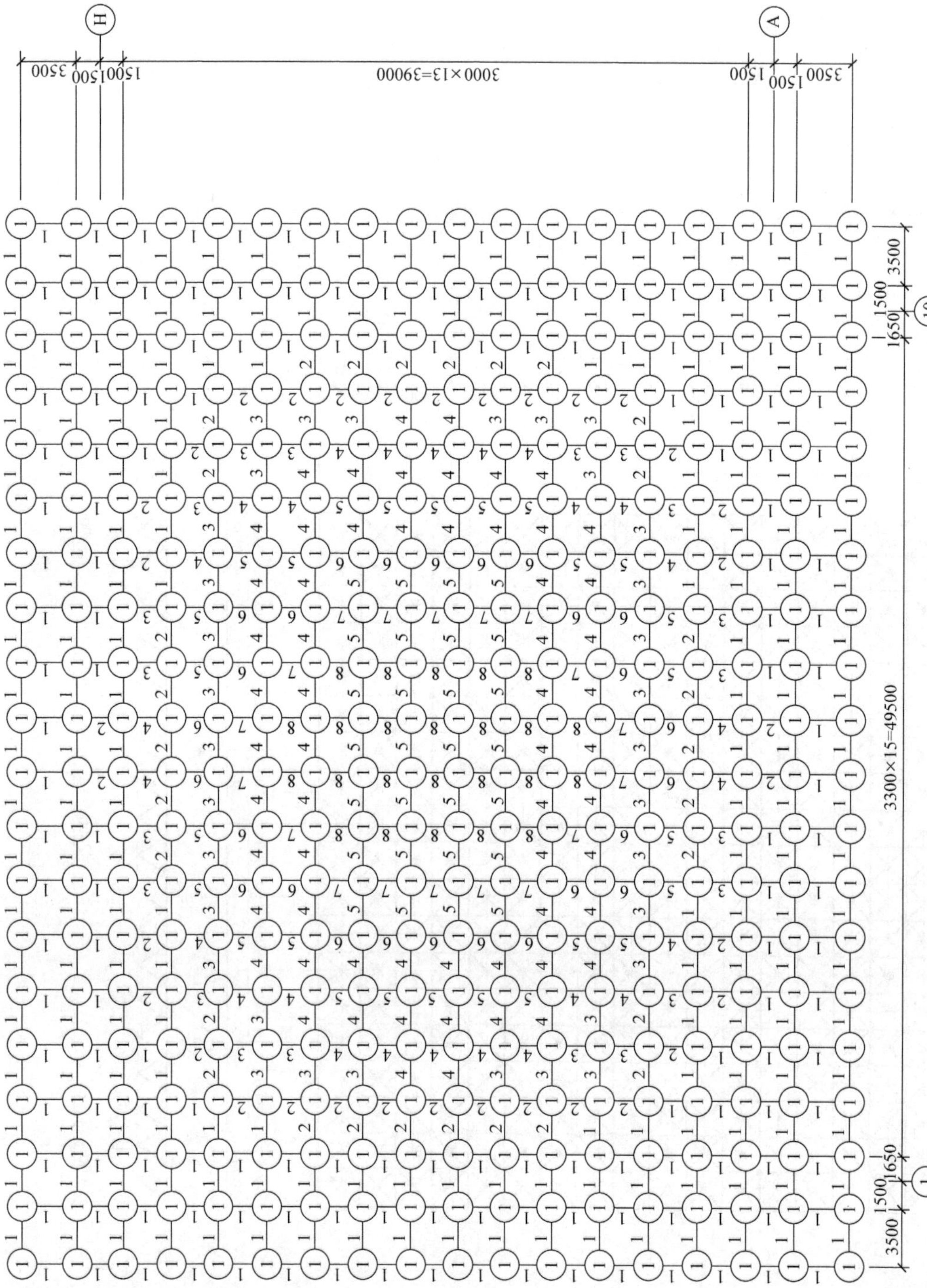

图 8-30 网架上弦杆件及球编号图

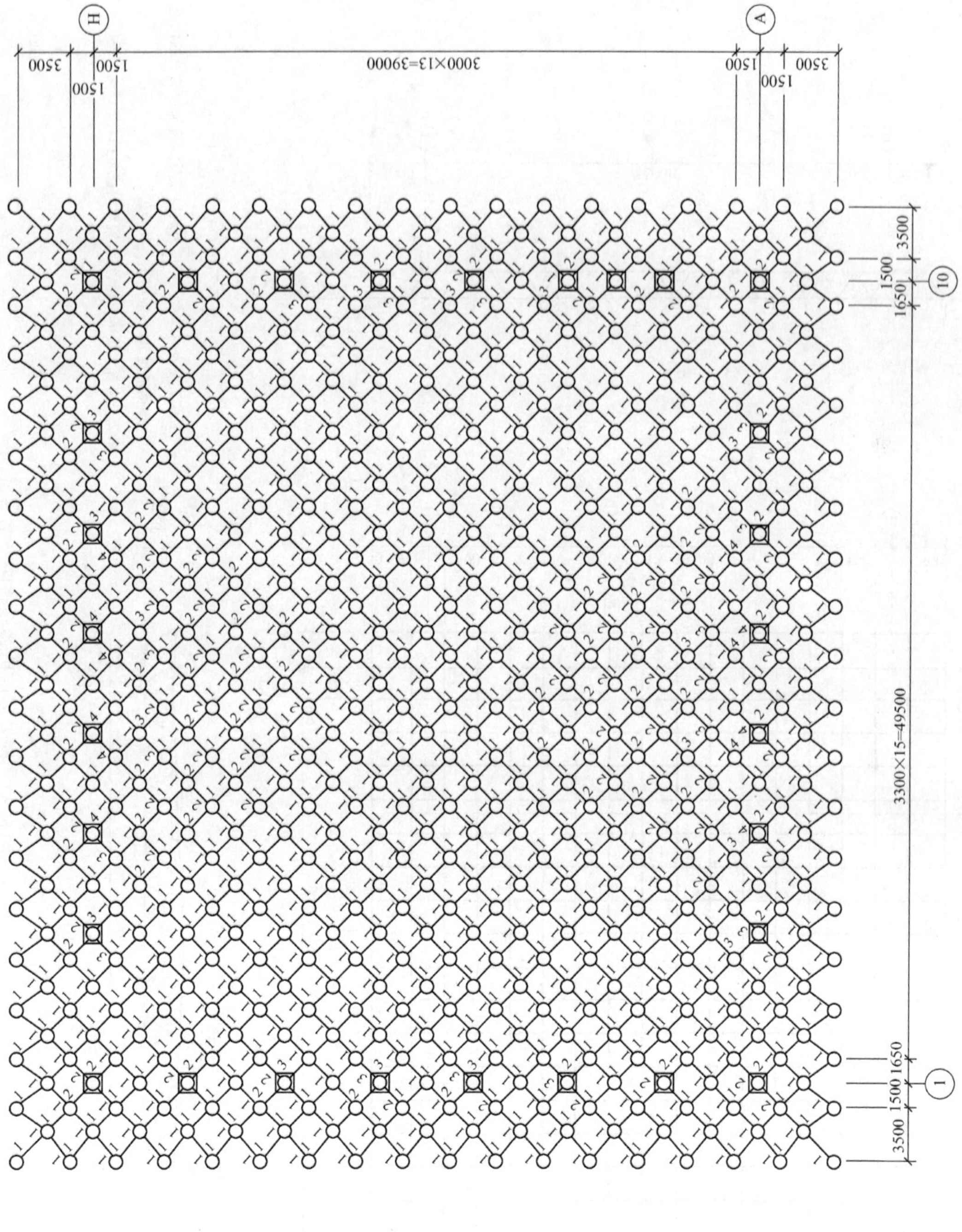

图 8-31　网架腹杆杆件编号图

网架结构施工图的识读——檩条平面布置图及节点图识读

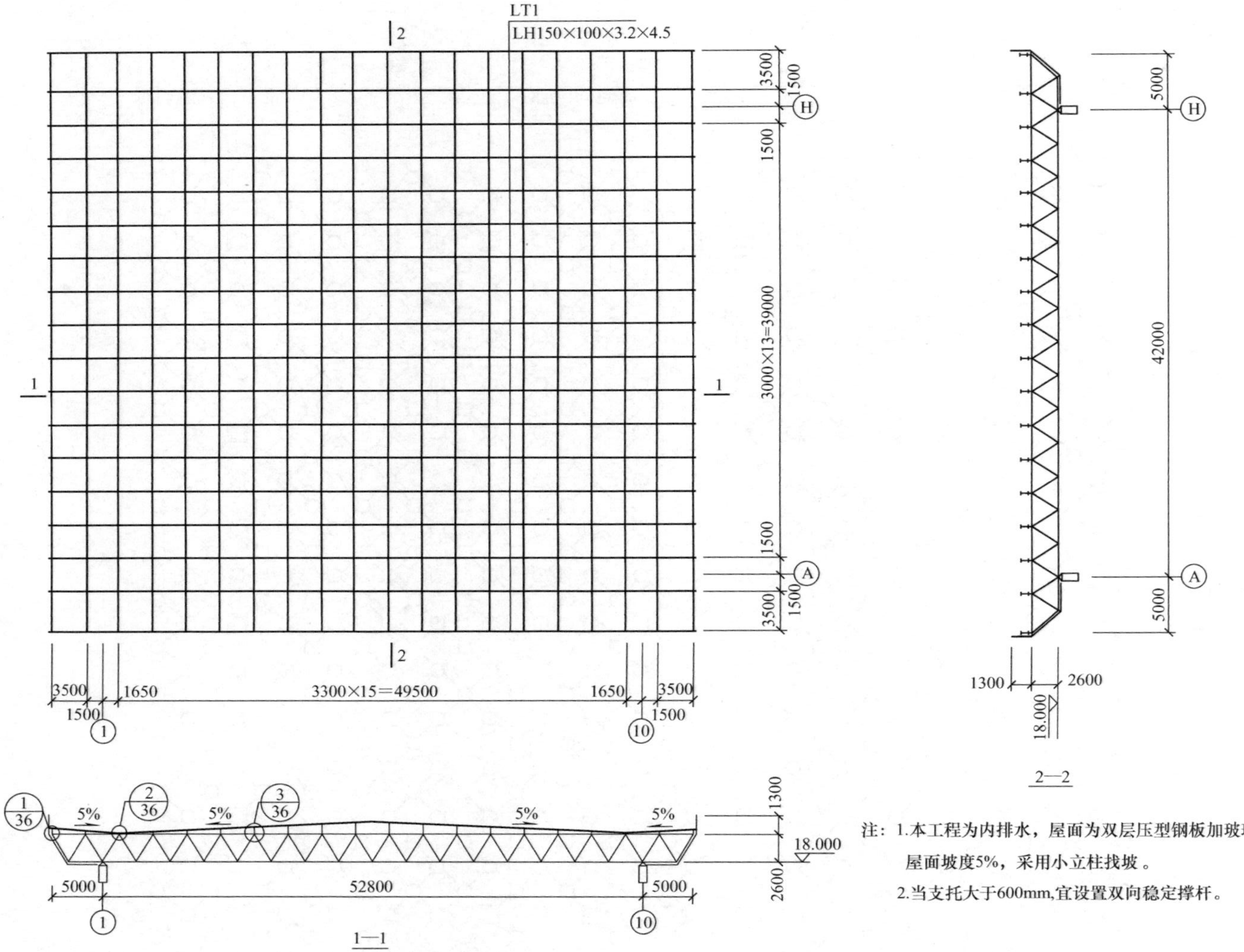

注：1.本工程为内排水，屋面为双层压型钢板加玻璃丝棉保温。
屋面坡度5%，采用小立柱找坡 。
2.当支托大于600mm,宜设置双向稳定撑杆。

图 8-32 网架屋面檩条布置图及节点详图

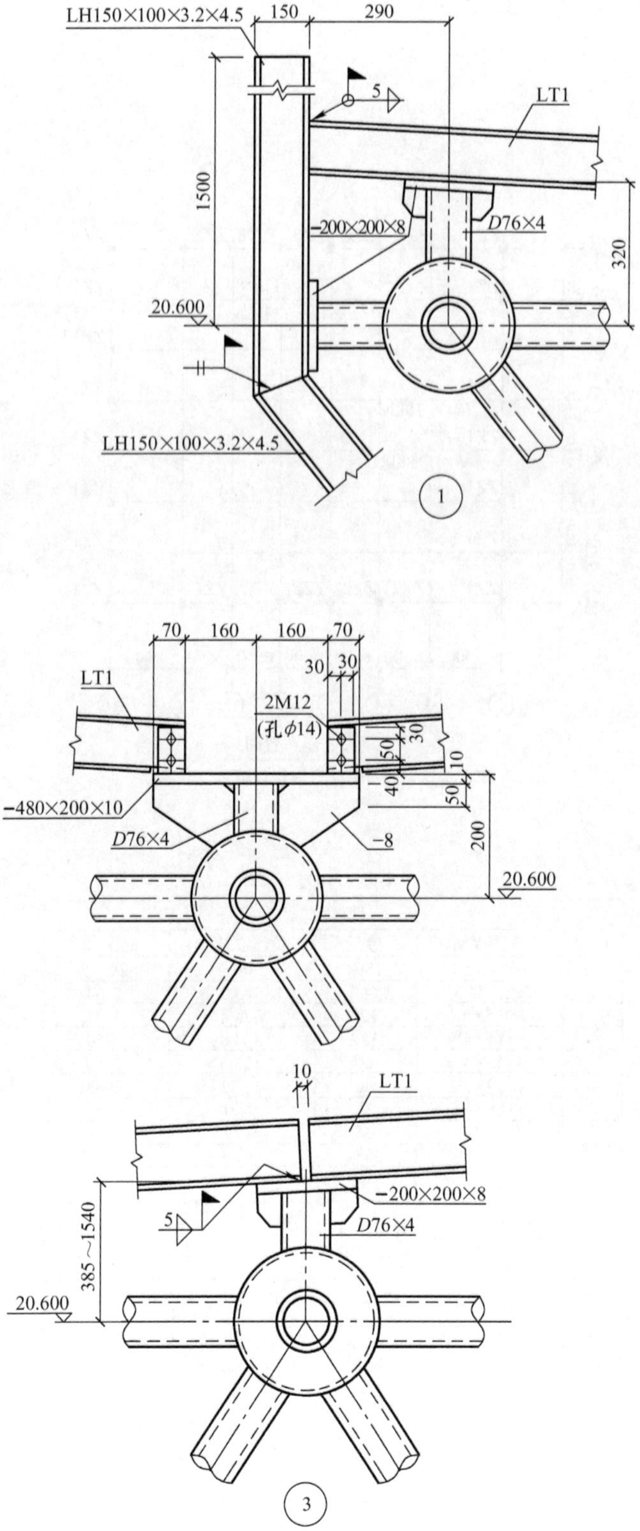

图 8-33　网架支座布置图及节点详图

网架平面布置图的识读——支座平面布置图及节点图识读

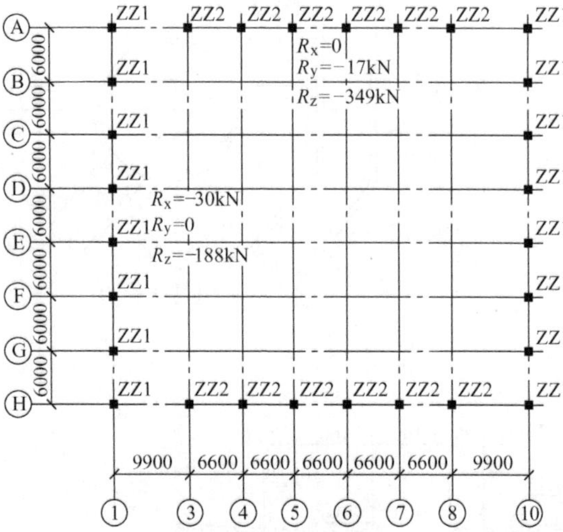

网架支座布置图

(图中反力为设计值)

网架材料表

杆件				
序号	杆件规格	数量	长度总计/m	总重/kg
1	ϕ60×3.5	1894	5845.1	28505
2	ϕ75.5×3.75	260	793.3	5264
3	ϕ88.5×4	124	374.4	3121
4	ϕ114×4	122	364.0	3950
5	ϕ140×4	60	175.2	2350
6	ϕ159×5	56	157.1	2983
7	ϕ168×6	34	94.0	2254
8	ϕ180×8	34	91.9	3119
小计	–	2584	–	51548

空心球					
序号	球规格(外径×壁厚)	数量	单重/kg	总重/kg	备注
1	200×6	504	5.57	2807.7	–
2	240×8	94	10.62	998.6	–
3	260×10	46	15.42	709.4	–
4	350×14	39	39.00	1521.0	–
小计	–	683	–	6037	–

图 8-33　网架支座

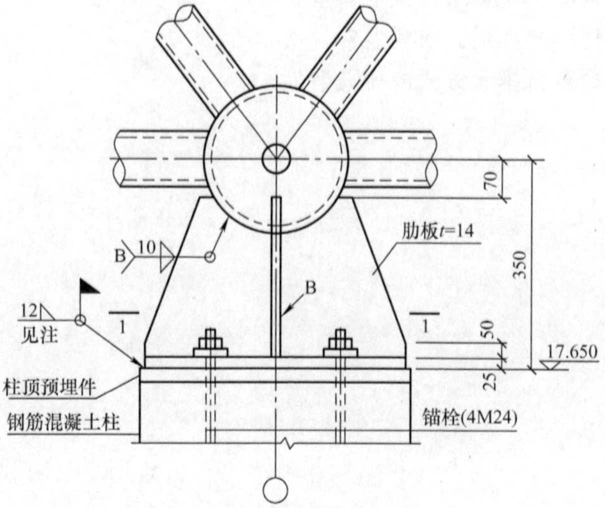

ZZ—1

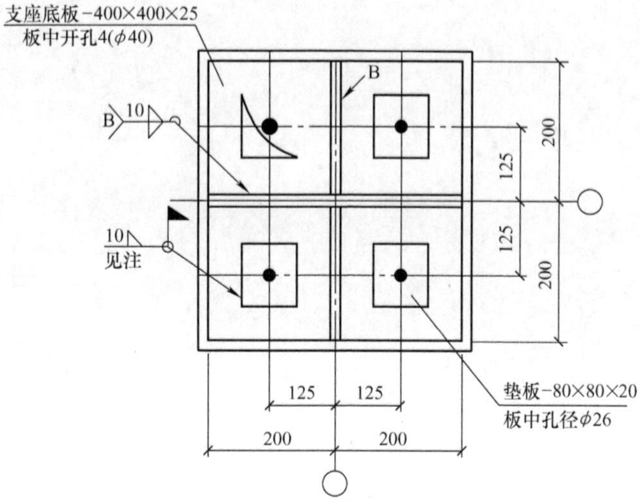

1—1

注：待网架屋面做完、水平位移稳定后，再焊接。

布置图及节点详图（续）

复习思考题

8-1 双层网架的主要形式有哪些?

8-2 网架结构的支承形式主要有哪些?

8-3 网架结构的节点常用形式有哪些?

8-4 网架结构的支座形式有哪些?

8-5 网架结构屋面排水方式有哪几种?

单元9　钢框架结构施工图识读

钢框架结构在多层及高层房屋中广泛采用，具有重量轻、抗震性能好、施工周期短、工业化程度高、环保效果好等优点。钢框架结构施工图包括：结构设计说明、基础平面布置图及其详图、柱子平面布置图、各结构平面布置图、各横轴竖向支撑平面布置图、各纵轴竖向支撑立面布置图、梁柱截面选用表、梁柱节点详图、梁节点详图、柱脚节点详图和支撑节点详图等。在实际图样中，以上图样内容可以根据工程的繁简程度，将某几项内容合并在一张图样上或将某一项拆分成几张图样。

多高层钢结构的结构形式　　钢框架结构体系的构造要求　　结构设计总说明　　基础平面设计图及详图识读

下面以某多层钢框架结构施工图为例，说明钢框架结构施工图的图示方法、特点和内容。

1. 工程概况

该工程为某开发总公司综合试验办公楼，采用4层填充墙钢框架结构，钢筋混凝土楼面、屋面，钢筋混凝土独立基础，总高为14.400m。建筑物安全等级为二级，抗震设防类别为适度设防类，抗震设防烈度为8度，地面粗糙类别为C类。基本风压0.45kN/m^2，基本雪压0.4kN/m^2，钢材采用Q235B，焊条采用E43型。

2. 钢柱锚栓布置图

钢柱锚栓布置图如图9-1所示，主要表达了底层柱以及锚栓的布置情况，读图时，首先明确图中柱子有几种类型，每一类型柱子的截面形式如何；其次明确锚栓的规格、直径、数量及锚栓的锚固长度。

3. 结构平面布置图

结构平面布置图如图9-2所示，是确定建筑物各构件在建筑平面上的位置图，具体内容有：

1）根据建筑物的宽度和长度，确定出柱网平面图。

2）图中用粗实线表示出建筑物的外轮廓线及柱的位置和截面示意。

3）图中用粗实线表示出梁及各构件的平面位置，并标注构件定位尺寸。

4）在平面图的适当位置标注了所需的剖面，以反映结构楼板、梁等不同构件的竖向标高关系。

5）在平面图上对梁、柱构件编号。

本工程共有四张结构平面布置图，识读各层结构平面布置图能够明确本层梁、柱的相关信息，主要包括梁、柱的各种类型；各类梁、柱的截面形式；梁、柱的具体位置及与轴线的关系；以及梁柱的连接形式等。

4. 楼板平面布置图

楼板平面布置图如图9-3所示，主要表达各层钢筋混凝土楼板的配筋情况。各种类型钢筋的编号、型号、位置；楼板的标高以及混凝土和钢梁的连接情况。

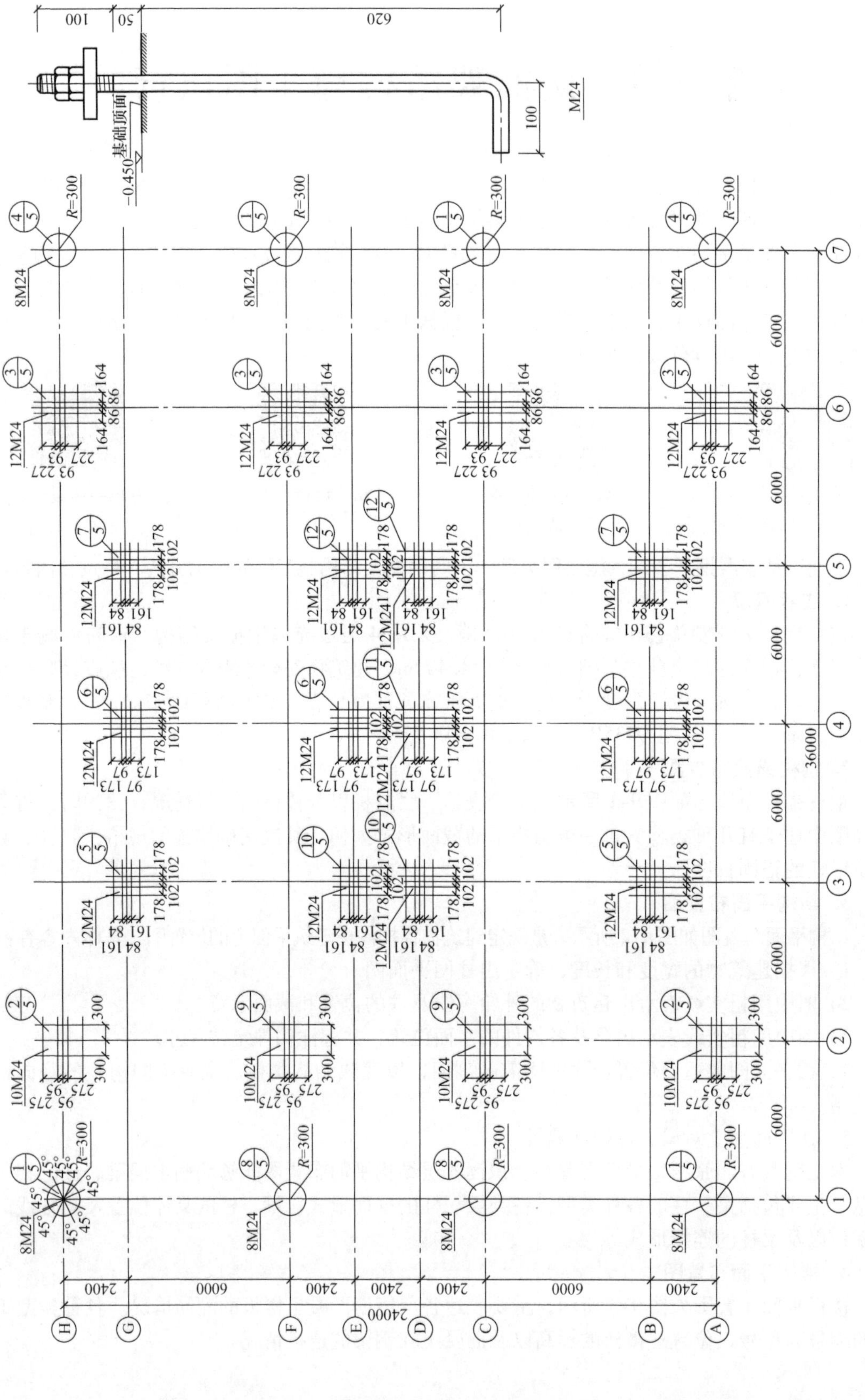
100
50
620
M24
100
−0.450
基础顶面
8M24
10M24
12M24
R=300
A
B
C
D
E
F
G
H
1
2
3
4
5
6
7
6000
2400
24000
36000

图 9-1 钢柱锚栓布置图

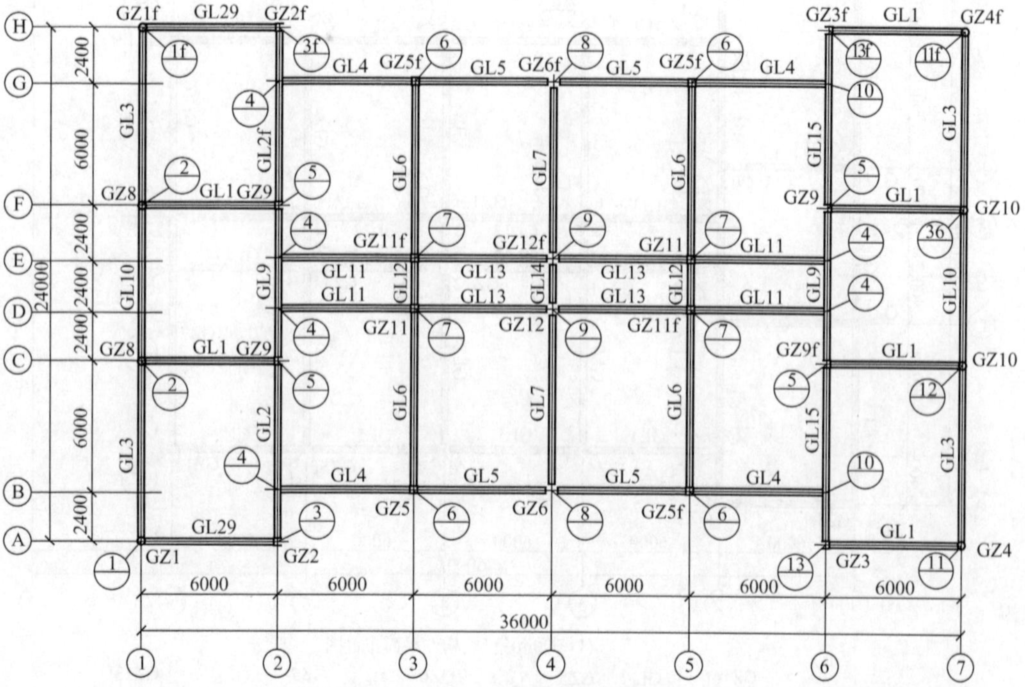

(7.400m)第2层构件平面布置图

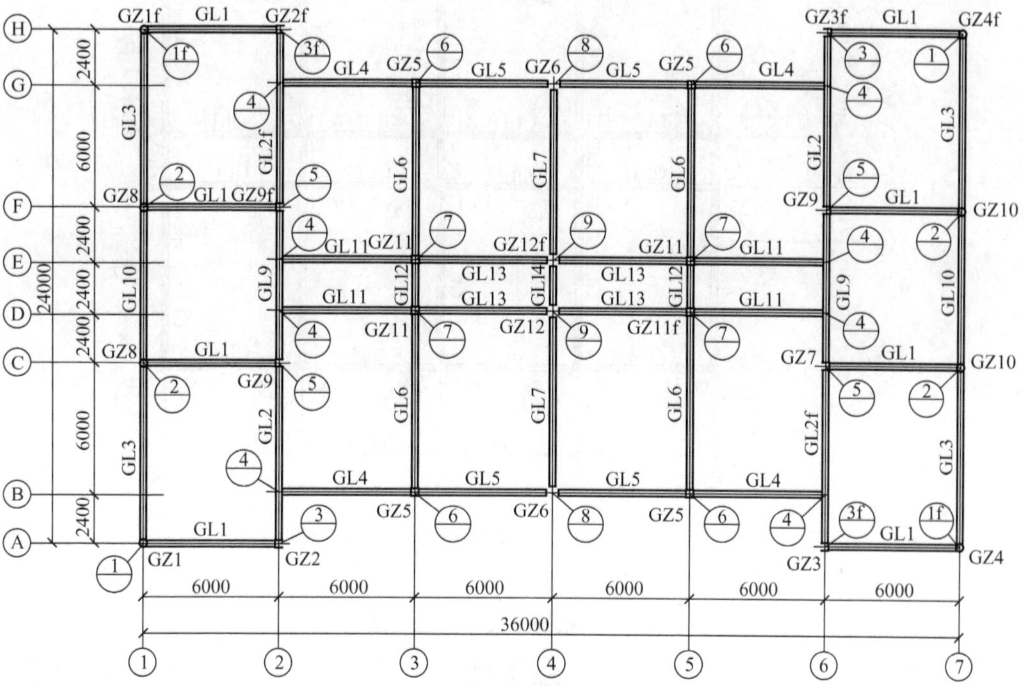

(3.800m)第1层构件平面布置图

图9-2 结构平面布置图

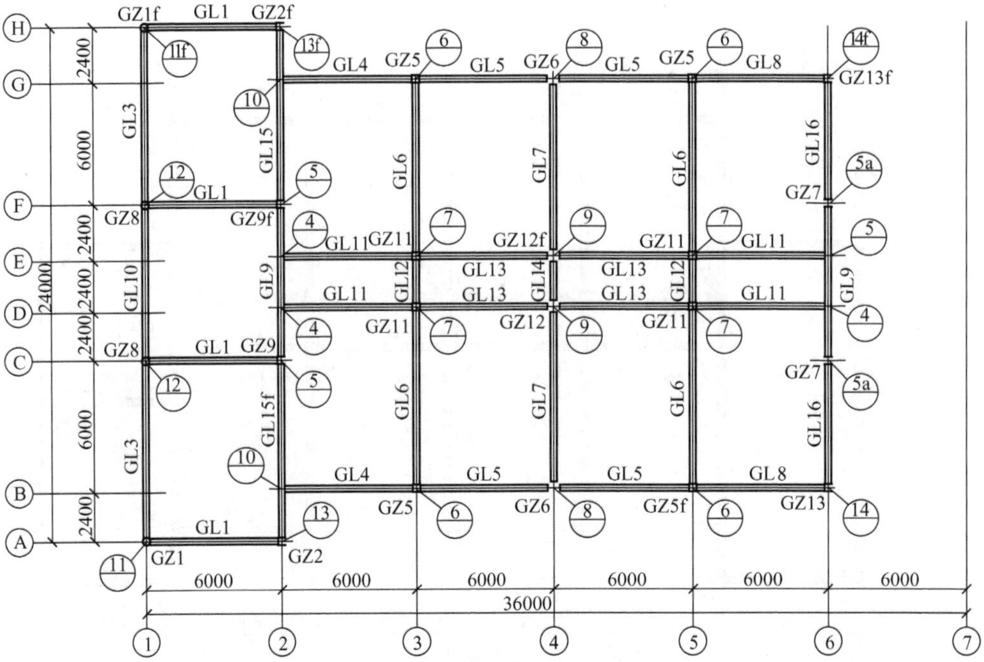

(11.000m)第3层构件平面布置图

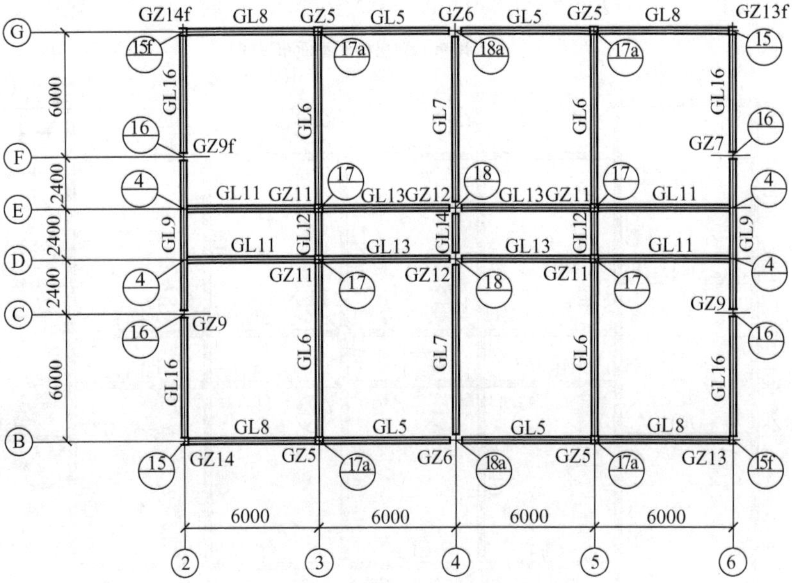

(14.640m)第4层构件平面布置图

图9-2 结构平面布置图（续）

某层平面布置图的识读

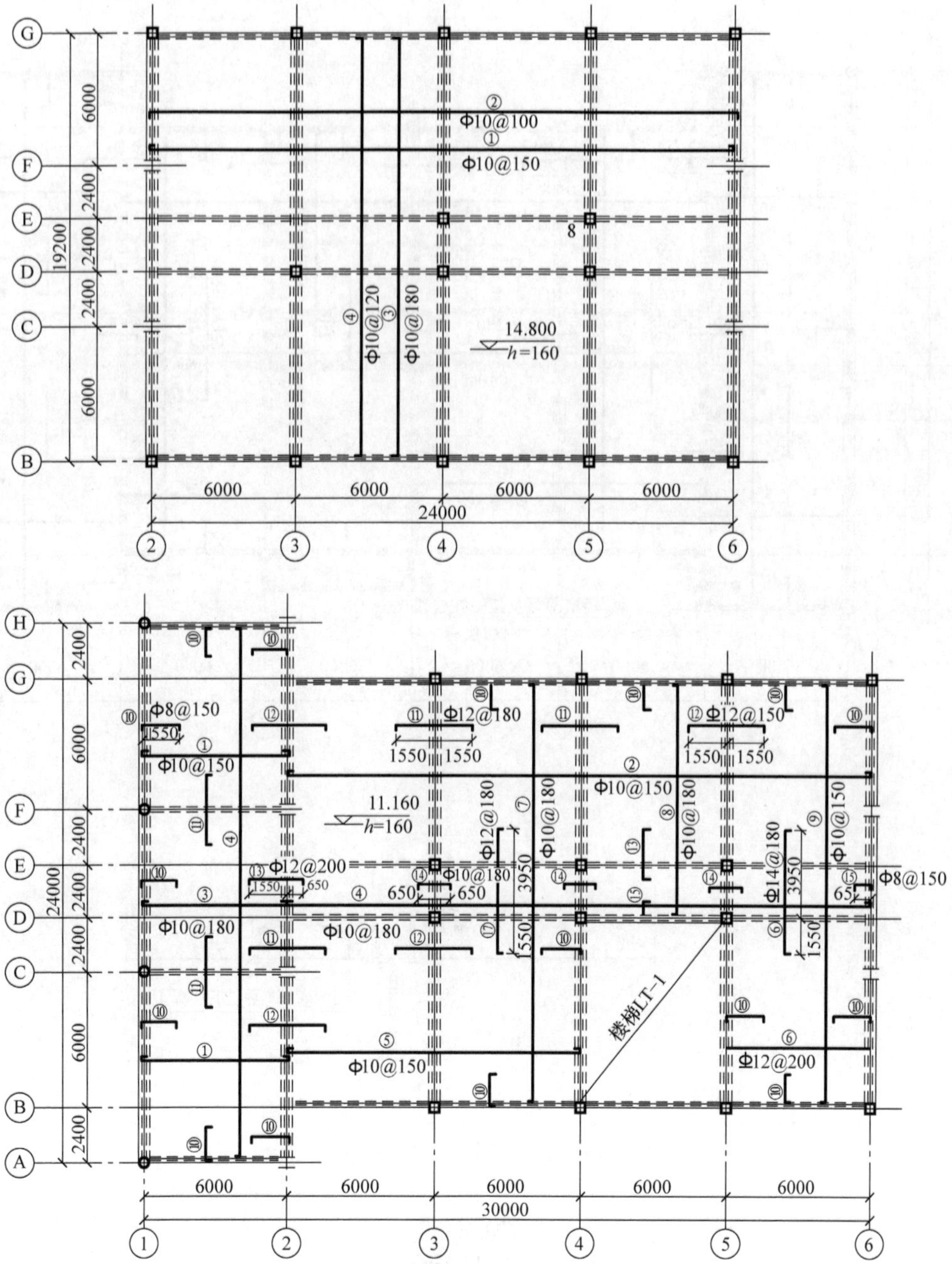
Φ10@100
Φ10@150
Φ10@120
Φ10@180
14.800
h=160
6000
2400
19200
24000
Φ8@150
Φ12@180
Φ12@150
1550
11.160
h=160
Φ12@200
650
Φ10@180
3950
Φ14@180
Φ8@150
楼梯LT-1
Φ10@150
Φ12@200
30000

图9-3　楼板平面布置图

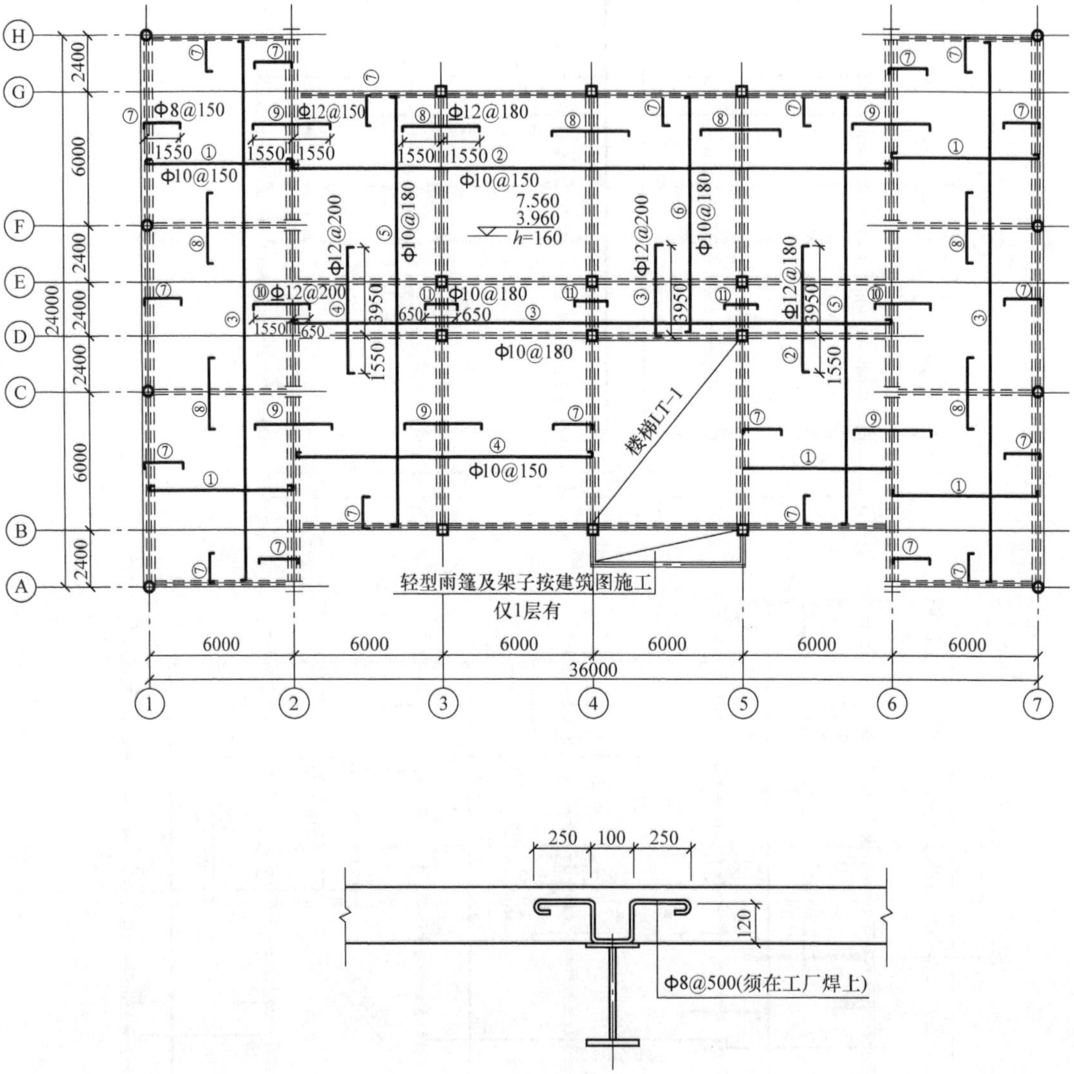

图9-3 楼板平面布置图（续）

组合楼板节点详图识读

常见的楼板有：现浇钢筋混凝土楼板、预制楼板以及压型钢板组合楼板等。

压型钢板组合楼板是直接在铺设于钢梁上翼缘的压型钢板上浇注钢筋混凝土板构成。它由压型钢板、抗剪连接件和钢筋混凝土板三部分共同组成。压型钢板组合楼板一般以板肋平行于主梁的方式布置于次梁上，如果不设次梁，则以板肋垂直于主梁的方式布置于主梁上，如图9-4所示。搁置楼板的钢梁上翼缘通长设置抗剪连接件，以保证楼板和钢梁之间可靠地传递水平剪力。抗剪连接件的形式有4种，其一是依靠压型钢板的纵向波槽，如图9-5a所示；其二是依靠压型钢板上的压痕、小洞或冲成的不闭合的孔眼，如图9-5b所示；其三是依靠压型钢板上焊接的横向钢筋传递，如图9-5c所示；其四是依靠设置于端部的锚固件，如图9-5d所示。在任何情形下都应当设置端部锚固件。钢筋混凝土板的作用主要是提供一个合理的刚度，并参与楼板的受力。这种板的厚度往往较大，一般为120mm左右，在保证净高的情况下，造成层高较大。

压型钢板与混凝土组合楼板

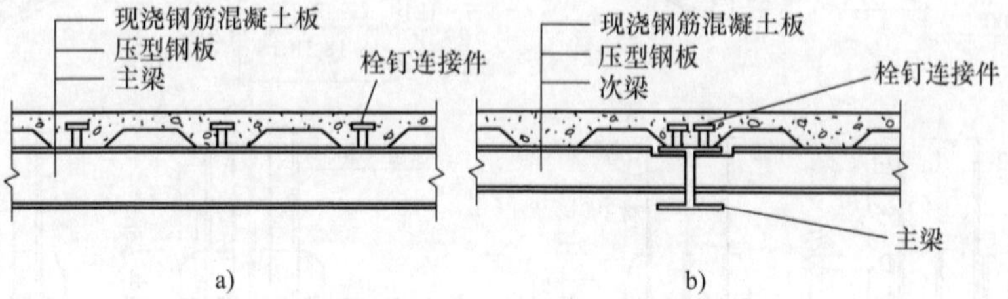

图9-4 压型钢板组合楼盖

a）板肋垂直于主梁 b）板肋平行于主梁

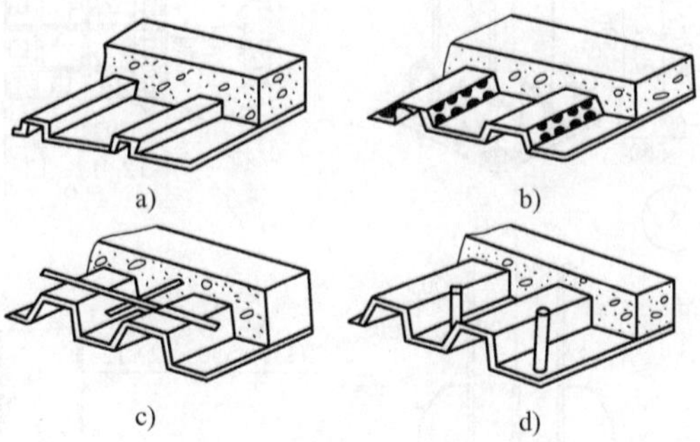

图9-5 压型钢板与混凝土的连接

本工程是以钢梁作为模板，在上绑扎钢筋并浇注混凝土形成楼板。为了增加楼板与钢架梁之间的有效连接，在钢梁上焊接弯曲钢筋。这种做法往往考虑板和梁的共同作用，形成钢—混凝土组合梁，从而减小钢梁的截面，增加净空高度。

5. 节点详图

节点详图表示各构件间的相互连接关系及其构造特点，节点上应表明整个结构物的相关位置，即应标出轴线编号、相关尺寸、主要控制标高、构件编号和截面规格、节点板厚度及加劲肋做法。构件与节点板采用焊接连接时，应标明焊脚尺寸及焊缝符号。构件采用螺栓连接时，应标明螺栓直径、数量。

本工程详图包括：柱脚节点详图如图9-6所示、钢柱详图如图9-7所示、钢梁详图如图9-8所示、钢梁和钢柱安装节点详图如图9-9所示。

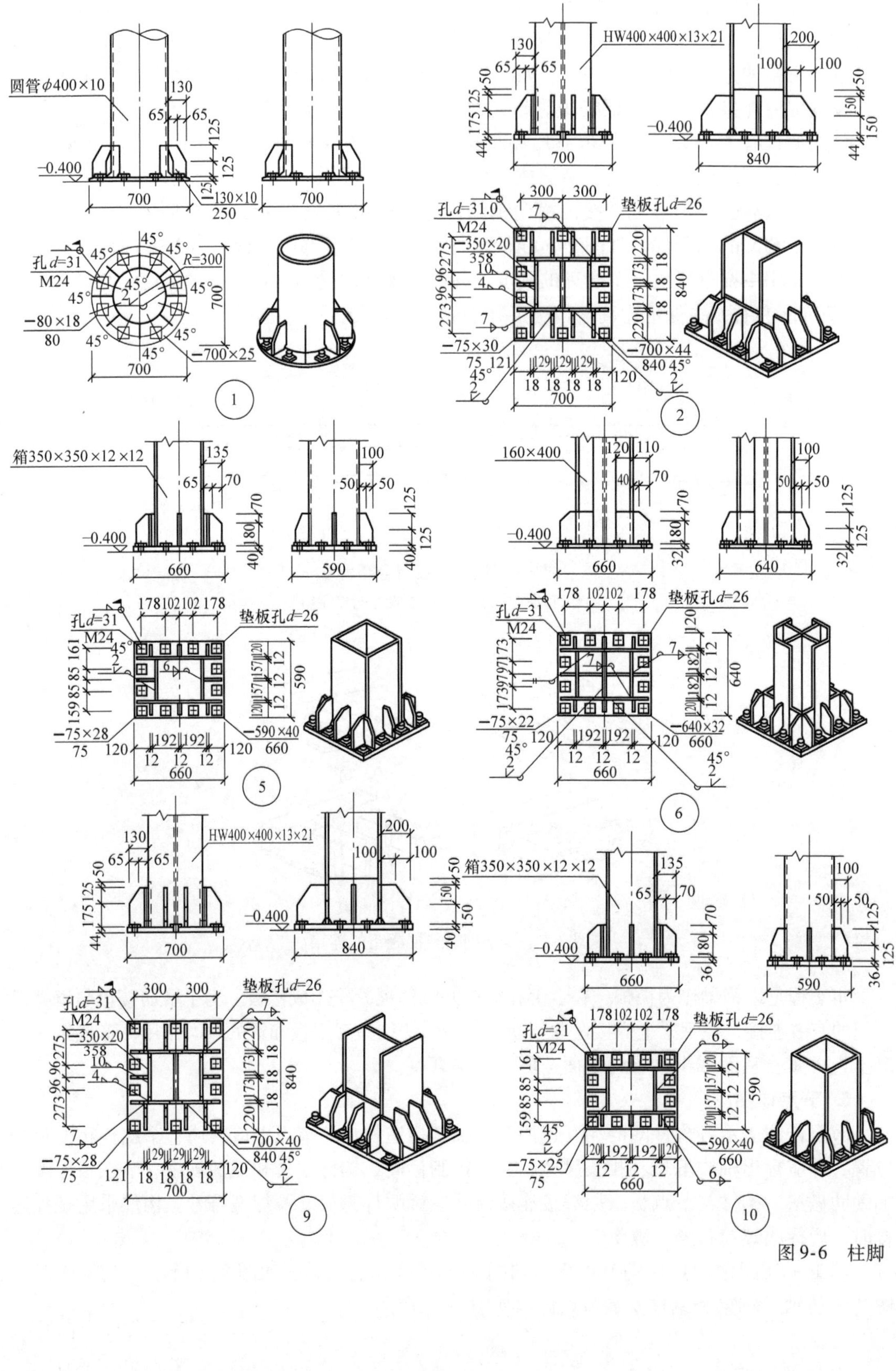
圆管φ400×10
−0.400
700
130×10
250
孔d=31
M24
−80×18
80
R=300
−700×25
1
HW400×400×13×21
840
孔d=31.0
垫板孔d=26
−350×20
−75×30
−700×44
2
箱350×350×12×12
660
590
−75×28
−590×40
5
160×400
640
−75×22
−640×32
6
−700×40
9
−75×25
10

图9-6 柱脚

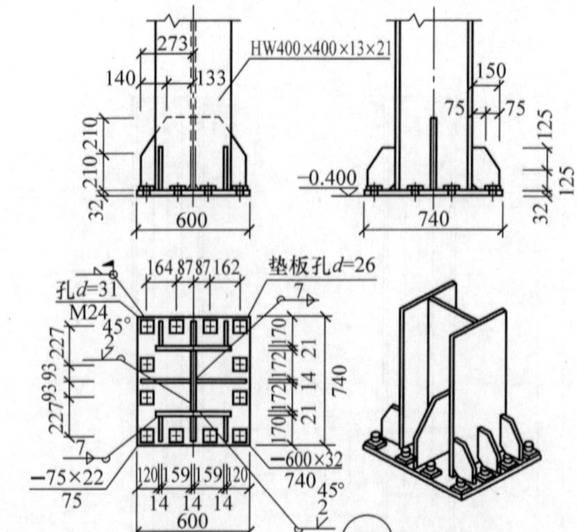

③

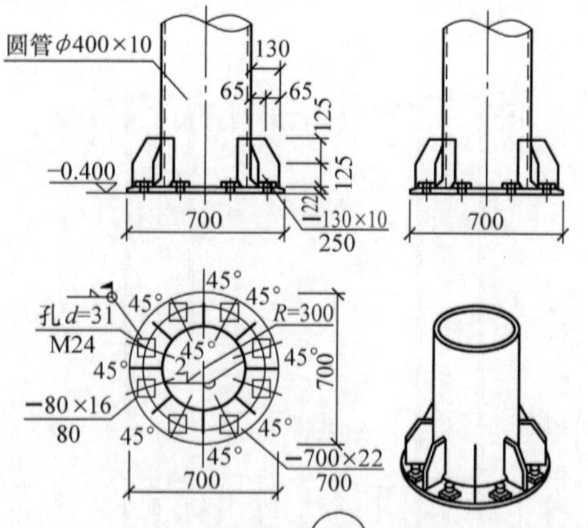

④

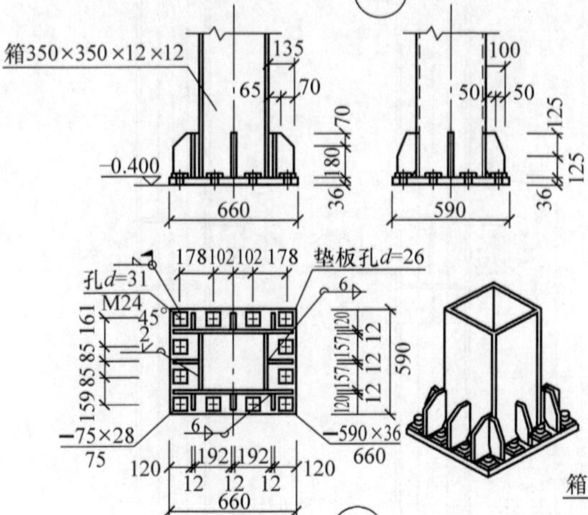

⑦

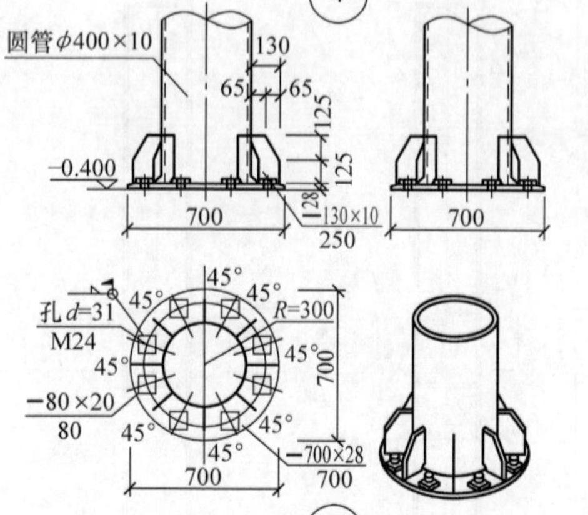

⑧

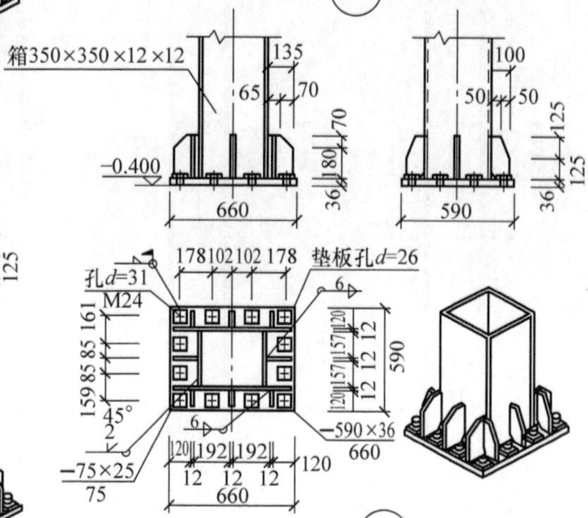

⑫

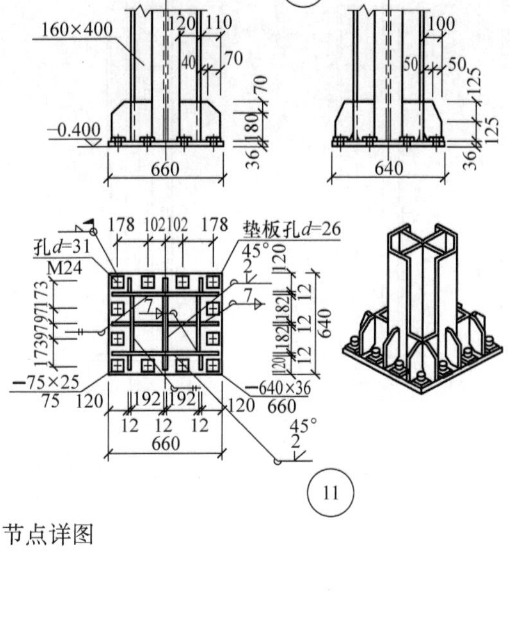

⑪

节点详图

柱脚详图识读

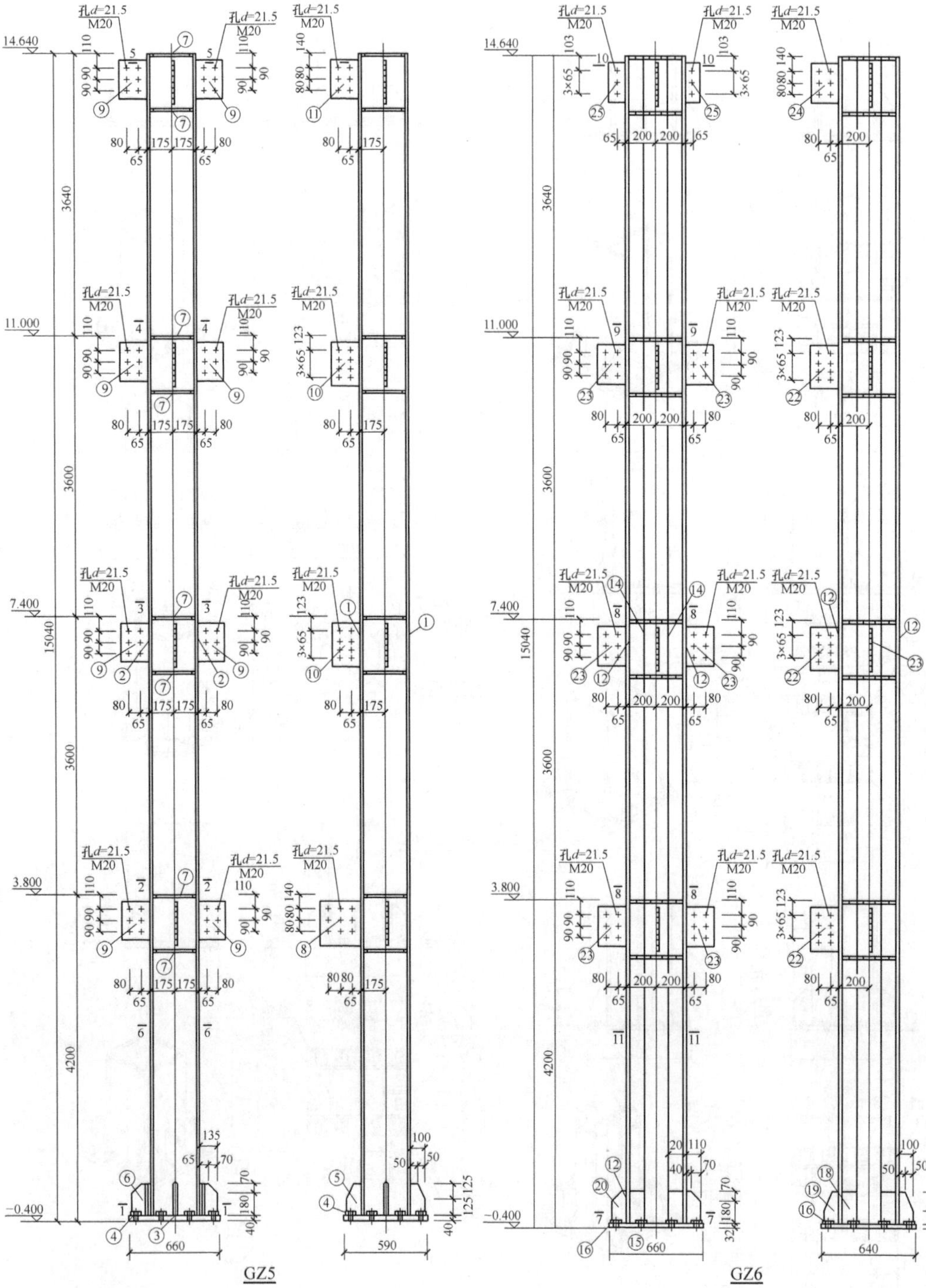

图 9-7 钢柱

钢柱拼接详图识读

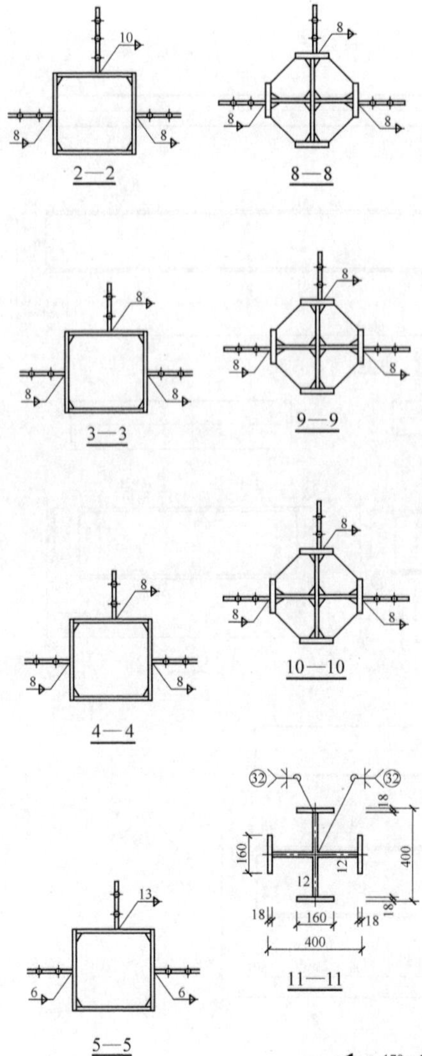

材料表									
构件编号	零件编号	规格	长度/mm	数量		重量/kg			备注
				正	反	单重	共重	总重	
GZ5	1	−326×12	15000	2		460.637	921.27	2263.4	
	2	−350×12	15000	2		494.550	989.10		
	3	−590×40	660	1		122.272	122.27		
	4	−75×28	75	12		1.236	14.832		
	5	−100×12	250	6		1.997	11.982		
	6	−135×12	250	6		2.885	17.310		
	7	−326×18	326	8		14.635	117.080		
	8	−280×14	330	1		10.155	10.155		
	9	−200×10	300	8		4.710	37.680		
	10	−200×14	330	2		7.253	14.506		
	11	−200×14	330	1		7.253	7.253		
GZ6	12	−160×18	15008	4		339.30	1357.2	2704.3	
	13	−364×12	15008	1		514.607	514.607		
	14	−176×12	15008	2		248.820	497.640		
	15	−640×32	660	1		106.107	106.107		
	16	−75×22	75	12		0.971	11.652		
	17	−230×12	250	4		5.122	20.488		
	18	−108×12	250	4		2.416	9.664		
	19	−100×12	250	6		1.997	11.982		
	20	−110×12	250	2		2.296	4.592		
	21	−176×18	176	32		3.356	107.39		
	22	−200×14	330	3		7.253	21.759		
	23	−200×10	300	6		4.710	28.260		
	24	−200×14	330	1		7.253	7.253		
	25	−120×10	300	2		2.826	5.652		

说明：1. 材料表供参考，加工备料时均以放样为准。
　　　2. 图例及说明同前。

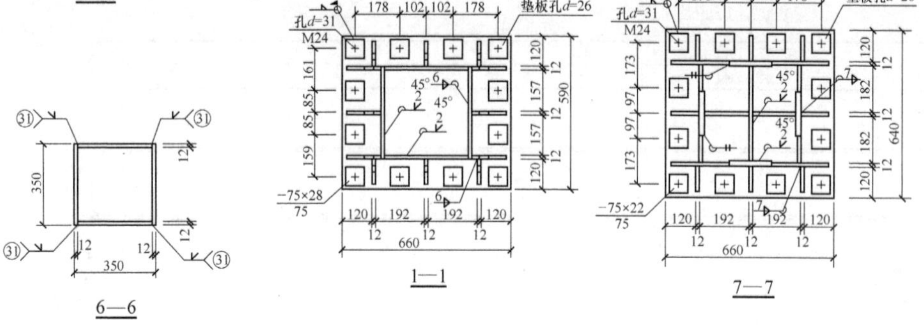

详图

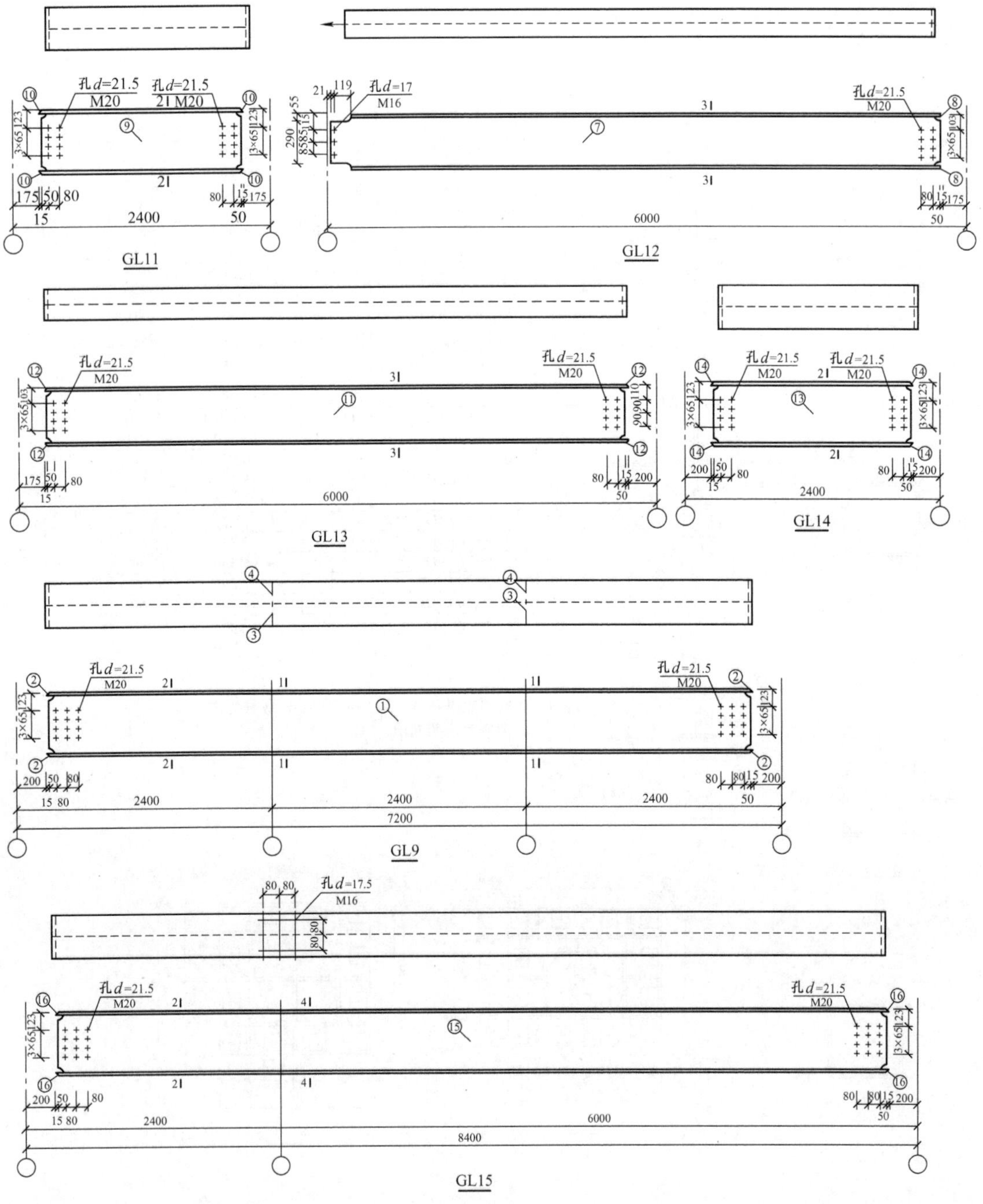

图9-8 钢梁

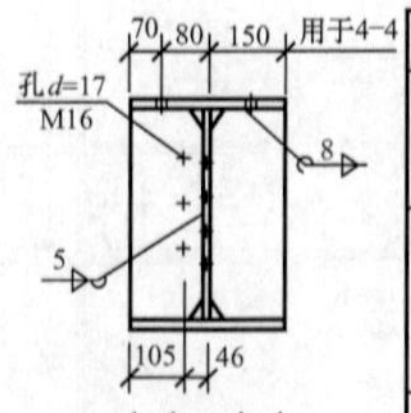

1-1 、4-4

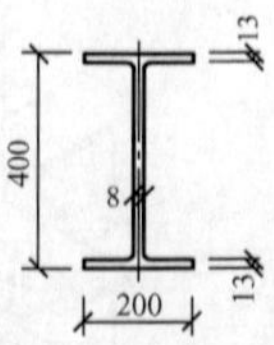

2-2

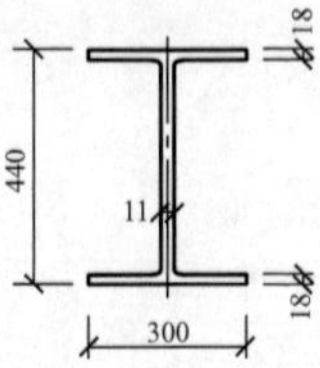

3-3

材料表

构件编号	零件编号	规 格	长度/mm	数量		重量/kg			备注
				正	反	单重	共重	总重	
GL9	1	HM440×300	6790	1		838.966	838.966	855.550	
	2	−30×8	300	4		0.565	2.260		
	3	−144×8	404	2		3.581	7.162		
	4	−144×8	404	2		3.581	7.162		
GL10	5	HM440×300	5430	1		670.925	670.925	673.185	
	6	−30×8	300	4		0.565	2.260		
GL11	7	HN400×200	5799	1		382.965	382.965	383.719	
	8	−30×8	200	2		0.377	0.754		
GL12	9	HM440×300	2040	1		252.060	252.060	254.320	
	10	−30×8	300	4		0.565	2.260		
GL13	11	HN400×200	5615	1		370.782	370.782	372.290	
	12	−30×8	200	4		0.377	1.508		
GL14	13	HM440×300	1990	1		245.882	245.882	248.142	
	14	−30×8	300	4		0.565	2.260		
GL15	15	HM440×300	7990	1		987.236	987.236	989.496	
	16	−30×8	300	4		0.565	2.260		
GL16	17	HM440×300	5665	1		699.962	699.962	702.222	
	18	−30×8	300	4		0.565	2.260		

说明：1.材料表供参考，加工备料时均以放样为准。
2.图例及说明同前。

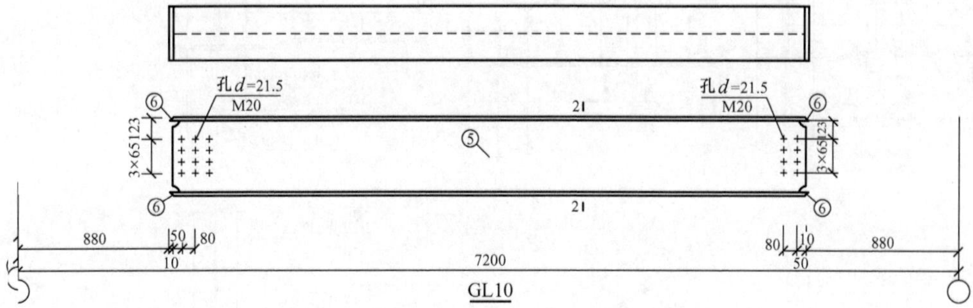

GL10

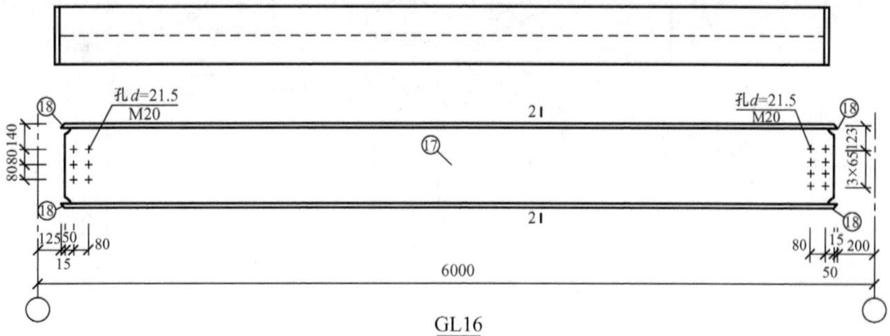

GL16

详图

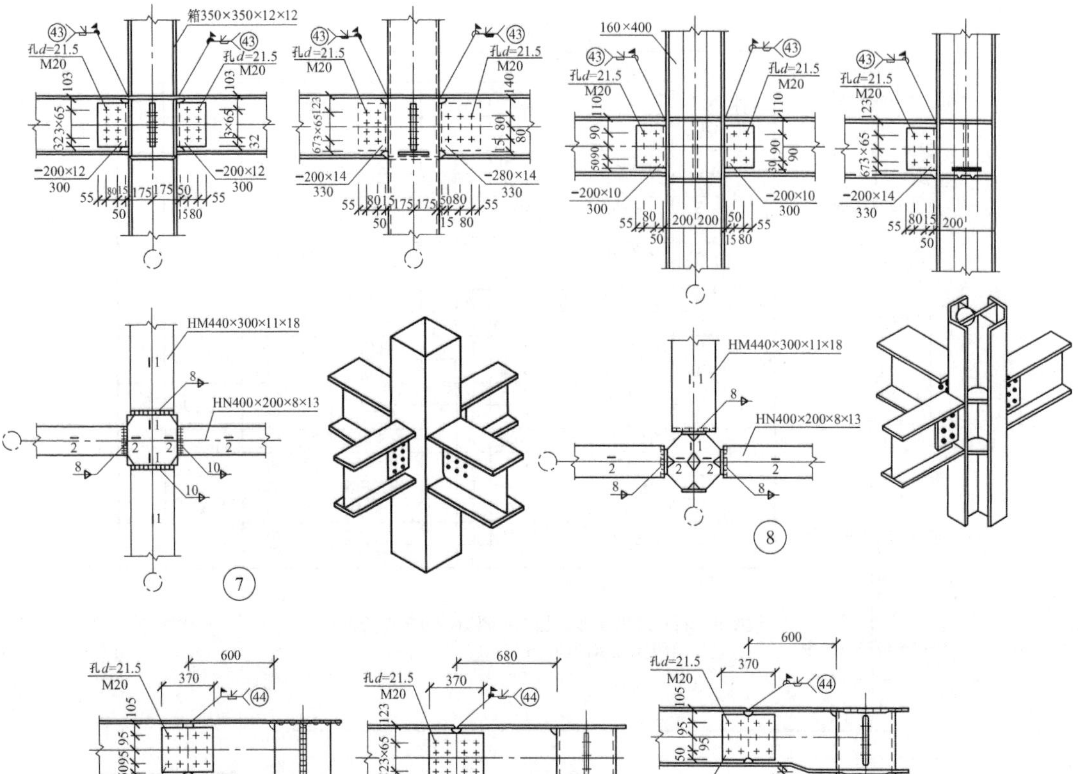

图9-9 钢梁和钢柱

梁与柱连接详图的识读

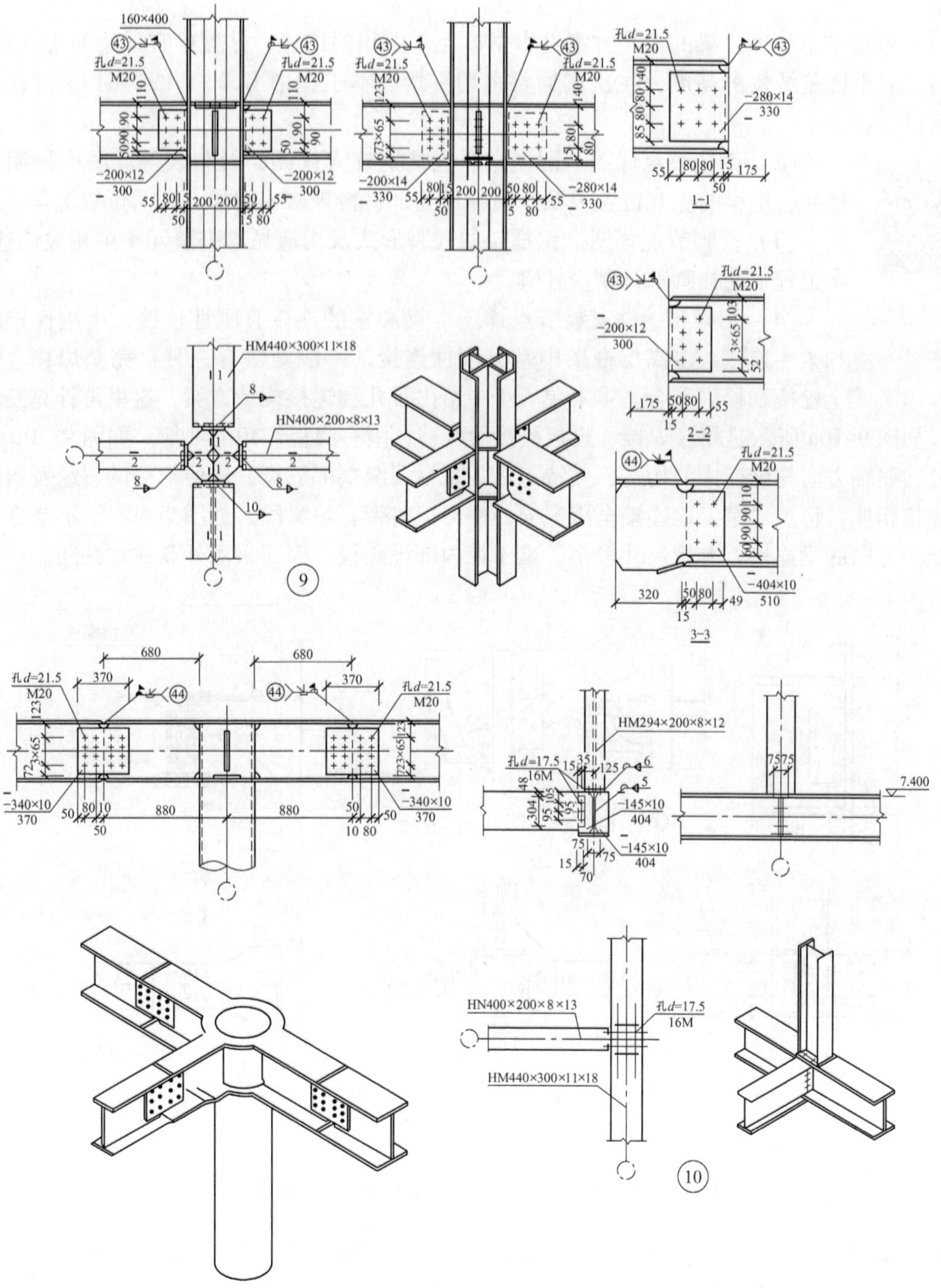
160×400
孔d=21.5
M20
−200×12
300
−200×14
330
−280×14
330
1—1
2—2
3—3
HM440×300×11×18
HN400×200×8×13
−404×10
510
9
680
370
880
−340×10
HM294×200×8×12
孔d=17.5
16M
−145×10
404
7.400
HN400×200×8×13
HM440×300×11×18
10

安装节点详图

对于节点详图的识读，先要判断该详图在整体结构中的位置（根据定位轴线或索引符号），其次判断该连接的连接特点（构件间在何处连接，是刚接还是铰接），最后识读图上的标注。

（1）钢梁节点详图 梁的连接方案见本书单元4中相关论述，楼盖梁宜采用简支连接，并且为了减小楼盖结构的高度，主次梁通常采用平接。本工程中GL2、GL9、GL15需在工地现场拼接。

主次梁连接详图识读

（2）钢柱节点详图 钢柱详图包括钢柱大样图，材料表等。图中标明了柱和各层梁的相互位置关系、细部尺寸、材料规格、编号、孔洞位置等。

（3）柱脚节点详图 钢框架的柱脚形式及构造见本书单元4中相关论述。本工程中的柱脚都是刚接柱脚。

（4）钢梁和钢柱安装节点详图 梁和柱的连接有刚性连接、半刚性连接和柔性连接。多高层框架中常见刚性连接，一般做法有三种：完全焊接、完全栓接和栓焊混合。本书单元4中给出了几种连接构造方案，这里再补充三种方案，如图9-10a所示是翼缘焊接、腹板栓接的构造，附有腹板切角的细部。如图9-10b所示是柱在弱轴方向与梁连接的构造，其特点之一是梁翼缘端部放宽，以便与柱的翼缘及腹板都能焊接相连；特点二是工地连接全用螺栓，柱出厂时带有短梁段。如图9-10c所示是方管柱和两个方向的梁连接，方管尺寸较小，难于在内部设隔板，因而采用外联式加劲肋。

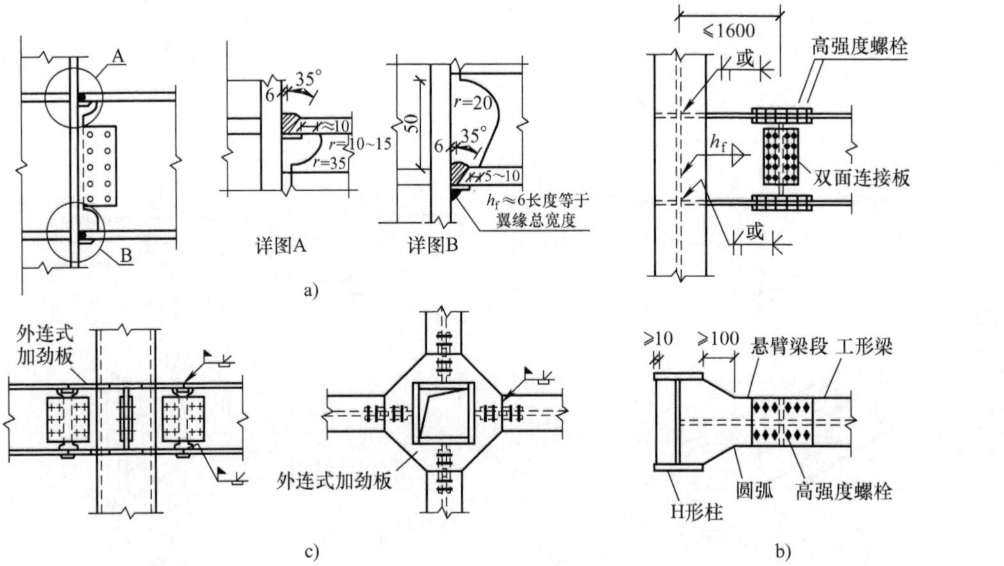

图9-10 梁与柱刚性连接

a）翼缘焊接、腹板栓接 b）梁与柱弱轴连接 c）梁与方管柱连接

在完全焊接时，梁翼缘与柱翼缘间应采用全熔透坡口焊缝，并按规定设置衬板。当框架梁端垂直于工字形柱腹板时，柱在梁翼缘对应位置设置横向加劲肋，且加劲肋厚度不应小于梁翼缘厚度。完全栓接和栓焊混合情形，所有的螺栓都采用高强摩擦型螺栓连接；当梁翼缘提供的塑性截面模量小于梁全截面塑性截面模量的70%时，梁腹板与柱的连接螺栓不得少于两列；即使计算只需一列时，也应布置两列，如图9-10a所示，且此时螺栓总数不得小于

计算值的1.5倍。

多层框架中可由部分梁与柱刚性连接组成抗侧力结构，而另一部分梁铰接于柱，这些柱只承受竖向荷载；设有足够支撑的非地震区多层框架原则上可全部采用柔性连接。单元4中给出了连接构造方案。

多层框架靠梁柱组成的刚架体系，在层数不多或水平力不大的情况下，梁与柱可以做成半刚性连接。显然，半刚性连接必须有抵抗弯矩的能力，但无须像刚性连接那么大。如图9-11所示是一些典型的半刚性连接。图9-11a、b中表示采用端板—高强螺栓连接方式，端板在大多数情况下伸出在梁高度之外（或是上边伸出，下边不伸出）。图9-11a中的虚线表示必要时可设加劲肋。图9-11c则是用连于翼缘的上、下角钢和高强螺栓来连接，由上下角钢一起传递弯矩，腹板上的角钢则传递剪力。

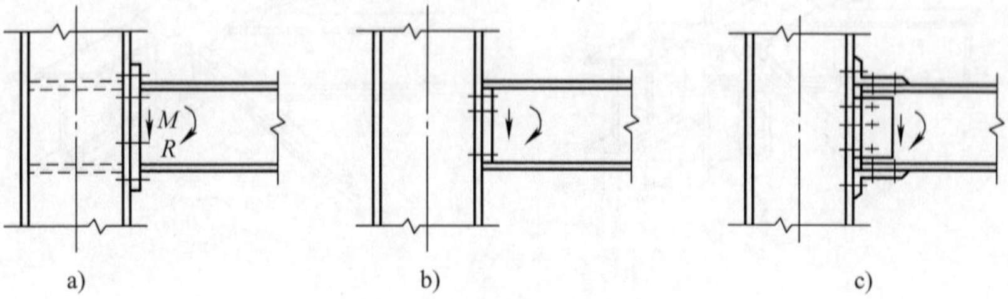

图9-11　梁与柱半刚性连接

6. 支撑

对于高层结构，由于侧向荷载作用的影响处于突出地位，因此，支撑在高层建筑中扮演很重要的角色。高层钢结构中的支撑可分为两大类，一类是水平支撑，另一类是竖向支撑。竖向支撑主要有竖向中心支撑和竖向偏心支撑两种形式。

（1）水平支撑　水平支撑是指设置于同一水平面内的支撑的总称，它包括横向水平支撑和纵向水平支撑。在高层建筑中，水平支撑分为两种，一类是为了建造和安装的安全而设置的临时水平支撑，另一类是永久水平支撑，通常在水平构件（楼盖或屋盖构件）不能构成水平刚度大的隔板时设置。如图9-12所示，在楼盖水平刚度不足时的一种水平支撑布置方案，围绕楼梯间设置了纵向垂直支撑和横向垂直支撑，同时设置了纵向水平支撑和横向水平支撑，它们都是平面桁架。水平桁架杆件可用角钢，两个节点详图表明水平桁架腹杆在节点的连接。其中详图①表示在梁柱节点处的连接，详图②表示在非梁柱节点处的连接。它们的共同特点是节点板表面高出梁上翼缘，在采用压型钢板为楼面的底板时，会有构造处理上的不便。

（2）竖向支撑　高层建筑中的竖向支撑通常呈贯通整个建筑物高度的平面桁架形式，它是通过在两根柱构件间设置一系列斜腹杆构成的。当这些斜腹杆都连接于梁柱节点时称为竖向中心支撑（简称中心支撑），如图9-13所示，否则称为竖向偏心支撑（简称偏心支撑），如图9-14所示。

中心支撑类型及构造

中心支撑宜采用十字交叉斜杆、单斜杆、人字形斜杆或K形斜杆体系。有抗震设防的结构不得采用K形斜杆体系。所有形式的支撑体系都可以跨层跨柱布置。支撑斜杆宜采用双轴对称截面；当采用单轴对称截面时，应采取防止绕对称轴屈曲的构造措施；结构抗震设防烈度不小于7度时，不宜用双

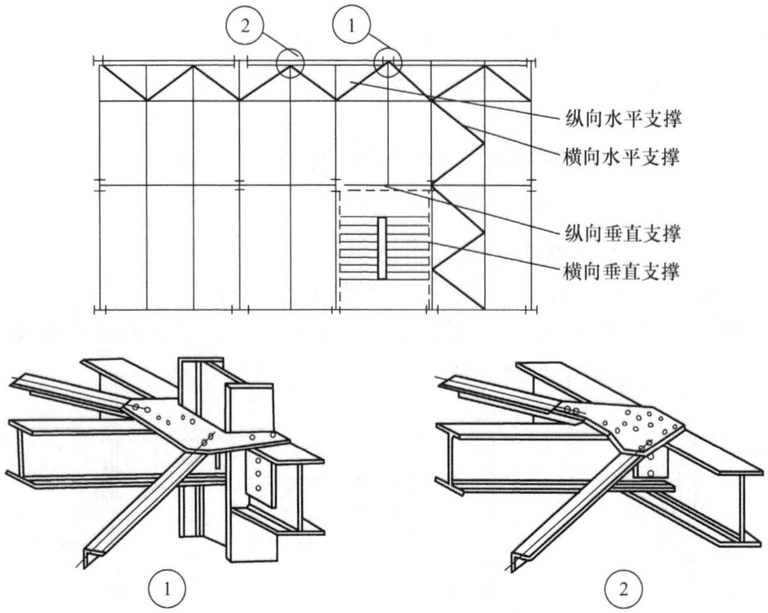

图9-12 水平支撑布置

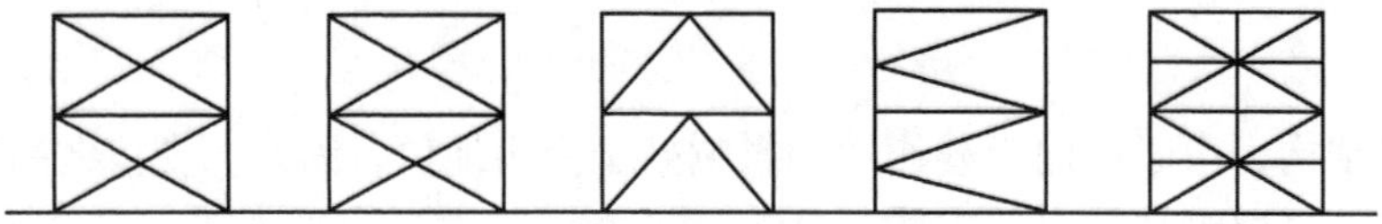

图9-13 中心支撑类型

a）十字交叉斜杆 b）单斜杆 c）人字形斜杆 d）K形斜杆体系 e）跨层跨柱十字交叉斜杆

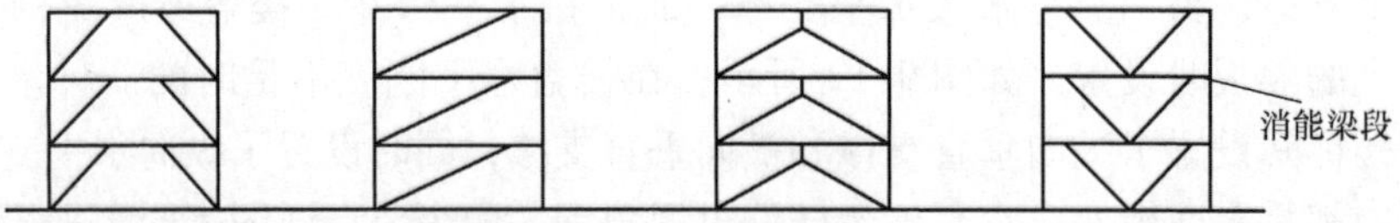

图9-14 偏心支撑类型

a）人字形斜杆 b）单斜杆 c）Y形斜杆体系 d）V形斜杆体系

角钢组合T形截面。与支撑一起组成支撑系统的横梁、柱及其连接，应具有承受支撑斜杆传来内力的能力；与人字支撑、V形支撑相交的横梁，在柱间的支撑连接处应保持连续。

偏心支撑类型及构造

如图9-15所示是框架中心支撑节点的一些常见构造形式，其中带有双节点板的通常称为重型支撑，反之称为轻型支撑。地震区的工字形截面中心支撑宜采用轧制宽翼缘H型钢；如果采用焊接工字形截面，则其腹板和翼缘的连接焊缝应设计成焊透的对接焊缝；与支撑相连接的柱通常加工成带悬臂梁段的形式，以避免梁柱节点处的工地焊缝。

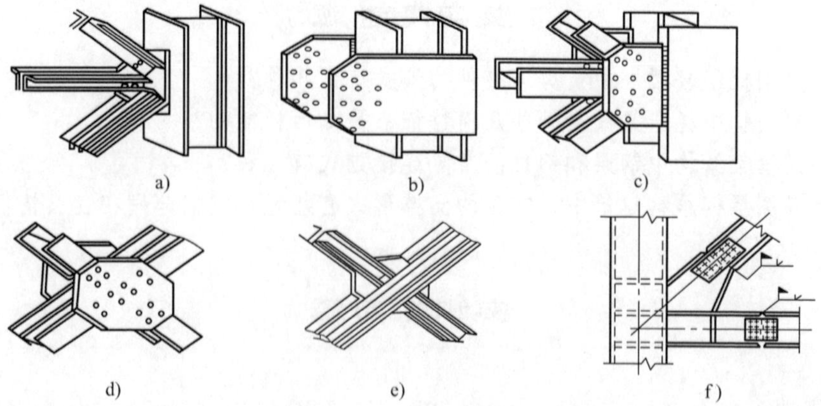

图 9-15　中心支撑节点构造

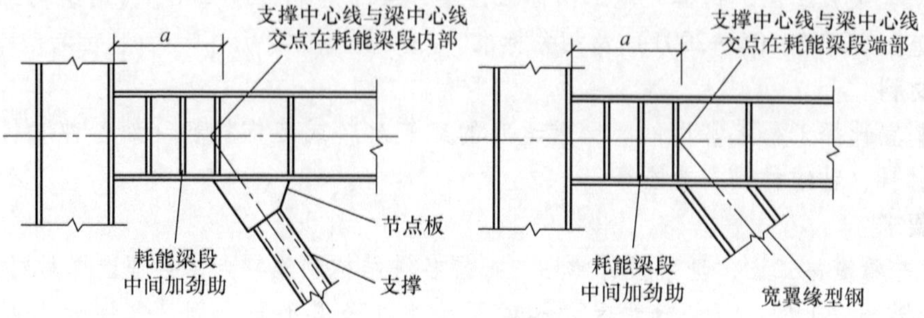

图 9-16　偏心支撑框架构造

如图 9-16 所示是一些偏心支撑框架的构造形式。在偏心支撑框架中，除了支撑斜杆不交于梁柱节点的几何特征外，还有一个重要的力学特征，就是精心设计的耗能梁段一般比支撑斜杆的承载力低，同时具有在重复荷载作用下良好的塑性变形能力。在正常的荷载状态下，偏心支撑框架具有足够的水平刚度；在遭遇强烈地震作用时，耗能梁段首先屈服吸收能量。

耗能梁段所用钢材的屈服强度不应大于 345MPa，以便有良好的延性和消能能力。除此之外，还必须采取一系列构造措施：耗能梁段的腹板不得贴焊补强板，也不得开洞；耗能梁段与支撑连接处，在其腹板两侧配置加劲肋，加劲肋的高度应为梁腹板高度；耗能梁段腹板的中间加劲肋，需按梁段的长度区别对待，中间加劲肋应与消能梁段的腹板等高，当消能梁段截面高度小于 640mm 时，可配置单侧加劲肋，当消能梁段截面高度大于 640mm 时，应在两侧配置加劲肋。偏心支撑的斜杆中心线与梁中心线的交点，一般在消能梁段的端部，也可以在消能梁段内，但不应在消能梁段以外。

耗能梁段翼缘与柱翼缘之间应采用坡口全熔透对接焊缝连接，耗能梁段腹板与柱之间应采用角焊缝连接；耗能梁段与柱腹板连接时，耗能梁段翼缘与连接板间应采用坡口全熔透焊缝，耗能梁段腹板与柱间应采用角焊缝；耗能梁段要承受平面外扭转，与耗能梁段处于同一跨内的框架梁，同样承受轴力和弯矩，为保持其稳定，耗能梁段两端上下翼缘应设置侧向支撑。

复习思考题

9-1 压型钢板组合楼板中抗剪连接件的形式有哪几种?

9-2 框架结构中耗能梁段有哪些几何特征，是如何耗能的?

9-3 在钢框架结构中钢梁和钢柱的常见连接方式有几种?

9-4 在多高层钢结构建筑中，常见的支撑形式有几种?它们分别在什么情况下使用?

实训练习题

题目

常见钢框架模型制作。

制作依据

本书钢框架施工图，钢框架施工图标准图集，实际钢框架施工图，《钢结构工程施工质量验收规范》(GB 50205—2001) 及相关标准。

制作材料

因地制宜选择工程上常用的、比较适宜的建筑材料或装饰材料，如各种木材、金属材料、有机材料、粘结材料、螺栓等。

制作要求

1) 首先看懂施工图，理解设计意图，把握各种结构制作特点，合理选择材料。

2) 选择合适比例，杆件轴线尺寸和截面尺寸可采用不同比例，零件大小可采用不同比例。

3) 通过放样确定零件尺寸，严格按比例制作，保证裁料精度。

4) 作品应美观、大方，具有一定的耐久性和承载力。

5) 要求不能是单框架结构，且应制作两层及以上。

6) 制作完成后，写出实训报告。

单元10　钢管屋架结构施工图识读

【单元概述】

本单元讲述了钢管屋架结构的形式、杆件截面选择原则、节点构造要求。

【学习目标】

通过本单元的学习、训练，学生应了解钢管屋架结构的常见形式，掌握钢管屋架结构的杆件截面选择原则和节点构造要求。

钢管屋架因具有多方面的良好性能，在各类建筑中，特别是轻型屋面的大跨度建筑中有较多的应用，钢管截面的类型可分为圆管及矩（方）形管两类，其制作方法可以是冷弯成形（当壁厚为2～6mm时，为冷弯薄壁圆管及冷弯薄壁矩形管），也可以是热轧成形。当技术经济条件合理时，还可采用无缝钢管。

1. 屋架形式

钢管屋架外形与角钢屋架相同，即屋架跨度L由使用或工艺要求确定；屋架的高度（跨中及端部高度）则由经济高度、刚度、运输界限及屋面坡度等因素确定。跨中经济高度为（1/10～1/8）L，端部高度通常取1.5～2.0m。根据已确定的端部高度、上弦坡度可推算跨中高度。在等高的多跨房屋中，各跨屋架的端部高度应尽可能相同。

（1）弦杆的节间划分　屋架上弦杆的节间划分应适应屋面材料尺寸，宜使屋面荷载直接作用于节点上。

对于有檩体系，屋架上弦杆的节间划分，一般取一个檩距或两个檩距为一个节间长度。当取一个檩距时，弦杆只有节点荷载；当取两个檩距时，上弦杆有节间荷载，上弦杆除轴心力外还有弯矩，所需截面较大，但腹杆和节点数量减少。

对于檩距为1.5m的压型钢板屋面，屋架上弦杆的节间长度可取一个或两个檩距。对于檩距为3.0m的压型钢板或3.0m×6.0m的太空轻质大型屋面板屋面，屋架上弦杆的节间长度宜取一个檩距3.0m。为简化节点，充分发挥型材强度的角度，上弦杆宜优先采用3.0m节距（檩距或板宽也为3.0m）。

屋架下弦杆的节间划分主要根据所选用的屋架形式、上弦杆节间划分和腹杆布置确定。

（2）腹杆布置　由于截面刚度较大，布置腹杆时不需要过分强调短杆受压、长杆受拉，故能较好地适应人字式、单斜式和再分式等各类腹杆体系。腹杆布置与角钢屋架相同。

2. 杆件截面选择

按各杆件的内力设计值N、M，杆件在两个方向的计算长度，截面形式，钢材的强度等进行截面选择。热加工管材和冷成形管材不应采用屈服强度超过Q345钢及屈强比$f_y/f_u>0.8$的钢材，且钢管壁厚不宜大于25mm。

(1) 杆件计算长度　杆件在平面内、外的计算 l_{0x}、l_{0y} 见表10-1。当屋架节点为杆件直接连接时，其杆件平面内、外的计算长度系数 μ：对杆件可取0.9；对腹杆可取0.75。

当弦杆侧向支承点之间的距离为节间长度的2倍且两节间的弦杆轴心压力有变化时，则该弦杆在屋架平面外的计算长度应考虑轴力变化的影响，计算方法同角钢屋架。

表10-1　钢管桁架构件计算长度

桁架类别	弯曲方向	弦杆	腹杆	
			支座斜杆和支座竖杆	其他腹杆
平面桁架	平面内	$0.9l$	l	$0.8l$
	平面外	l_1	l	l
立体桁架		$0.9l$	l	$0.8l$

注：l 为构件的几何长度（节点中心距离）；l_1 为屋架弦杆侧向支撑点之间的距离。

(2) 杆件截面形式　钢管屋架的截面有方钢管或圆钢管两种形式。方钢管多为闭口或两个槽钢的焊接截面；圆钢管为高频焊接截面或轧制无缝截面。方钢管截面主要采用正方形，必要时可用长方形。长方形钢管用于弦杆平放时，可更好地应用于需要有较大侧向宽度和刚度的情况。

圆钢管的外径与壁厚之比不应超过 $100\sqrt{\frac{235}{f_y}}$，方钢管的最大外缘尺寸与壁厚之比不应超过 $40\sqrt{\frac{235}{f_y}}$。

屋架弦杆全长宜采用同一截面规格的型材。跨度大于等于24m的屋架，可根据弦杆内力变化情况在某一节点处改变其截面尺寸，一般只改变截面壁厚而不改变截面的外形尺寸，且须保证该节点两侧弦杆的几何中心线位于同一直线；否则，应考虑由此偏心产生的附加弯矩。

3. 构造要求

(1) 一般原则

1) 节点通常不用节点板，而将杆件直接汇交焊接，图10-1a、b所示即为顶接。支管端部宜使用自动切割机切割，支管壁厚小于6mm时不可破口。杆端切割稍麻烦；但构造简单，制造方便。钢管屋架杆件端部应进行焊接封闭，以防管内锈蚀。

2) 当方钢管屋架需要加强时，可采用通过垫板焊接的连接节点，如图10-1c所示。

3) 各杆件截面重心轴线应汇交于节点中心，尽可能避免偏心。若支管与主管连接节点偏心不超过 $-0.55\leqslant\frac{e}{h}$ 或 $\frac{e}{d}\leqslant0.25$ 限制时（式中 e 为偏心距；d 为圆主管外径；h 为连接平面内的矩形主管高度），在计算节点和受拉主管承载时，可忽略因偏心引起的弯矩影响，但受压主管必须考虑此偏心弯矩（$M=\Delta N\times e$，ΔN 为节点两侧主管轴力差值）。

4) 支管与主管或两个支管轴线夹角不宜小于30°。主管的外部尺寸不应小于支管的外部尺寸，主管的壁厚不应小于支管的壁厚，在支管与主管连接处不得将支管插入主管内。

5) 支管与主管的连接焊缝，应沿全周连续焊接并平滑过渡，可全部用角焊缝或部分采用对接焊缝、部分采用焊缝。支管管壁与主管管壁之间的夹角不小于120°时的区域宜用对接焊缝或带坡口的角焊缝。角焊缝的焊脚尺寸 h_f 不宜大于支管壁厚的2倍。

6) 对有间隙的K形或N形节点见图10-2a、b，支管间隙 a 应不小于两支管壁厚之和。

7) 对搭接的K形或N形点，当支管厚度不同时，薄壁管应搭在厚壁管上；当支管钢材

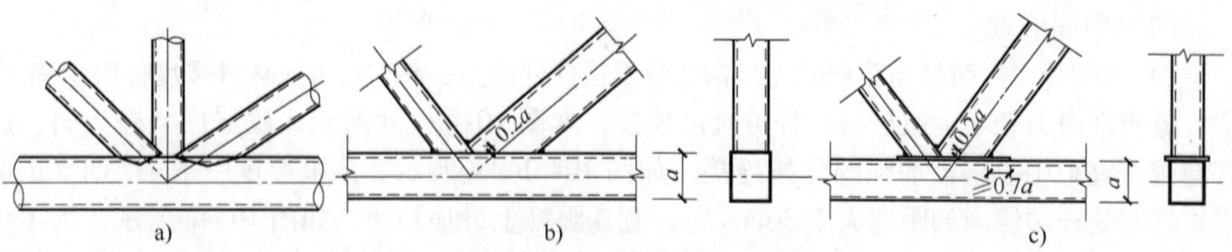

图 10-1　钢管屋架节点

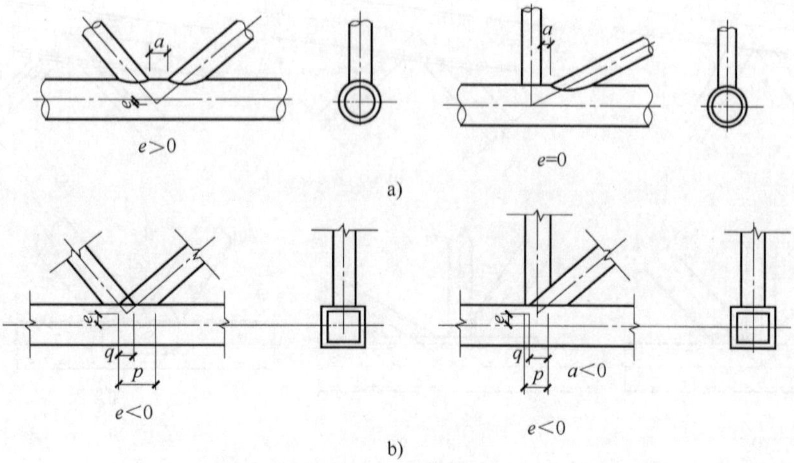

图 10-2　K 形和 N 形管节点的偏心和间隙

a）有间隙的节点　b）搭接的节点

强度等级不同时，低强度管应搭在高强度管上。搭接节点的搭接率 $Q_v = q/p \times 100\%$ 应满足 $25\% \leqslant Q_v \leqslant 100\%$，且应确保在搭接部分支管之间的连接焊缝能很好地传递内力。

8）钢管构件在承受较大横向荷载的部位应采取适当的加强措施，以防止产生过大的局部变形。构件的主要受力部位应避免开孔，如必须开孔，应采取适当的补救措施。若钢管屋架上弦节点荷载较大，须设垫板加强，如图 10-3 所示。加强垫板应保证钢管屋架上弦的局部刚度及屋面板有足够的支承长度，厚度不宜小于 8mm。若方钢管屋架上弦较宽，垫板可直接焊于弦杆上，如图 10-3a 所示；但其外伸尺寸较大时宜设加劲肋，如图 10-3b 所示；圆钢管屋架上弦的加强垫板通过加劲肋与圆钢管相连，如图 10-3c 所示。

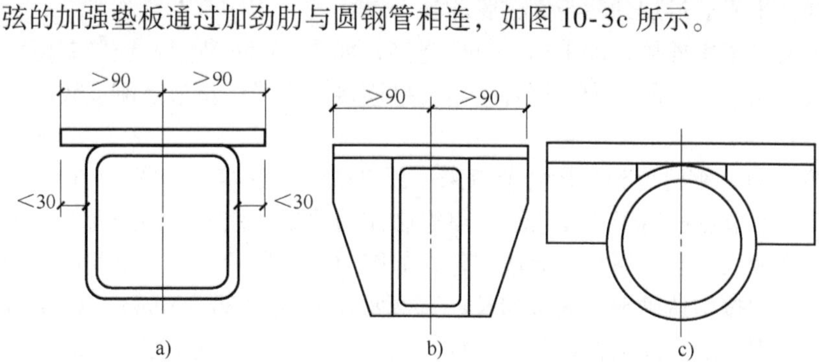

图 10-3　屋架上弦垫板示意图

（2）中间节点

1）方钢管屋架弦杆与腹杆的连接构造应根据杆件内力、相对尺寸及弦杆厚度等因素确定。

若腹杆内力较小，腹杆与弦杆可直接顶接，如图10-4a、d所示。腹杆内力较大时，腹杆与弦杆宜采用以垫板加强的顶接连接，如图10-4b、e所示。垫板厚度一般不小于6mm。当腹杆与弦杆边缘间的距离大于30mm时，宜在腹杆上设加劲肋，如图10-4c所示。为了加强节点刚度，也可在弦杆两边布置加强板，如图10-4f所示。

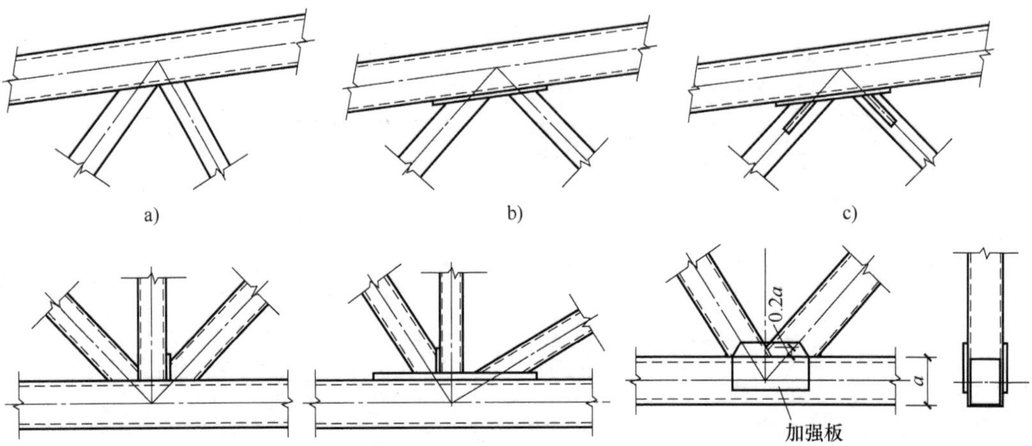

图10-4 方钢管屋架中间节点

腹杆在弦杆处交错连接时，应使较大腹杆与弦杆（或垫板）直接连接，较小腹杆可切角与较大腹杆和弦杆顶接。斜腹杆与竖杆连接时，可加设竖向垫板过渡，如图10-4d、e所示。

2）圆钢管屋架的腹杆与弦杆的连接一般采用直接顶接，杆件端部经仿形机加工或精密切割成弧形剖口，以使腹杆与弦杆在相关面上紧密贴合，接触面的空隙不宜大于2mm，以确保焊接质量。

图10-5a、b所示为圆钢管屋架弦杆、腹杆直接顶接的节点构造示意图。一般应使较大腹杆与弦杆直接顶接，较小腹杆除与弦杆连接外，尚可能与其他腹杆相连，其端部应加工成相关面，以确保弦杆与较大腹杆紧密贴合。图10-5a所示中上弦杆表面平板是为放置檩条和屋面板而设置，平板通过加劲肋与圆钢管相连。

圆钢管屋架可采用插接，即采用节点板连接，如图10-5c所示，连接需要剖开钢管，以便节点板插入。图10-5d所示为将钢管敲扁直接连接的形式，该节点刚度较小，仅适用于中跨度的屋架。

（3）屋脊节点 钢管屋架的屋脊节点采用顶接或螺栓连接，如图10-6所示。

图10-6a所示节点适用于跨度较小、整榀制作的屋架，该节点构造简单、施工方便。

当屋架跨度较大，宜在屋脊处分段制作，如图10-6b所示，工地拼装的屋架，顶接板有大、小两块，尺寸按构造确定，大板的长、宽通常比小板大20～30mm，以便施焊。若屋架设有中央竖杆，则应加长顶接板以连接竖杆。顶接板的厚度不宜小于10mm。

（4）支座节点 常用支座节点构造形式有顶接式、插接式两种。

1）顶接式。图10-7所示为顶接式支座节点的两种形式。如图10-7a所示为屋架支座底

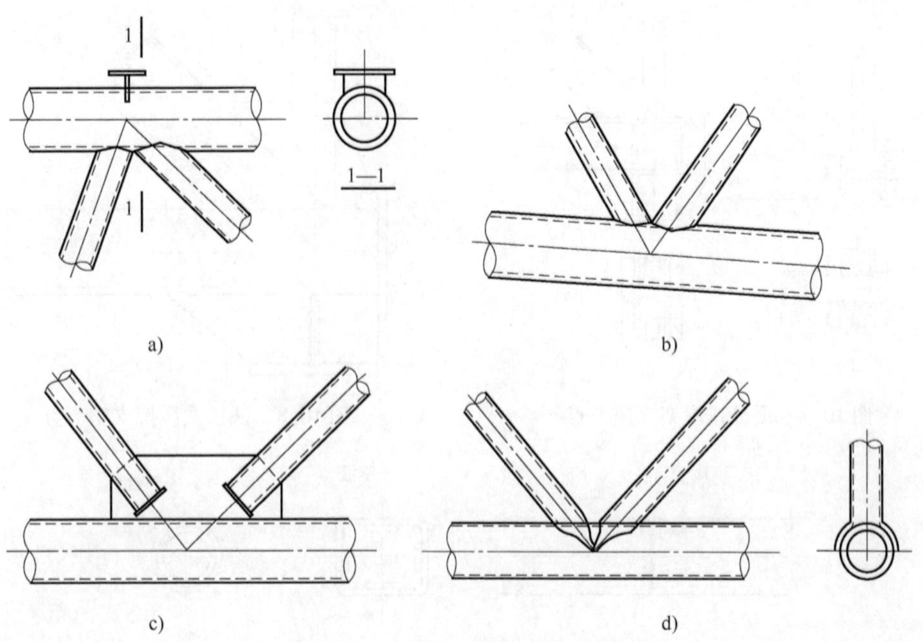

图 10-5　圆钢管屋架中间节点

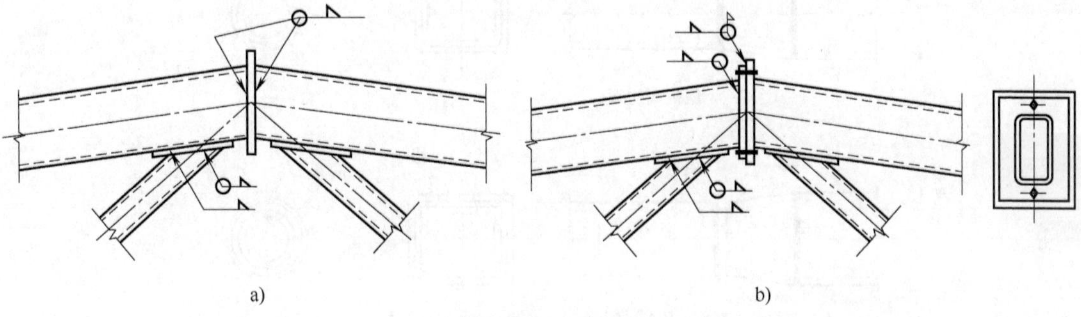

图 10-6　屋脊节点

板可直接搁置于柱顶，适用于跨度较小、下弦杆不加高的情况，具有构造简单、受力明确、节省材料等特点。图 10-7b 所示为加高下弦与柱顶的连接详图，这种支座节点适应性较强，但耗钢量较多。图中加劲肋和垫板的厚度均不得小于 8mm。

2）插接式。图 10-8 所示为开口插接式支座节点构造详图，其中杆件的连接强度取决于节点板与弦杆间的连接焊缝。

屋架支座底板上锚固螺栓及垫板设置如图 10-7、图 10-8 所示，其与角钢屋架相同。

（5）弦杆拼接　材料长度不足或弦杆截面有改变以及屋架分单元运输时弦杆经常要拼接。前两者为工厂拼接，拼接点宜设在内力较小的节间；后者为工地拼接，拼接点通常在节点。

1）受拉构件的拼接接头，一般采用内衬垫板或衬管的单面焊接，如图 10-9 所示。接头按与杆件等强度设计。

2）受压构件的拼接接头，一般采用隔板焊接，如图 10-10 所示。杆件端部与隔板顶紧，隔板两侧杆件的纵轴线应位于同一直线上。

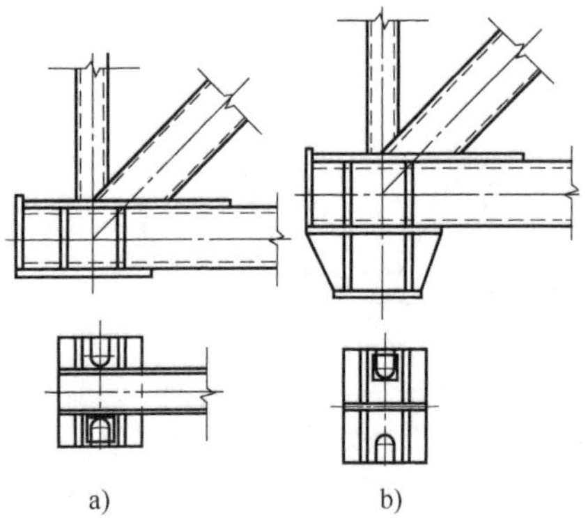

图10-7 顶接式屋架支座节点

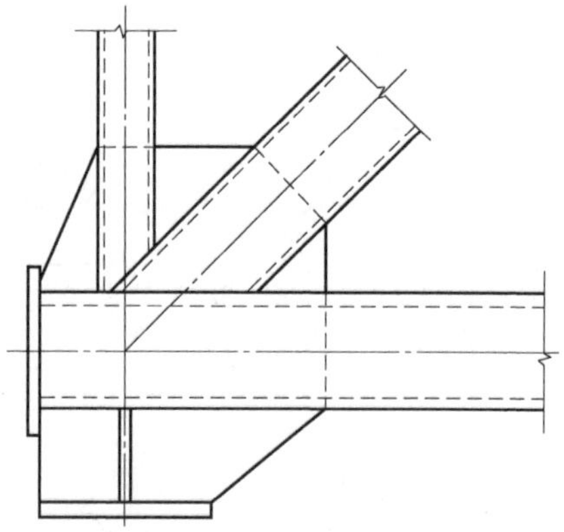

图10-8 插接式屋架支座节点

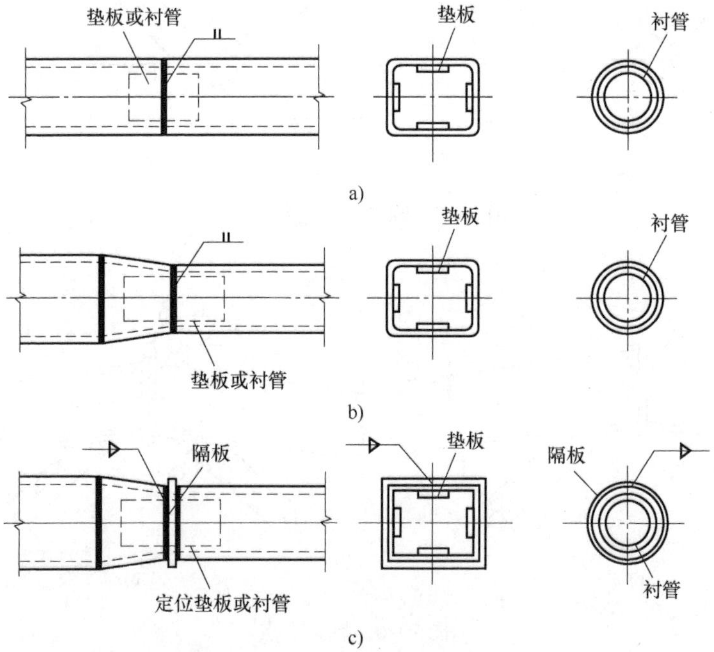

图10-9 有内衬的单面焊接接头

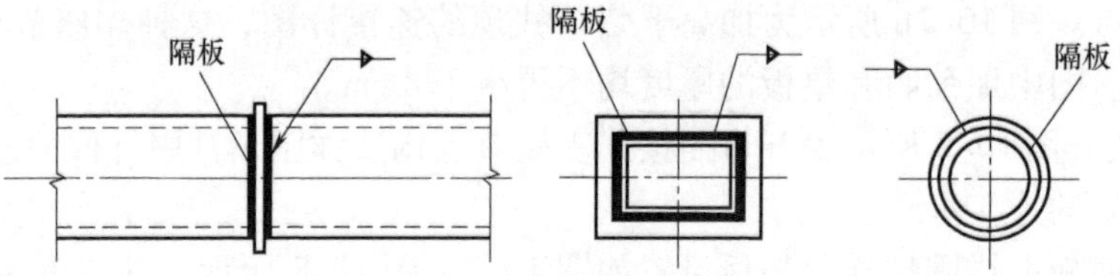

图10-10 隔板焊接接头

若屋架受压杆件采用图10-10所示隔板焊接接头的强度不能满足时，可采用斜隔板顶接头，如图10-11所示，以增加连接焊缝长度，斜隔板与杆纵轴线的交角不宜小于45°，隔板厚度不得小于6mm。

当承受节间弯矩的受压弦杆截面上出现拉应力时，杆件的接头宜按图10-9c所示焊接，同时设隔板、垫板或衬管，连接焊缝由计算确定。

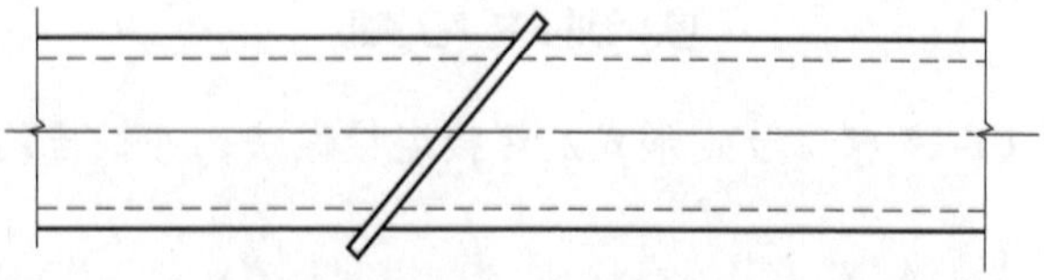

图10-11 受压杆件的斜隔板接长接头

因制造、运输条件所限，屋架需分段制作、工地拼装时，拼装节点的位置和接头形式均需在屋架施工图中详细说明。工地拼装节点处应设定位螺栓，以利工地定位拼装。

屋架杆件部分拼接接头构造如图10-12所示。拼装接头多采用图10-12a、b所示焊接，螺栓（包括高强度螺栓）连接如图10-12c所示，或焊接、栓接的混合连接如图10-12d所示。

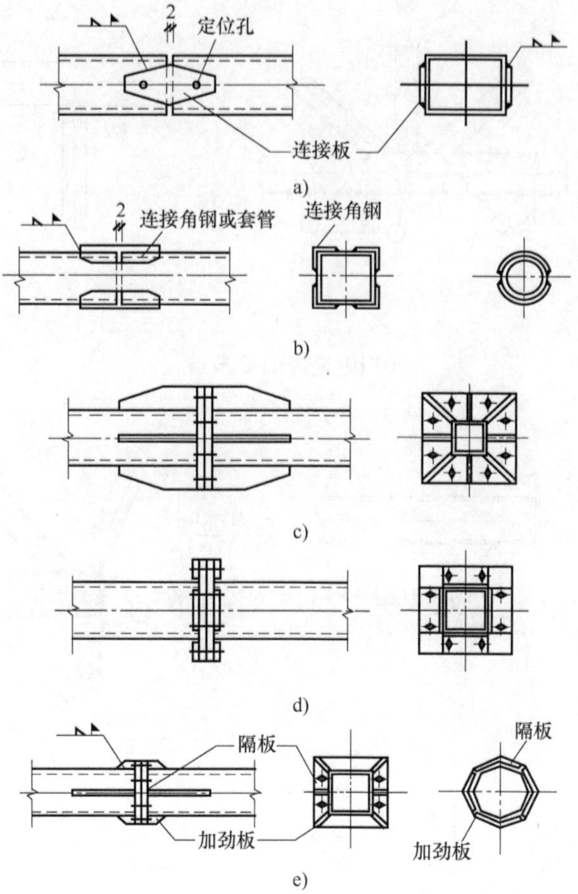

图10-12 屋架杆件部分拼接接头构造

采用螺栓连接（或高强度螺栓连接）的拼装接头如图10-12c所示，不需工地焊接，施工方便，能保证质量。通常拼接螺栓数不得少于4个，栓径不得小于12mm，顶接板的厚度不宜小于12mm。

屋架所有拼装节点均需在制造厂进行屋架整体试拼，确认无误后方可出厂，以确保工地拼装质量。

实训练习题

识读图10-13、图10-14相贯节点形式及焊接连接做法，并按传统画法绘制节点详图。

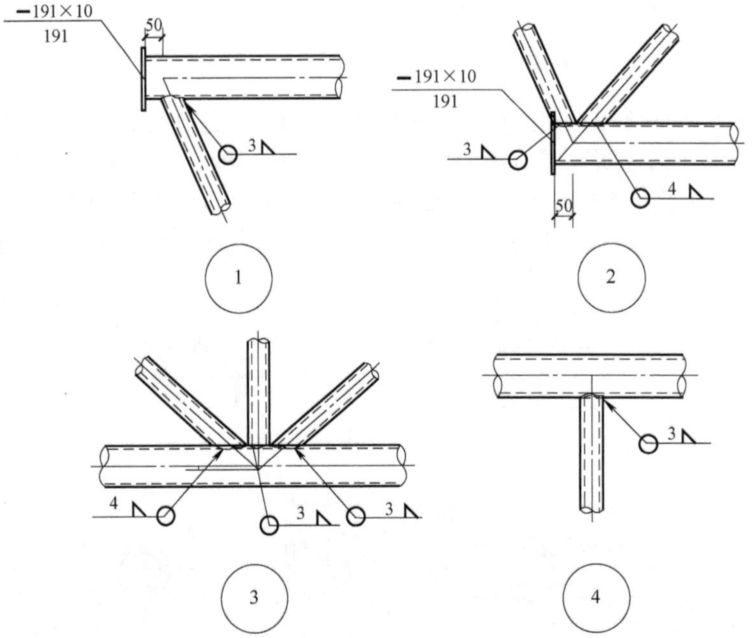

图10-13 HJ-2节点

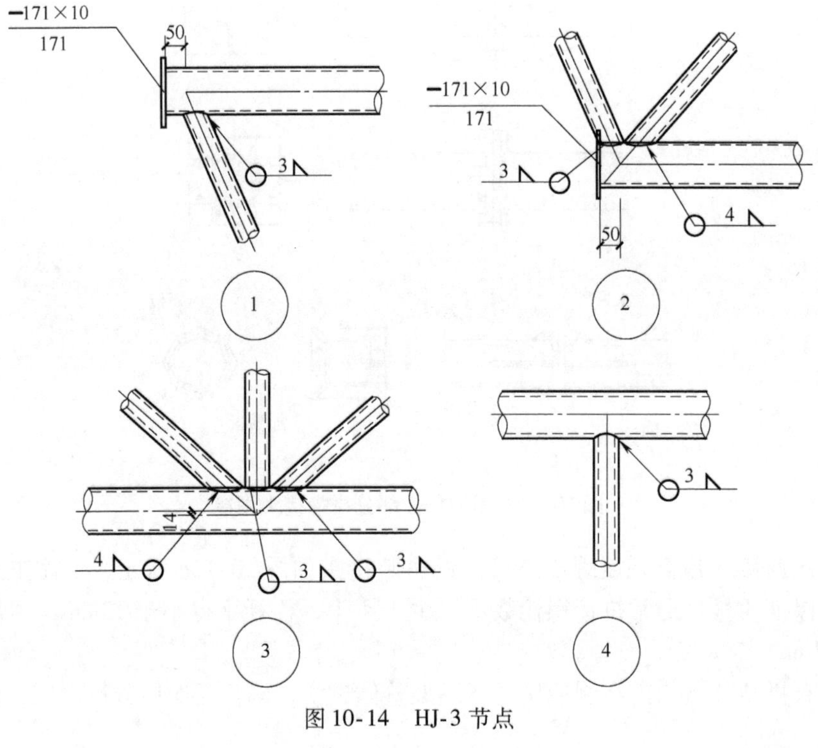

图10-14 HJ-3节点

模块3 钢结构制作

单元11 钢结构加工制作

【单元概述】

本单元讲述了钢结构加工制作的全过程，包括原材料的储存、堆放与检验，加工前的准备工作，加工工序及加工后的验收。

【学习目标】

通过本单元的学习，学生应熟悉钢结构的加工制作过程，掌握钢结构的加工程序，能独立完成钢结构的放样工作。

钢结构是由多种规格尺寸的钢板、型钢等钢材，按设计要求剪裁加工成零件，经过组装、连接、校正、涂漆等工序后制成成品，然后再运到现场安装而成的。

钢结构加工制作

由于钢结构生产过程中加工对象的材性、自重、精度、质量等特点，其原材料、零部件、半成品以及成品的加工、组拼、移位和运送等工序全需凭借专门的机具及设备来完成，所以要设立专业化的钢结构制造工厂进行工业化生产。工厂的生产部门由原料库、放样车间、机加工车间、焊接车间、喷涂车间、成品库等组成，同时还有设计及质量检查部门。

课题1 钢材的储存、堆放及检验

1. 钢材储存、堆放的条件

钢材可露天堆放，也可堆放在有顶棚的仓库里。露天堆放时，堆放场地要平整，并应高于周围地面，四周留有排水沟，雪后要易于清扫。堆放时要尽量使钢材截面的背面向上或向外，以免积雪、积水，如图11-1所示，两端应有高差，以利排水。

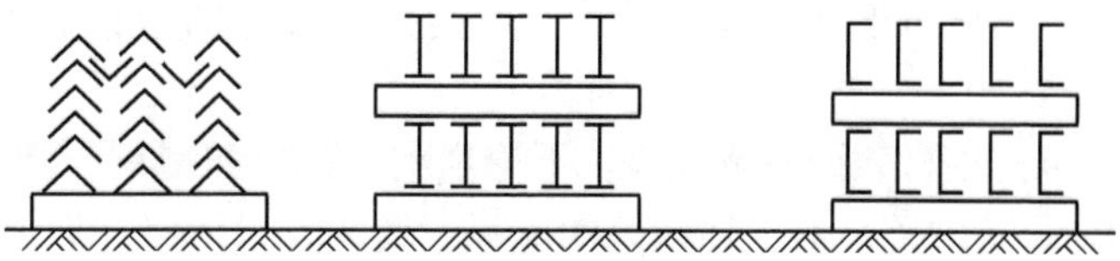

图11-1 钢材露天堆放

堆放在有顶棚的仓库内时，

可直接堆放在地坪上，下垫楞木。对于小钢材也可堆放在架子上，堆与堆之间应留出通道，如图 11-2 所示。

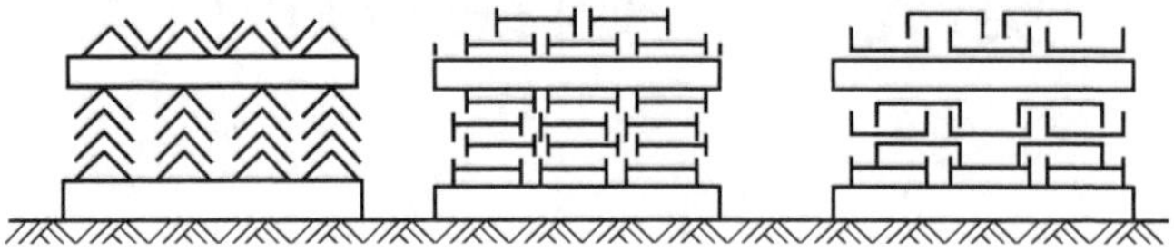

图 11-2 钢材在仓库内堆放

钢材的堆放要尽量减少钢材的变形和锈蚀，钢材堆放的方式既要节约用地，也要注意提取方便。

钢材堆放时每隔 5 ~ 6 层放置楞木，其间距以不引起钢材的明显弯曲变形为宜。楞木要上下对齐，在同一垂直平面内。

为增加堆放钢材的稳定性，可使钢材互相勾连或采取其他措施。这样，钢材的堆放高度可达到所堆宽度的两倍，否则，钢材堆放的高度不应大于其宽度。一般应一端对齐，在前面立标牌写清工程名称、钢号、规格、长宽、数量。

选用钢材时要按顺序寻找，不准乱翻。考虑材料堆放时要便于搬运，在料堆之间留有一定宽度的通道以便运输。

2. 钢材的标识

钢材端部应树立标牌，标牌要标明钢材的规格、钢号、数量和材质验收证明书编号。钢材端部根据其钢号涂以不同颜色的油漆，油漆的颜色可按表 11-1 选择。

表 11-1 钢材钢号和色漆对照

钢号	Q195	Q215	Q235	Q255	Q275	Q345
油漆颜色	白色 + 黑色	黄色	红色	黑色	绿色	白色

钢材的标牌应定期检查。余料退库时要检查有无标识，当退料无标识时，要及时核查清楚，重新标识后再入库。

3. 钢材的检验备料和核对

钢材的检验制度是保证钢结构工程质量的重要环节。因此，钢材在正式入库前必须严格执行检验制度，经检验合格的钢材方可办理入库手续。钢材检验的主要内容包括：

1）钢材的数量、品种应与订货合同相符。

2）钢材的质量保证书应与钢材上打印的记号符合。每批钢材必须具备生产厂提供的材质证明书，写明钢材的炉号、钢号、化学成分和力学性能。对钢材的各项指标可根据国家规定进行检验。

3）核对钢材的规格尺寸。各类钢材尺寸的容许偏差，可参照有关标准中的规定进行核对。

4）钢材表面质量检验。不论扁钢、钢板和型钢，其表面均不允许有结疤、裂纹、折叠和分层等缺陷。有上述缺陷的应另行堆放，以便研究处理。钢材表面的锈蚀深度不得超过其厚度负偏差值的 1/2。

经检验发现“钢材质量保证书”上数据不清、不全，材质标记模糊，表面质量、外观尺寸不符合有关标准要求时，应视具体情况重新进行复核、复验鉴定。经复核、复验鉴定合格的钢材方准正式入库，不合格钢材应另作处理。

经验收或复验合格的钢材入库时应进行登记，填写记录卡，注明入库时间、型号、规格、炉批号，专项专用的钢材还应注明工程项目名称。钢材表面涂上色标，标上规格和型号，按品种、牌号、规格分类堆放。

库存钢材应保持账、卡、物三者相符，并定期进行清点检查。对保存期超过一定期限的钢材应及时处理，避免积压和锈蚀。

库存钢材还应备有实际长度的检尺记录，使用前提供给技术部门作为下料、配料的依据。

钢材要依据“领料单”发放，发料时要仔细核对钢材牌号、规格、型号、数量等。未经检验合格入库的钢材不准发放投产。

课题2　钢结构加工前的准备工作

1. 审查图样

审查图样的目的，一方面是检查图样设计的深度能否满足施工的要求，核对图样上构件的数量和安装尺寸，检查构件之间有无矛盾等；另一方面也对图样进行工艺审核，即审查在技术上是否合理，在构造上是否便于施工，图样上的技术要求按加工单位的施工水平能否实现等。

如果是由加工单位自己设计施工详图，在制图期间又已经过审查，则审图的程序可相应简化。

审核图样的主要内容包括以下项目：

1）设计文件是否齐全，设计文件包括设计图、施工图、图样说明和设计变更通知单等。

2）构件的几何尺寸是否标注齐全。

3）相关构件的尺寸是否正确。

4）节点是否清楚，是否符合国家标准。

5）标题栏内构件的数量是否符合工程的总数量。

6）构件之间的连接形式是否合理。

7）加工符号、焊接符号是否齐全。

8）结合本单位的设备和技术条件考虑，能否满足图样上的技术要求。图样的标准化是否符合国家规定等。

2. 备料和核对

（1）备料　根据图样材料表算出各种材质、规格的材料净用量，再加一定数量的损耗，提出材料需用量计划。提料时，需根据使用尺寸合理订货，以减少不必要的拼接和损耗。但钢材如不能按使用尺寸或使用尺寸的倍数订货，则损耗必然会增加。钢材的实际损耗率可参考有关资料给出的数值。工程预算一般可按实际用量所需的数值再增加10%进行提料和备料。如果技术要求不允许拼接，其实际损耗还要增加。

（2）核对　核对来料的规格、尺寸和重量，并仔细核对材质。如果进行材料代用，必须经设计部门同意，并将图样上的相应规格和有关尺寸全部进行修改，同时应按下列原则进行：

1）当钢材牌号满足设计要求，而生产厂商提供的材质保证书中缺少设计提出的部分性能要求时，应做补充试验，合格后方可使用。每炉钢材、每种型号规格一般不宜少于3个试件。

2）当钢材性能满足设计要求，而钢材牌号的质量优于设计提出的要求时，应注意节约，不应任意地以优质高钢号代替低钢号。

3）当钢材性能满足设计要求，而钢材牌号的质量低于设计提出的要求时，一般不允许代用，如代用必须经设计单位同意。

4）当钢材的钢材牌号和技术性能都与设计提出的要求不符时，首先检查钢材，然后按设计重新计算，改变结构截面、连接方式、连接尺寸和节点构造。

5）对于成批混合的钢材，如用于主要承重结构时，必须逐根进行化学成分和力学性能的试验。

6）当钢材的化学成分允许偏差在规定的范围内可以使用。

7）当采用进口钢材时，应验证其化学成分和力学性能是否满足相应钢材牌号的标准。

8）当钢材规格、品种供应不全时，可根据钢材选用原则灵活调整。建筑结构对材质要求一般是：受拉高于受压构件；焊接高于螺栓或铆接连接构件；厚钢板高于薄钢板构件；低温高于高温构件；受动力荷载高于受静力荷载的结构。

9）当钢材规格与设计要求不符时，不能随意以大代小，须经计算后才能代用。

10）钢材力学性能所需保证项目仅有一项不合格时，当冷弯合格时，抗拉强度的上限值可以不限；伸长率比规定的数值低1%时允许使用，但不宜用于塑性变形构件；冲击功值一组三个试件，允许其中一个单值低于规定值，但不得低于规定值的70%。

3. 编制工艺规程

根据钢结构工程加工制作的要求，加工制作单位应在钢结构工程施工前，按施工图样和技术文件的要求编制制作工艺和安装施工组织设计，制作单位应在施工前编制出完整、正确的施工工艺规程。钢构件的制作是一个严密的流水作业过程，指导这个过程的除生产计划外，主要是依据工艺规程。

制定工艺规程的原则是在一定的生产条件下，操作时能以最快的速度、最少的劳动量和最低的费用，可靠地加工出符合图样设计要求的产品，并且要体现出制定工艺在生产过程中技术上要先进、经济上要合理以及良好的劳动条件和安全性。

（1）编制工艺规程的依据

1）工程设计图样和施工详图。

2）图样设计总说明和相关技术文件。

3）图样和合同中规定的国家、技术规范等。

4）制造单位实际能力和设备情况。

（2）工艺规程的内容

1）关键零件的加工方法、精度要求、检查方法和检查工具。

2）主要构件的工艺流程、工序质量标准，为保证构件达到工艺标准而采用的工艺措施（如组装次序、焊接方法等）。

3）采用的加工设备和工艺设备。

工艺规程是钢结构制造中主要的和根本性的指导性技术文件，也是生产制作中最可靠的质量保证措施。因此，工艺规程必须经过一定的审批手续，一经制定就必须严格执行，不得随意更改。

4. 其他工艺准备工作

除了上述准备工作外，还有工号划分、编制工艺流程表、配料与材料拼接、确定焊接收缩量和加工余量、工艺装备、编制工艺卡和零件流水卡、有关试验、设备和工具的准备等工艺准备工作。

（1）工号划分　根据产品的特点、工程量的大小和安装施工进度，将整个工程划分成若干个生产工号（或生产单元），以便分批投料，配套加工。

生产工号（或生产单元）的划分一般可遵循以下几点原则：

1）条件允许的情况下，同一张图样上的构件宜安排在同一生产工号中加工。

2）相同构件或特点类似且加工方法相同的构件宜放在同一生产工号中加工，如按钢柱、钢梁、桁架、支撑分类划分工号进行加工。

3）工程量较大的工程划分生产工号时要考虑安装施工的顺序，先安装的构件要优先安排工号进行加工，以保证顺利安装的需要。

4）同一生产工号中的构件数量不要过多，可与工程量统筹考虑。

（2）编制工艺流程表　从施工详图中摘出零件，编制出工艺流程表（或工艺过程卡）。加工工艺过程由若干个顺序排列的工序组成，工序内容是根据零件加工的性质而定的，工艺流程表就是反应这个过程的工艺文件。工艺流程表的具体格式虽各厂不同，但所包括的内容基本相同，其中有零件名称、件号、材料编号、规格、件数、工序顺序号、工序名称和内容、所有设备和工艺装备名称及编号、工时定额等。除上述内容外，关键零件还需标注加工尺寸和公差，重要工序还要画出工序图等。

（3）配料与材料拼接　根据来料尺寸和用料要求，统筹安排合理配料。当钢材不是根据所需尺寸采购或零件尺寸过大，无法运输时，还应根据材料的实际需要安排拼接，确定拼接位置。当工程设计对拼接无具体要求时，材料拼接应遵循以下原则进行：

1）板材拼接采取全熔透坡口形式和工艺措施，明确检验手段，以保证接口等强度连接。

2）拼接位置应避开安装孔和复杂部位。

3）双角钢断面的构件，两角钢应在同一处进行拼接。

4）一般接头属于等强度连接，其拼接位置无严格规定，但应尽量布置在受力较小的部位。

5）焊接 H 型钢的翼缘板、腹板拼接缝应尽量避免在同一断面处，上下翼缘板拼接位置应与腹板拼接位置错开 200mm 以上。翼缘板拼接长度不应小于 600mm；腹板拼接宽度不应小于 300mm，长度不应小于 600mm。

对接焊缝工厂接头的要求如下：型钢要斜切，一般斜度为 45°；肢部较厚的要双面焊，或开成有坡口的接头，保证熔透；焊接时要考虑焊缝的变形，以减少焊后矫正变形的工作量；对工字钢、槽钢要区别受压部位和受拉部位；对角钢要区别拉杆和压杆；受拉部位和拉杆要用斜焊缝，而受压部位和压杆则用直焊缝。

工厂接头的位置按下述情况考虑：在桁架中，接头宜设在受力不大的节间内，或设在节点处。如设在节点处，为焊好构件与节点板，要加用不等肢的连接角钢；工字钢和槽钢梁的接头宜设在跨度离端部1/4～1/3范围内。工字钢和槽钢柱的接头位置可不限；经过计算，并能保证焊接质量者，其接头位置不受上述限制。

（4）确定焊接收缩量和加工余量　焊接收缩量由于受焊肉大小、气候条件、施焊工艺和结构断面等因素影响，其值变化较大。铣刨加工时常常重叠进行操作，尤其长度较大时，材料不宜对齐，在编制加工工艺时要对加工边预留加工余量，一般为5mm。

（5）工艺装备　钢结构制作过程中的工艺装备一般分为两大类：

1）原材料加工过程中所需的工艺装备，如下料、加工用的定位靠山，各种冲切模、压模、切割套模、钻孔钻模等。这一类工艺装备主要应能保证构件符合图样的尺寸要求。

2）拼接焊接所需的工艺装备，如拼装用的定位器、夹紧器、拉紧器、推撑器以及装配焊接用的各种拼装胎、焊接转胎等。这一类工艺装备主要是保证构件的整体几何尺寸和减少变形量。

工艺装备在设计方案取决于规模的大小、产品的结构形式和制作工艺的过程等。由于工艺装备的生产周期较长，因此，要根据工艺要求提前做出准备，争取先行安排加工，以确保使用。

（6）编制工艺卡和零件流水卡　根据工程设计图样和技术文件提出的构件成品要求，确定各加工工序的精度要求和质量要求，结合单位的设备状态和实际加工能力、技术水平，确定各个零件下料、加工的流水顺序，即编制出零件流水卡。

零件流水卡是编制工艺卡和配料的依据，是直接指导生产的文件。工艺卡所包含的内容一般为：确定各工序所采用的设备，确定各工序所采用的工装模具，确定各工序的技术参数、技术要求、加工余量、加工公差和检验方法及标准，确定材料定额和工时定额等。

（7）有关试验

1）钢材的复验。当钢材属于下列情况之一时，加工下料前应进行复验：国外进口钢材；不同批次的钢材混用；对质量有疑义的钢材；板材厚度大于或等于40mm，并承受沿板厚度方向拉力作用且设计有要求的厚板；建筑结构安全等级为一级，大跨度钢结构、钢网架和钢桁架结构中主要受力构件所采用的钢材；现行设计规范中未含的钢材品种及设计有复验要求的钢材。

钢材的化学成分、力学性能及设计要求的其他指标应符合国家现行有关标准的规定，进口钢材应符合供货国相应标准的规定。

2）连接材料的复验。

① 焊接材料：在大型、重型及特种钢结构上采用的焊接材料应抽样检验，其结果应符合设计要求和国家现行有关标准的规定。

② 扭剪型高强度螺栓：采用扭剪型高强度螺栓的连接副应按规定进行预拉力复验，其结果应符合相关的规定。

③ 高强度大六角头螺栓：采用高强度大六角头螺栓的连接副应按规定进行力矩系数复验，其结果应符合相关的规定。

3）工艺性试验。工艺性试验一般可分为三类：

① 焊接性试验：钢材可焊性试验、焊材工艺性试验、焊接工艺评定试验等均属于焊接性试验，而焊接工艺评定试验是各工程制作时最常遇到的试验。焊接工艺评定是焊接工艺的

验证，属于生产前的技术准备工作，是衡量制造单位是否具备生产能力的一个重要的基础技术资料。未经焊接工艺评定的焊接方法、技术参数不能用于工程施工。焊接工艺评定同时对提高劳动生产率、降低制造成本、提高产品质量、搞好焊工技能培训是必不可少的。

② 摩擦面的抗滑移系数试验：当钢结构构件的连接采用高强度摩擦型螺栓连接时，应对连接进行技术处理，使其连接面的抗滑系数达到设计规定的数值。连接处摩擦面的技术处理方法一般采用四种：喷砂处理、喷丸处理、酸洗处理、砂轮打磨处理。经喷砂、酸洗或砂轮打磨处理后，生成赤锈，除去浮锈等经过技术处理的摩擦面是否能达到设计规定的抗滑移系数μ值，需对摩擦面进行必要的检验性试验，以验证对摩擦面处理方法是否正确，处理后的效果是否达到设计的要求。

③ 工艺性试验：对构造复杂的构件，必要时应在正式投产前进行工艺性试验。工艺性试验可以是单工序，也可以是几个工序或全部工序；可以是个别零部件，也可以是整个构件，甚至是一个安装单元或全部安装构件。

（8）设备和工具的准备　根据产品的加工需要来确定加工设备和操作工具。由于工程的特殊需要，有时需要调拨或添置必要的机器设备和工具，此项工作也应提前做好准备。

5. 组织技术交底

钢结构构件的生产从投料开始，经过下料、加工、装配、焊接等一系列的工序过程，最后成为成品。在这样一个综合性的加工生产过程中，要执行设计部门提出的技术要求、确保工程质量，就要求制作单位在投产前必须组织技术交底的专题讨论会。

技术交底会的目的是对某一项钢结构工程中的技术要求进行全面的交底，同时也可对制作中的难题进行研究讨论和协商，以求达到意见统一，解决生产过程中的具体问题，确保工程质量。

技术交底会按工程的实施阶段可分为两个层次：第一层次是工程开工前的技术交底会，第二层次是在投料加工前进行的施工人员技术交底会，这种制作过程中的技术交底会在贯彻设计意图、落实工艺措施方面起着不可替代的作用。

课题3　加工工序

1. 工艺流程

根据专业化程度和生产规模，钢结构的生产有三种生产组织方式：专业分工的大流水作业生产、总承包形式的组织方式、扩大放样室的业务范围。

钢结构制作的工序较多，所以对加工顺序要周密安排，尽可能避免或减少工作倒流，以减少往返运输和周转时间。由于制作厂设备能力和构件的制作要求各有不同，所以工艺流程略有不同。如图11-3所示为大流水作业生产的工艺流程。

对于有特殊加工要求的构件，应在制作前制定专门的加工工序，编制专项工艺流程和工序工艺卡。

2. 放样和号料

放样是整个钢结构制作工艺中的第一道工序，也是至关重要的一道工序。只有放样尺寸准确，才能避免以后各道加工工序的累积误差，才能保证整个工程的质量。

（1）放样的内容　核对图样的安装尺寸和孔距；以1∶1的大样放出节点；核对各部分

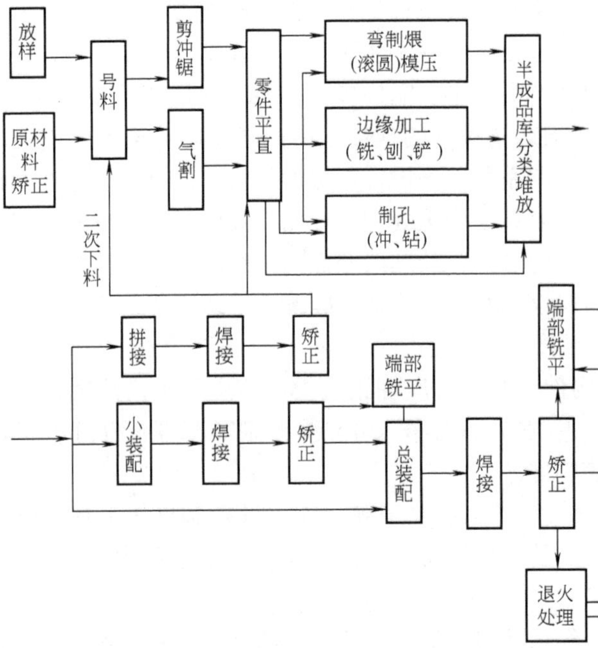

图11-3 大流水作业生产的工艺流程

的尺寸；制作样板和样杆作为下料、弯制、铣、刨、制孔等加工的依据。

（2）放样的程序及样杆、样板的制作 放样时以1:1的比例在放样台上利用几何作图方法弹出大样。当大样尺寸过大时，可分段弹出。对一些三角形的构件，如果只对其节点有要求，则可以缩小比例弹出样子，但应注意其精度。放样弹出的十字基准线，二线必须垂直。然后依据此十字线逐一划出其他各点及线，并在节点旁注上尺寸，以备复查及检验。

放样经检查无误后，用0.50~0.75mm厚的铁皮或塑料板制作样板，用钢皮或扁铁制作样杆，当长度较短时可用木尺杆。样板、样杆上应注明工号、图号、零件号、数量及加工边、坡口部位、弯折线和弯折方向、孔径和滚圆半径等。由于生产的需要，通常须制作适应于各种形状和尺寸的样板和样杆。样板和样杆应妥善保存，直至工程结束后。样杆号孔与样板号料如图11-4所示。

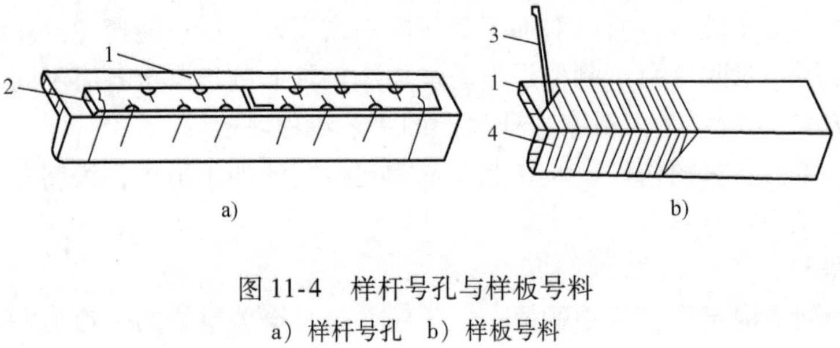

图11-4 样杆号孔与样板号料
a）样杆号孔 b）样板号料
1—角钢 2—样杆 3—划针 4—样板

（3）号料的内容　检查核对材料；在材料上划出切割、铣、刨、弯曲、钻孔等加工位置；打冲孔；标注出零件的编号等。钢材如有较大弯曲、凸凹不平等问题时，应先进行矫正；根据配料表和样板进行套裁，尽可能节约材料。当工艺有规定时，应按规定的方向进行划线取料，以保证零件对材料轧制纹络所提出的要求，并有利于切割和保证零件的质量。

（4）放样号料用工具及设备　放样号料用工具及设备包括划针、冲子、手锤、粉线、弯尺、直尺、钢卷尺、大钢卷尺、剪子、小型剪板机、折弯机。

用作计量长度的钢盘尺，必须经授权的计量单位计量，且附有偏差卡片，使用时按偏差卡片的记录数值核对其误差数。钢结构制作、安装、验收及土建施工用的量具，必须用同一标准进行鉴定，且应具有相同的精度等级。

（5）放样号料时应注意的问题　熟悉工作图，检查样板、样杆是否符合图样要求。根据图样直接在板料和型钢上号料时，应检查号料尺寸是否正确，以防产生错误，造成废品；放样时，铣、刨的工作要考虑加工余量，焊接构件要按工艺要求放出焊接收缩量，高层钢结构的框架柱尚应预留弹性压缩量；号料时要根据切割方法留出适当的切割余量；如果图样要求桁架起拱，放样时上、下弦应同时起拱，起拱后垂直杆的方向仍然垂直于水平线，而不与下弧杆垂直；号料的允许偏差见表 11-2，放样和样板的允许偏差见表 11-3。

表 11-2　号料的允许偏差

项　目	允许偏差	项　目	允许偏差
零件外形尺寸	±1.0mm	孔距	±0.5mm

表 11-3　放样和样板的允许偏差

项　目	允许偏差	项　目	允许偏差
平行线距离和分段尺寸	±0.5mm	孔距	±0.5mm
对角线差	±1.0mm	加工样板的角度	±20′
宽度、长度	±0.5mm		

3. 切割

下料划线以后的钢材，必须按其所需的形状和尺寸进行下料切割。钢材的下料切割可以通过冲剪、切削、摩擦等机械力来实现，也可以利用高温热源来实现。常用的切割方法有：气割、机械切割、氧离子切割等。施工中应根据各种切割方法的设备能力、切割精度、切割表面的质量情况以及经济性等因素来具体选定切割方法。切割后钢材不得有分层，断面上不得有裂纹，应清除切口处的毛刺或熔渣和飞溅物。气割和机械切割的允许偏差应符合表11-4和表 11-5 的规定。

表 11-4　气割的允许偏差　（单位：mm）

项　目	允许偏差	项　目	允许偏差
零件宽度、长度	±3.0	割纹深度	0.3
切割面平面度	0.05t，且不大于2.0	局部缺口深度	1.0

注：t 为切割面厚度。

表 11-5 机械切割的允许偏差 (单位：mm)

项 目	允许偏差
零件宽度、长度	±3.0
边缘缺棱	1.0
型钢端部垂直度	2.0

（1）气割 氧割和气割是以氧气与燃料燃烧时产生的高温来融化钢材，并借喷射压力将熔渣吹去，造成割缝，达到切割金属的目的。氧与各种燃料燃烧时的火焰温度大约为2000～3200℃，熔点高于火焰温度或难于氧化的材料，则不宜采用气割。

气割能切割各种厚度的钢材，多数是用于带曲线的零件或厚钢板的切割。气割设备灵活，费用经济，切割精度高，是目前广泛使用的切割方法。按切割设备，气割可分为手工气割、半自动气割、仿型气割、多头气割、数控气割和光电跟踪气割。

手工气割操作要点如下：

1）首先点燃割炬，随即调整火焰。

2）开始切割时，打开切割氧阀门观察切割氧流线的形状，若为笔直而清晰的圆柱体，并有适当的长度即可正确切割。

3）发现喷嘴头产生鸣爆及回火现象，可能因喷嘴头过热或乙炔供应不及时，此时需马上处理。

4）临近终点时，喷嘴头应向前进的反方向倾斜，以利于钢板的下部提高割透，使收尾时割缝整齐。

5）切割结束时，应迅速关闭切割氧气阀门，并将割炬抬起，再关闭乙炔阀门，最后关闭预热氧阀门。

（2）机械切割

1）带锯机床：适用于切割型钢及型钢构件，效率高，切割精度高。

2）砂轮锯：适用于切割薄壁型钢及小型钢管，其切口光滑、生刺较薄易清除，噪声大、粉尘多。

3）无齿锯：依靠高速摩擦而使工件融化，形成切口，适用于切割精度要求低的构件。其切割速度快，噪声大。

4）剪板机、型钢冲剪机：适用于切割薄钢板、压型钢板等，具有切割速度快、切口整齐、效率高等特点。剪板机、型钢冲剪机的剪刀必须锋利，剪切时调整刀片间距。

（3）等离子切割 等离子切割主要用于不易氧化的不锈钢材料及有色金属，如铜或铝等的切割，在一些尖端技术上广泛应用。其具有切割温度高、冲刷力大、切割边质量好、变形小、可以切割任何高熔点金属等特点。

4. 制孔

孔加工在钢结构制造中占有一定的比重，尤其是高强螺栓的采用，使孔加工不仅在数量上，而且在精度要求上都有了很大的提高。

（1）制孔的方法 制孔通常有钻孔和冲孔两种方法。钻孔是钢结构制造中普遍采用的方法，能用于几乎任何规格的钢板、型钢的孔加工。钻孔的原理是切削，其制成的孔精度高，对孔壁损伤较小。冲孔一般只用于较薄钢板的非圆孔的加工，而且要求孔径一般不小于钢材的厚度。冲孔生产效率虽高，但由于孔的周围产生冷作硬化、孔壁质量差等原因，在钢结构制造中已较少采用。

钻孔有人工钻孔和机床钻孔。前者多用于钻直径较小、料较薄的孔；后者施钻方便快捷、精度高，钻孔前先选钻头，再根据钻孔的位置和尺寸选择相应的钻孔设备。

另外，还有扩孔、锪孔、铰孔等。扩孔是将已有孔眼扩大到需要的直径；锪孔是将已钻好的孔上表面加工成一定形状的孔；铰孔是将已经粗加工的孔进行精加工以提高孔的光洁度和精度。

（2）制孔的质量

1）精制螺栓孔：精制螺栓孔（A、B 级螺栓孔——Ⅰ类孔）的直径应与螺栓公称直径相等，孔应具有 H12 的精度，孔壁表面粗糙度 Ra 小于等于 12.5μm。其孔径允许偏差按钢结构有关验收规范执行。

2）普通螺栓孔：普通螺栓孔（C 级螺栓孔——Ⅱ类孔）包括高强度螺栓（大六角头螺栓、扭剪型螺栓等）、普通螺钉孔、半圆头铆钉等的孔。其孔直径应比螺栓杆、钉杆的公称直径大 1.0～3.0mm，孔壁表面粗糙度 R_a 小于等于 25μm。其孔径允许偏差按钢结构有关验收规范执行。

3）孔距：螺栓孔孔距的允许偏差按钢结构有关验收规范执行，如果偏高，应采用与母材材质相匹配的焊条补焊后重新制孔。

5. 组装

组装也称为拼装、装配、组立。组装工序是把制备完成的半成品和零件按图样规定的运输单元，装配成构件或者部件，然后将其连接成为整体的过程。

（1）组装工序的基本规定　产品图样和工艺规程是整个装配准备工作的主要依据，因此，首先要了解以下问题：

1）了解产品的用途结构特点，以便提出装配的支承与夹紧等措施。

2）了解各零件的相互配合关系、使用材料及其特性，以便确定装配方法。

3）了解装配工艺规程和技术要求，以便确定控制程序、控制基准及主要控制数值。

拼装必须按工艺要求的次序进行，当有隐蔽焊缝时，必须先予施焊，经检验合格后方可覆盖。当复杂部位不易施焊时，也必须按工艺规定分别先后拼装和施焊。

组装前，零件、部件的接触面和沿焊缝边缘每边 30～50mm 范围内的铁锈、毛刺、污垢、冰雪等应清除干净。布置拼装胎具时，其定位必须考虑预放出焊接收缩量及齐头、加工的余量。为减少变形，尽量采取小件组焊，经矫正后再大件组装。胎具及装出的首件必须经过严格检验，方可大批进行装配工作。组装时的点固焊缝长度宜大于 40mm，间距宜为 500～600mm，点固焊缝高度不宜超过设计焊缝高度的 2/3。

板材、型材的拼接，应在组装前进行；构件的组装应在部件组装、焊接、矫正后进行，以便减少构件的焊接残余应力，保证产品的制作质量。构件的隐蔽部位应提前进行涂装。

桁架结构的杆件装配时要控制轴线交点，其允许偏差不得大于 3mm。装配时要求磨光顶紧的部位，其顶紧接触面应有 75% 以上的面积紧贴，用 0.3mm 的塞尺检查，其塞入面积应小于 25%，边缘间隙不应大于 0.8mm。拼装好的构件应立即用油漆在明显部位编号，写明图号、构件号和件数，以便查找。

（2）钢结构构件组装方法

1）地样法。用 1∶1 的比例在装配平台上放出构件实样，然后根据零件在实样上的位置，分别组装起来成为构件。此装配方法适用于桁架、构架等小批量结构的组装。

2）仿形复制装配法。先用地样法组装成单面（单片）的结构，然后定位点焊牢固，将其翻身，作为复制胎模，在其上面装配另一单面结构，往返两次组装。此种装配方法适用于横断面互为对称的桁架结构。

3）立装。立装是根据构件的特点及其零件的稳定位置，选择自上而下或自下而上的顺序装配。此法用于放置平稳、高度不大的结构或者大直径的圆筒。

4）卧装。卧装是将构件放置于卧的位置进行的装配。卧装适用于断面不大，但长度较大的细长的构件。

5）胎模装配法。胎模装配法是将构件的零件用胎模定位在其装配位置上的组装方法。此种装配法适用于制造构件批量大、精度高的产品。

钢结构组装方法的选择，必须根据构件特性和技术要求、制作厂的加工能力、机械设备等，选择有效的、满足要求的、效益高的方法。

（3）组装工程的质量验收　钢结构组装工程的质量验收由主控项目和一般项目组成，其具体内容和要求按钢结构有关验收规范执行。

6. 矫正

在钢结构制作过程中，由于原材料变形、切割变形、焊接变形、运输变形等经常影响构件的制作及安装。钢结构矫正就是通过外力或加热作用，使钢材较短部分的纤维伸长或使较长部分的纤维缩短，最后迫使钢材反变形，以使材料或构件达到平直及一定几何形状要求，并符合技术标准的工艺方法。

（1）矫正的原理　利用钢材的塑性、热胀冷缩的特性，以外力或内应力作用迫使钢材反变形，消除钢材的弯曲、翘曲、凹凸不平等缺陷，以达到矫正的目的。

（2）矫正的分类　按加工工序分为原材料矫正、成形矫正、焊后矫正等；按矫正时外因来源分为机械矫正、火焰矫正、高频热点矫正、手工矫正、热矫正等；按矫正时温度分为冷矫正、热矫正等。

型钢机械矫正是在矫正机上进行，在使用时要根据矫正机的技术性能和实际使用情况进行选择。手工矫正多数用在小规格的各种型钢上，依靠锤击力进行矫正。火焰矫正法是在构件局部用火焰加热，利用金属热胀冷缩的物理性能，冷却时产生很大的冷缩应力来矫正变形。

型钢在矫正前首先要确定弯曲点的位置，这是矫正工作不可缺少的步骤。目测法是现在常用找弯法，确定型钢的弯曲点时应注意型钢自重下沉产生的弯曲影响准确性，对于较长的型钢要放在水平面上，用拉线法测量。型钢矫正后的允许偏差按相应规范执行。

7. 表面处理

成品表面处理就是除锈处理，在下道工序涂层之前必须进行，直接关系到涂装工程质量的好坏。

高强度螺栓摩擦面处理是连接节点处的钢材表面进行加工，一般有喷砂、喷丸、酸洗、砂轮打磨等方法，可根据实际条件进行选择。

课题4　钢结构的验收资料

产品经过检验部门签收后进行涂底，并对涂底的质量进行验收。钢结构制造单位在成品出厂时应提供钢结构出厂合格证书及技术文件，其中应包括：

1）施工图和设计变更文件，设计变更的内容应在施工图中相应部位注明。

2）制作中对技术问题处理的协议文件。

3）钢材、连接材料和涂装材料的质量证明书和试验报告。

4）焊接工艺评定报告。

5）高强度螺栓摩擦面抗滑系数试验报告、焊缝无损检验报告及涂层检测资料。

6）主要构件验收记录。

7）预拼装记录(需预拼装时)。

8）构件发运和包装清单。

此类证书、文件是作为建设单位的工程技术档案的一部分而存档备案的。上述内容并非所有工程中都有，而是根据各工程的实际情况，按规范有关条款和工程合同规定的有关内容提供资料。

复习思考题

11-1 钢材的储存与堆放应注意什么问题?

11-2 图样审查的主要内容有哪些?

11-3 简述钢结构构件加工工序。

11-4 钢结构的验收资料包括哪些?

实训练习题

题目

放样确定钢屋架零件尺寸，制作样板、样杆。

制作依据

本教材钢屋盖施工图，各种钢屋架施工图标准图集，实际工程钢屋架施工图，钢结构设计手册、施工手册，相关制作标准、规定。

制作材料

胶合板、纸板、至少可单面书写的硬质纸张等。

制作要求

1）首先看懂图样，理解设计意图，把握各种结构制作特点，选择材料。

2）放样确定零件尺寸。

3）按比例制作样板、样杆。因受材料尺寸限制，样板、样杆尺寸可适当缩小，但制作精度应满足规定要求。

4）样板、样杆上应注明工号、图号、零件号、数量及加工工边、坡口部位、弯折线和弯折方向、孔径和滚圆半径等要求。

5）所作样板、样杆应是一套完整的钢屋架(包括支撑系统)施工图包含的所有零件。

6）制作完成后，写出单元实训报告。

单元 12　钢结构焊接工艺

【单元概述】

本单元讲述了钢结构焊接的工艺要求，钢结构焊接方法及使用范围，焊缝缺陷，焊接的残余应力与应变，焊缝的质量检验。

【学习目标】

通过本单元的学习，学生应掌握焊接的工艺和方法，了解焊接的残余应力与应变，掌握焊缝的质量检验。

课题 1　焊接工艺一般要求

钢结构焊接工艺

1. 焊接材料的种类和作用

不同的焊接工艺，所用的焊接材料不同；不同的焊件，对焊接材料的要求也不同。焊接材料包括以下几种：

（1）焊丝　焊丝的作用主要是供给填充金属及焊缝所需要的合金元素。在电弧焊中，焊丝还是传导电弧电流的一个电极。

（2）焊条及其药皮　在焊条电弧焊中，并不直接使用裸状焊丝，而是使用涂有药皮的焊条。焊条的选用应与焊件的钢材强度和性能相适应。焊条可分为碳钢焊条和低合金钢焊条两种类型。焊条型号根据熔敷金属的抗拉强度、药皮类型、焊接位置和电流种类来划分，用符号 E ×××× 来表示。对 Q235 钢用 E43 型焊条（E4300 ~ E4316），Q345 钢用 E50 型焊条（E5000 ~ E5018），Q390 钢和 Q420 钢均采用 E55 型焊条（E5500 ~ E5518）。其中字母“E”表示焊条；前两位数字表示焊缝熔敷金属或对接焊缝的抗拉强度，分别为 $420N/mm^2$，$490N/mm^2$，$540N/mm^2$；第三位数字表示适宜的焊接位置，其中“0”和“1”表示适合于全位置焊接（平焊、横焊、立焊、仰焊），“2”表示适合于平焊及水平角焊，“4”表示适合于向下立焊；第三位与第四位数字组合起来表示焊接电流（交流、直流电源）和药皮类型。当不同强度的钢材连接时，可采用与低强度钢材相适应的焊接材料。

焊条所涂敷的药皮在焊接中所起的作用如下：

1）提高电弧的稳定性。药皮中的稳弧剂起提高电弧稳定性的作用。常用的稳弧剂有碳酸钾、碳酸钠、大理石、钛白粉等。

2）防止空气进入熔池，造成对熔化金属的危害。在电弧燃烧区内，焊条药皮中造气剂会产生一定量的保护性气体，在电弧周围形成一个隔离保护罩，使空气无法进入。常用的造气剂有大理石、白云石、纤维素等。

3）形成比焊缝金属熔点低的熔渣。这些熔渣可以改善焊缝金属熔化中的冶金过程，提高焊接质量。

4）带入焊缝金属所需要的合金元素。焊缝金属所需要的合金元素一部分从焊芯金属丝中带入，更主要的还是从焊条药皮中带入。常用的合金剂有铬、钼、锰、硅、钛、钨、钒的铁合金等。

（3）焊剂　除气体保护焊外，都采用相应的焊剂。例如埋弧焊焊剂、电渣焊焊剂等。

焊剂是一种能在焊接过程中形成熔渣或气体，对熔化金属进行保护和冶金处理的一种颗粒状的物质。

焊剂的作用主要包括：

1）保护熔池，防止空气中氧、氮的侵入。

2）冶金作用，向焊缝金属过渡某些合金元素，改善焊缝金属的性能。

3）工艺作用，减慢填缝金属的冷却速度，以减少气孔、夹渣等缺陷。

（4）气体　保护性气体主要有活性气体、惰性气体或它们的混合气体。燃烧用气体常用的有氧气与乙炔气等。

2. 焊接工艺一般规定

（1）钢材应符合的规定

1）建筑结构用钢材及焊接填充材料的选用应符合设计图的要求，并应具有钢厂和焊接材料厂出具的质量证明书或检验报告；其化学成分、力学性能和其他质量要求必须符合国家现行标准规定。

2）钢材的成分、性能复验应符合国家现行有关工程质量验收标准的规定；大型、重型及特殊钢结构的主要焊缝采用的焊接填充材料应按生产批号进行复验。

3）钢结构工程中选用的新材料必须经过新产品鉴定。

4）焊接T形、十字形、角接接头，当其翼缘板厚度大于等于40mm时，设计宜采用抗层状撕裂的钢板。

5）清理待焊处表面的水、氧化皮、锈、油污。

6）焊接坡口边缘上钢材的裂纹长度超过25mm时，应采用无损伤探伤检测其深度，如深度不大于6mm，应采用机械方法清除；如深度大于6mm，应采用机械方法清除后焊接填满；若缺陷深度大于25mm时，应采用超声波探伤测定其尺寸。当单个缺陷面积或聚集缺陷面积的总面积不超过被切割钢材总面积的4%时为合格，否则该钢板不宜使用。

7）裂纹如图12-1所示，如裂纹长度（a）和深度（d）均不大于50mm，其修补方法应符合焊缝缺陷返修的相关规定；如裂纹深度超过50mm或累计长度超过板宽的20%时，该钢板不宜使用。

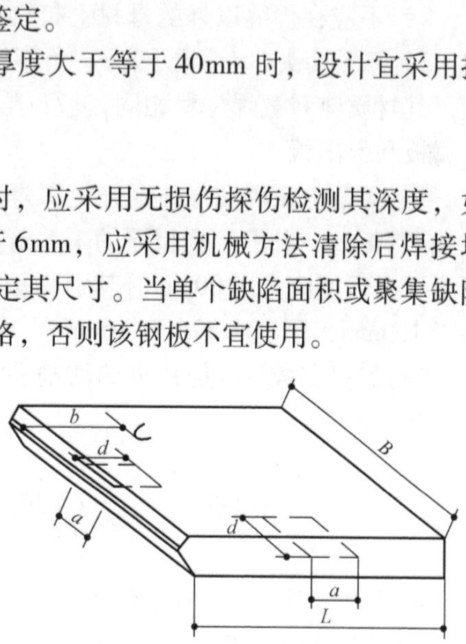

图12-1　裂纹

（2）焊接材料应符合的规定

1）焊条、焊丝、焊剂和熔嘴应储存在干燥、通风良好的地方，由专人保管。

2）焊条、熔嘴、焊剂和药芯焊丝在使用前，必须按产品说明书及有关工艺文件的规定进行烘干。低氢焊条使用前应在300～430℃范围内烘焙1～2h，或按厂家提供的焊条使用说明书进行烘干。焊条放入时烘箱的温度不应超过规定最高烘焙温度的一半，烘焙时间以烘箱达到规定最高烘焙温度后开始计算；烘干后的低氢焊条应放置于温度不低于120℃的保温箱中存放、待用；使用时应置于保温筒中，随用随取；焊条烘干后在大气中放置时间不应超过4h，用于焊接Ⅲ、Ⅳ类钢材的焊条，烘干后在大气中放置时间不应超过2h。重新烘干次数不应超过1次。

3）焊接不同类型钢材时，应选择与之相匹配的焊接材料。常用结构钢材采用焊条电弧焊、CO_2 气体保护焊和埋弧焊进行焊接时，焊接材料可按《钢结构焊接规范》(GB 50661—2011)规定选配。

（3）焊缝坡口表面及组装质量应符合的规定

1）焊接坡口可用火焰切割或机械方法加工。当采用火焰切割时，切割面质量应符合国家现行标准《热切割 气割质量和尺寸偏差》(JB/T 10045.3—1999)的相应规定。缺棱为1～3mm时，应修磨平整；缺棱超过3mm时，应用直径不超过3.2mm的低氢型焊条补焊，并修磨平整。当采用机械方法加工坡口时，加工表面不应有台阶。

2）施焊前，焊工应检查焊接部位的组装和表面清理的质量，如不符合要求，应修磨补焊合格后再施焊。各种焊接方法焊接坡口组装允许偏差值应符合《钢结构焊接规范》（GB 50661—2011）中表7.3.1的规定。坡口组装间隙偏差超过表7.3.1规定但不大于较薄板厚度2倍或20mm两值中较小值时，可在坡口单侧或两侧堆焊。

3）搭接接头及T形角接接头组装间隙超过1mm或管材T、K、Y形接头组装间隙超过1.5mm时，施焊的焊脚尺寸应比设计要求值增大。但T形角接接头组装间隙超过5mm时，应事先在板端堆焊并修磨平整或在间隙内堆焊填补后施焊。

（4）引弧板、引出板、垫板应符合的规定

1）严禁在承受动荷载且需经疲劳验算构件焊缝以外的母材上打火、引弧或装焊夹具。

2）不应在焊缝以外的母材上打火、引弧。

3）T形接头、十字形接头、角接接头和对接接头主焊缝两端，必须配置引弧板和引出板，其材质应和被焊母材相同，坡口形式应与被焊焊缝相同，禁止使用其他材质的材料充当引弧板和引出板。

4）焊条电弧焊和气体保护电弧焊焊缝引出长度应大于25mm。其引弧板和引出板宽度应大于50mm，长度宜为板厚的1.5倍且不小于30mm，厚度应不小于6mm。非焊条电弧焊焊缝引出长度应大于80mm。其引弧板和引出板宽度应大于80mm，长度宜为板厚2倍且不小于100mm，厚度应不小于10mm。

5）焊接完成后，应用火焰切割去除引弧板和引出板，并修磨平整，不得用锤子击落引弧板和引出板。

课题2 钢结构常用的焊接方法及应用范围

钢结构的焊接方法有电弧焊、电阻焊和气焊。其中常用的是电弧焊，包括焊条电弧焊、自动(半自动)埋弧焊、气体保护焊等。

1. 焊条电弧焊

焊条电弧焊(图12-2)的主要设备和材料有电焊机(交流焊机、直流焊机或交直流焊机)、焊钳和焊条。在焊接过程中，焊条通过焊钳作为一个电极与焊机相连，焊件作为另一个电极与焊机相连。通电后，在涂有药皮的焊条与焊件之间产生电弧，电弧的温度可达3000℃。

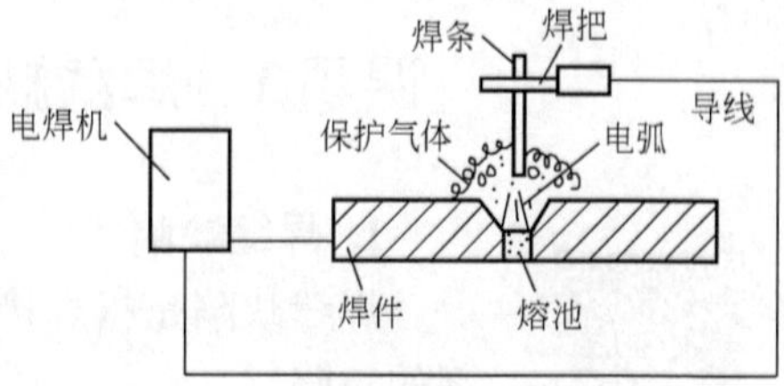

图12-2　焊条电弧焊

在高温作用下，电弧周围的金属变成液态，形成熔池。同时，焊条中的焊丝很快熔化形成熔滴，滴入溶池中，与焊件的熔融金属相互结合，冷却后即形成焊缝。焊条药皮则在焊接过程中产生气体，保护电弧和熔化金属，并形成熔渣覆盖着焊缝，防止空气中氧、氮等有害气体与熔化金属接触而形成易脆的化合物。

焊条电弧焊的设备简单，操作灵活方便，适合任意空间位置的焊接，特别适合于焊接短焊缝。但其生产效率低，劳动强度大，焊接质量取决于焊工的技术水平。

焊条电弧焊所用焊条应与焊接钢材（或称主体金属）相适应：对Q235钢材采用E43型焊条（E4300～E4328）；对Q345钢材采用E50型焊条（E5000～E5048）；对Q390钢材和Q420钢材采用E55型焊条（E5500～E5518）。不同钢种的钢材相焊接时，例如Q235钢材与Q345钢材相焊接，宜采用与低强度钢材相适应的焊条E43型。

2. 自动（半自动）埋弧焊

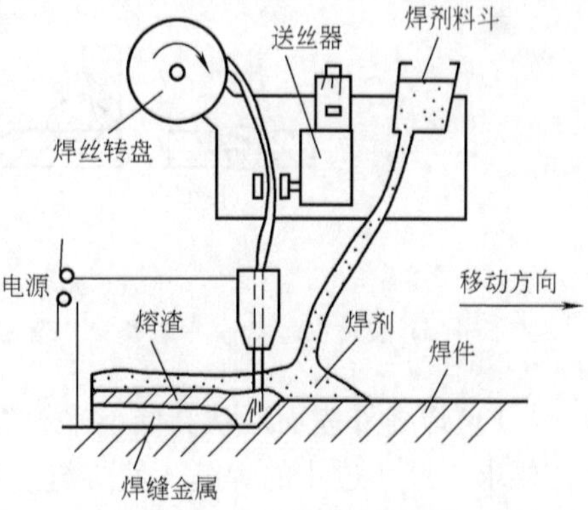

图12-3　自动埋弧焊

埋弧焊是电弧在焊剂层下燃烧的一种电弧焊方法。焊丝送进和电弧按焊接方向的移动由专门机构控制完成的称为“自动埋弧焊”如图12-3所示；焊丝送进由专门机构控制，而电弧按焊接方向的移动靠人手工操作完成的称为“半自动埋弧焊”。通过电弧后，由于电弧的作用，使埋于焊剂层下的焊丝和附近的焊剂熔化，熔渣浮在熔化的焊缝金属上面，使熔化金属不与空气接触，并供给焊缝金属必要的合金元素。随着焊机的自由移动，颗粒状的焊剂不断地由料斗漏下，电弧完全被埋在焊剂之内，同时焊丝也自动地随熔化随下降，这就是自动埋弧焊的原理。由于自动埋弧焊有焊剂和熔渣覆盖保护，电弧热量集中，熔深大，适于厚板的焊接，具有较高的生产率。同时，由于采用了自动或半自动操作，焊接时的工艺条件稳定，焊缝的化学成分均匀，故形成的焊缝质量好，焊件变形小。高焊速也减少了热影响区的范围。但埋弧焊对焊件边缘的装配精度（如间隙）要求比焊条电弧焊高。埋弧焊所用焊丝和焊剂应与主体金属强度相适应，即要求焊缝与主体金属等强。

3. 气体保护焊

气体保护焊是利用二氧化碳气体或其他惰性气体作为保护介质的一种电弧熔焊方法。它直接依靠保护气体在电焊周围造成局部的保护层，以防止有害气体的侵入，并保证了焊接过程中的稳定性。

气体保护焊的焊缝熔化区没有熔渣，焊工能够清楚地看到焊缝成形的过程；由于保护气体是喷射的，有助于熔滴的过渡；又由于热量集中、焊接速度快、焊件熔深大，故所形成的焊缝强度比焊条电弧焊高，塑性和抗腐蚀性好，适用于全位置的焊接，但不适用于野外或有风的地方施焊。

课题3 焊缝缺陷、焊接应力和焊接变形

焊接残余应力及变形

1. 焊缝缺陷

焊缝缺陷是指焊接过程中产生于焊缝金属或附近影响区钢材表面或内部的缺陷。

焊缝缺陷是影响焊缝质量的主要因素，可分为外部缺陷和内部缺陷两类。外部缺陷位于焊缝外表面，用肉眼或低倍放大镜就可以看到，比如焊缝尺寸不符合要求、咬边、焊瘤、弧坑、表面裂纹等。内部缺陷位于焊缝内部，这类缺陷用破坏性试验或探伤方法来发现，如未焊透、内部气孔、内部裂纹、夹渣等。焊缝缺陷如图12-4所示。

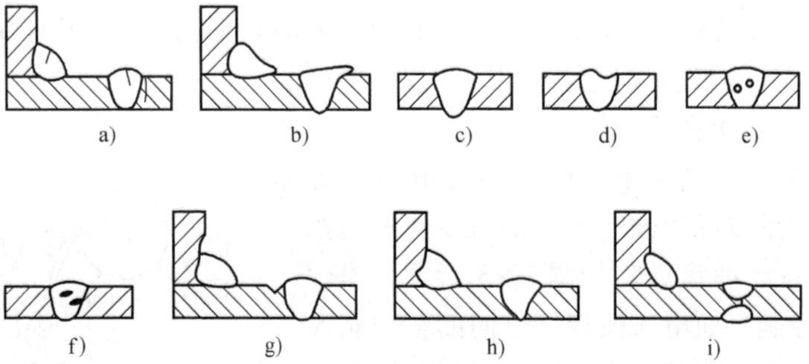

图12-4 焊缝缺陷

a）裂纹 b）焊瘤 c）烧穿 d）弧坑 e）气孔 f）夹渣 g）咬边 h）未熔合 i）未焊透

1）焊缝外表面形状高低不平，焊缝宽度不齐，尺寸过大或过小，均属于焊缝尺寸不符合要求。尺寸过小的焊缝，使焊缝连接强度降低，尺寸过大的焊缝，浪费焊接材料，增加焊接结构的变形和残余应力。

2）裂纹是施焊过程中或冷却过程中，在焊缝内部及其热影响区内所出现的局部开裂现象。裂纹既可能发生在焊缝金属中，也可能发生在母材中；既可能存在于焊缝表面或焊缝内部，也可能与焊缝平行或与焊缝垂直。常见的裂纹形式有两种：当焊缝金属还是热塑性状态时，产生在焊缝金属内部的凝固裂纹称为热裂纹；焊缝连续冷却后，产生在热影响区材料中的氢致裂纹称为冷裂纹。裂纹是焊缝连接中最危险的缺陷。产生裂纹的原因很多，如钢材的化学成分不当、焊接工艺条件(如电流、电压、焊速、施焊次序等)选择不合适和焊件表面油污未清除干净等。

3）未焊透是母材之间或母材与熔敷金属之间存在的局部未熔合现象。未焊透一般存在于单面焊缝连接的根部。焊件的坡口设计不当；焊条、焊丝角度不正确；电流过小，电压过低，焊速过快，电弧过长；坡口未清除干净等因素均可导致未焊透现象。未焊透现象对应力集中很敏感，对强度、疲劳、冷弯性能均有较大影响。采用双面焊可以避免未焊透。

4）气孔是在焊接过程中因气体未来得及逸出，而在焊缝金属内部或表面所形成的空穴。气孔现象对疲劳强度的影响较大。

5）夹渣是在焊缝金属内部或熔合线内存在的非金属夹杂物。夹渣产生的原因有：多层焊道之间的清理不够完善；电流过小，焊速过小且表面凸凹不平，故对焊缝连接的强度、冲

击韧性及冷弯性能等均有不利影响。

6）咬边是在焊接过程中，沿着焊缝边缘的母材部分被熔去的沟槽。咬边的存在削弱了焊缝的有效面积使接头强度下降且宜形成应力集中。

2. 焊接应力和焊接变形

（1）焊接应力的分类和产生的原因　焊件在施焊过程中，由于受到不均匀的电弧高温作用，在焊件中将产生的变形和应力称为热变形和热应力。冷却后，焊件中将残存反向的应力和变形称为焊接应力和焊接变形。由于这种应力和变形是焊件经焊接并冷却到室温以后残留在焊件中的，故又称为焊接残余应力和焊接残余变形。它们是焊缝及其附近金属塑性变形的结果。焊接应力包括焊缝长度方向的纵向焊接应力、垂直于焊缝长度方向的横向焊接应力和沿厚度方向的焊接应力。

1）纵向焊接应力。在施焊时，焊件上产生不均匀的温度场，焊缝及其附近温度最高，而邻近区域温度则急剧下降，如图12-5b所示。不均匀的温度场产生不均匀的膨胀。温度高的钢材膨胀大，但受到两侧钢材限制而产生纵向拉应力。在低碳钢和低合金钢中，这种应力经常达到钢材的屈服点。焊接应力是一种无荷载作用下的应力，因此会在焊件内部自相平衡，这就必然在距焊缝稍远区段内产生压应力。

2）横向焊接应力。产生横向焊接应力的原因可分为焊缝的横向收缩和焊缝的纵向收缩两个方面。现以两块钢板对焊连接为例来说明，如图12-5所示。

由于焊缝的纵向收缩，两块钢板有相向弯曲的趋势，但焊缝已将其连成整体，不能分开，而使两块板沿焊缝长度方向的中部产生横向拉应力，两端则产生压应力，如图12-5c所示。

由于焊缝先后冷却时间的不同，先焊的焊缝先冷却凝固，且有一定强度，阻止后焊的焊缝在横向自由膨胀，使其发生横向热塑性压缩变形。冷却时，后焊焊缝的横向收缩受到阻止，产生横向拉应力，而先焊部分则产生横向压应力，如图12-5d所示。总的横向焊接应力为上述两种原因产生横向应力的合应力，如图12-5e所示。

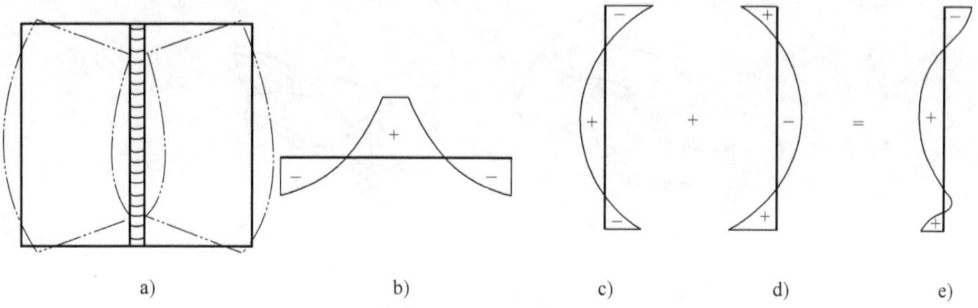

图12-5　焊接残余应力

a）焊缝的纵向收缩　b）纵向残余应力　c）、d）、e）横向残余应力

3）厚度方向的焊接应力。在厚钢板的焊接中，焊缝需要多层施焊。因此，除有纵向和横向焊接应力外，还存在着沿钢板厚度方向的焊接应力，如图12-6所示。这三种应力形成同号三轴应力，将大大降

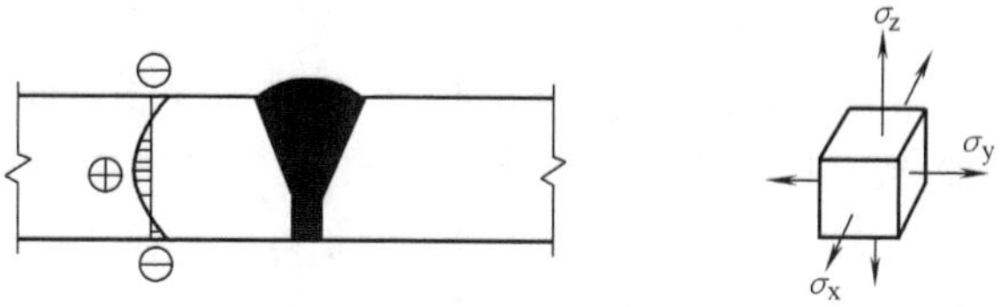

图12-6　厚度方向的焊接应力

低连接的塑性性能。

（2）焊接应力对结构性能的影响

1）对结构静力强度的影响。在常温下工作并具有一定塑性的钢材，在静荷载作用下，焊接应力不影响结构的静力强度。

2）对结构刚度的影响。焊接残余应力的存在会增大结构的变形，从而降低结构的刚度。

3）对受压构件稳定承载力的影响。焊接残余应力使构件的有效面积和有效惯性矩减小，即构件的刚度减小，从而必定降低其稳定承载能力。

4）对低温冷脆的影响。在厚板或具有交叉焊缝中，将产生三向焊接拉应力，阻碍了塑性变形的发展，增加了钢材在低温下的脆断倾向。因此，降低或消除焊缝中的残余应力是改善结构低温冷脆性能的重要措施。

5）对疲劳强度的影响。焊缝及其附近主体金属的残余拉应力通常达到钢材的屈服点，而此部位正是形成和发展疲劳裂纹最为敏感的区域。故焊接残余应力会降低结构的疲劳强度。

（3）焊接变形　在焊接过程中，由于不均匀的加热和冷却，焊接区在纵向和横向变形时，势必导致构件产生局部鼓曲、弯曲、歪曲和扭转等。焊接变形如图12-7所示，包括纵向和横向变形、弯曲变形、角变形，波浪变形和扭曲变形等，是几种变形的组合。任一焊接变形超过《钢结构工程施工质量验收规范》（GB 50205—2001）的规定时，必须进行校正，以免影响构件在正常使用条件下的承载力。

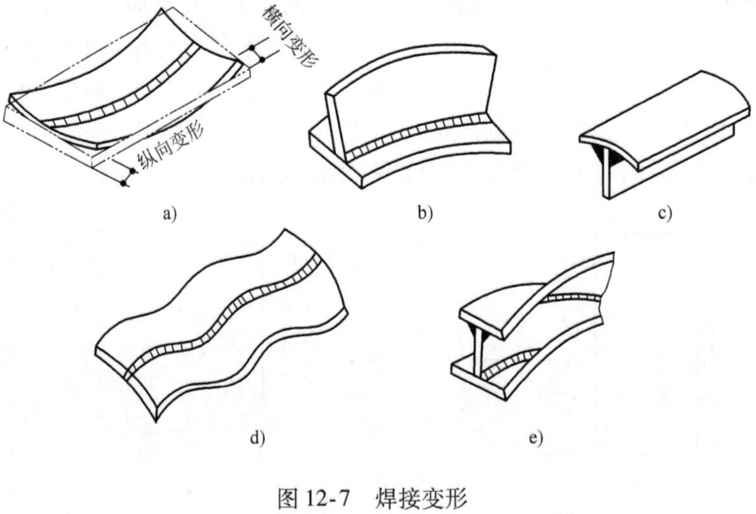

图12-7　焊接变形

a）纵向和横向变形　b）弯曲变形　c）角变形　d）波浪变形　e）扭曲变形

（4）减小焊接应力和焊接变形的措施

1）设计措施。

① 焊接位置的安排要合理，尽可能使焊缝对称于构件截面的中性轴，以减小焊接变形，如图12-8a、b所示。

② 采用适宜的焊脚尺寸和焊缝长度，如图12-8c、d所示。

③ 焊缝不宜过分集中，当几块钢板交汇一处进行连接时，应采取如图12-8e所示的形式。如采取图12-8f所示的形式，由于热量高度集中，会引起过大的焊接变形，同时焊缝及

主体金属也会发生组织改变。

④ 尽量避免两条或三条焊缝垂直交叉。例如梁腹板加劲肋与腹板及翼缘的连接焊缝应中断，以保证主要焊缝(翼缘与腹板的连接焊缝)连续通过，如图 12-8g、h 所示。

⑤ 尽量避免在母材厚度方向的收缩应力(图 12-8j)，应采取如图 12-8i 所示的形式。

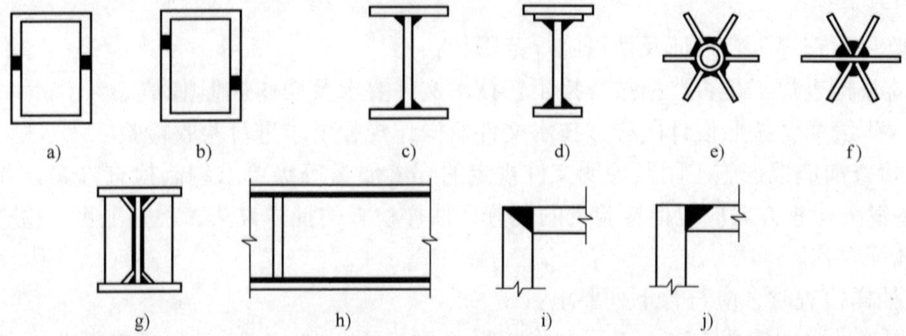

图 12-8　减小焊接应力和焊接变形的设计措施

2）工艺措施。

① 采用合理的施焊次序。例如钢板对接时采用分段退焊，厚焊缝采用分层焊，工字形截面按对角跳焊，钢板分块拼接等，如图 12-9 所示。

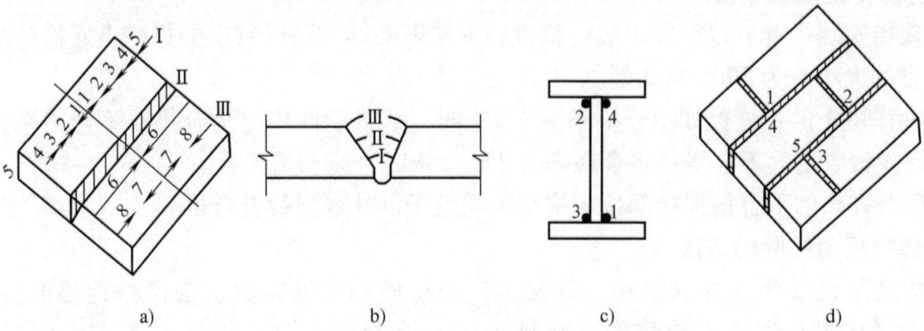

图 12-9　合理的施焊顺序

a）分段退焊　b）沿厚度分层焊　c）对角跳焊　d）钢板分块拼焊

② 采用反变形。施焊前给构件一个与焊接变形反方向的预变形，使之与焊接所引起的变形相抵消，从而达到减小焊接变形的目的。

③ 对于小尺寸焊件，焊前预热或焊后回火加热至 600℃左右，然后缓慢冷却，可以消除焊接应力和焊接变形，也可以采用刚性固定法将构件加以固定来限制焊接变形，但却增加了焊接残余应力。

课题 4　焊接质量检验

焊接缺陷及焊缝质量检验

1. 建筑钢结构焊缝检测的一般要求

1）建筑钢结构焊接质量检查应由专业技术人员担任，并须经岗位培训取得质量检查人员合格证书。质量检查人员应按《钢结构焊接规范》(GB 50661—2011)及施工图样和技术文件的要求，对焊接质量进行监督和检查。

2）质量检查人员的主要职责。

① 对所用钢材及焊接材料的规格、型号、材质以及外观进行检查，均应符合设计图样和规程的要求。

② 监督检查焊工合格证及认可施焊范围。

③ 监督检查焊工是否严格按焊接工艺技术文件要求及操作规程施焊。

④ 对焊缝质量按照设计图样、技术文件及操作规程要求进行验收检验。

3）检查前应根据施工图及说明文件规定的焊缝质量等级要求编制检查方案，并报监理工程师备案。检查方案应包括检验批的划分、抽样检查的抽样方法、检查项目、检查方法及验收标准等内容。

4）抽样检查时，应符合下列要求：

① 焊缝处数的计数方法：工厂制作焊缝长度小于1000mm时，每条焊缝为1处；焊缝长度大于1000mm时，将其划分为300mm为1处；现场安装焊缝，每条焊缝为1处。

② 按下列方法确定检验批：

a. 按焊接部位或接头形式分别组成检验批。

b. 工厂制作焊缝可以同一车间按一定的焊缝数量组成检验批；多层框架结构可以每节柱的所有构件组成检验批。

c. 现场安装焊缝可以区段组成检验批；多层框架结构可以每层的焊缝组成检验批。

d. 批的大小宜为300~600处。

e. 抽样检查的焊缝数如不合格率小于2%时，该批验收应定为合格；不合格率大于5%时，该批验收应定为不合格；不合格率为2%~5%时，应加倍检查。

f. 所有查出的不合格焊接部位应按相关规定予以补修至检查合格。

2. 焊接质量检验的方法

焊接质量检验包括焊前检验、焊接生产中检验和成品检验。前两种检验的目的是防止或减少焊接过程中产生缺陷的可能性。成品检验是在全部焊接工作完毕和焊缝清理干净后进行的一种检验。《钢结构焊接规范》(GB 50661—2011)中提出的焊接质量检验方法有：

（1）外观检验　这种检验方法一般以肉眼观察为主，有时可用5~20倍的放大镜进行观察。其目的是为了发现焊缝的咬边、外部气孔、裂纹、弧坑、焊瘤、烧穿以及焊缝外形尺寸不符合要求等。焊缝尺寸的测量应用量具、卡规。

（2）无损检验

1）射线检验，借助射线(X射线、γ射线或高能射线等)的穿透作用检查焊缝的内部缺陷，通常用照相法。

2）超声波检验，利用频率20000Hz以上超声波的反射，探测焊缝内部缺陷的位置、种类和大小。

3. 焊缝质量检验的标准

《钢结构工程施工质量验收规范》(GB 50205—2001)规定焊缝按其检验方法和质量要求分为一级、二级和三级。三级焊缝只要求对全部焊缝做外观检验且符合三级质量标准，即检查焊缝实际尺寸是否符合要求和有无看得见的裂纹、咬边、气孔等缺陷；一级、二级焊缝应采用超声波探伤进行内部缺陷的检验，当超声波探伤不能对缺陷作出判断时，应采用射线探伤。一级焊缝超声波探伤和射线探伤的比例均为100%，二级焊缝超声波探伤和射线探伤的比例均为20%且均不小于200mm。当焊缝长度小于200mm时，应对整条焊缝探伤。探伤应符合《焊缝无损检测 超声检测 技术、检测等级和评定》（GB/T 11345—2013）或《金属熔化焊焊接接头射线照相》（GB/T 3323—2005）的规定。

钢结构中一般采用三级焊缝，可满足通常的强度要求；但其对接焊缝的抗拉强度有较大的变异性，《钢结构设计标准》（GB 50017—2017）规定其设计值只为主体钢材的85%左右。因而对有较大拉应力的对接焊缝以及直接承受动力荷载构件的较重要的对接焊缝，宜采用二级焊缝；对直接承受动力荷载和疲劳性能有较高要求处可采用一级焊缝。

复习思考题

12-1 钢结构常用的焊接方法有哪些？应用范围如何？

12-2 焊接材料有哪几种？作用如何？

12-3 焊接工艺有什么规定？

12-4 焊条型号怎样表示？钢结构所用焊条根据什么原则确定？

12-5 什么是焊接应力和焊接变形？应如何限制和避免？

12-6 焊接应力对结构性能有什么影响？

12-7 焊接Q235钢和Q345钢须分别采取哪种焊条系列？

12-8 焊缝的质量分几个等级？焊缝的质量检验标准是什么？

单元13 钢结构涂装工程

【单元概述】

本单元讲述了钢结构防腐涂装工程与防火涂装工程的材料、一般规定、主要机具、工艺流程及施工方法。

【学习目标】

通过本单元的学习，学生应了解钢结构涂装材料的种类，熟悉有关规定，掌握涂装工艺流程及施工方法。

课题1 防腐涂装工程

1. 钢结构防腐涂料

建筑钢结构工程防腐材料、品种、规格、颜色应符合国家有关技术指标和设计要求，应具有产品出厂合格证。防腐蚀材料有底漆、中间漆、面漆、稀释剂和固化剂等。防腐蚀的涂料有油性酚醛涂料、醇酸涂料、高氯化聚乙烯涂料、氯磺化聚乙烯涂料、环氧树脂涂料、聚氨酯涂料、无机富锌涂料、有机硅涂料、过氯乙烯涂料等。常用防腐面涂料见表13-1。

表13-1 常用防腐面涂料

型号	名称	性能及特性	适用范围
G52-1	过氯乙烯防腐涂料	耐腐蚀和耐潮性能较好、力学性能好	防酸构件
H04-1	环氧硝基磁性涂料	机械强度及耐油性好	湿热气候环境下的钢结构
L01-6	沥青清油涂料	耐水、耐潮的防腐蚀性能好，力学性能差，耐候性不好	防止气腐蚀
L50-1	沥青耐酸涂料	附着力好、耐硫酸腐蚀	室内钢结构防腐蚀

注：钢结构防腐蚀材料使用前，应按照国家现行相关标准进行检查和验收。

2. 钢结构防腐涂装作业条件的一般规定

1）钢结构除锈、防腐涂料涂装工程应在钢结构构件组装、焊接、构件的隐蔽部位、预拼装或钢结构安装、钢网架结构安装工程检验批的施工质量验收合格后进行。

2）钢结构除锈涂装施工应编制施工工艺，其内容应包括除锈方法、除锈等级、涂料种类、配制方法、涂装顺序（底漆、中间漆、面漆）和方法、安全防护、检验方法等，并做好施工记录及检验记录。

3）钢材表面的飞边、毛刺、焊渣、焊瘤、焊接飞溅物、灰尘、积垢、氧化皮、厚的锈层、旧涂层、可溶性盐类等，在除锈前应清理干净；钢材表面油脂、污垢应用热碱液或有机溶剂清洗干净，再用热水或蒸汽冲刷至中性，吹干即可。当钢材表面预处理（除锈）时，除锈后应立即喷涂一道车间底漆，使用车间底漆的涂层，凡影响下一道涂层附着力者，应清除干净。

4）不得使用带锈防锈漆代替除锈和底漆。

5）涂装时的环境温度和相对湿度应符合涂料产品说明书的要求，当产品说明书无要求时，环境温度宜在5～38℃之间，相对湿度不应大于85%；涂装时构件表面不得有结露、水汽等，涂装后4h内应保护不受雨淋。

6）涂装前应对施工人员进行专业培训、工艺交底，熟悉有关涂料性能和操作方法，方可施工。

3. 主要机具

防腐涂装的主要机具见表13-2。

表13-2　防腐涂装的主要机具

序　号	机具名称	用　途	序　号	机具名称	用　途
1	喷砂机	喷砂除锈	7	回收装置	喷砂除锈
2	气泵	喷砂除锈	8	喷漆气泵	涂漆
3	喷漆枪	涂漆	9	铲刀	人工除锈
4	手动砂轮	机械除锈	10	砂布	人工除锈
5	电动钢丝刷	机械除锈	11	油漆小筒	涂漆
6	小压缩机	涂漆	12	刷子	涂漆

4. 工艺流程

基(表)面处理 → 底漆涂装 → 面漆涂装 → 检查验收

5. 涂装前钢材表面的处理

基面清理除锈质量的好坏，直接影响到涂层质量的好坏。因此涂装工艺基面除锈的质量等级应符合设计文件的规定要求。钢结构除锈质量等级应执行《涂覆涂料前钢材表面处理　表面清洁度的目视评定　第1部分：未涂覆过的钢材表面和全面清除原有涂层后的钢材表面的锈蚀等级和处理等级》（GB/T 8923.1—2011）的规定。油漆涂刷前，应采取适当的方法将需要涂装部位的铁锈、焊缝药皮、焊接飞溅物、油污、尘土等杂物清理干净。

为了保证涂装质量，根据不同需要可以分别选用以下表面清理工艺：

（1）油污清除方法　油污的清除方法根据工件的材质、油质的种类等因素来决定，通常采用溶剂清洗或碱液清洗。清洗方法有槽内浸洗法、擦洗法、喷射清洗法和蒸汽法等。

（2）钢构件表面除锈方法　钢构件表面除锈方法根据要求不同可采用手工和动力工具除锈、喷射或抛射除锈、火焰除锈等主要方法。

1）手工和动力工具除锈，以字母“St”表示，此种方法除锈效果不理想，宜尽量少用，可用于混凝土的埋设件，局部修补或小型部（构）件等次要结构的除锈。所采用工具有铲刀、刮刀、手工或动力钢丝刷、动力砂盘或砂轮等。

2）喷射或抛射除锈，以字母“Sa”表示，是最理想的除锈方法，其所用磨料应符合下列要求：

① 磨料应是堆积密度大、韧性强、有一定粒度要求的颗粒物。

② 在喷射过程中，不易碎裂，散释出的粉尘最少。

③ 磨料的表面不得有油污，含水率不大于1%。

④ 磨料粒径大小应根据喷嘴、抛头及磨料材料等因素确定。

3）火焰除锈，以字母“FI”表示，是利用氧乙炔焰及喷嘴进行除锈的方法，仅适用于厚钢材组成的构件除锈或清除锈的涂层。火焰除锈通过加热冷却的过程，使氧化皮、锈层或旧涂层爆裂，再用动力工具清除加热后的附着物，应控制火焰温度(60～200℃)及移动速度(2.5～3m/min)，防止构件因受热不均而变形。

4）钢结构表面除锈等级应符合设计要求，且应与设计采用的涂料相适应，其质量应符合现行国家标准《涂覆涂料前钢材表面处理 表面清洁度的目视评定 第1部分：未涂覆过的钢材表面和全面清除原有涂层后的钢材表面的锈蚀等级和处理等级》（GB /T 8923.1—2011）的规定（表13-3、表13-4）。

表13-3 喷射或抛射除锈的钢材表面

等 级	适用条件
Sa1	轻度的喷射或抛射除锈，钢材表面应无可见的油脂和污垢，并且没有附着不牢的氧化皮、铁锈和油漆涂层等附着物，仅适用于新轧制钢材
Sa2	彻底的喷射或抛射除锈，钢材表面无可见的油脂和污垢，并且氧化皮、铁锈和油漆涂层等附着物已基本清除，其残留物应是牢固附着的，部分表面呈现出金属色泽
Sa2.5	非常彻底的喷射或抛射除锈，钢材表面无可见的油脂、污垢、氧化皮、铁锈和油漆涂层等附着物，任何残留的痕迹仅是点状或条纹状的轻微色斑，大部分表面呈现出金属色泽
Sa3	使钢材表面洁净的喷射或抛射除锈，钢材表面应无可见的油脂、污垢、氧化皮、铁锈和油漆涂层等附着物，该表面应显示均匀的金属色泽

注：1. 喷射或抛射除锈也可采取原材料除锈，但除锈后应立即喷涂一遍车间底漆，此底漆应不影响切割和焊接。
2. Sa1级除锈仅适用于非重要结构，Sa3级除锈仅用于特殊要求情况下的重要结构。

表13-4 手工和动力工具除锈的钢材表面

等 级	适用条件
St2	彻底的手工和动力工具除锈，钢材表面应无可见的油脂和污垢，并且没有附着不牢的氧化皮、锈蚀和油漆涂层等附着物
St3	非常彻底的手工和动力工具除锈，钢材表面要与St2相同，除锈应更为彻底，底材显露部分表面应具有可见金属光泽

火焰除锈的钢材表面有四种状况，即AFI、BFI、CFI和DFI，其钢材表面应无氧化皮、铁锈和油漆涂层等附着物，任何残留痕迹应仅为表面变色(不同颜色的暗影)。

除锈后表面均应采用清洁干燥的压缩空气和干净毛刷清除浮灰和碎屑。钢材表面进行处理达到清洁度后，一般应在4～6h内涂第一道底漆。处理后的钢材表面不应有焊渣、焊疤、灰尘、油污、水和毛刺等，沾上油迹或污垢时应用溶剂清洗，如再有锈蚀时，应重新除锈。

涂装前用铲刀检查，并用现行国家标准《涂覆涂料前钢材表面处理 表面清洁度的目视评定 第1部分：未涂覆过的钢材表面和全面清除原有涂层后的钢材表面的锈蚀等级和处理等级》（GB/T 8923.1—2011）规定的图片对照观察检查，当无设计要求时，钢材表面除锈等级应符合表13-5的规定。

表13-5 各种底漆或防锈漆要求最低的除锈等级

涂料品种	除锈等级
油性酚醛、醇酸等底漆或防锈漆	St2
高氯化聚乙烯、氯化橡胶、氯磺化聚乙烯、环氧树脂、聚氨酯等底漆或防锈漆	Sa2
无机富锌、有机硅、过氯乙烯等底漆	Sa2.5

6. 涂装施工方法

（1）涂装前的施工准备　涂装施工环境温度应按照涂料产品说明设定；环境湿度一般应在相对湿度小于80%的条件下进行，具体应按照产品说明书的规定执行。控制钢材表面温度与露点温度使钢材的表面温度必须高于空气的露点温度3℃以上，方可进行喷涂施工（露点是空气中水蒸气开始凝结成露水时的温度点，与空气温度和相对湿度有关）。在雨、雾、雪较大时，必须采取适当的防护措施，方可进行涂装施工。

设计图中注明不涂装的部位，如地脚螺栓和底板、高强度螺栓连接接触面、与混凝土紧贴或埋入的部位、安装焊缝处30～50mm的范围内等，为防止误涂，在涂装前必须进行遮蔽保护，待安装完后补涂。

涂装施工过程中，应控制油漆的粘度，兑制时应充分地搅拌，使油漆色泽均匀一致。调整粘度时必须使用专用稀释剂。如需代用，必须经过试验并取得业主同意。涂料开桶前，应充分摇匀。开桶后，原漆应不存在结皮、结块、凝胶等现象，有沉淀应搅起，有漆皮应除掉。为保证漆膜的流平性而不产生流淌，必须把涂料的粘度调整到一定范围之内。

涂装须安排合理的施工方法和施工顺序，对保证涂装质量、施工进度、节约材料和降低成本有很大的作用。涂刷顺序应自上而下，从左到右，先里后外，先难后易，纵横交错地进行。涂刷遍数及涂层厚度应执行设计要求规定。

（2）涂装的施工方法　目前常用的施工方法有刷涂法、手工滚涂法、浸涂法、空气喷涂法、雾气喷涂法等。

1）刷涂法。刷涂法使用的主要工具为各种毛刷。刷涂法适用于油性漆、酚醛漆、醇酸漆等，涂装后干燥速度较慢，塑性小，主要用在钢结构的一般构件及建筑物各种设备管道等。

刷涂法优点是投资少，施工方法简单，适于各种形状的涂装；缺点是装饰性较差，施工效率低。

刷涂法的工艺要求是：刷涂底漆、调合漆和磁漆时，应选用弹性大的硬毛刷；刷涂油性清漆时，应选用刷毛较薄、弹性较好的猪鬃或羊毛等混合制作的板刷或圆刷；涂刷树脂漆时，应选用弹性好、刷毛前端柔软的软毛板刷。

涂刷时，应蘸少量涂料，刷毛浸入油漆的部分应为毛长的1/3～1/2。对干燥速度较慢的涂料，应按涂敷、抹平和修饰三道工序进行。对于干燥速度较快的涂料，应从被涂物一边按一定的顺序快速连续地刷平和修饰，不宜反复涂刷。刷涂垂直平面时，最后一道应由上向下进行；刷涂水平表面时，最后一道应按光线照射的方向进行。

刷涂完毕后，应将油漆刷妥善保管，若长期不使用，须用溶剂清洗干净，晾干后用塑料薄膜包好，存放在干燥的地方，以便再用。

2）手工滚涂法。手工滚涂法使用的主要工具为辊子。手工滚涂法适用于油性漆、酚醛漆、醇酸漆等，涂装后干燥速度较慢，塑性小，主要用在钢结构大型平面的构建和管道等。

手工滚涂法的优点是投资少，施工方法简单，适于大面积物的涂装；缺点是装饰性较差，施工效率低。

手工滚涂法的工艺要求是：涂料时将辊子的一半浸入涂料，然后提起在滚涂板上来回滚涂几次，使辊子全部均匀浸透涂料，并把多余的涂料滚压掉。把辊子按W形轻轻滚动，将涂料大致涂于被涂物上，然后辊子上下密集滚动，将涂料均匀地分布开，最后使辊子按一定的方向滚平表面并修饰。滚动时，初始用力要轻，以防流淌，随后逐渐用力，使涂层均匀。辊子用后，应尽量挤压残存的油漆涂料，或使用涂料的稀释剂清洗干净，晾干后保存好，以备后用。

3）浸涂法。浸涂法就是将被涂物放入油漆槽中浸渍，经一定时间后取出吊起，让多余的涂料尽量滴净，再晾干或烘干的涂漆方法。

浸涂法使用的主要工具为浸漆槽、离心机真空设备。浸涂法适用于各种合成树脂涂料，涂装后干性适当，流平性好，干燥速度适中，处变性好，主要用在小型零件、设备和机械部件。

浸涂法的优点是设备投资较少，施工方法简单，涂料损失少，适用于构造复杂构件；缺点是流平性不太好，有流挂现象，污染现场，溶剂易挥发。

浸涂法的工艺要求是：仅适用于形状复杂的骨架状被涂物和烘烤型涂料。建筑钢结构工程中应用较少。

4）空气喷涂法。空气喷涂法是利用压缩空气的气流将涂料带入喷枪，经喷嘴吹散成雾状，并喷涂到被涂物表面上的一种涂装方法。

空气喷涂法使用的主要工具为喷枪、空气压缩机、油水分离器等。空气喷涂法适用于各种硝基漆、橡胶漆、建筑乙烯漆、聚氨酯漆等，涂装后挥发快、干燥速度适中，粘度小，主要用在各种大型构件及设备和管道。

空气喷涂法的优点是设备投资较少，施工方法较复杂，施工效率较涂刷法高；缺点是消耗溶剂量大，易污染，易引起火灾。

空气喷涂法的工艺要求是：进行喷涂时，必须将空气压力、喷出量和喷雾幅度等参数调整到适当程度，以保证喷涂质量。喷涂距离应根据喷涂压力和喷嘴大小来确定，一般使用大口径喷枪的喷涂距离为200~330mm，使用小口径喷枪的喷涂距离为150~250mm。喷涂距离过远，油漆易散落，造成漆膜过薄而无光；喷涂距离过近，漆膜易产生流淌和橘皮现象。喷涂时，喷枪的运行速度应控制在30~60cm/s范围内，并应运行稳定。喷枪应垂直于被涂物表面，如喷枪角度倾斜，漆膜易产生条纹和斑痕。喷涂时，喷幅搭接的宽度，一般为有效喷雾宽度的1/4~1/3，并保持一致。

5）雾气喷涂法。雾气喷涂法是利用特殊形式的气动或其他动力驱动的液压泵，将涂料增至高压，当涂料经由管路通过喷枪的喷嘴喷出后，体积骤然膨胀而雾化，高速地分散在被涂物表面上，形成漆膜。

雾气喷涂法使用的主要工具为高压喷枪、空气压缩机等。雾气喷涂法适用于厚浆型涂料和具有高不挥发性的涂料，涂装后具有高沸点、高不挥发性、触变性，主要用在各种大型钢结构、桥梁、管道、车辆和船舶等。

雾气喷涂法的优点是设备投资较大，施工方法较复杂，效率比空气喷涂法高，能获得厚土层；缺点是要损失部分涂料，装饰性较差。

雾气喷涂法的工艺要求是：喷枪嘴与被涂物表面的距离一般应控制在300~380mm之间。喷幅宽度：较大物件300~500mm为宜，较小物件100~300mm为宜，一般为330mm。喷嘴与物件表面的喷射角度为30°~80°。喷枪运行速度为30~100cm/s。喷幅搭接宽度为喷幅的1/6~1/4。喷涂过程中，吸入管不得移出涂料液面，应经常注意补充涂料。

7. 涂装应注意的事项

1）涂料、涂装遍数、涂层厚度均应符合设计要求。当设计对涂层厚度无要求时，宜涂装二底二面，涂层干漆膜总厚度：室外应为150μm，室内应为125μm，其允许偏差为±25μm，每遍涂层干漆膜厚度的允许偏差为±5μm。

2）涂装应均匀，油膜应连续无孔，无漏涂、起泡、露底等现象。因此，油漆的稠度既不能过大，也不能过小，稠度过大不但浪费油漆，还会产生脱落、卷皮等现象；稠度过小会产生漏涂、起泡、露底等现象。底漆、中间漆不允许有针孔、气泡、裂纹、脱皮、流挂、返锈、误涂、漏涂等缺陷，无明显起皱，附着应良好。面漆涂层允许存在少量气泡和流挂，但主要大面上不允许出现上述缺陷。

3）除锈后的金属表面与涂装底漆的间隔时间不应超过6h；涂层与涂层之间的间隔时间，由于各种油漆的表干（指干）时间不同，应以先涂装的涂层达到表干后才进行上一层的涂装，一般涂层的间隔时间不少于4h。涂装底漆前，金属表面不得有锈蚀或污垢；涂层上重涂，原涂层上不得有灰尘、污垢。

4）在涂刷第二层防锈底漆时，第一层防锈底漆必须彻底干燥，否则会产生漆层脱落。

5）涂装完成后，构件的标志、标记和编号应清晰完整。

课题2　防火涂装工程

钢构件虽然是非燃烧体，但未保护的钢柱、钢梁、钢楼板和屋顶承重构件的耐火极限仅为0.25h，为满足规范规定的1～3h的耐火极限要求，必须施加防火保护。钢结构防火保护的目的就是在其表面提供一层绝热或吸热的材料，隔离火焰直接燃烧钢结构，阻止热量迅速传向钢基材，推迟钢结构温度升高的时间，使之达到规范规定的耐火权限要求，有利于安全疏散和消防灭火，避免和减轻火灾损失。

1. 钢结构防火涂料

钢结构防火涂料的选用应符合有关耐火极限的设计要求，其分类技术要符合现行国家标准《钢结构防火涂料》（GB 14907—2018）和《钢结构防火涂料应用技术规范》（CECS 24—1990）的规定。

1）钢结构防火涂料按所用粘结剂的不同可分为有机类型防火涂料和无机类型防火涂料两大类，其分类如下：

钢结构防火涂料
- 有机
  - 膨胀型
  - 非膨胀型
- 无机：非膨胀型

2）钢结构防火涂料按其涂层厚度及性能特点可分为：

① B类：又称为膨胀型防火涂料，主要分为超薄型和薄涂型防火涂料。

这类涂料的基本成分组成（质量分数）是：粘结剂有机树脂或有机与无机复合物为10%～30%；有机和无机绝热材料为30%～60%；颜料和化学助剂为5%～15%；溶剂和稀释剂为10%～25%。它一般分为底涂、中涂和面涂（装饰层）涂料。涂层厚度小于等于3mm的为超薄型防火涂料，涂层厚大于3mm且小于等于7mm的为薄涂型防火涂料。

膨胀型防火涂料涂层薄、质量轻、抗振性好，具有较好的装饰性，高温时能膨胀增厚，可将钢构件的耐火极限由0.25h提高到2h左右；缺点是施工时气味较大，涂层易老化，若处于吸湿受潮状态会失去膨胀性。室内裸露钢结构、轻型屋盖钢结构及有装饰要求的钢结构，宜选用该种防火涂料。

② H类：为非膨胀型防火涂料，又称为厚涂型防火涂料。

这类涂料又称为无机轻体喷涂材料或无机耐火喷涂物，其基本成分组成(质量分数)是：胶结料(硅酸盐水泥无机高温粘结剂等)为10%~40%；骨料(膨胀蛭石、膨胀珍珠岩或空心微珠等)为30%~50%；化学助剂(增稠剂、硬化剂、防水剂等)为1%~10%；自来水为10%~30%。根据设计要求，不同厚度的涂层，可满足防火规范对各钢构件耐火极限的要求，涂层厚度一般为8~50mm。这类涂料干密度小，热导率低，耐火隔热性好，能将钢构件的耐火极限由0.25h提高到1.5~4h。

厚涂型防火涂料一般不燃、无毒，具有耐老化、耐久性，适用于永久性建筑。室内隐蔽钢结构、高层全钢结构及多层厂房钢结构，当规定其耐火极限在1.5h以上时，宜选用这种防火涂料。

另外，钢结构防火涂料应不含石棉，不用苯类溶剂，在涂装实干后应无刺激性气味，不腐蚀钢材；在预定的使用期内须保持其性能。露天钢结构所选用的防火涂料除与室内防火涂料具有相同耐火极限要求外还应具有优良的耐候性。

B类、H类防火涂料的技术性能应符合表13-6的规定。

表13-6 钢结构防火涂料的技术性能表

项目		指标	
		B类	H类
在容器中的状态		经搅拌后呈均匀液态或厚稠液体，无结块	经搅拌后呈均匀厚稠液体，无结块
干燥时间，表干/h		≤12	≤24
初期干燥抗裂性		一般不应出现裂纹，如有1~3条裂纹，其宽度应不大于0.5mm	一般不应出现裂纹，如有1~3条裂纹，其宽度应不大于1mm
外观与颜色		外观与颜色同样品相比，应无明显差别	
粘结强度/MPa		≥0.15	≥0.04
抗压强度/MPa			≥0.3
干密度/(kg/m^3)			≤500
热导率/[W/(m·K)]			≤0.116
抗振性		挠曲 $L/200$，涂层不起层、不脱落	
抗弯性		挠曲 $L/200$，涂层不起层、不脱落	
耐水性/h		≥24	≥24
耐冻融循环性/次		≥15	≥15
耐火性能	涂层厚度/mm	3.0、5.5、7.0	8、15、20、30、40、50
	耐火极限不低于/h	0.5、1.0、1.5	0.5、1.0、1.5、2.0、2.5、3.0

3）钢结构防火涂料按其使用场所可分为：

① 室内钢结构防火涂料：用于建筑物室内或隐蔽工程的钢结构表面。

② 室外钢结构防火涂料：用于建筑物室外或露天工程的钢结构表面。

2. 钢结构防火涂料的命名

以汉语拼音字母的缩写为代号，N 和 W 分别代表室内和室外，CB、B 和 H 分别代表超薄型、薄型和厚型三类，各类涂料名称与代号对应关系如下：

1）室内超薄型钢结构防火涂料（NCB）。

2）室内薄型钢结构防火涂料（NB）。

3）室内厚型钢结构防火涂料（NH）。

4）室外超薄型钢结构防火涂料（WCB）。

5）室外薄型钢结构防火涂料（WB）。

6）室外厚型钢结构防火涂料（WH）。

3. 钢结构防火涂料的性能指标

室内钢结构防火涂料技术性能应符合表13-7的要求，室外钢结构防火涂料技术性能应符合表13-8的要求。

表13-7　室内钢结构防火涂料技术性能

序号	检验项目		技术指标			缺陷分类
			NCB	NB	NH	
1	在容器中的状态		经搅拌后呈均匀细腻状态，无结块	经搅拌后呈均匀液态或稠厚流体状态，无结块	经搅拌后呈均匀稠厚流体状态，无结块	C
2	干燥时间（表干）/h		≤8	≤12	≤24	C
3	外观与颜色		涂层干燥后，外观与颜色同样品相比应无明显差别	涂层干燥后，外观与颜色同样品相比应无明显差别	—	C
4	初期干燥抗裂性		不应出现裂纹	允许出现1～3条裂纹，其宽度≤0.5mm	允许出现1～3条裂纹，其宽度≤1mm	C
5	粘结强度/MPa		≥0.20	≥0.15	≥0.04	B
6	抗压强度/MPa		—	—	≥0.3	C
7	干密度/（kg/m^2）		—	—	≤500	C
8	耐水性/h		≥24　涂层应无起层、发泡、脱落现象	≥24　涂层应无起层、发泡、脱落现象	≥24　涂层应无起层、发泡、脱落现象	B
9	耐冷热循环性/次		≥15　涂层应无开裂、剥落、起泡现象	≥15　涂层应无开裂、剥落、起泡现象	≥15　涂层应无开裂、剥落、起泡现象	B
10	耐火性能	涂层厚度（不大于）/mm	2.00±0.20	5.00±0.50	25±2	A
		耐火极限（不低于）/h（以136b或140b标准工字钢梁作基材）	1.0	1.0	2.0	

注：裸露钢梁耐火极限为15min（136b、140b验证数据），作为表中0mm涂层厚度耐火极限基础数据。

表 13-8 室外钢结构防火涂料技术性能

检验项目	技术指标			缺陷分类
	WCB	WB	WH	
在容器中的状态	经搅拌后呈细腻状态，无结块	经搅拌后呈均匀液态或稠厚流体状态，无结块	经搅拌后呈均匀稠厚流体状态，无结块	C
干燥时间(表干)/h	≤8	≤12	≤24	C
外观与颜色	涂层干燥后，外观与颜色同样品相比应无明显差别	涂层干燥后，外观与颜色同样品相比应无明显差别	—	C
初期干燥抗裂性	不应出现裂纹	允许出现1～3条裂纹，其宽度≤0.5mm	允许出现1～3条裂纹，其宽度≤1mm	C
粘结强度/MPa	≥0.20	≥0.15	≥0.04	B
抗压强度/MPa	—	—	≥0.5	C
干密度/(kg/m^2)	—	—	≤650	C
耐曝热性/h	≥720 涂层应无起层、脱落、空鼓、开裂现象	≥720 涂层应无起层、脱落、空鼓、开裂现象	≥720 涂层应无起层、脱落、空鼓、开裂现象	B
耐湿热性/次	≥504 涂层应无起层、脱落现象	≥504 涂层应无起层、脱落现象	≥504 涂层应无起层、脱落现象	B
耐冻融循环性/次	≥15 涂层应无开裂、脱落、起泡现象	≥15 涂层应无开裂、脱落、起泡现象	≥15 涂层应无开裂、脱落、起泡现象	B
耐酸性/h	≥360 涂层应无起层、脱落、开裂现象	≥360 涂层应无起层、脱落、开裂现象	≥360 涂层应无起层、脱落、开裂现象	B
耐碱性/h	≥360 涂层应无起层、脱落、开裂现象	≥360 涂层应无起层、脱落、开裂现象	≥360 涂层应无起层、脱落、开裂现象	B
耐盐雾腐蚀性/次	≥30 涂层应无起泡、明显的变质、软化现象	≥30 涂层应无起泡、明显的变质、软化现象	≥30 涂层应无起泡、明显的变质、软化现象	B
耐火性能：涂层厚度(不大于)/mm	2.00±0.20	5.00±0.50	25±2	A
耐火性能：耐火极限(不低于)/h(以136b或140b标准工字钢梁作基材)	1.0	1.0	2.0	

注：裸露钢梁耐火极限为15min(136b、140b验证数据)，作为表中0mm涂层厚度耐火极限基础数据，耐久性项目(耐曝热性、耐湿热性、耐冻融循环性、耐酸性、耐碱性、耐盐雾腐蚀性)的技术要求除表中规定外，还应满足附加耐火性能的要求，方能判定该对应项性能合格。耐酸性和耐碱性可仅进行其中一项测试。

4. 钢结构防火涂装作业条件的一般规定

1）防火涂料涂装施工前，钢结构工程已检查验收合格，并符合设计要求。

2）通常情况下，应在钢结构安装就位，与其相连的吊杆、马道、管架及其杆相关联的构件安装完毕，并经验收合格之后，才能进行喷涂施工。如若提前施工，对钢构件实施防火喷涂后，再进行吊装，则安装好后应对损坏的涂层及钢结构的接点进行补喷。

3）喷涂前，钢结构表向应除锈，并根据使用要求确定防锈处理。除锈和防火处理应符合现行《钢结构工程施工质量验收规范》(GB 50205—2001)中有关规定。对大多数钢结构而言，需要涂防锈底漆。防锈底漆与防火涂料不应发生化学反应。

4）喷涂前，钢结构表面的尘土、油污、杂物等应清除干净。钢构件连接处4～12mm宽的缝隙应采用防火涂料或其他防火材料，如硅酸铝纤维棉、防火堵料等填补堵平。当钢构件表面已涂防锈面漆，图层硬而光亮，明显影响防火涂料粘结力时，应采用砂纸适当打磨再喷。

5）钢结构防火涂料的施工应在室内装饰之前和不被后期工程所损坏的条件下进行。施工时，对不需作防火保护的墙面、门窗、机器设备和其他构件应采用塑料布遮挡保护。刚施工的涂层，应防止雨淋、脏液污染和机械撞击。

6）施工时的环境温度宜保持5～38℃，相对湿度不大于90%，空气应流通。当风速大于5m/s，或雨天和构件表面有结露时，不宜作业。

7）在同一工程中，每使用100t薄涂型钢结构防火涂料应抽样检测一次粘结强度，每使用500t厚涂型钢结构防火涂料应抽样检测一次粘结强度和抗压强度。

8）钢结构防火涂料出厂时，产品质量应符合有关标准的规定，并应附有涂料品种名称、技术性能、制造批号、贮存期限和使用说明。

9）钢结构的防火涂料必须有国家检测机构的耐火极限检测报告和理化性能检测报告，必须有防火监督部门核发的生产许可证和生产厂方的产品合格证。

5. 主要机具

防火涂装的主要机具见表13-9。

表13-9　防火涂装的主要机具

序　号	机具名称	型　号	单　位	用　途
1	便携式搅拌机		台	配料
2	压送式喷涂机		台	厚涂型涂料喷涂
3	重力式喷枪		台	薄涂型涂料喷涂
4	空气压缩机	0.6～0.9m^3/min	台	喷涂
5	抹灰刀		把	手工涂装
6	砂布		张	基层处理

6. 工艺流程

基面处理 → 调配涂料 → 涂装施工 → 检查验收

7. 涂装处理及喷涂方式

（1）薄涂型防火涂料的涂装

1）薄涂型钢结构防火涂料的底涂层（或主涂层）宜采用重力式喷枪喷涂，配能够自动调压的0.6~0.9m^3/min的空压机，喷嘴直径为4~6mm，空气压力为0.4~0.6MPa。局部修补和小面积施工，可用手工抹涂。面层装饰涂料可刷涂、喷涂或滚涂，一般采用喷涂施工。

2）双组份装的涂料，应按说明书规定在现场调配；单组份装的涂料，也应充分搅拌。喷涂后，不应发生流淌和下坠。

3）当钢基材表面除锈和防锈处理符合要求，尘土等杂物清除干净后方可进行底层施工。底层一般喷2~3遍，施工间隔4~24h。待前一遍涂层基本干燥后再喷涂一遍，第一遍喷涂盖住钢材基面70%即可，第二、第三遍喷涂厚度不应超过2.5mm。

4）底层喷涂时手握喷枪要稳，喷嘴与钢材表面垂直成70°角，喷口到喷面距离为40~60cm，要求回旋转喷涂，注意搭接处颜色一致，厚薄均匀。喷涂时应确保涂层完全闭合，轮廓清晰，厚薄均匀，防止漏涂和面层流淌。

5）底层喷涂后，如果喷涂形成的涂层是粒状表面，当设计要求涂层表面要平整光滑时，待喷涂完最后一遍，应采用抹灰刀等工具进行抹平处理，确保外表面均匀平整。

6）当底层厚度符合设计规定，并基本干燥后，方可施工面层涂料。面层涂料一般涂饰1~2遍，如果第一遍是从左至右喷，第二遍则应从右至左喷，以确保全部覆盖住底涂层。对于露天钢结构的防火保护，喷好防火的底涂层后，也可选用适合建筑外墙用的面层涂料作为防水装饰层。

（2）厚涂型防火涂料的涂装

1）厚涂型钢结构防火涂料宜采用压送式喷涂机喷涂，配能自动调压的0.6~0.9m^3/min的空压机，空气压力为0.4~0.6MPa，喷枪口直径宜为6~10mm。局部修补可采用抹灰刀等工具手工抹涂。

2）由工厂制造好的单组分湿涂料，现场应采用便携式搅拌器搅拌均匀。由工厂提供的干粉料，在现场加水或其他稀释剂调配时，应按涂料说明书规定配比混合搅拌，边配边用。由工厂提供的双组份涂料，按配制涂料说明书规定的配比混合搅拌，边配边用，特别是化学固化干燥的涂料，配制的涂料必须在规定的时间内用完。搅拌和调配涂料，应使稠度适宜，即能在输送管道中畅通流动，又能使喷涂后不会流淌和下坠。

3）喷涂应分若干次完成，第一次喷涂以基本盖住钢构件基材面即可，以后每次喷涂厚度为5~10mm，一般以7mm左右为宜。必须在前一次喷涂层基本干燥或固化后，再喷涂后一遍，喷涂保护方式、喷涂遍数与涂层厚度应根据施工设计要求确定。喷涂时，持枪手紧握喷枪，注意移动速度，不能在同一位置久留，造成涂料堆积流淌；配料及往挤压泵加料均要连续进行，不得停顿。施工过程中，操作者应采用测厚针检测涂层厚度，直到符合设计规定的厚度，方可停止喷涂。喷涂后的涂层要适当维修，对明显的乳突，应采用抹灰刀等工具剔除，以确保涂层表面均匀。

4）涂层应在规定时间内干燥固化，各层间粘结牢固，不出现粉化、串鼓、脱落和明显裂纹。钢结构的接头、转角处的涂层均匀一致，无漏涂出现。涂层厚度应达到设计要求，如某些部位的涂层厚度未达到规定厚度值的85%，或者虽达到规定厚度值的

85%但未达到规定厚度的部位连续面积的长度超过1m时应补喷，使其符合规定的厚度。

复习思考题

13-1　钢材表面处理方法有哪些？

13-2　涂装前钢材表面锈蚀等级和除锈等级应如何划分？

13-3　防火涂料的类型如何划分？

13-4　涂料涂装的方法有哪些？

模块4 钢结构的安装

单元14 钢结构安装常用机具设备

【单元概述】

本单元讲述钢结构安装常用的机具设备，有塔式起重机、履带式起重机、汽车式起重机和轮胎式起重机等的技术性能及使用要点。介绍了千斤顶、卷扬机、地锚、倒链、滑车组和钢丝绳等索具设备的使用。

【学习目的】

通过本单元的学习，应重点掌握安装设备的技术性能和使用要点，熟悉一般钢结构工程安装合理选择和使用机械设备。

课题1 塔式起重机

1. 塔式起重机的类型

塔式起重机是把吊臂、平衡臂等结构和起升、变幅等机构安装在金属塔身上的一种起重机，其特点是提升高度高、工作半径大、工作速度快、吊装效率高等。塔式起重机按有无行走机构，分为固定式和移动式；按其回转形式，分为上回转和下回转；按其变幅方式分为水平臂架小车变幅和动臂变幅；按其安装形式，分为自升式、整体快速装拆式和拼装式。拼装式塔式起重机因装拆工作量大已经被淘汰。目前，应用最广的是下回转、快速装拆、轨道式塔式起重机和能够一机四用(轨道式、固定式、附着式和内爬式）的自升式塔式起重机。QTZ100型塔式起重机外形图如图14-1所示。自升式塔式起重机结构示意图如图14-2所示。

2. 塔式起重机的技术性能及起重特性

本部分内容请参考有关塔式起重机技术手册。

3. 塔式起重机的装拆与转移

塔式起重机的拆装由专业队进行，并且必须取得由行政主管部门颁发的装拆资格证书，并应有技术和安全人员在场监护。

（1）塔式起重机的装拆方法　根据起重机的结构形式、质量和现场的具体情况，确定塔式起重机的安装方法。安装方法一般分为整体自立法、旋转起扳法和立装自升法三种。一

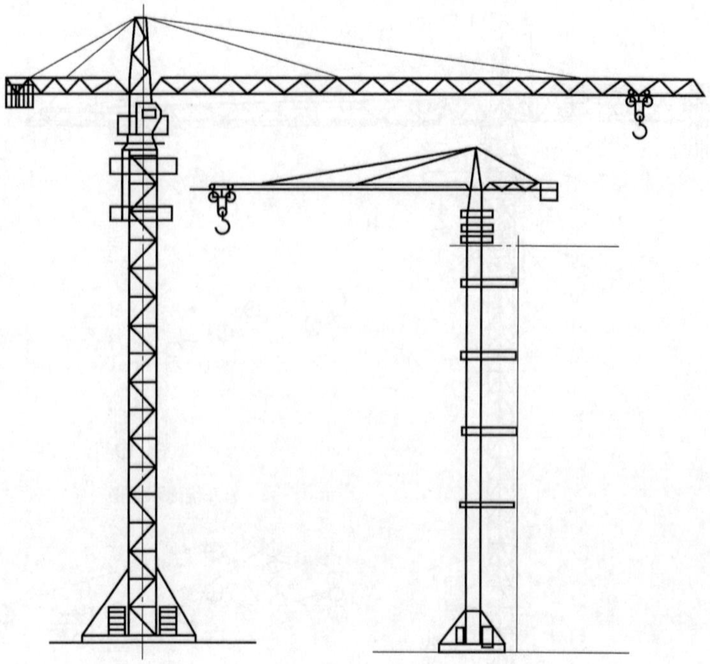

图 14-1　QTZ100 型塔式起重机外形图

般，同一台塔式起重机的拆除方法和安装方法基本相同，仅程序相反。

整体自立法是利用本身设备完成安装作业的方法，适用于轻、中型下回转塔式起重机。旋转起扳法适用于需要解体转移而非自升的塔式起重机，一般借助于轻型汽车起重机，在工地上进行组装，利用自身起升机构使塔身旋转而直立。立装自升法适用于自升式塔式起重机，主要做法为用其他起重机（辅机）将所要安装的塔式起重机除塔身中间节以外的全部部件立装于安装位置，然后用本身的自升装置安装塔身中间节。

（2）塔式起重机装拆作业注意事项

1）起重机的装拆必须由取得建设行政主管部门颁发的装拆资格证书的专业队进行，并应有技术和安全人员在场监护。

2）起重机装拆前，应按出厂有关规定编制装拆作业方法、质量要求和安全技术措施，经企业技术负责人审批后，作为装拆作业技术方案，并向全体作业人员交底。

3）起重机的装拆作业应在白天进行。遇大风、浓雾和雨雪等恶劣天气时，应停止作业。

4）起重机的金属结构、轨道及所有电气设备的金属外壳，应有可靠的接地装置，接地电阻不应大于 4Ω。

5）指挥人员应熟悉装拆作业方案，遵守装拆工艺和操作规程，使用明确的指挥信号进行指挥。所有参与装拆作业的人员都应听从指挥，发现指挥信号不清或有错误时，应停止作业，待联系信号清楚后再进行。

6）采用高强度螺栓连接的结构，应使用原厂制造的连接螺栓，自制螺栓应有质量合格的试验证明，否则不得使用。连接螺栓时，应采用扭矩扳手或专用扳手，并应按装配技术要求拧紧。

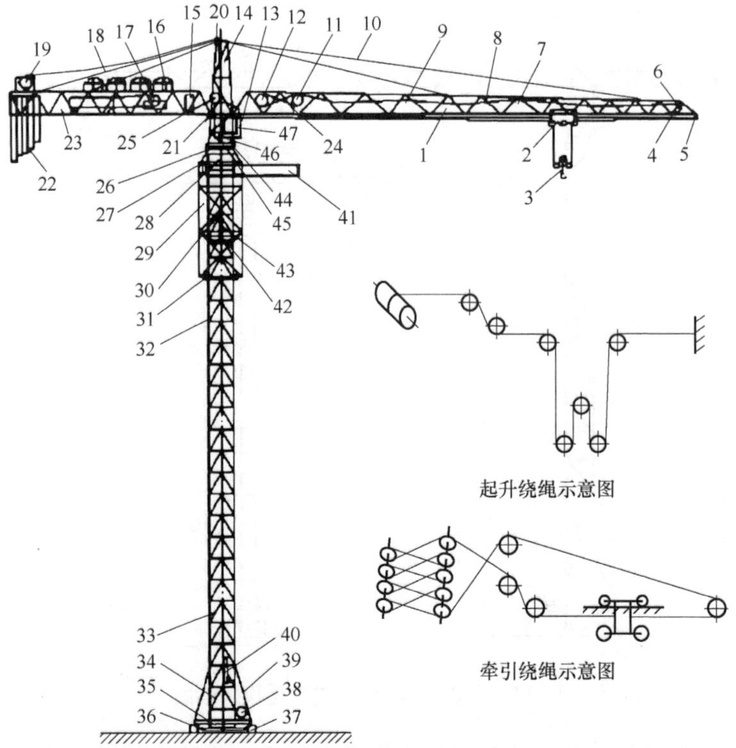

图 14-2 自升式塔式起重机结构示意图

1—吊臂 2—变幅小车 3—吊钩滑轮 4、6—导向滑轮 5、13—止挡及变幅限位装置 7、9—导向滑轮 8—起升钢丝绳 10—吊臂拉绳 11—小车牵引机构 12—导向滑轮及张紧装置 14—尖塔 15—电控室 16—平衡臂护身栏 17—平衡重移动机构 18—平衡臂拉绳 19—起升机构 20、21、24—导向滑轮 22—平衡重 23—平衡臂 25—导向及张紧装置 26—回转机构 27—承座 28—过渡节 29—顶升套架 30—空气开关 31—顶升套架固定器 32—塔身标准节 33—塔身基础节 34—塔身底节 35—水母底架 36—水母底架支座 37—大车行走机构 38—电缆卷筒 39—底架斜撑 40—升降梯 41—引进小车 42—顶升横梁 43—液压顶升系统及液压顶升油缸 44—转台 45—旋转机构 46—集电环 47—司机室

7）在装拆上回转、小车变幅的起重臂时，应根据出厂说明书的装拆要求进行，并应保持起重机的平衡。

8）装拆人员在进入工作现场时，应穿戴安全保护用品，高处作业时应系好安全带，熟悉并认真执行装拆工艺和操作规程，当发现异常情况或疑难问题时，应及时向技术负责人反映，不得自行其是，应防止处理不当而造成事故。

9）起重机安装过程中，必须分阶段进行技术检验。整机安装完毕后，应进行整机技术检验和调整，各机构动作应正确、平稳、无异响，制动可靠，各安全装置应灵敏有效；在无荷载情况下，塔身和基础平面的垂直度允许偏差为4/1000，经分阶段及整机检验合格后，应填写检验记录，经技术负责人审查签证后，方可交付使用。

10）安装起重机时，必须将大车行走缓冲止挡器和限位开关碰块安装牢固，并应将各部位的栏杆、平台、扶杆、护圈等安全防护装置装齐。

11）在装拆作业过程中，遇天气剧变、突然停电、机械故障等意外情况，短时间不能继续作业时，必须使已装拆的部位达到稳定状态并固定牢靠，经检查确认无隐患后，方可停止作业。

12）在拆除因损坏或其他原因而不能用正常方法拆卸的起重机时，必须按照技术部门批准的安全拆卸方案进行。

（3）塔式起重机的转移　塔式起重机转移前，要按照与安装相反的顺序，采用相似的方法，将塔身降下或解体，然后进行整体拖运或解体运输。转移前，应充分了解运行路线情况，根据实际情况采取相应的安全措施。转运过程中，应随时检查，如有异常，应及时处理。采用整机拖运的下回转式塔式起重机，轻型的大多采用全挂式拖运方式，中型及重型的则多采用半挂式拖运方式。拖运的牵引车可利用载重汽车或平板拖车的牵引车；自升塔式起重机及TQ60/80型上回转式塔式起重机都必须解体运输。用平板拖车运输时，以汽车起重机配合装卸。

4. 塔式起重机顶升接高与降落、附着及内爬升

（1）顶升接高与降落　根据顶升接高方式的不同，可分为三种不同形式，即上顶升加节接高、中顶升加节接高和下顶升加节接高，如图14-3所示。

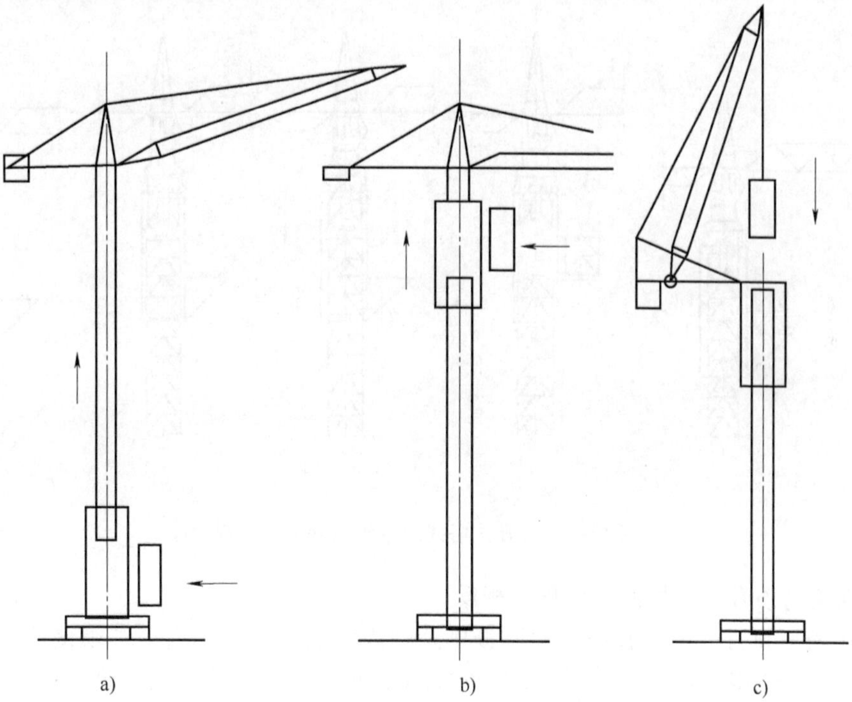

图14-3　三种不同接高方式示意图

a）上顶升加节接高　b）中顶升加节接高　c）下顶升加节接高

上顶升加节接高的工艺是由上向下插入标准节，多用于俯仰变幅的动臂式自升式塔式起重机。

下顶升加节接高的优点是人员在下部操作，安全方便；缺点是顶升重量大，顶升时附着装置必须松开。

中顶升加节接高的工艺是由塔身一侧引入标准节，可适用于不同形式的臂架，内爬、外附均可，而且顶升时无须松开附着装置，应用面比较广。

自升式塔式起重机的顶升接高系统由顶升套架、引进轨道及小车、液压顶升机组三部分组成。其顶升接高的步骤如下：

1）回转起重臂使其朝向与引进轨道一致并加以锁定。吊运一个标准节到摆渡小车上，并将过渡节与塔身标准节相连的螺栓松开，准备顶升，如图14-4a所示。

2）开动液压千斤顶，将塔机上部结构包括顶升套架等上升到超过一个标准节的高度，然后用定位销将套架固定，则塔式起重机上部结构的重量就会通过定位销传送到塔身，如图14-4b所示。

3）液压千斤顶回缩，形成引进空间，此时将装有标准节的摆渡小车开到引进空间内，如图14-4c所示。

4）利用液压千斤顶稍微提起待接高的标准节，退出摆渡小车，然后将待接高的标准节平稳地落在下面的塔身上，并用螺栓连接，如图14-4d所示。

5）拔出定位销，下降过渡节，并与已接高的塔身连成整体，如图14-4e所示。

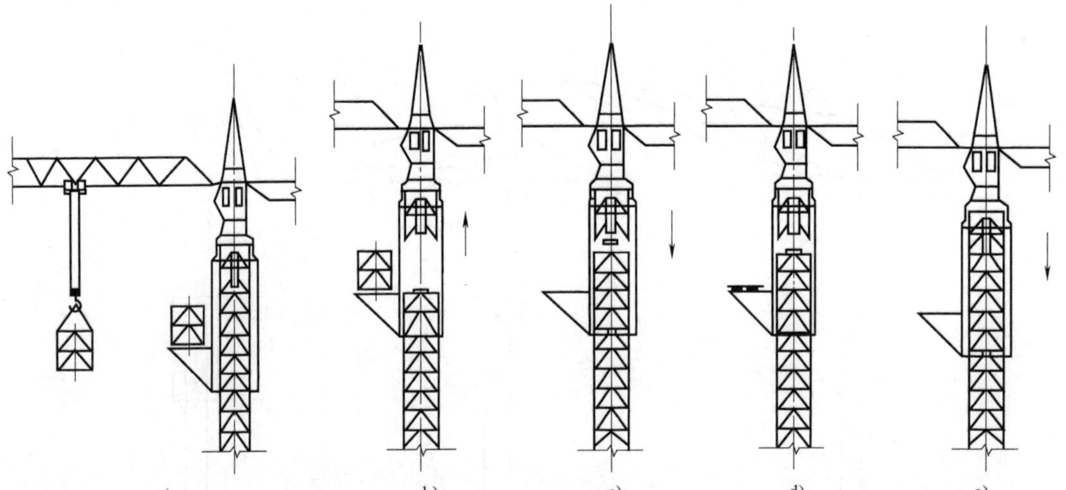

图14-4 自升式塔式起重机顶升接高过程

塔身降落与顶升方法相似，仅程序相反。

（2）附着 自升式塔式起重机的塔身接高到规定的独立高度后，必须使用附着装置将塔身与建筑物相连接（锚固），以减少塔身的自由高度，保持塔机的稳定性，减小塔身内力，提高起重能力。附着装置由附着框架、附着杆和附着支座等组成，如图14-5所示。

塔式起重机的附着应按使用说明书的规定进行，一般应注意以下几点：

1）根据建筑施工总高度、建筑结构特点及施工进度要求制订附着方案。

2）起重机附着的建筑物，其附着点的受力强度应满足起重机的设计要求。附着杆系的布置方式、相互间距和附着距离等，应按出厂使用说明书规定执行。有变动时，应另行设计。

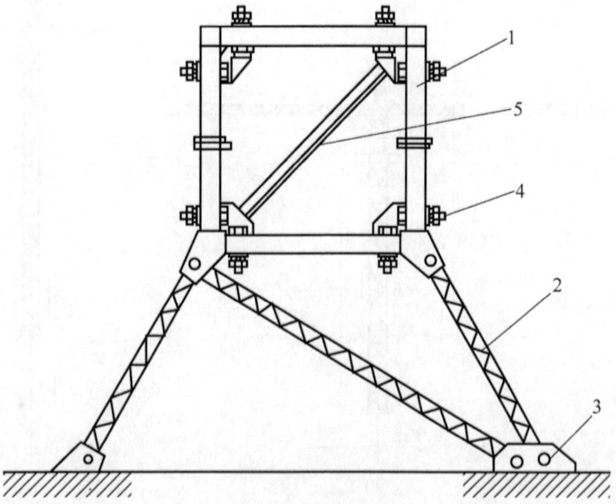

图 14-5　附着装置的构造图

1—附着框架　2—附着杆　3—附着支座　4—顶紧螺栓　5—加强撑

3）装设附着框架和附着杆件，应采用经纬仪测量塔身垂直度，并应采用附着杆进行调整，在最高附着点以下垂直度允许偏差为2/1000。

4）在附着框架和附着支座布设时，附着杆倾斜角不得超过10°。

5）附着框架宜设置在塔身标准节连接处，箍紧塔身。塔架对角处在无斜撑时应加固。

6）塔身顶升接高到规定附着间距时，应及时增设与建筑物的附着装置。塔身高出附着装置的自由端高度，应符合出厂规定。

7）起重机作业过程中，应经常检查附着装置，发现松动或异常情况时，应立即停止作业，故障未排除，不得继续作业。

8）拆卸起重机时，应随着降落塔身的进程拆卸相应的附着装置。严禁在落塔之前先拆附着装置。

9）遇有六级及以上大风时，严禁安装或拆卸附着装置。

10）附着装置的安装、拆卸、检查和调整，均应有专人负责，工作时应系安全带和戴安全帽，并应遵守高处作业有关安全操作的规定。

11）轨道式起重机作附着式使用时，应提高轨道基础的承载能力和切断行走机构的电源，并应设置阻挡行走轮移动的支座。

12）应对布设附着支座的建筑物构件进行强度验算（附着荷载的取值，一般塔机使用说明书均有规定），如强度不足，须采取加固措施。构件在布设附着支座处应加配钢筋并适当提高混凝土的强度等级。安装附着装置时，附着支座处的混凝土强度必须达到设计要求。附着支座须固定牢靠，其与建筑物构件之间的空隙应嵌塞紧密。

（3）内爬升　内爬升式塔式起重机是一种安装在建筑物内部（电梯井或特设空间）的结构上，依靠爬升机构随建筑物向上建造而向上爬升的起重机。一般每隔两个楼层爬升一次。内爬升式塔式起重机的爬升过程如图 14-6 所示。

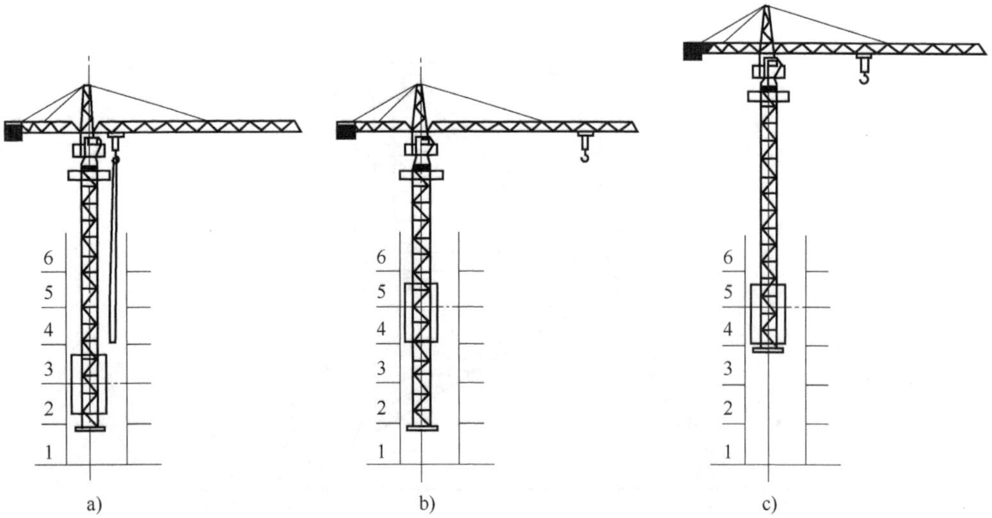

图 14-6 内爬升式塔式起重机的爬升过程

a）套架爬升前 b）提升套架 c）提升塔身

5. 塔式起重机的使用要点

1）塔式起重机作业前应进行下列检查和试运转：

① 轨道基础应平直无沉陷，接头连接螺栓及道钉无松动。

② 各安全装置、传动装置、指示仪表、主要部位连接螺栓、钢丝绳磨损情况、供电电缆等必须符合有关规定。

③ 按有关规定进行试验和试运转。

当同一施工地点有两台以上起重机时，应保持两台机器间任何接近部位(包括吊重物)距离不得小于2m。

2）在吊钩提升、起重小车或行走大车运行到限位装置前，均应减速缓行到停止位置，并应与限位装置保持一定距离(吊钩不得小于1m，行走轮不得小于2m)。严禁采用限位装置作为停止运行的控制开关。

3）动臂式起重机的起升、回转、行走一般可同时进行，变幅应单独进行，不同型号的塔机有所不同，具体应严格按照规定进行操作。应定期对变幅部位进行检查。允许带载变幅的，当荷载达到额定起重量的90%及以上时，严禁变幅。

4）提升重物，严禁自由下降。重物就位时，可采用慢就位机构或利用制动器使之缓慢下降。

5）提升重物做水平移动时，应高出其跨越的障碍物0.5m以上。

6）装有上下两套操纵系统的起重机，不得上下同时使用。

7）作业中如遇六级及以上大风或阵风，应立即停止作业，锁紧夹轨器，将回转机构的制动器完全松开，起重臂应能随风转动。对轻型俯仰变幅起重机，应将起重臂落下并与塔身结构锁紧在一起。

8）作业中，操作人员临时离开操纵室时，必须切断电源，锁紧夹轨器。

9）起重机载人专用电梯严禁超员，其断绳保护装置必须可靠。当起重机作业时，严禁开动电梯。电梯停用时，应降至塔身底部位置，不得长时间悬在空中。

10）作业完毕后，起重机应停放在轨道中间位置，起重臂应转到顺风方向，并松开回转制动器，小车及平衡重应置于非工作状态，吊钩宜升到离起重臂顶端2～3m处。

11）停机时，应将每个控制器拨回零位，依次断开各开关，关闭操纵室门窗，下机后，应锁紧夹轨器，使起重机与轨道固定，断开电源总开关，打开高空指示灯。

12）尚未附着的自升式塔式起重机，塔身上不得悬挂标语牌。

13）每月或连续大雨后，应及时对轨道基础进行全面检查，检查内容包括：轨距偏差，钢轨顶面的倾斜度，轨道基础的弹性沉陷，钢轨的不直度及轨道的通过性能等。对混凝土基础，应检查其是否有不均匀的沉降。

14）混凝土基础的不均匀沉降量应满足基础表面倾斜度或钢轨顶面倾斜度不大于1/1000的要求。如不均匀沉降量超过允许值，应查明原因并采取措施予以处理。造成不均匀沉降的原因一般有附近地面低洼集水和地基软弱两种，处理措施有：如基础附近地面低洼，应排去集水、挖去淤泥、垫高地面并确保排水通畅；软弱地基，应根据实际情况采取换填法、挤密桩法或灰土墙、锚杆法等措施处理。

6. 塔式起重机的地基与基础

塔式起重机的基础有轨道基础和混凝土基础两种。固定式塔式起重机采用钢筋混凝土基础，又分为整体式、分离式、灌注桩承台式等形式。整体式又分为方块式和X形式；分离式又分为双条式和四个分块式。方块整体式和四个分块式常用于1000kN·m以上自升式塔式起重机；X形和双条形基础常用于400～600kN·m级塔式起重机；灌注桩承台式钢筋混凝土基础常用在深基础施工阶段，要在基坑近旁构筑塔式起重机基础时采用。塔式起重机的地基承载力必须满足要求；塔式起重机基础应符合出厂说明书及有关规定；当塔式起重机安装在建筑物基坑内底板上时，应对底板进行验算并采取相应措施；当塔式起重机安装在坑侧支护结构上时，应对支护结构进行验算，并采取必要的加固措施。

塔式起重机的混凝土基础应符合下列要求：

1）混凝土强度等级不低于C30。

2）基础表面平整度允许偏差为1/1000。

3）埋设件的位置、标高、垂直度、施工工艺符合出厂说明书要求。

塔式起重机的轨道两旁、混凝土基础周围应修筑边坡和排水设施。

塔式起重机的基础施工完毕，经验收合格后方可使用。

课题2　履带式起重机

1. 履带式起重机的类型

履带式起重机是在行走的履带底盘上装有起重装置的起重机械，主要由动力装置、传动装置、行走机构、工作机械、起重滑车组、变幅滑车组及平衡重等组成。它是结构安装工程中常用的起重机械，具有起重能力较大、自行式、全回转、工作稳定性好、操作灵活、使用方便、在其工作范围内可荷载行驶作业、对施工场地要求不严等特点。

履带式起重机按传动方式不同分为机械式、液压式（Y）和电动式（D）三种。

2. 履带式起重机的技术性能及起重特性

本部分内容请参考有关履带式起重机技术手册。

3. 履带式起重机的使用与转移

（1）履带式起重机的使用

1）驾驶员应熟悉履带式起重机技术性能，启动前应按规定进行各项检查和保养，启动后应检查各仪表指示值及运转是否正常。

2）履带式起重机必须在平坦坚实的地面上作业，当起吊荷载达到额定重量的90%及以上时，工作动作应慢速进行，并禁止同时进行两种及以上动作。

3）应按规定的起重性能作业，严禁超载作业，如确需超载，应进行验算并采取可靠措施。

4）作业时，起重臂的最大仰角不应超过规定，无资料可查时，不得超过78°。

5）采用双机抬吊作业时，两台起重机的性能应相近。抬吊时统一指挥，动作协调，互相配合，起重机的吊钩滑轮组均应保持垂直。抬吊时单机的起重荷载不得超过允许荷载值的80%。起重机带载行走时，荷载不得超过允许起重量的70%。

6）带载行走时道路应坚实平整，起重臂与履带平行，重物离地不能大于500mm，并拴好拉绳，缓慢行驶，严禁长距离带载行驶，上下坡道时，应无载行驶。上坡时，应将起重臂仰角适当放小，下坡时应将起重臂的仰角适当放大，严禁下坡空挡滑行。

7）作业后，吊钩应提升至接近顶端处，起重臂降至40°~60°，关闭电门，各操纵杆置于空挡位置，各制动器加保险固定，操纵室和机棚应关闭门窗并加锁。

8）遇大风、大雪、大雨时应停止作业，并将起重臂转至顺风方向。

（2）履带式起重机的转移 履带式起重机的转移有三种形式，即自行运输、平板拖车运输和铁路运输。对于普通路面且运距较近时，可采用自行转移，在行驶前，应对行走机构进行检查，并做好润滑、紧固、调整和保养工作。每行驶500~1000m，应对行走机构进行检查和润滑。对沿途空中架线情况进行察看，以保证符合安全距离要求。当采用平板拖车运输时，要了解所运输的履带式起重机的自重、外形尺寸、运输路线和桥梁的安全承载能力、桥洞高度等情况，选用相应载重量平板拖车。起重机在平板拖车上停放牢固，位置合理。应将起重臂和配重拆下，刹住回转制动器，插销锁牢，为了降低高度，可将起重机上部人字架放下；当采用铁路运输时，应将支垫起重臂的高凳或道木垛搭在起重机停放的同一个平板上，固定起重臂的绳索也绑在该平板上，如起重臂长度超过该平板，则应另挂一个辅助平板，但可不设支垫也不用绳索固定，同时吊钩钢丝绳应抽掉。

4. 履带式起重机的验算

履带式起重机在进行超负荷吊装或接长吊杆时，需进行稳定性验算，以保证起重机在吊装中不会发生倾覆事故。履带式起重机在车身与行驶方向垂直时，处于最不利工作状态，稳定性最差，如图14-7所示。此时，履带的轨链中心A为倾覆中心，起重机的安全条件为：当仅考虑吊装荷载时，稳定性安全系数$K_1=M_{稳}/M_{倾}\geqslant1.4$；当考虑吊装荷载及附加荷载时，稳定性安全系数$K_2=M_{稳}/M_{倾}\geqslant1.15$。

当起重机的起重高度或起重半径不足时，起重臂接长后的稳定性计算，可近似地按力矩等量换算原则求出起重臂接长后的允许起重量，如图14-8所示。接长起重臂后，当吊装荷载不超过Q/t时，即可满足稳定性的要求。

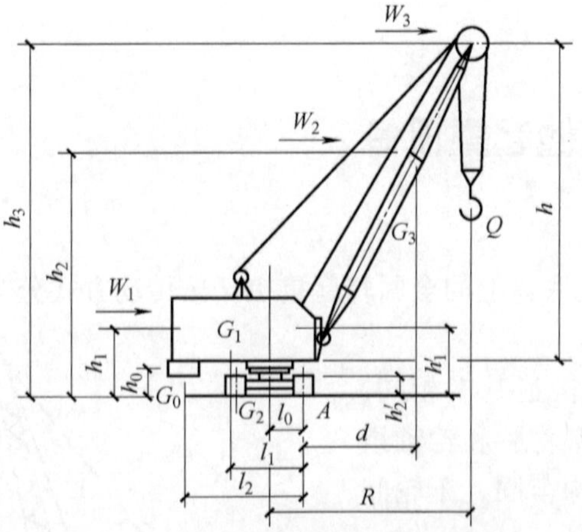

图 14-7　履带式起重机稳定性验算

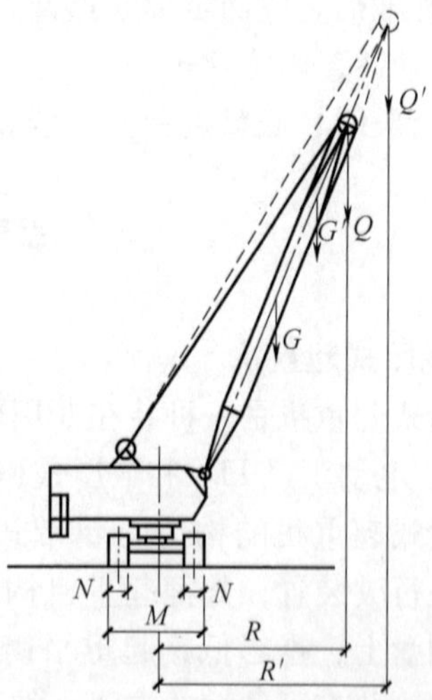

图 14-8　用力矩等量换算原则计算起重臂接长后的允许起重量

课题 3　汽车式起重机

1. 汽车式起重机的类型

汽车式起重机是将起重机构安装在普通载重汽车或专用汽车底盘上的起重机。汽车式起重机机动性能好，运行速度快，对面破坏性小，但不能负荷行驶，吊重物时必须支腿，对工作场地的要求较高。

汽车式起重机按起重量大小分为轻型、中型和重型三种。起重量在 20t 以内的为轻型，50t 及以上的为重型；按起重臂形式分为桁架臂或箱形臂两种；按传动装置形式分为机械传动(Q)、电力传动(QD)、液压传动(QY)。目前，液压传动的汽车式起重机应用较广。

2. 汽车式起重机的技术性能

本部分内容请参考有关汽车式起重机技术手册。

3. 汽车式起重机的使用要点

1）应遵守操作规程及交通规则。

2）作业场地应坚实平整。

3）作业前，应伸出全部支腿，并在撑脚下垫合适的方木。调整机体，使回转支撑面的倾斜度在无荷载时不大于 1/1000(水准泡居中)。支腿有定位销的应插上。底盘为弹性悬挂的起重机，伸出支腿前应收紧稳定器。

4）作业中严禁扳动支腿操纵阀。调整支腿应在无载荷时进行。

5）起重臂伸缩时，应按规定程序进行，当限制器发出警报时，应停止伸臂，起重臂伸出后，当前节臂杆的长度大于后节伸出长度时，应调整正常后，方可作业。

6）作业时，汽车驾驶室内不得有人，发现起重机倾斜、不稳等异常情况时，应立即采取措施。

7）起吊重物达到额定起重量的 90% 以上时，严禁同时进行两种以上的动作。

8）作业后，收回全部起重臂，收回支腿，挂牢吊钩，撑牢车架尾部两撑杆并锁定，销牢锁式制动器，以防旋转。

9）行驶时，底盘走台上严禁载人或物。

课题4 其他起重设备

1. 轮胎式起重机

轮胎式起重机是一种装在专用轮胎式行走底盘上的全回转起重机，按传动方式分为机械式(QL)、电动工(QLD)和液压式(QLY)三种。

轮胎式起重机的构造与履带式起重机的构造基本相同，不同的是行驶装置，其把起重机构装在加重型轮胎和轮轴组成的特制盘上，重心低，起重平衡，底盘结构牢固，车轮间距大，两侧装有可伸缩的支腿，如图14-9所示。

图14-9 轮胎式起重机示意图

轮胎式起重机常用型号有QLY-8、QLY-16、QLY-40等，以及日产多田野TR-200E、TR-350E和TR-400E型液压越野轮胎式起重机。

2. 独脚拔杆

独脚拔杆按材料分为木独脚拔杆、钢管独脚拔杆和型钢格构式独脚拔杆三种。

木独脚拔杆已很少使用，起重高度可达20m，起重量可达150kN；钢管独脚拔杆的起重高度可达30m，起重量可达300kN；型钢格构式独脚拔杆的起重高度可达60m，起重量可达1000kN。

独脚拔杆的使用应遵守该拔杆性能的有关规定；为便于吊装，当倾斜使用时倾斜角度不宜大于10°；拔杆的稳定主要依靠缆风绳，缆风绳一般为5~12根，缆风绳与地面夹角一般为30°~45°。

3. 桅杆式起重机

桅杆式起重机是在独腿拔杆下端装一可以起伏和回转的吊杆而成。用圆木制成桅杆式起重机，起重量可达50kN；用钢管制成的桅杆式起重机，起重高度可达25m，起重量可达100kN；用格构式结构组成的桅杆式起重机，起重高度可达80m，起重量可达600kN。

课题5 索具设备

1. 千斤顶

千斤顶可以用来校正构件的安装偏差和校正构件的变形，也可以顶升和提升构件。常用千斤顶有螺旋式和液压式两种。

2. 卷扬机

电动卷扬机按其速度可分为快速、中速、慢速。快速卷扬机可分为单筒和双筒，钢丝绳牵引速度为25~50m/min，单头牵引力为4~80kN，可用于垂直运输和水平运输等。慢速卷扬机多为单筒式，钢丝绳牵引速度为6.5~22m/min，单头牵引力为5~10kN，可用于大型构件安装等。

3. 地锚

地锚用来固定缆风绳、卷扬机、滑车、拔杆的平衡绳索等。常用的地锚有桩式地锚和水平地锚两种。桩式地锚是将圆木打入土中，承担拉力，用于固定受力不大的缆风绳。水平地锚是将一根或几根圆木绑扎在一起，水平埋入土中而成，如图14-10所示。

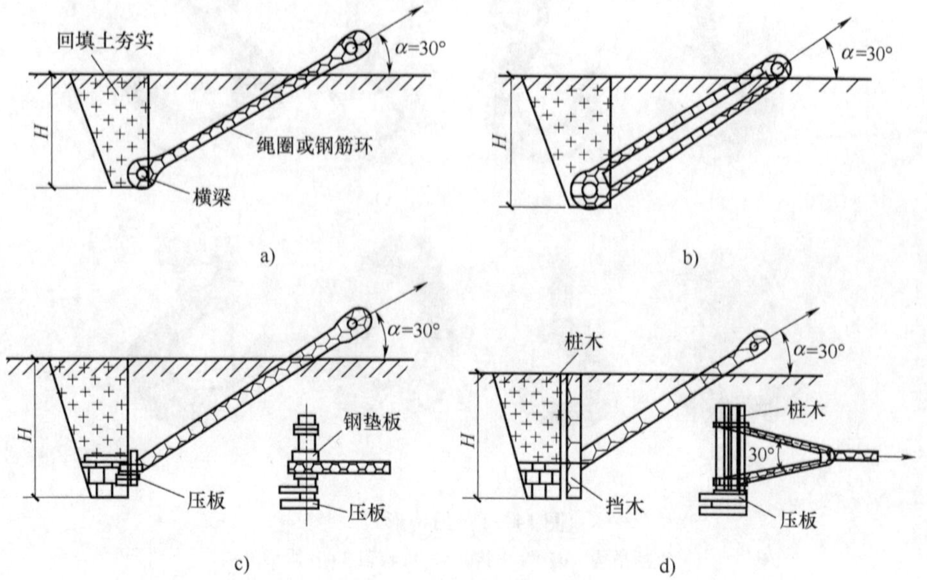

图14-10　地锚形式

a）拉力30kN以下水平地锚　b）拉力50kN以下水平地锚

c）拉力100kN以下水平地锚　d）拉力100～400kN水平地锚

4. 倒链

倒链又称为手拉葫芦、神仙葫芦，用来起吊轻型构件，拉紧缆风绳及拉紧捆绑构件的绳索等。

5. 滑车、滑车组

滑车又称为葫芦。按其滑轮的多少可分为单门、双门、多门等；按滑车的夹板是否可以打开来分开口滑车、闭口滑车；按其使用方式不同可分为定滑车、动滑车。定滑车可以改变力的方向，但不能省力。动滑车可以省力，但不能改变力的方向。

滑车组是由一定数量的定滑车和动滑车及绕过它们的绳索组成。根据跑头（滑车组的引出绳头）引出方向不同可分为跑头自动滑车引出、跑头自定滑车引出、双联滑车组。

6. 钢丝绳

钢丝绳是吊装中主要绳索，具有强度高、弹性大、韧性好、耐磨、能承受冲击荷载、工作可靠等特点。

结构吊装中常用的钢丝绳是由6束绳股和一根绳芯(一般为麻芯)捻成。每束绳股由许多高强钢丝捻成。

钢丝绳按绳股数及每股中的钢丝数区分，有6股7丝，6股19丝，6股37丝，6股61丝等。吊装中常用的有6股19丝、6股37丝两种。6股19丝钢丝绳一般用做缆风强和吊索；6股37丝钢丝绳一般用于穿滑车组和用做吊索；6股61丝钢丝绳用于重型起重机。

7. 吊装工具

（1）吊钩 吊钩常用优质碳素钢锻制而成，分为单吊钩和双吊钩两种。吊钩形式如图14-11所示。

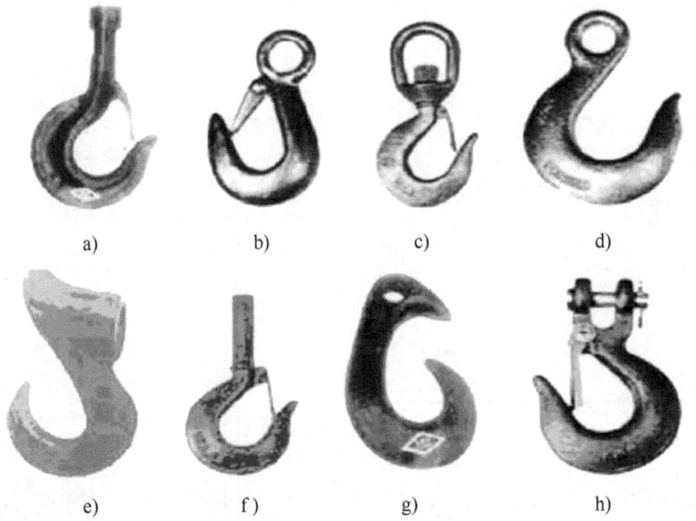

图14-11 吊钩形式

a）直柄吊钩 b）牵引钩 c）旋转钩 d）眼形滑钩

e）弯孔钩 f）直杆钩 g）鼻形钩 h）羊角滑钩

（2）卡环 卡环用于吊索之间或吊索与构件吊环之间的连接，由弯环与销子两部分组成。按弯环形式分，有D形卡环和弓形卡环，如图14-12所示；按销子与弯环的连接形式分，有螺栓式卡环和活络式卡环。

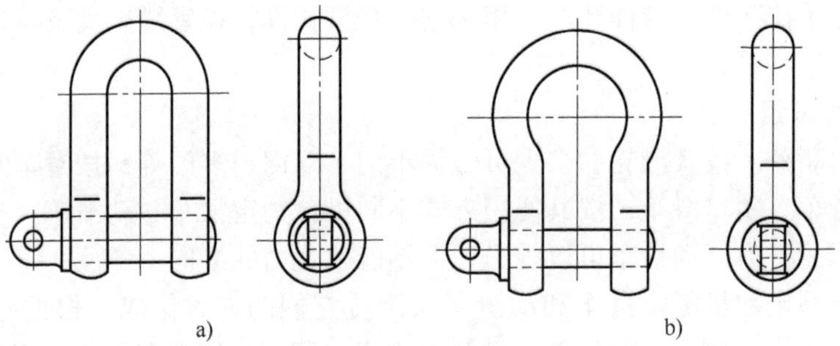

图14-12 卡环按弯环形式分类

a）D形卡环 b）弓形卡环

螺栓式卡环的销子和弯环采用螺纹连接；活络式卡环的孔眼无螺纹，可直接抽出。螺栓式卡环使用较多，但在柱子吊装中多采用活络式卡环。

（3）吊索 吊索又称为千斤。吊索是由钢丝绳制成的，因此钢丝绳的允许拉力即为吊索的允许拉力，在使用时，其拉力不应超过其允许拉力。轻便吊索如图14-13所示。吊索有环状吊索和开式吊索两种，具体形式如图 14-14 所示。

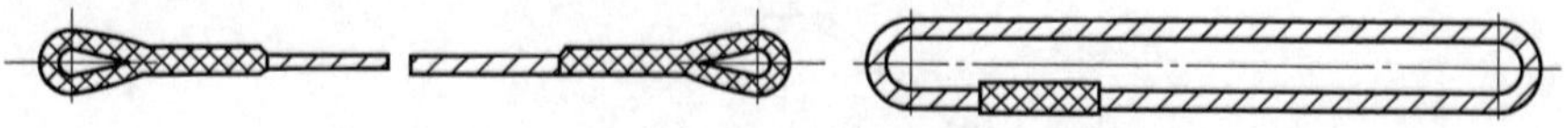

图 14-13 轻便吊索

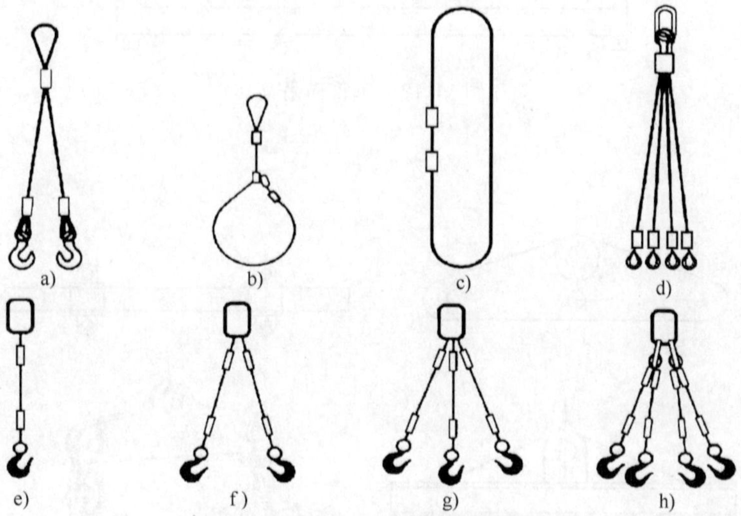

图 14-14 起重吊索形式

a）软环人字钩吊索 b）可调式吊索 c）环状吊索 d）吊环天字钩吊索 e）单腿吊索 f）双腿吊索 g）三腿吊索 h）四腿吊索

（4）横吊梁 横吊梁又称为铁扁担。常用于柱和屋架等构件的吊装。吊装柱子时容易使柱身直立而便于安装、校正；吊装屋架等构件时，可以降低起升高度和减少对构件的水平压力。

常用的横吊梁有滑轮横吊梁、钢板横吊梁、钢管横吊梁，如图 14-15 ~ 图 14-17 所示。吊装用平衡梁形式如图 14-18 所示。

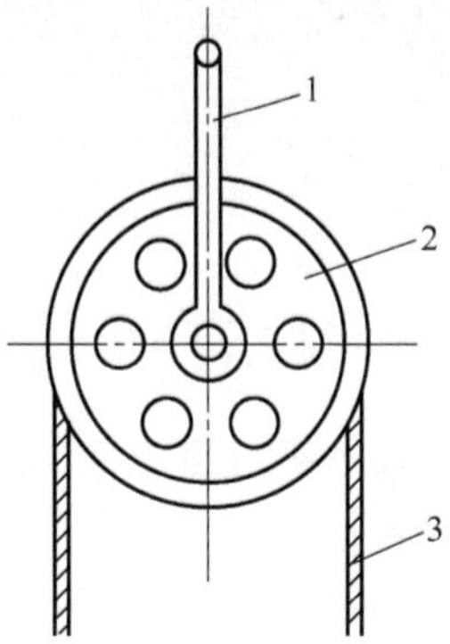

图 14-15 滑轮横吊梁

1—吊环 2—滑轮 3—吊索

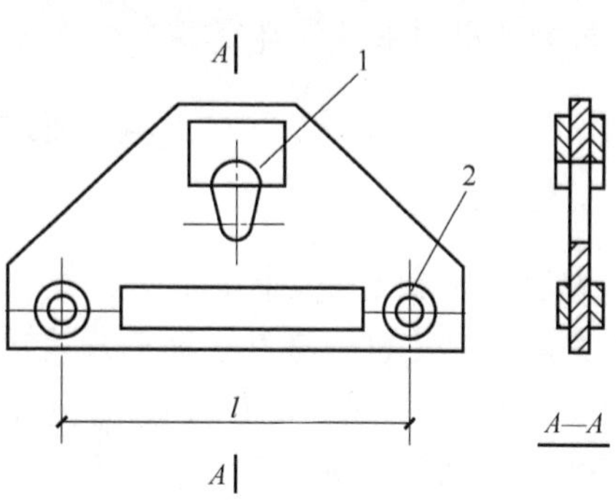

图 14-16 钢板横吊梁

1—挂吊钩空 2—挂卡环孔

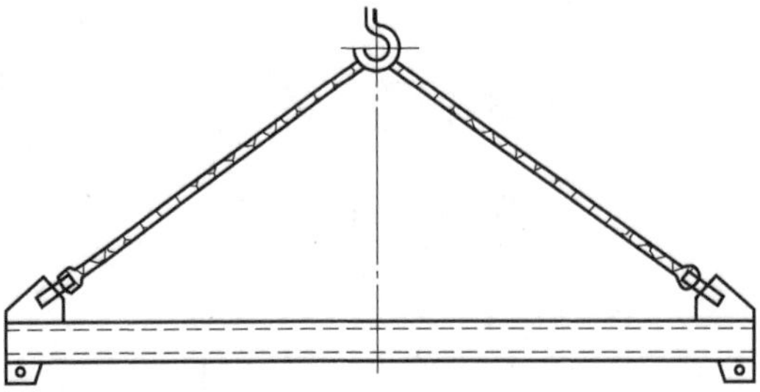

图 14-17 钢管横吊梁

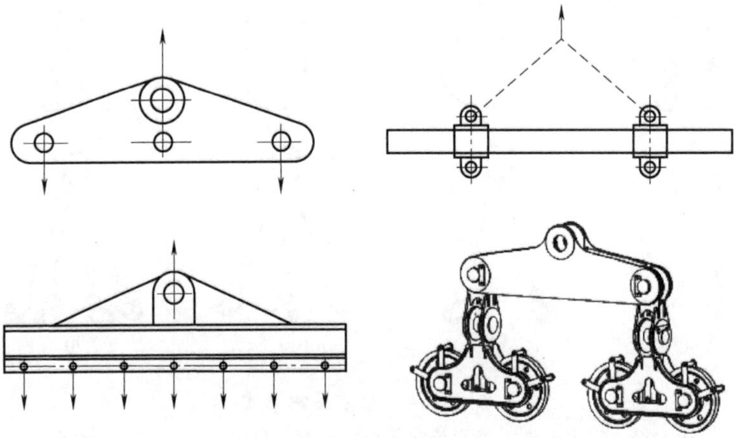

图 14-18 吊装用平衡梁形式

复习思考题

14-1 常见的起重机械的种类有哪些？说明其特点和使用范围。

14-2 塔式起重机的混凝土基础应符合哪些要求？

14-3 塔式起重机作业前应进行哪些检查和试运转？

14-4 对比履带式起重机及汽车式起重机，各自缺点是什么？

14-5 吊装常用的索具设备有哪些？各有什么作用？

实训练习题

14-1 填空题

1. 塔式起重机按有无行走机构，分为________和________。

2. 自升式塔式起重机的塔身接高到规定的独立高度后，必须使用附着装置将塔身与建筑物相连接（锚固），以减少塔身的________，保持塔机的稳定性。

3. 履带式起重机按传动方式不同分为________、________和________三种。

14-2 选择题

1. 塔式起重机根据顶升接高方式的不同，可分为三种不同形式，以下不正确的是（ ）。

A. 整体提升　　B. 上顶升加节接高
C. 中顶升加节接高　　D. 下顶升加节接高

2. 塔式起重机遇有（　　）及以上大风时，严禁安装或拆卸附着装置。

A. 五级　　B. 六级　　C. 七级　　D. 八级

3. 以下不属于钢丝绳典型优点的是（　　）。

A. 塑性好　　B. 韧性好　　C. 强度高　　D. 能承受冲击荷载

14-3　名词解释

1. 桅杆式起重机。
2. 地锚。

单元 15 钢结构安装准备

【单元概述】

本单元讲述了钢结构安装前图样会审、设计变更、施工组织设计、文件资料的准备，作业条件准备，人员、材料、机具、道路等的准备。

【学习目标】

通过本单元的学习，使学生了解钢结构安装前需做的准备工作，为安装施工打好基础。

课题 1 文件资料与技术准备

1. 图样会审和设计变更

钢结构安装前应进行图样会审，在会审前施工单位应熟悉并掌握设计文件内容，发现设计中影响构件安装的问题，并查看与其他专业工程配合不适宜的方面。

（1）图样会审 在钢结构安装前，为了解决施工单位在熟悉图样过程中发现的问题，将图样中发现的技术难题和质量隐患消灭在萌芽之中，参建各方要进行图样会审。

图样会审的内容一般包括：

1）设计单位的资质是否满足，图样是否经设计单位正式签署。

2）设计单位做设计意图说明并提出工艺要求，制作单位介绍钢结构主要制作工艺。

3）各专业图样之间有无矛盾。

4）各图样之间的平面位置、标高等是否一致，标注是否有遗漏。

5）各专业工程施工程序和施工配合有无问题。

6）安装单位的施工方法能否满足设计要求。

（2）设计变更 施工图样在使用前、使用后均会出现由于建设单位要求或现场施工条件的变化或国家政策法规的改变等原因而引起的设计变更。设计变更不论何种原因、由谁提出，都必须征得建设单位同意并办理书面变更手续。设计变更的出现会对工期和费用产生影响，在实施时应严格按规定办事，以明确责任，避免出现索赔事件而不利于施工。

2. 施工组织设计

（1）施工组织设计的编制依据

1）合同文件。上级主管部门批准的文件，施工合同，供应合同等。

2）设计文件。设计图、施工详图、施工布置图、其他有关图样。

3）调查资料。现场自然资源情况（如气象、地形）、技术经济调查资料（如能源、交通）、社会调查资料（如政治、文化）等。

4）技术标准。现行的施工验收规范、技术规程、操作规程等。

5）其他。建设单位提供的条件、施工单位自有情况、企业总施工计划、国家法规等其他参考资料。

（2）施工组织设计和施工方案　施工组织设计和施工方案应由总工程师审批，内容应符合下列规定：

1）工程概况及特点介绍。

2）施工总平面布置、能源、道路及临时建筑设施等的规划。

3）施工程序及工艺设计。

4）主要起重机械的布置及吊装方案。

5）构件运输方法、堆放及场地管理。

6）施工网络计划。

7）劳动组织及用工计划。

8）主要机具、材料计划。

9）技术质量标准。

10）技术措施降低成本计划。

11）质量、安全保证措施。

（3）作业设计　作业设计由专责工程师审批，内容应符合下列规定：

1）施工条件情况说明。

2）安装方法、工艺设计。

3）吊具、卡具和垫板等设计。

4）临时场地设计。

5）质量、安全技术实施办法。

6）劳动力配合。

课题2　作业条件准备

1. 中转场地的准备

高层钢结构安装根据规定的安装流水顺序进行，钢构件必须按照流水顺序的需要配套供应。如果制造厂的钢构件供货是分批进行的，同结构安装流水顺序不一致，或者现场条件有限时，就要设置钢构件中转堆场用以起调节作用。中转堆场的主要作用是：

1）储存制造厂的钢构件（工地现场没有条件储存大量构件）。

2）根据安装施工流水顺序进行构件配套，组织供应。

3）对钢构件质量进行检查和修复，保证合适的构件送到现场。

钢构件通常在专门的钢结构加工厂制作，然后运至工地经过组装后进行吊装。钢结构构件应按安装程序保证及时供应，现场场地应能满足堆放、检验、油漆、组装和配套供应的需要。钢构件按平面布置进行堆放，堆放时应注意下列事项：

1）堆放场地要坚实。

2）堆放场地要排水良好，不得有积水和杂物。

3）钢结构构件可以铺垫木水平堆放，支座间的距离应不使钢结构产生残余变形。

4）多层叠放时垫木应在一条垂线上。

5）不同类型的构件应分类堆放。

6）钢结构构件堆放位置要考虑施工安装顺序。

7）堆放高度一般不大于2m，屋架、桁架等宜立放，紧靠立柱支撑稳定。

8）堆垛之间需留出必要的通道，一般宽度为2m。

9）构件编号应放置在构件醒目处。

10）构件堆放在铁路或公路旁，并配备装卸机械。

2. 钢构件的核查、编号与弹线

1）清点构件的型号、数量，并按设计和规范要求对构件质量进行全面检查，包括构件强度与完整性（有无严重裂缝、扭曲、侧弯、损伤及其他严重缺陷）；外形、几何尺寸、平整度；预留孔位置、尺寸和数量；有无出厂合格证。如超出设计或规范规定偏差，应在吊装前纠正。

2）现场构件进行排放；场外构件进场及排放。

3）按图样对构件进行编号。不易辨别上下、左右、正反的构件，应在构件上用记号注明，以免吊装时搞错。

4）在构件上根据就位、校正的需要弹好就位线和校正线。柱弹出三面中心线，牛腿面与柱顶面中心线，±0.000线(或标高基准线)，吊点位置；基础杯口应弹出纵横轴线；吊车梁、屋架等构件应在端头与顶面及支承处弹出中心线及标高线；在屋架(屋面梁)上弹出天窗架、屋面板或檩条的安装就位控制线，两端及顶面弹出安装中心线。

3. 钢构件的接头及基础准备

（1）接头准备

1）准备和分类清理好各种金属支撑件及安装接头用连接板、螺栓、铁件和安装垫铁；施焊必要的连接件(如屋架、吊车梁垫板、柱支撑连接件及其余与柱连接相关的连接件)，以减少高空作业。

2）清除构件接头部位及埋设件上的污物、铁锈。

3）对于需组装拼装及临时加固的构件，按规定要求使用达到具备吊装条件。

4）在基础杯口底部，根据柱子制作实际长度(从牛腿至柱脚尺寸)误差，调整杯底标高，用1∶2水泥砂浆找平，标高允许差为±5mm，以保持吊车梁的标高在同一水平面上；当预制柱采用垫板安装或重型钢柱采用杯口安装时，应在杯底设垫板处局部抹平，并加设小钢垫板。

5）柱脚或杯口侧壁未划毛的，要在柱脚表面及杯口内稍加凿毛处理。

6）钢柱基础要根据钢柱实际长度牛腿间距离、钢板底板平整度检查结果，在柱基础表面浇标高块(标高块成十字式或四点式)，标高块强度不小于30MPa，表面埋设16～20mm厚钢板，基础上表面也应凿毛。

（2）基础准备　基础准备包括轴线误差的量测、基础支承面的准备、支承面和支座表面标高与水平度的检验、地脚螺栓位置和伸出支承面长度的测量等。

1）柱子基础轴线与标高的正确是确保钢结构安装质量的基础，应根据基础的验收资料复核各项数据，并标注在基础表面上。

2）基础支承面的准备有两种做法：一种是基础一次浇筑到设计标高，即基础表面先浇筑到设计标高以下20～30mm处，然后在设计标高处设角钢或槽钢导架，测准其标高，再以导架为依据用水泥砂浆仔细铺筑支座表面；另一种是基础预留标高，安装时做足，即基础表面先浇筑至距设计标高50～60mm处，柱子吊装时，在基础面上放钢垫板以调整标高，待柱子吊装就位后，再在钢柱脚底板下浇筑细石混凝土。

3）基础顶面直接作为柱的支承面和基础顶面预埋钢板或支座作为柱的支承面时，其支承面、地脚螺栓（锚栓）位置的允许偏差应符合表15-1的规定。

表15-1　支承面、地脚螺栓（锚栓）位置的允许偏差　（单位：mm）

项　　目		允许偏差
支承面	标高	±3.0
	水平度	1/1000
地脚螺栓（锚栓）	螺栓中心偏移	5.0
预留孔中心偏移		10.0

4）钢柱脚采用钢垫板作支承时，应符合下列规定：

①钢垫板面积应根据基础混凝土的抗压强度、柱脚底板下细石混凝土二次浇筑前柱底承受的荷载和地脚螺栓（锚栓）的紧固拉力计算确定。

②垫板应设置在靠近地脚螺栓（锚栓）的柱脚底板加劲板下，每根地脚螺栓（锚栓）侧应设1～2组垫板，每组垫板不得多于5块。垫板与基础面和柱底面的接触应平整、紧密。当采用成对斜垫板时，其叠合长度不应大于垫板长度的2/3。二次浇筑混凝土前垫板间应焊接固定。

③采用坐浆垫板时，应采用无收缩砂浆。柱子吊装前砂浆试块强度应高出基础混凝土强度一个等级。坐浆垫板的允许偏差应符合表15-2的规定。

表15-2　坐浆垫板的允许偏差　（单位：mm）

项　　目	允许偏差	项　　目	允许偏差
顶面标高	0 -3.0	水平度	1/1000
		位置	20.0

④地脚螺栓（锚栓）尺寸的允许偏差应符合表15-3的规定，地脚螺栓（锚栓）的螺纹应受到保护。

表15-3　地脚螺栓（锚栓）尺寸的允许偏差　（单位：mm）

项　　目	允许偏差	项　　目	允许偏差
螺栓（锚栓）露出的长度	+30 0.0	螺纹长度	+30 0.0

课题3　其他安装准备

1. 吊装机具、材料、人员准备

1）检查吊装用的起重设备、配套机具、工具等是否齐全、完好，运输是否灵活，并进行试运转。

2）检查吊索、卡环、绳卡、横吊梁、倒链、千斤顶、滑车等吊具的强度和数量是否满足吊装的需要。

3）准备吊装用工具，如高空用吊挂脚手架、操作台、爬梯、溜绳、缆风绳、撬杠、大锤、钢(木)楔、垫木铁垫片、线锤、钢尺、水平尺、测量标记以及水准仪、经纬仪等。

4）做好埋设地锚等工作。

5）准备施工用料，如加固脚手杆、电焊、气焊设备、材料等的供应准备。

6）按吊装顺序组织施工人员进场，并进行有关技术交底、培训、安全教育。

2. 道路临时设施准备

1）整平场地、修筑构件运输和起重吊装开行的临时道路，并做好现场排水设施。

2）清除工程吊装范围内的障碍物，如旧建筑物、地下电缆管线等。

3）敷设吊装用供水、供电、供气及通信线路。

4）修建临时建筑物，如工地办公室，材料、机具仓库，工具房，电焊机房，工人休息室，开水房等。

复习思考题

15-1 钢结构安装有哪些作业条件准备?

15-2 施工组织设计的内容包括哪些内容?

15-3 在钢结构安装前，对吊装机具、材料、人员有哪些要求?

实训练习题

15-1 填空题

1. 在基础杯口底部，根据柱子制作实际长度（从牛腿至柱脚尺寸）误差，调整杯底标高，用________水泥砂浆找平，标高允许差为________。

2. 堆垛之间需留出必要的通道，一般宽度为________。

15-2 选择题

1. 施工组织设计和施工方案应由（ ）审批。

A. 项目经理 B. 总工程师 C. 监理工程师 D. 业主代表

2. 钢构件堆放高度一般不大（ ）及以上大风时，严禁安装或拆卸附着装置。

A. 1m B. 1.5m C. 2m D. 2.5m

3. 以下不属于钢丝绳典型优点的是（ ）。

A. 塑性好 B. 韧性好 C. 强度高 D. 能承受冲击荷载

单元 16 钢结构安装方案

【单元概述】

本单元介绍了钢结构工程安装方法，安装工艺顺序及流水段划分，安装机械的选择和钢构件的运输和摆放等问题。

【学习目标】

通过本单元的学习，学生应该掌握钢结构工程安装方案及安装机械的选择。

课题 1 钢结构安装方法的选择

钢结构安装方法有分件安装法、节间安装法和综合安装法。

1. 分件安装法

轻型门式刚架安装方案

分件安装法是指起重机在节间内每开行一次仅安装一种或两种构件。如起重机第一次开行中先吊装全部柱子，并进行校正和最后固定。然后依次吊装地梁、柱间支撑、墙梁、吊车梁、托架(托梁)屋架、天窗架、屋面支撑和墙板等构件，直至整个建筑物吊装完成。有时屋面板的吊装也可在屋面上单独用桅杆或屋面小吊车来进行。

分件安装法的优点是起重机在每次开行中仅吊装一类构件，吊装内容单一，准备工作简单，校正方便，吊装效率高；有充分时间进行校正；构件可分类在现场顺序预制、排放，场外构件可按先后顺序组织供应；构件预制吊装、运输、排放条件好，易于布置；可选用起重量较小的起重机械，可利用改变起重臂杆长度的方法，分别满足各类构件吊装起重量和起升高度的要求。分件安装法的缺点是起重机开行频繁，机械台班费用增加；起重机开行路线长；起重臂长度改变需一定的时间；不能按节间吊装，不能为后续工程及早提供工作面，阻碍了工序的穿插；相对吊装工期较长；屋面板吊装有时需要有辅助机械设备。

分件安装法适用于中、小型厂房的吊装。

2. 节间安装法

节间安装法是指起重机在厂房内一次开行中，分节间依次安装所有各类型构件，即先吊装一个节间柱子，并立即加以校正和最后固定，然后接着吊装地梁、柱间支撑、墙梁(连续梁)、吊车梁、走道板、柱头系统、托架(托梁)、屋架、天窗架、屋面支撑系统、屋面板和墙板等构件。一个(或几个)节间的全部构件吊装完毕后，起重机行进至下一个(或几个)节间，再进行下一个(或几个)节间全部构件的吊装，直至吊装完成。

节间安装法的优点是起重机开行路线短，起重机停机点少，停机一次可以完成一个(或几个)节间全部构件安装工作，可为后期工程及早提供工作面，可组织交叉平行流水作业，缩短工期；构件制作和吊装误差能及时发现并纠正；吊装完一节间，校正固定一节间，结构整体稳定性好，有利于保证工程质量。节间安装法的缺点是需用起重量大的起重机同时吊各类构件，不能充分发挥起重机的效率，无法组织单一构件连续作业；各类构件需交叉配合，场地构件堆放拥挤，吊具、索具更换频繁，准备工作复杂；校正工作零碎、困难；柱固定时间较长，难以组织连续作业，使吊装时间延长，降低吊装效率；操作面窄，易发生安全事故。

节间安装法适用于采用回转式桅杆进行吊装或有特殊要求的结构(如门式框架)或因某种原因局部特殊需要(如急需施工地下设施)时采用。

3. 综合安装法

综合安装法是将全部或一个区段的柱头以下部分的构件用分件吊装法吊装，即柱子吊装完毕并校正固定，再按顺序吊装地梁、柱间支撑、吊车梁、走道板、墙梁、托架(托梁)，接着按节间综合吊装屋架、天窗架、屋面支撑系统和屋面板等屋面结构构件。整个吊装过程可按三次流水作业进行，根据结构特性有时也可采用两次流水作业，即先吊装柱子，然后分节吊装其他构件。吊装时通常采用两台起重机，一台起重量大的起重机用来吊装柱子、吊车梁、托架和屋面结构系统等，另一台用来吊装柱间支撑、走道板、地梁、墙梁等构件，并承担构件卸车和就位排放工作。

综合安装法结合了分件安装法和节间安装法的优点，能最大限度地发挥起重机的能力和效率，缩短工期，是广泛采用的一种安装方法。

课题2　安装工艺顺序及流水段划分

吊装顺序是先吊装竖向构件，后吊装平面构件。竖向构件吊装顺序为：柱—连系梁—柱间支撑—吊车梁—托架等。单种构件吊装流水作业，既保证体系纵列形成排架、稳定性好，又能提高生产效率。平面构件吊装顺序主要以形成空间结构稳定体系为原则，工艺流程如图16-1所示。

平面流水段的划分应考虑钢结构在安装过程中的对称性和稳定性；立面流水段以一节钢柱为单元。每个单元以主梁或钢支撑安装成框架为原则，其次是其他构件的安装，可以采用由一端向一端进行的吊装顺序，既有利于安装期间结构的稳定，又有利于设备安装单位的进场施工。

如图16-2所示为采用履带式起重机跨内开行综合吊装法吊装二层装配式框架结构的顺序。起重机Ⅰ先安装ⒸⒹ跨间第1～2节间柱1～4、梁5～8形成框架后，再吊装楼板9，接着吊装第二层梁10～13和楼板14，完成后起重机后退，依次吊装第2～3、第3～4节间各层构件；起重机Ⅱ安装ⒶⒷ、ⒷⒸ跨柱、梁和楼板，顺序与起重机Ⅰ相同。

如图16-3为采用一台塔式起重机跨外开行分件吊装法分层分段流水吊装四层框架结构的顺序，划分为四个吊装段进行。起重机先吊装第一吊装段的第一层柱1～14，再吊装梁15～33，形成框架，接着吊装第二吊装段的柱、梁，然后吊装一、二段的楼板。接着进行第三、四段吊装，顺序同前。第一施工层全部吊装完成后，接着进行上层吊装。

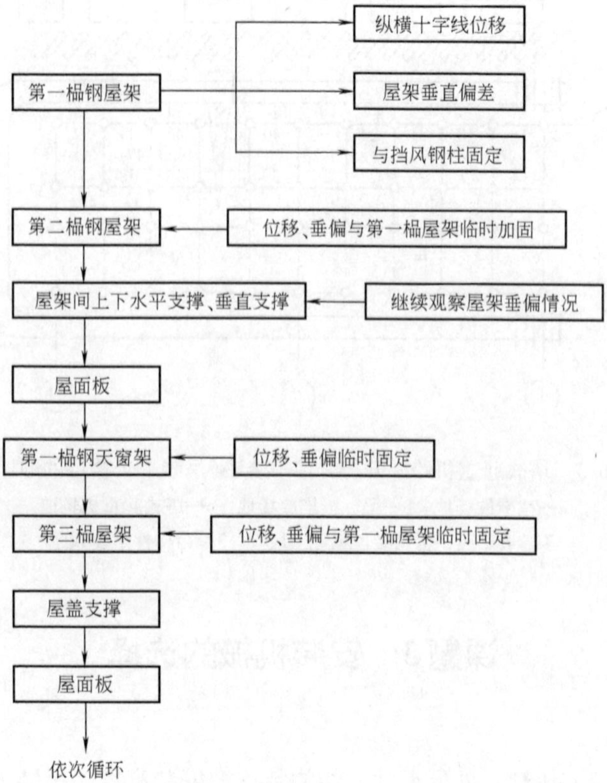

图16-1　平面构件吊装顺序工艺流程图

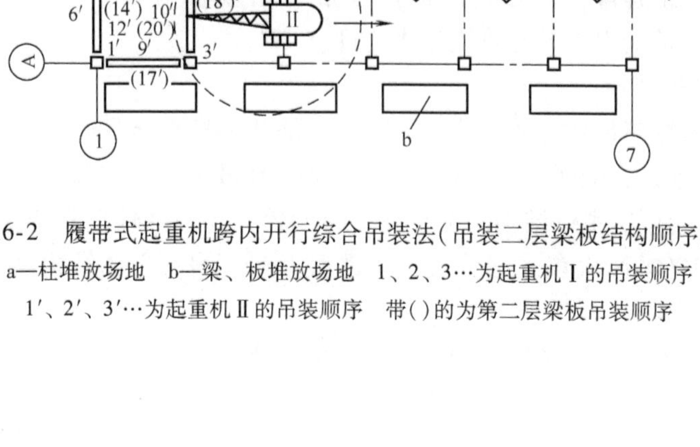

图16-2　履带式起重机跨内开行综合吊装法(吊装二层梁板结构顺序图)

a—柱堆放场地　b—梁、板堆放场地　1、2、3…为起重机Ⅰ的吊装顺序

1′、2′、3′…为起重机Ⅱ的吊装顺序　带( )的为第二层梁板吊装顺序

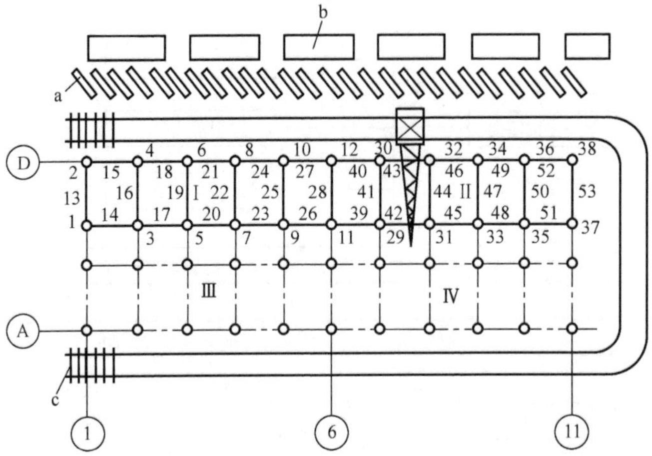

图16-3 塔式起重机跨外开行分件吊装法(吊装一个楼层的顺序图)

a—柱堆放场地 b—梁、板堆放场地 c—塔式起重机轨道

Ⅰ、Ⅱ、Ⅲ…为吊装段编号 1、2、3…为构件吊装顺序

课题3 安装机械的选择

1. 选择依据

1）构件最大重量、数量、外形尺寸、结构特点、安装高度、吊装方法等。

2）各类型构件的吊装要求，施工现场条件。

3）吊装机械的技术性能。

4）吊装工程量的大小、工程进度等。

5）现有或租赁起重设备的情况。

6）施工力量和技术水平。

7）构件吊装的安全和质量要求及经济合理性。

2. 选择原则

1）应考虑起重机的性能满足使用方便、吊装效率、吊装工程量和工期等要求。

2）能适应现场道路、吊装平面布置和设备、机具等条件，能充分发挥其技术性能。

3）能保证吊装工程量、施工安全和有一定的经济效益。

4）避免使用起重能力大的起重机吊小构件。

3. 起重机类型的选择

1）一般吊装多按履带式、轮胎式、汽车式、塔式的顺序选用。对高度不大的中、小型厂房优先选择起重量大、全回转、移动方便的100～150kN履带式起重机或轮胎式起重机吊装主体；对大型工业厂房主体结构高度较高、跨度较大、构件较重宜选用500～750kN履带式起重机或350～1000kN汽车式起重机；对重型工业厂房，主体结构高度高、跨度大，宜选用塔式起重机吊装。

2）对厂房大型构件，可选用重型塔式起重机吊装。

3）当缺乏起重设备或吊装工作量不大、厂房不高时，可选用各种拔杆进行吊装。回转式拔杆适用于单层钢结构厂房的综合吊装。

4）当厂房位于狭窄的地段，或厂房采用敞开式施工方案（厂房内设备基础先施工），宜采用双机抬吊吊装屋面结构或选用单机在设备基础上铺设枕木垫道吊装。

5）当起重机的起重量不能满足要求时，可以采取增加支腿或增长支腿、后移或增加配重、增设拉绳等措施来提高起重能力。

4. 吊装参数的确定

起重机的吊装参数包括起重量、起重高度、起重半径。所选择的起重机起重量应大于所吊装最重构件加吊索重量；起重高度应满足所安装的最高构件的吊装要求；起重半径满足一定起重量和起重高度时，能保持一定安全距离吊装构件的要求。当伸过已安装好的构件上空吊装时，起重臂与已安装好的构件应有不小于0.3m的距离。

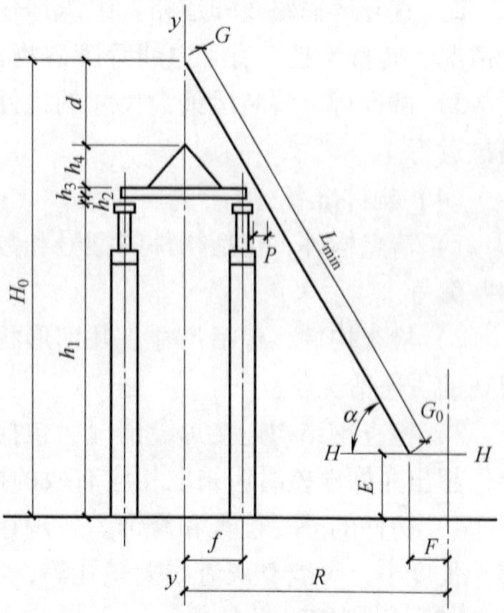

图16-4　图解法求起重机臂杆最小长度

1）起重机的起重臂长度可采用图解法，步骤如图16-4所示。

2）按比例绘出厂房最高一个节间的纵剖面图及节间中心线 y—y。

3）根据所选起重机起重臂下铰点至停机面的距离 E，画水平线 H—H。自屋架顶面向起重机水平方向量出一个距离 $g=1.0\text{m}$，定出点 G。

4）在中心线 y—y 上定出起重臂上定滑轮中心点 G（G 点到停机面距离 $H_0=h_1+h_2+h_3+h_4+d$，d 为吊钩至起重臂顶端滑轮中心的最小高度，一般取2.5～3.5m）。

5）连接 GP，延长与 H—H 相交于 G_0，即为起重臂下铰中心，G_0 为起重臂的最小长度 L_{min}，α 角即为起重臂的倾角。

6）按 $R=F+L\cos\alpha$ 计算起重臂长度 R。

课题4　钢构件的运输和摆放

1. 钢构件的运输

（1）技术准备

1）制订运输方案。根据厂房结构件的基本形式，结合现场起重设备和运输车辆的具体条件，制订切实可行、经济实用的装运方案。

2）设计、制作运输架。根据构件的重量、外形尺寸设计制作各种类型构件的钢或木运输架（支承架）。要求构造简单，装运受力合理、稳定，重心低，重量轻，节约钢材，能适应多种类型构件，装拆方便。

3）验算构件的强度。对大型屋架、多节柱等构件，根据装运方案确定的条件，验算构件在最不利截面处的抗裂度，避免装运时出现裂缝，如抗裂度不够，应进行适当加固处理。

（2）运输工具准备

1）选定运输车辆及起重工具。根据构件的形状、几何尺寸及重量、工地运输起重工具、道路条件及经济效益，确定合适的运输车辆和吊车型号、台数和装运方式。

2）准备装运工具和材料。如钢丝绳扣、倒链、卡环、花篮螺栓、千斤顶、信号旗、垫木、木板、汽车旧轮胎等。

（3）运输条件

1）修筑现场运输道路。按装运构件车辆载重量大小、车体长宽尺寸，确定修筑临时道路的标准等级、路面宽度及路基、路面结构要求，修筑通入现场的运输道路。

2）查看运输路线和道路。组织运输司机及有关人员沿途查看运输线路和道路平整、坡度情况、转弯半径、有无电线等障碍物，过桥涵洞净空尺寸是否够高等。

3）试运行。将装运最大尺寸的构件的运输架安装在车辆上，模拟构件尺寸，沿运输道路试运行。

（4）构件准备

1）清点构件，包括构件的型号和数量，按构件吊装顺序核对；确定构件装运的先后顺序并编号。

2）检查构件，包括尺寸、几何形状，埋设件、吊环位置和牢固性；安装孔的位置和预留孔的贯通情况等。

3）检查钢结构连接焊缝情况，包括焊缝尺寸、外观及连接节点是否符合设计和规范要求，超出允许误差时应采取相应有效的措施进行处理。

4）构件的外观检查和修饰。发现存在缺陷和损伤，如裂缝、麻面、破边、焊缝高度不够、长度小、焊缝有灰渣或大气孔等，应经修饰和补焊后才可运输和使用。

（5）运输道路要求

1）运输道路应平整坚实，保证有足够的路面宽度和转弯半径。载重汽车的单行道宽度不得小于3.5m，拖挂车的单行道宽度不小于4m，并应有适当的会车点；双行道的宽度不小于6m。转弯半径：载重汽车不得小于10m，半拖挂车不小于15m，全拖挂车不小于20m。运输道路要经常检查和养护。

2）构件运输时，屋架和薄壁构件强度应达到100%。

3）构件运输应配套，应按吊装顺序、方式、流向组织装运，按平面布置卸车就位、堆放，先吊的先运，避免混乱和二次倒运。

4）构件装运时的支撑点和装卸车时的吊点应尽可能接近设计支撑状态或设计要求的吊点，如支撑吊点受力状态改变，应对构件进行抗裂度验算，裂缝宽度不能满足要求时，应进行适当加固。

5）根据构件的类型、尺寸、重量、工期要求、运距、费用、效率及现场具体条件，选择合适的运输工具和装卸机具。

6）构件在装车时，支撑点应水平放置，在车辆弹簧上的荷载要均匀对称，构件应保持重心平衡，构件的中心须与车辆的装载中心重合，固定要牢靠。刚度大的构件也可平卧放置。

7）对高宽比大的构件或多层叠放装运构件，应根据构件外形尺寸、重量，设置工具式支承框架、固定架、支撑，或用倒链等予以固定，以防倾倒。严禁采取悬挂式堆放运输。对支撑钢运输架应进行设计计算，保证足够的强度和刚度，支撑稳固、牢靠和装卸方便。

8）大型构件采用拖挂车运输构件，在构件支撑处应设有转向装置，使其能自由转动，同时应根据吊装方法及运输方向确定装车方向，以免现场调头困难。

9）在各构件之间应用隔板或垫木隔开，构件上下支撑垫木应在同一直线上，并加垫楞木或草袋等物使其紧密接触，用钢丝绳和花篮螺栓连成一体并拴牢于车箱上，以免构件在运输时滑动变形或互碰损伤。

10）装卸车起吊构件应轻起轻放，严禁甩掷，运输中严防碰撞或冲击。

11）根据路面情况好坏掌握构件运输的行驶速度，行车必须平稳。

12）公路运输构件装运的高度极限为4m，如需通过隧道，则高度极限为3.8m。

（6）多节柱运输　长8m以内的柱，多采用载重汽车装运（图16-5），8m以上的柱，则采用半拖挂车或全拖挂车装运（图16-6b、c），每车装1～3根，一般设置钢支架，用钢丝绳、倒链拉牢，使柱稳固，每柱下设两个支撑点，长柱抗裂能力不足时，采用平衡梁三点支撑或设置一个辅助垫点（仅用木楔稍塞紧）。柱子搁置时，前端伸至驾驶室顶面距离不宜小于0.5m，后端离地面应大于1m。

大型钢柱采用载重汽车、炮车、半拖挂或全拖挂车（图16-6）或铁路平台车装运。

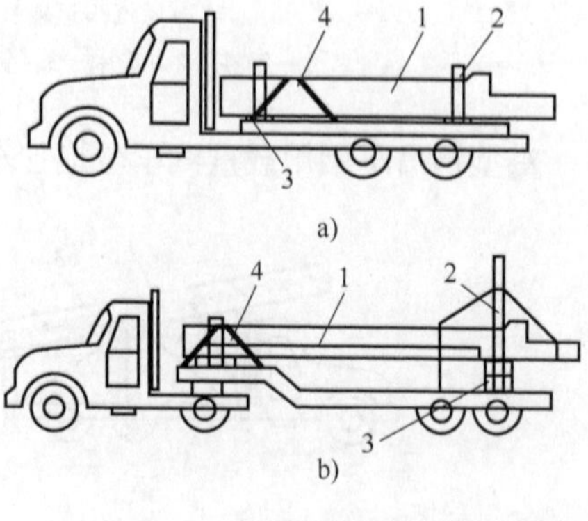

图16-5　小型钢柱的运输

a）汽车运输短柱　b）半拖挂运输柱子

1—柱　2—钢支架　3—垫木

4—钢丝绳、倒链捆紧

图16-6　大型钢柱的运输

a）汽车运输6m钢柱（每次两根）　b）带钢支架的汽车运输12m长钢柱（每次一根）

c）全挂车运输10m以上中钢柱（每次一根）

1—钢柱　2—垫木　3—钢运输支架　4—钢丝绳、倒链捆紧

（7）吊车梁运输　6m吊车梁采用载重汽车装运，每车装4～5根；9m、12m吊车梁采用5t以上载重汽车、半拖挂车或全拖挂车装运，平板上设钢支架，每车装3～4根，根据吊

车梁侧向刚度情况，采取平放或立放，如图16-7所示。

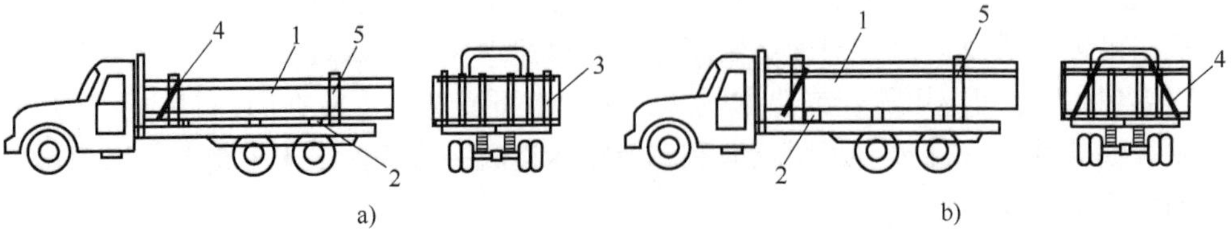

图16-7 吊车梁的运输

a）汽车运输普通吊车梁 b）汽车运输重型吊车梁

1—钢柱 2—垫木 3—钢支架 4—钢丝绳、倒链捆紧 5—钢运输支架

重型钢吊车梁用载重汽车全拖挂车设钢支架装运（图16-8）或用铁路平台车运输。

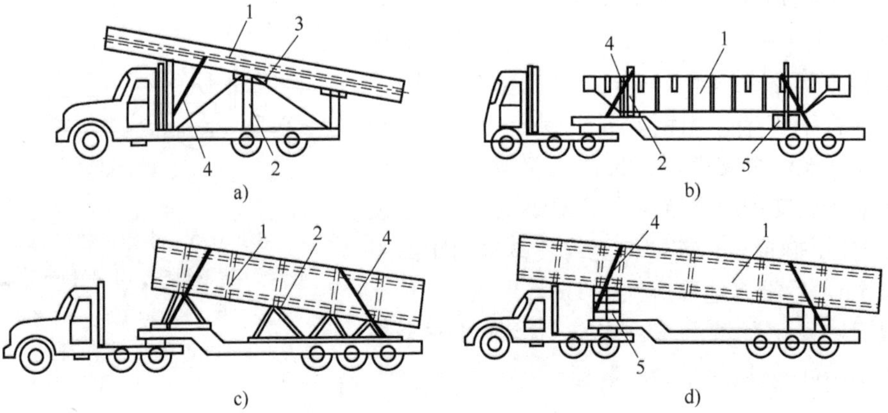

图16-8 重型钢吊车梁的运输

a）载重汽车运输18m钢吊车梁 b）全拖挂车运输长24m、重12t钢吊车梁或托梁（每次三根）

c）全拖挂车上设钢运输支架运输长24m、重55t箱型吊车梁或托梁 d）半拖挂车运输长24m、重22t钢吊车梁或托梁

1—钢吊车梁或托梁 2—钢运输支架 3—废轮胎片 4—钢丝绳、倒链捆紧 5—垫木

（8）托架运输 钢托架采用半拖挂车或全拖挂车运输，采取正立装车，拖车板上垫以(300～400)mm×(300～400) mm截面大方木支撑，每车装6～8榀，托架间用木方塞紧，用钢丝绳扣、倒链捆牢拉紧封车，如图16-9所示。

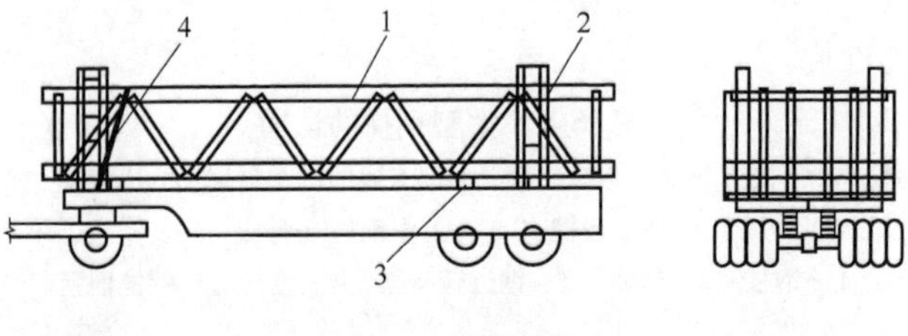

图16-9 托架的运输

1—托架 2—钢支架 3—大方木或枕木 4—钢丝绳、倒链捆紧

(9) 屋架运输　根据屋架的外形、几何尺寸、跨度和重量大小，采用汽车或拖挂车运输，因屋架侧向刚度差，对跨度15m、18m整榀屋架及跨度24~35m半榀屋架，可采用12t或12t以上载重汽车，在车厢板上安装钢运输架运输；跨度21~24m整榀屋架则采用半拖挂车或全拖挂车上装钢运架装运，视路面情况，用拖车头、拖拉机或推土机牵引。

钢屋架可采取在载重汽车上部或两侧设钢运架装运(图16-10)，整榀大跨度钢屋架可用铁路平台车装运，下部设枕木支垫，上部用8号铁丝或倒链在平台车两侧拴固。

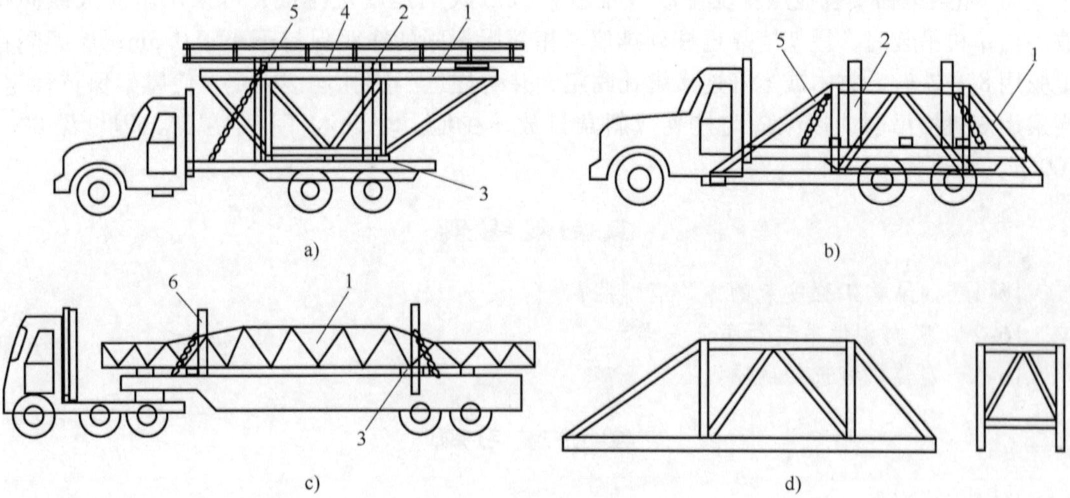

图16-10　钢屋架的运输

a) 汽车设钢运输架顶部运输21m钢屋架　b) 汽车设钢运输架侧向运输21m钢屋架
c) 全拖挂车运输24m钢屋架　d) 汽车运输屋架构造
1—钢屋架　2—钢运输支架　3—垫木或枕木　4—废轮胎片　5—钢丝绳、倒链捆紧　6—钢支撑架

2. 钢构件的摆放

1) 堆放场地应平整紧实，排水良好，以防因地面不均匀下沉造成构件裂缝或倾倒损坏。

2) 构件应按型号、编号、吊装顺序、方向，依次分类配套堆放。堆放位置应按吊装平面布置规定，并应在起重机回转半径范围内。先吊的放在靠近起重机一侧，后吊的依次排放。同时，考虑吊装和装车方向，避免吊装时转向和二次倒运，影响效率和易损坏构件。

3) 构件堆放应平稳，底部应设置垫木，避免搁空而引起翘曲。垫点应接近设计支撑位置。等截面构件垫点位置可设在离端部0.207L(L为构件长度)处；柱子堆放应注意防止小柱断裂，支撑点宜设在距牛腿30~40cm处。

4) 对侧向刚度较差、重心较高、支承面较窄的构件，如屋架、托架薄腹屋面梁等，宜直立放置，除两端设垫木支撑外，应在两侧加设撑木，或将数榀构件以方木、8号铁丝绑扎连在一起，使其稳定，支撑及连接处不得少于三处。

5) 成垛堆放或叠层堆放构件，应以10cm×10cm方木隔开，各层垫木支点应在同一水平面上，并紧靠吊环的外侧，在同一条垂直线上。堆放高度应根据构件形状特点、重量、外形尺寸和堆垛的稳定性决定。一般柱子不宜超过2层，梁不超过3层，大型屋面板、圆孔板不超过8层，楼板、楼梯板不超过6层。钢屋架平放不超过3层，钢擦条不超过6层。钢结构堆垛高度一般不超过2m，堆垛间需留2m通宽通道。

6）构件堆放应有一定挂钩、绑扎操作净距和净空。相邻构件的间距不得小于0.2m，与建筑物相距2.0~2.5m，构件堆垛每隔2~3垛应有一条纵向通道，每隔25m留一道横向通道，宽应不小于0.7m。堆放场地应修筑环行运输道路，其宽度单行道不少于4m，双行道不少于6m，钢结构堆放应靠近公路、铁路，并配必要的装卸机械。

7）屋架运到安装地点就位排放（堆放）或二次倒运就位排放，可采用斜向或纵向排放。当单机吊装时，屋架应靠近柱列排放。相邻屋架间的净距保持不小于0.5m；屋架间在上弦用8号铁丝、方木或木杆连接绑扎固定，并与柱适当绑扎连接固定，使屋架保持稳定。当采用双机抬吊时，屋架应与柱列成斜角排放，在地上埋设木杆稳定屋架，埋设深80~100cm，数目为3~4根。

复习思考题

16-1 钢结构工程安装的方法有哪些？

16-2 竖向构件吊装顺序是怎样？

16-3 安装机械选择的原则是什么？

实训练习题

16-1 填空题

1. 起重机的吊装参数包括________、________和________。

2. 构件运输时，屋架和薄壁构件强度应达到________。

3. 屋架运到安装地点就位排放（堆放）或二次倒运就位排放，可采用斜向或________排放。

16-2 选择题

1. 分件吊装法的优点有很多，以下不正确的是（ ）。

A. 吊装内容丰富 B. 准备工作简单 C. 校正方便 D. 吊装效率高

2. 对重型工业厂房，主体结构高度高、跨度大，宜选用（ ）起重机吊装。

A. 履带式 B. 轮胎式 C. 汽车式 D. 塔式

3. 载重汽车的单行道宽度不得小于（ ）。

A. 2.5m B. 3.5m C. 4.5m D. 5.5m

16-3 名词解释

1. 综合安装法。

2. 托架运输。

单元 17　钢结构安装施工

【单元概述】

本单元讲述了钢柱、钢梁、钢桁架等基本钢构件的安装工艺方法，讲述钢结构构件的连接施工方法和要求。

【学习目标】

通过本单元的学习，学生应掌握一般钢结构工程的安装方法及质量控制要点。

课题 1　钢 柱 安 装

钢柱类型很多，有单层和多层，有长短，有轻重，其安装过程中有以下内容：

1. 吊点选择

吊点位置及吊点数量应根据钢柱形状、断面、长度、起重机性能等具体情况确定。

通常，钢柱弹性和刚性都很好，可采用一点正吊，吊点设在柱顶处。这样，柱身垂直，易于对线校正。当受到起重机械臂杆长度限制时，吊点也可设在柱长 1/3 处，此时，吊点斜吊，对线校正较难。

对细长钢柱，为防止钢柱变形，也可采用两点或三点吊。

为了保证吊装时索具安全及便于安装校正，吊装钢柱时在吊点部位预先安有吊耳，吊装完毕再割去。如不采用在吊点部位焊接吊耳，也可采用直接用钢丝绳绑扎钢柱，此时绑扎点处钢柱四角应用半圆钢管或方形木条做包角保护，以防钢丝绳割断。工字形钢柱为防止局部受挤压破坏，可加一加强肋板，吊装格构柱，绑扎点处加支撑杆加强。

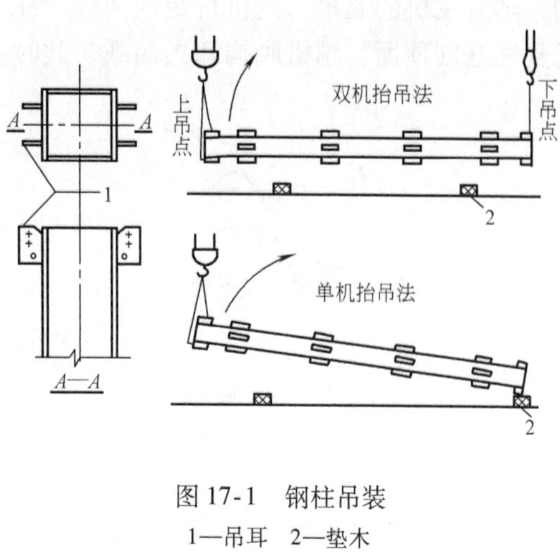

图 17-1　钢柱吊装

1—吊耳　2—垫木

2. 起吊方法

起吊方法应根据钢柱类型、起重设备和现场条件确定。起重机械可采用单机、双机、三机等，如图 17-1 所示。

起吊方法可采用旋转法、滑行法、递送法。

旋转法是起重机边起钩边回转使钢柱绕柱脚旋转而将钢柱吊起(图 17-2)。

滑行法是采用单机或双机抬吊钢柱，起重机只起钩，使柱滑行而将钢柱吊起。为减少钢

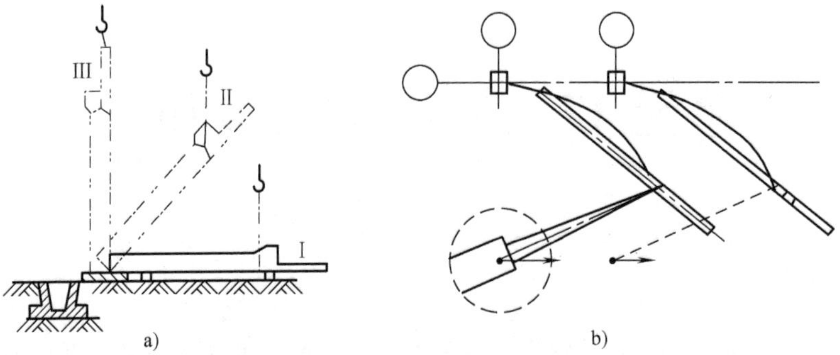

图 17-2 用旋转法吊柱

a）旋转过程 b）平面布置

柱与地面摩擦阻力，需要柱脚下铺设滑行道(图 17-3)。

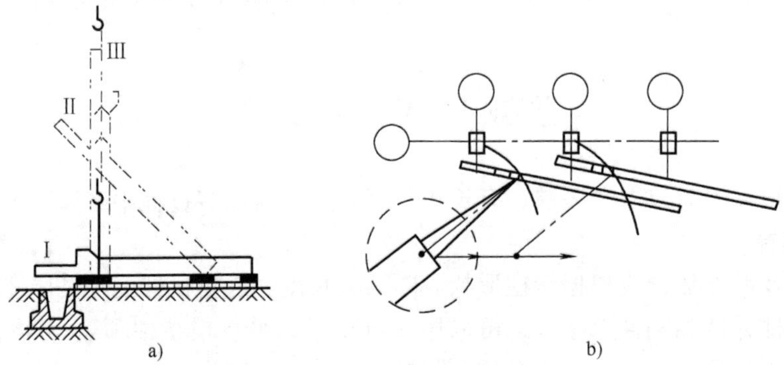

图 17-3 用滑行法吊柱

a）旋转过程 b）平面布置

递送法采用双机或三机抬吊钢柱。一台为副机吊点选在钢柱下面，起吊时配合主机起钩，随着主机的起吊，副机行走或回转。在递送过程中副机承担了一部分荷载，将钢柱脚递送到柱基础顶面，副机脱钩卸去荷载，此时主机满荷，将柱就位(图 17-4)。

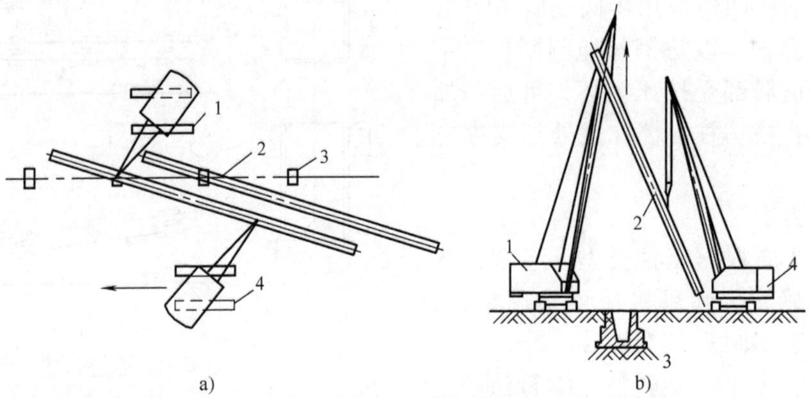

图 17-4 双机抬吊递送法

a）平面布置 b）递送过程

1—主机 2—柱子 3—基础 4—副机

3. 钢柱临时固定

对于采用杯口基础钢柱，柱子插入杯口就位，初步校正后即可用钢楔（或硬木）临时固定。方法是当柱插入杯口使柱身中心线对准杯口（或杯底）中心线后刹车，用撬杠拨正初校，在柱子杯口壁之间的四周空隙，每边塞入两个钢（或硬木）楔，再将钢柱下落到杯底后复查对位，同时打紧两侧的楔子，起重机脱钩完成一个钢柱吊装，如图 17-5 所示。对于采用地脚螺栓方式连接的钢柱，钢柱吊装就位并初步调整柱底与基础基准线达到准确位置后，拧紧全部螺栓、螺母，进行临时固定，达到安全后摘除吊钩。

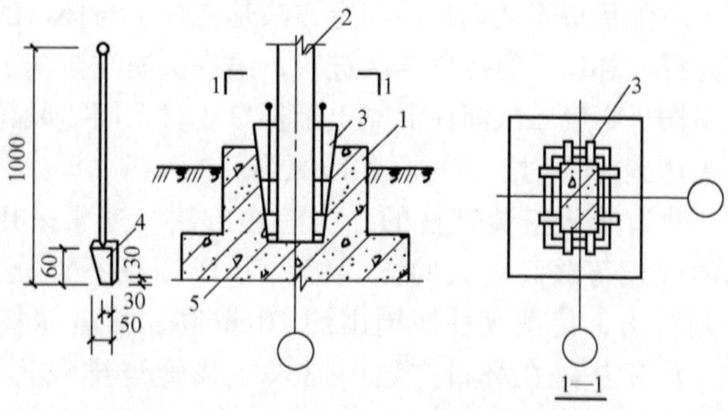

图 17-5　钢柱临时固定方法

1—杯形基础　2—柱　3—钢或木楔

4—钢塞　5—嵌小钢塞或卵石

对于重型或高 10m 以上细长柱及杯口较浅的钢柱，或遇到刮风天气，有时还在钢柱大面两侧加设缆风绳或支撑来临时固定。

4. 钢柱的校正

钢柱的校正工作一般包括平面位置、标高及垂直度三个内容。钢柱的校正工作主要是校正垂直度和复查标高，钢柱的平面位置在钢柱吊装时基本校正完毕。

（1）钢柱标高校正　根据钢柱实际长度、柱底平整度、钢牛腿顶部距柱底部距离确定。对于采用杯口基础钢柱，可采用抹水泥砂浆或设钢垫板来校正标高；对于采用地脚螺栓连接方式钢柱，首层钢柱安装时，安装柱子后，通过调整螺母来控制柱的标高；柱子底板下预留的空隙，用无收缩砂浆填实。基础标高调整数值主要保证钢牛腿顶面标高偏差在允许范围内。如安装后还有偏差，则在安装吊车梁时予以纠正；如偏差过大，则将柱拔出重新安装。

（2）垂直度校正　钢柱垂直度校正可以采用两台经纬仪或吊线坠测量的方式进行观测，如图 17-6 所示。校正方法可以采用松紧钢楔，千斤顶顶推柱身，使柱子绕柱脚转动来校正垂直度；或采用不断调整柱底板下的螺母进行校正，直到校正完毕，将板下的螺母拧紧。

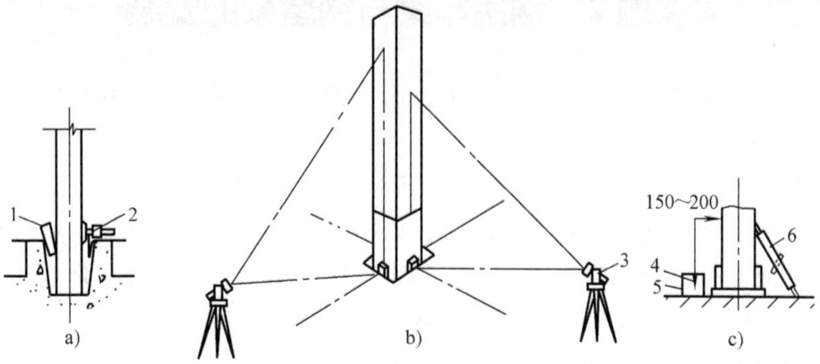

图 17-6　柱子校正示意图

a）就位调整　b）用两台经纬仪测量　c）线坠测量

1—楔块　2—螺栓顶　3—经纬仪　4—线坠　5—水桶　6—调整螺杆千斤顶

5. 最后固定

钢柱最后校正完毕后，应立即进行最后固定。

对无垫板安装钢柱的固定方法是在柱子与杯口的空隙内灌注细石混凝土。灌注前，先清理并湿润杯口，灌注分两次进行，第一次灌注至楔子底面，待混凝土强度等级达到25%后，拔出楔子，第二次灌注混凝土至杯口。对采用缆风绳校正法校正的柱子，需待第二次灌注混凝土达到70%时，方可拆除缆风绳。

对有垫板安装钢柱的二次灌注方法，通常采用赶浆法或压浆法。赶浆法是在杯口一侧灌强度等级高一级的无收缩砂浆或细豆石混凝土，用细振动棒振捣使砂浆从柱底另一侧挤出，待填满柱底周围约10cm高，接着在杯口四周均匀地灌细石混凝土至与杯口平，压浆法是在杯口空隙内插入压浆管与排气管，先灌20cm高混凝土，并插捣密实，然后开始压浆，待混凝土被挤压上拱，停止顶压；再灌20cm高混凝土顶压一次即可拔出浆管和排气管，继续灌注混凝土至与杯口平。本法适用于截面很大、垫板高度较薄的杯底灌浆。

对采用地脚螺栓方式连接的钢柱，当钢柱校正后拧紧螺母进行最后固定。

6. 钢柱安装的注意事项

1）钢柱的校正应先校正偏差大的一面，后校正偏差小的一面，如两个面偏差数字相近，则应先校正小面，后校正大面。

2）钢柱在两个方向垂直度校正好后，应再复查一次平面轴线和标高，如符合要求，则打紧柱四周八个楔子，使其松紧一致，以免在风力作用下向松的一面倾斜。

3）钢柱垂直度校正须用两台精密经纬仪观测，观测的上测点应设在柱顶，仪器架设位置应使其望远镜的旋转面与观测面尽量垂直(夹角应大于75°)，以避免产生测量误差。

4）钢柱插入杯口后应迅速对准纵横轴线，并在杯底处用钢楔把柱脚卡牢，在柱子倾斜一面敲打楔子，对面楔子只能松动，不得拔出，以防柱子倾倒。

5）风力影响。风力对柱面产生压力，柱面越宽、柱子越高，受风力影响越大，影响柱子的侧向弯曲也就越大。因此，柱子校正操作时，当柱子高度在8m以上，风力超过5级时不能进行。

课题2 钢吊车梁与钢屋架的安装

在钢柱吊装完成并经校正固定于基础上之后，即可吊装吊车梁等构件。

1. 钢吊车梁安装

（1）吊点选择 钢吊车梁一般采用两点绑扎，对称起吊。吊钩应对称于梁的重心，以便使梁起吊后保持水平，梁的两端用绳控制，以防吊升就位时左右摆动，碰撞柱子。

对梁上设有预埋吊环的钢吊车梁，可采用带钢钩的吊索直接钩住吊环起吊；对梁自重较大的钢吊车梁，应用卡环与吊环吊索相互连接起吊；梁上未设置吊环的钢吊车梁，可在梁端靠近支点处用轻便吊索配合卡环绕钢吊车梁下部左右对称绑扎吊装(图17-7)；或用工具式吊耳吊装(图17-8)。当起重能力允许时，也可采用将吊车梁与制动梁(或桁架)及支撑等组成一个大部件进行整体吊装。

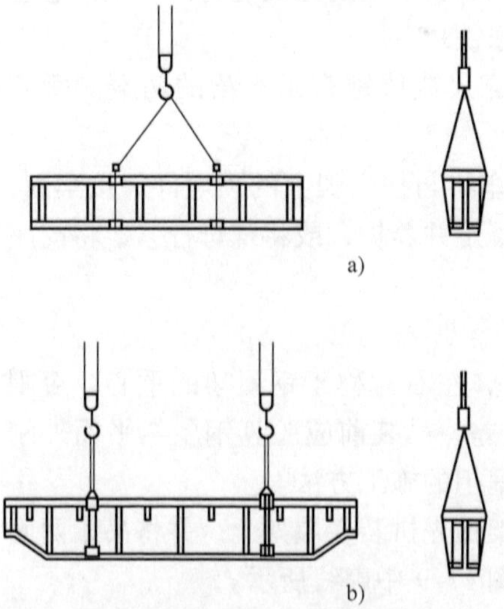

图 17-7　钢吊车梁的绑扎吊装

a）单机起吊绑扎　b）双机起吊绑扎

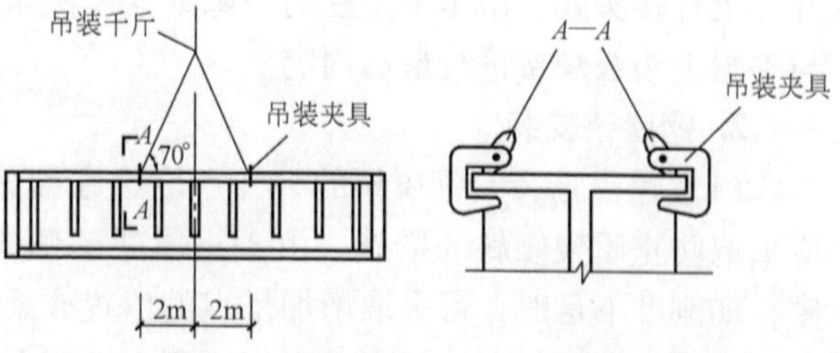

图 17-8　利用工具式吊耳吊装

（2）吊升就位和临时固定　在屋盖吊装之前安装钢吊车梁时，可采用各种起重机进行；在屋盖吊装完毕之后安装吊车梁时，可采用短臂履带式起重机或独脚桅杆起吊，如无起重机械，也可在屋架端头或柱顶拴滑轮组来安装钢吊车梁，采用此法时对屋架绑扎位置或柱顶应通过验算确定。

钢吊车梁布置宜接近安装位置，使梁重心对准安装中心。安装顺序可由一端向另一端，或从中间向两端顺序进行。当梁吊升至设计位置离支座顶面约20cm时，用人力扶正，使梁中心线与支承面中心线(或已安装相邻梁中心线)对准，使两端搁置长度相等，缓缓下落，如有偏差，稍稍起吊用撬杠撬正，如支座不平，可用斜铁片垫平。

吊车梁就位后，因梁本身稳定性较好，仅用垫铁垫平即可，不需采取临时固定措施。当梁高度与宽度之比大于四或遇五级以上大风时，脱钩前，宜用铁丝将钢吊车梁捆绑在柱子上临时固定，以防倾倒。

（3）校正　钢吊车梁校正一般在梁全部安装完毕，屋面构件校正并最后固定后进行，但对重量较大的钢吊车梁，因脱钩后撬动比较困难，宜采取边吊边校正的方法。校正内容包括中心线(位移)、轴线间距(跨距)、标高、垂直度等。纵向位移在就位时已基本校正，故校正主要为横向位移。

1）吊车梁中心线与轴线间距的校正。校正吊车梁中心线与轴线间距时，先在吊车轨道两端的地面上，根据柱轴线放出吊车轨道轴线，用钢尺校正两轴线的距离，再用经纬仪放线、钢丝挂线锤或在两端拉钢丝等方法较正。如有偏差，用撬杠拨正，或在梁端设螺栓，液压千斤顶侧向顶正，也可在柱头挂倒链将吊车梁吊起或用杠杆将吊车梁抬起，再用撬杠配合移动拨正。

2）吊车梁标高的校正。当一跨即两排吊车梁全部吊装完毕后，将一台水准仪架设在某一钢吊车梁上或专门搭设的平台上，进行每根梁两端的高程测量，计算各点所需垫板厚度，或在柱上测出一定高度的水准点，再用钢尺或样杆量出水准点至梁面铺轨需要的高度，根据测定标高进行校正。校正时用撬杠撬起或在柱头屋架上弦端头节点上挂倒链将吊车梁需垫垫板的一端吊起，重型柱可在梁一端下部用千斤顶顶起填塞铁片。

3）吊车梁垂直度的校正。在校正标高的同时，用靠尺或线锤在吊车梁的两端测垂直度，用楔形钢板在一侧填塞校正。

（4）最后固定　钢吊车梁校正完毕后应立即将钢吊车梁与柱牛腿上的预埋件焊接牢固，并在梁柱接头处、吊车梁与柱的空隙处支模浇筑细石混凝土并养护，或将螺母拧紧，将支座与牛腿上垫板焊接进行最后固定。

2. 钢屋架安装

（1）吊点选择　钢屋架的绑扎点应选在屋架节点上，左右对称于钢屋架的重心，否则应采取防止屋架倾斜的措施。由于钢屋架的侧向刚度较差，吊装前应验算钢屋架平面外刚度，如刚度不足时，可采取增加吊点的位置或采用加铁扁担的施工方法。

为减少高空作业，提高生产率，可在地面上将天窗架预先拼装在屋架上，并将吊索两面绑扎，把天窗架夹在中间，以保证整体安装的稳定，如图17-9中虚线所示。

（2）吊升就位　当屋架起吊离地20cm时检查无误后再继续起吊，使屋架基座中心线与定位轴线就位，并做初步校正，然后进行临时固定。

（3）临时固定　第一榀屋架吊升就位后，可在屋架两侧设缆风绳固定，然后再使起重机脱钩，如果端部有抗风柱，校正后可与抗风柱固定。第二榀屋架同样吊升就位后，每坡用一个屋架间调节器，进行屋架垂直度校正，固定两端支座处，然后用螺栓固定或者焊接，最后进行垂直支撑、水平支撑的安装，支撑安装完检查无误后即成为样板间。

（4）校正及最后固定　钢屋架校正主要是垂直度的校正。在屋架下弦一侧拉一根通长钢丝，同时在屋架上弦中心线挑出一个同样距离的标尺，然后用线锤校正，如图17-10所示。另外，也可用一台经纬仪架设在柱顶一侧，与轴线平移距离 a 处，在对面柱子上同样有一距离为 a 的点，从屋架中线处用标尺挑出距离 a，当三点在一条线上时，则说明屋架垂直。如有误差，可通过调整工具式支撑或绳索，并在屋架端部支承面垫入薄铁片进行调整。

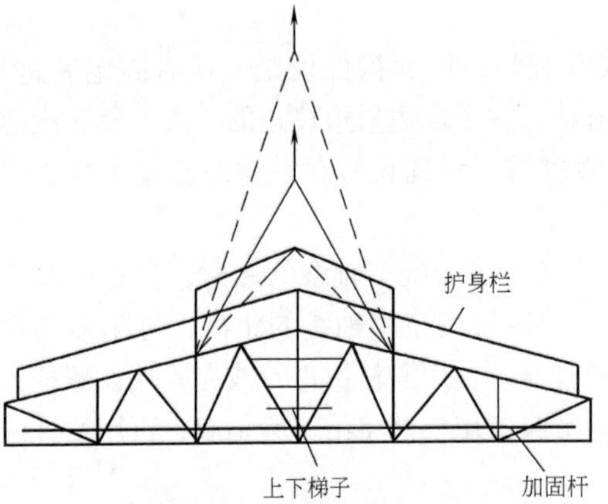

图17-9　钢屋架吊装示意图

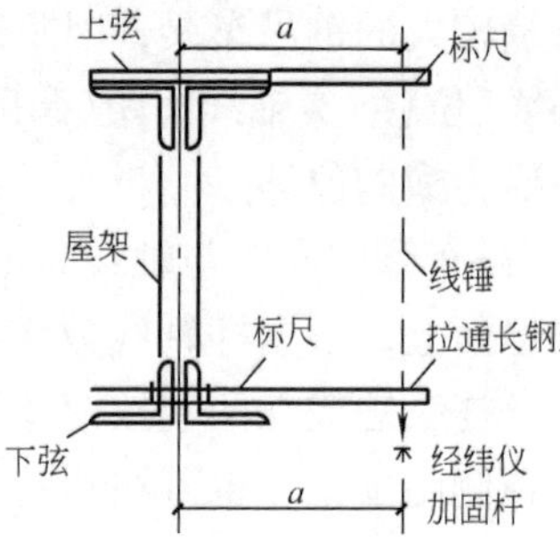

图17-10　钢屋架垂直度校正示意图

钢屋架校正完毕后，拧紧连接螺栓或电焊焊牢作为最后固定。

课题3　钢结构构件连接施工

1. 普通螺栓连接施工

钢结构普通螺栓连接即将普通螺栓、螺母、垫圈机械地和连接件连接在一起形成的一种连接形式。荷载是通过螺栓杆受剪、边接板孔壁承压来传递的，边接螺栓和连接板孔壁之间有间隙，接头受力后会产生较大的滑移变形。一般受力较大的结构或承受动荷载的结构，当采用普通螺栓连接时，应采用精制螺栓以减少接头的变形量。精制螺栓连接加工费用高，施工难度大，工程上已极少使用，逐渐被高强度螺栓连接所替代。

普通螺栓按照形式可分为六角头螺栓、双头螺栓、沉头螺栓等；按制作精度可分为A、B、C三个等级，A、B级为精制螺栓，C级为粗制螺栓。钢结构用连接螺栓，除特殊注明外，一般为普通粗制C级螺栓。

（1）一般要求　普通螺栓作为永久性连接螺栓时，应符合下列要求：

1）为增大承压面积，螺栓头和螺母下面应放置平垫圈：螺栓头下面放置垫圈不得多于2个，螺母下放置垫圈不应多于1个。

2）对设计要求防松动的螺栓，应采用防松装置的螺母或弹簧垫圈或用人工方法采取防松措施。

3）对工字钢、槽钢类型钢应尽量使用斜垫圈，使螺母和螺栓头部的支承面垂直于螺杆。

4）螺杆规格选择、连接形式、螺栓的布置、螺栓孔尺寸应符合设计要求及有关规定。

（2）螺栓的紧固及检验　普通螺栓连接对螺栓紧固力没有具体要求。因此螺栓的紧固以施工人员的手感及连接接头的外形控制为准，即施工人员使用普通扳手靠自己的力量拧紧螺母即可，能保证被接触面密贴，无明显的间隙。为了保证连接接头中各螺栓受力均匀，螺栓的紧固次序宜从中间对称向两侧进行；对大型接头宜采用复拧方式，即两次紧固。

普通螺栓连接螺栓紧固检验比较简单，一般采用锤击法，即用3kg小锤，一手扶螺栓(或螺母)头另一手用锤敲击，如螺栓头(或螺母)不偏移、不颤动、不转动、锤声比较干脆，说明螺栓紧固质量良好，否则需要重新紧固。永久性普通螺栓紧固应牢固、可靠，外露螺纹扣不应少于2扣。检查数量，按连接点数抽查10%，且不应少于3个。

2. 高强度螺栓连接施工

高强度螺栓连接具有受力性能好，耐疲劳，抗震性能好，连接刚度高，施工简便等特点，成为钢结构安装的主要手段之一。安装时，先对构件连接端及连接板表面进行特殊处理，形成粗糙面，随后对高强度螺栓施加预拉力，使紧固部位产生很大的摩擦力。

（1）高强度螺栓连接副　高强度螺栓连接副是一整套的含义，包括一个螺栓，一个螺母和1~2个垫圈。高强度大六角头螺栓连接副包括一个螺栓，一个螺母和两个垫圈(螺头和螺母两侧各一个垫圈)；扭剪型高强度螺栓连接副包括一个螺栓，一个螺母和一个垫圈。高强度螺栓连接副应在同批内配套使用。

（2）一般规定　高强度螺栓连接施工时，应符合下列要求：

1）高强度螺栓连接副应有质量保证书，由制造厂按批配套供货。

2）高强度螺栓连接施工前，应对连接副和连接件进行检查和复验，合格后再进行施工。

3）高强度螺栓连接安装时，在每个节点上应穿入的临时螺栓和冲钉数量由安装时可能承担的荷载计算确定，并应符合下列规定：不得少于安装总数的1/3；不得少于两个临时螺栓；冲钉穿入数量不宜多于临时螺栓的30%。

4）不得用高强度螺栓兼做临时螺栓，以防损伤螺纹。

5）高强度螺栓的安装应能自由穿入，严禁强行穿入，如不能自由穿入时，应用铰刀进行修整，修整后的孔径应小于1.2倍螺栓直径。高强度螺栓的安装应在结构构件中心位置调整后进行，其穿入方向应以施工方便为准，并力求一致，安装时注意垫圈的正反面。

（3）大六角头高强度螺栓连接施工　大六角头高强度螺栓连接施工一般采用的紧固方法有力矩法和转角法。

力矩法施工时，一般先用普通扳进行初拧，初拧力矩可取施工力矩的50%左右，目的是使连接件密贴。在实际操作中，可以让一个操作工使用普通扳手拧紧即可。然后使用力矩扳手，按施工力矩值进行终拧。对于较大的连接接点，可以按初拧、复拧及终拧的次序进行，复拧力矩等于初拧力矩。一般拧紧的顺序从中间向四边或四周进行。初拧和终拧的螺栓均应做不同的标记，避免漏拧、重拧发生，且便于检查。

转角法是用控制螺栓应变即控制螺母的转角来获得规定的预拉力，因不需专用扳手，故简单有效。终拧角度可预先测定，高强度螺栓转角法施工分为初拧和终拧两步(必要时可增加复拧)，初拧的目的是为消除板缝影响，给终拧创造一个大体一致的基础。初拧力矩一般取终拧力矩的50%为宜，原则是以板缝密贴为准。转角法施工工艺顺序如下：

1）初拧：按规定的初拧力矩值，从节点或栓群中心向四周拧紧螺栓，并用小锤敲击检查，防止漏拧。

2）划线：初拧后对螺栓逐个进行划线。

3）终拧：用扳手使螺母再旋转一个规定的角度，并划线。

4）检查：检查终拧角度是否达到规定的角度。

5）标记：对已终拧的螺栓作出明显的标记，以防漏拧或重拧。

（4）扭剪型高强度螺栓连接施工　扭剪型高强度螺栓连接施工相对于大六角头高强度螺栓连接施工简单得多。它是采用专用的电动扳手进行终拧，梅花头拧掉则终拧结束。

扭剪型高强度螺栓的拧紧可分为初拧、终拧，对于大型节点分为初拧、复拧、终拧。初拧采用手动扳手或专用定扭电动扳手，初拧值为预拉力标准值的50%左右，复拧力矩值等于初拧力矩值。初拧或复拧后的高强度螺栓应用颜色在螺母上涂上标记，然后用专用电动扳手进行终拧，直至拧掉螺栓尾部梅花头，读出预拉力值。

课题4　多层及高层钢结构安装要点

1）安装前，应对建筑物的定位轴线、平面封闭角、底层柱的安装位置线、基础标高和基础混凝土强度进行检查，合格后才能进行安装。

2）安装顺序应根据事先编制的安装顺序图表进行。

3）凡在地面组拼的构件，需设置拼装架组拼(立拼)，易变形的构件应先进行加固。组拼后的尺寸经校验无误后，方可安装。

4）各类构件的吊点，宜按规定设置。

5）钢构件的零件及附件应随构件一并起吊。尺寸较大、重量较重的节点板，应用铰链固定在构件上。钢柱上的爬梯、大梁上的轻便走道应牢固固定在构件上一起起吊。调整柱子垂直度的缆风绳或支撑夹板，应在地面上与柱子绑扎好，同时起吊。

6）当天安装的构件，应形成空间稳定体系，确保安装质量和结构安全。

7）一节柱的各层梁安装校正后，应立即安装本节各层楼梯，铺好各层楼层的压型钢板。

8）安装时，楼面上的施工荷载不得超过梁和压型钢板的承载力。

9）预制外墙板应根据建筑物的平面形状对称安装，使建筑物各侧面均匀加载。

10）叠合楼板的施工，要随着钢结构的安装进度进行。两个工作面相距不宜超过5个楼层。

11）每个流水段一节柱的全部钢构件安装完毕并验收合格后，方能进行下一流水段钢结构的安装。

12）高层钢结构安装时，需注意日照、焊接等温度引起的热影响，导致构件产生的伸长、缩短、弯曲所引起的偏差，施工中应有调整偏差的措施。

课题5 钢结构安装工程安全技术

1. 高处作业一般要求

1）高处作业的安全技术措施及其所需料具，必须列入工程的施工组织设计。

2）单位工程施工负责人应对工程的高处作业安全技术负责并建立相应的责任制。施工前，应逐级进行安全技术教育及交底，落实所有安全技术措施和人身防护用品，未经落实时不得进行施工。

3）高处作业中的设施、设备，必须在施工前进行检查，确认其完好，方能投入使用。

4）攀登和悬空作业人员，必须经过专业技术培训及专业考试合格，持证上岗，并必须定期进行身体检查。

5）施工中对高处作业的安全技术设施，发现有缺陷和隐患时，必须及时解决；危及人身安全时，必须停止作业。

6）施工作业场所有坠落可能的物件，应一律先进行撤除或加以固定。高处作业中所用的物料，均应堆放平稳，不妨碍通行和装卸。随手用工具应放在工具袋内。作业中走道内的余料应及时清理干净，不得任意乱掷或向下丢弃。传递物件禁止抛掷。

7）雨天和雪天进行高处作业时，必须采取可靠的防滑、防寒和防冻措施。有水、冰、霜、雪时均应及时清除。对进行高处作业的高耸建筑物，应事先设计避雷设施，遇有六级以上强风、浓雾等恶劣气候，不得进行露天攀登与悬空高处作业。暴风雪及台风暴雨后，应对高处作业安全设施逐一加以检查，发现问题，立即修理完善。

8）钢结构吊装前，应进行安全防护设施的逐项检查和验收，验收合格后，方可进行高处作业。

2. 临边作业

1）基坑周边，尚未安装栏杆或栏板的阳台、料台和挑平台周边，雨篷与挑檐边，无外脚手架的屋面与楼层周边及水箱与水塔周边，桁架、梁上工作人员行走处，柱顶工作平台，拼装平台等处，都必须设防护栏杆。

2）多层、高层及超高层楼梯口和梯段边，必须安装临时护栏。顶层楼梯口应随工程结构进度安装正式防护栏杆。

3）井架、施工用电梯和脚手架等与建筑物通道的两侧边，必须设防护栏，地面通道上部应装设安全防护棚。

4）各种垂直运输接料平台，除两侧设防护栏杆外，平台口还应设计安全的或活动的防护栏杆，接料平台两侧的栏杆，必须自上而下加挂安全立网。

5）防护栏杆具体做法及技术要求，应符合《建筑施工高处作业安全技术规范》(JGJ 80—1991)的有关规定。

3. 洞口作业

进行洞口作业以及在因工程和工序需要而产生的，使人与物有坠落危险或危及人身安全的其他洞口进行高处作业时，必须设置防护设施。

1）板与墙的洞口，必须设置牢固的盖板、防护栏杆、安全网或其他防坠落的防护设施。

2）电梯井口必须设防护栏杆或固定栅门，电梯井内应每隔两层并最多隔10m设一层安全平网。

3）施工现场通道附近的各类洞口与坑槽等处，除应设置防护设施与安全标志外，夜间还应设红灯示警。

4）桁架间安装支撑前应加设安全网。

5）洞口防护设施具体做法及技术要求，应符合《建筑施工高处作业安全技术规范》(JGJ 80—1991)的有关规定。

4. 攀登作业

现场登高应借助建筑结构或脚手架上的登高设施，也可采用载人的垂直运输设备，进行攀登作业时，也可使用梯子或采用其他攀登设施。

1）柱、梁和行车梁等构件吊装所需的直爬梯及其他登高用的拉攀件，应在构件施工图或说明内作出规定。攀登的用具在结构构造上，必须牢固可靠。

2）梯脚底部应垫实，不得垫高使用，梯子上端应有固定措施。

3）钢柱安装登高时，应使用钢挂梯或设置在钢柱上的爬梯。钢柱的接柱应使用梯子或操作台。

4）登高安装钢梁时，应视钢梁高度，在两端设置挂梯或搭设钢管脚手架。梁面上需行走时，其一侧的临时护栏横杆可采用钢索，当改为扶手绳时，绳的自然下垂度不应大于$L/20$，并应控制在100mm以内。

5）在钢屋架上下弦登高操作时，对于三角形屋架应在屋脊处，梯形层架应在两端，设置攀登时上下的梯架。

钢屋架吊装前，应在上弦设置防护栏杆，并应预先在下弦挂设安全网，吊装完毕后，即将安全网铺设固定。

6）登高用的梯子必须安装牢固，梯子与地面夹角以60°~70°为宜。

5. 悬空作业

悬空作业处应有牢固的立足处，并必须视具体情况，配置防护拦网、栏杆或其他安全设施。

1）悬空作业所用的索具、脚手架、吊笼、平台等设备，均需经过技术鉴定或验证方可使用。

2）钢结构的吊装，构件应尽可能在地面组装，并搭设进行临时固定、电焊、高强度螺栓连接等工序的高空安全设施，随构件同时上吊就位。拆卸时的安全措施，也应一并考虑落实。高空吊装大型构件前，也应搭设悬空作业中所需的安全设施。

3）进行预应力张拉时，应搭设站立操作人员和设置张拉设备用的牢固可靠的脚手架或操作平台。预应力张拉区域应设指示明显的安全标志，禁止非操作人员进入。

4）悬空作业人员，必须系好安全带。

6. 交叉作业

1）结构安装过程各工程进行上下立体交叉作业时，不得在同一垂直方向上操作，下层作业的位置，必须处于依上层高度确定的可能坠落范围半径以外，不符合以上条件时，应设置安全防护层。

2）楼梯边口、通道口、脚手架边缘等处，严禁堆放任何拆下构件。

3）结构施工自二层起，凡人员进出的通道口（包括井架、施工用电梯的进出通道口）均应搭设安全防护棚。高度超出24m的层次上的交叉作业，应设双层防护。

4）由于上方施工可能坠落物件或处于起重机把杆回转范围之内的通道，在其受影响的范围内，必须搭设顶部能防止穿透的双层防护廊。

7. 防止起重机倾翻

1）起重机的行驶道路，必须坚实可靠。起重机不得停置在斜坡上工作，也不允许起重机两个履带一高一低。

2）严禁超载吊装，超载有两种危害，一是断绳重物下坠，二是“倒塔”。

3）禁止斜吊，斜吊会造成超负荷及钢丝绳出槽，甚至造成拉断绳索和翻车事故；斜吊会使物体在离开地面后发生快速摆动，可能会砸伤人或砸坏其他物体。

4）要尽量避免满负荷行驶，构件摆动越大，超负荷就越多，就可能发生翻车事故。短距离行驶，只能将构件离地30cm左右，且要慢行，并将构件转至起重机的前方，拉好溜绳，控制构件摆动。

5）有些起重机的横向与纵向的稳定性相差很大，必须熟悉起重机纵横两个方向的性能，进行吊装工作。

6）双机抬吊时，要根据起重机的起重能力进行合理的负荷分配（每台起重机的负荷不宜超过其安全负荷量的80%）并在操作时要统一指挥。两台起重机的驾驶员应互相密切配合，防止一台起重机失重而使另一台起重机超载。在整个抬吊过程中，两台起重机的吊钩滑车组均应基本保持铅垂状态。

7）绑扎构件的吊索须经过计算，所有起重机工具，应定期进行检查，对损坏者做出鉴定，绑扎方法应正确牢靠，以防吊装中吊索破断或从构件上滑脱，使起重机失重而倾翻。

8）风载会造成“倒塔”，工作完毕轨道两端设夹轨钳，遇有大风或台风警报，塔式起重机拉好缆风绳。

9）机上机下信号不一致造成事故。

10）由于各种机件失修造成的事故。

11）轨道与地锚的不合要求而造成的事故。

12）安全装置失灵而造成事故，塔式起重机应安有起重量限位器、高度限位器、幅度指示器、行程开关等。

13）下旋式塔式起重机在安装时，必须注意回转平台与建筑物的距离不得小于0.5m。

14）群塔作业，两台起重机之间的最小架设距离，应保证在最不利位置时，任一台的臂架都不会与另一台的塔身、塔顶相撞，并至少有2m的安全距离；处于高位的起重机，吊钩升至最高点时，要互相避让，水平距离至少保持5m。

8. 防止高空坠落和物体落下伤人

1）为防止高处坠落，操作人员在进行高处作业时，必须正确使用安全带。安全带一般应高挂低用，即将安全带绳端挂在高的地方，而人在较低处操作。

2）在高处安装构件时，要经常使用撬杠校正构件的位置，必须防止因撬杠滑脱而引起的高空坠落。

3）在雨期、冬期施工时，构件上常因潮湿或积有冰雪而容易使操作人员滑倒，采取清扫积雪后再安装，高空作业人员必须穿防滑鞋方可操作。

4）高空作业人员在脚手板上通行时应思想集中，防止踏上探头板而从高空坠落。

5）地面操作人员必须戴好安全帽。

6）高空操作人员使用的工具及安装用的零部件，应放入随身佩带的工具袋内，不可随便向下丢掷。

7）在高空用气割或电焊切割时，应采取措施防止切割下的金属或火花落下伤人。

8）地面操作人员尽量避免在高空作业的正下方停留或通过，也不得在起重机的吊杆和正在吊装的构件下停留或通过。

9）构件安装后，必须检查连接质量无误后，才能松钩或拆除临时固定工具，以防构件掉下伤人。

10）设置吊装禁区，禁止与吊装作业无关的人员入内。

9. 防止触电

1）电焊机的电源线电压为380V，由于电焊机经常移动，为防止电源线磨破，一般长度不超过5m，并应架高。手把线的正常电压为60～80V，如果电焊机原线圈损坏，手把线电压就会和供电线电压相同，因此手把线质量应该是很好的，如果有破皮情况，必须及时用绝缘胶布严密包扎或更换。此外，电焊机的外壳应该接地。

2）使用塔式起重机或长吊杆的其他类型起重机时，应有避雷防触电设施。轨道式起重机当轨道较长时，每隔20m应加装一组接地装置。

3）各种起重机严禁在架空输电线路下面工作，在通过架空输电线路时应将起重臂落下，并确保与架空输电线的安全距离符合表17-1的规定。

表17-1 起重机与架空输电线的安全距离

输电线电压/kV	垂直安全距离/m	水平安全距离/m
1	1.3	1.5
1～20	1.5	2.0
35～110	2.5	4
154	2.5	5
220	2.5	6

4）电器设备不得超铭牌运行。

5）使用手操式电动工具或在雨期施工时，操作人员应戴绝缘手套或站在绝缘台上。

6）严禁带电作业。

7）一旦发生触电事故，必须尽快使触电者脱离带电体。

10. 防止氧乙炔瓶爆炸

1）氧乙炔瓶放置安全距离应大于10m。

2）氧气瓶不应放在阳光下暴晒，更不可接近火源，要求与火源距离不小于10m。

3）在冬期，如果瓶的阀门发生冻结，应该用干净的热布把阀门烫热，不可用火熏。

4）氧气遇油也会引起爆炸，因此不能用油手接触氧气瓶，还要防止起重机或其他机械油落到氧气瓶上。

11. 安全管理

1）安全技术交底应交清以下内容：

① 吊装构件的特性特征、重量、重心位置、几何尺寸、吊点位置、安装高度及安装精度等。

② 所选用起重机械的主要机械性能和使用注意事项。

③ 指挥信号及信号传递系统要求。

④ 吊装方法、吊装顺序及进度计划安排。

2）各类起重机的操作人员和起重机的指挥人员必须是经过专门的操作技术和安全技术培训，并考核合格，取得操作证和指挥合格证者，严禁无证人员操作起重机或指挥起重机作业。

3）起重机具、起重机械各部件，起重机的路基、路轨等定期检查，发现问题立即解决。

复习思考题

17-1　钢柱吊装时，如何设置吊点？

17-2　试述钢梁安装的步骤。

17-3　高强度螺栓连接施工有哪些要求？

17-4　钢梁校正包括什么内容？如何校正？

17-5　钢柱有哪几种安装方法？

17-6　钢柱的校正包括什么内容？怎样校正？

实训练习题

17-1　填空题

1. 对细长钢柱，为防止钢柱变形，也可采用________或________。

2. 为减少钢柱与地面摩擦阻力，需要柱脚下铺设________。

3. 钢柱的校正工作一般包括________、________和________三个内容。

17-2　选择题

1. 当受到起重机械臂杆长度限制时，吊点也可设在柱长（　　）处，此时，吊点斜吊，对线校正较难。

A. 1/3　　B. 1/2

C. 2/3　　D. 任意点

2. 螺栓头下面放置垫圈不得多于2个，螺母下放置垫圈不应多于（　　）个。

A. 0　　B. 1

C. 2　　D. 3

附　录

附录A　钢材和连接的强度设计值

表A-1　钢材的强度设计值　（单位：N/mm^2）

钢材牌号		钢材厚度或直径/mm	强度设计值			屈服强度	抗拉强度
			抗拉、抗压和抗弯 f	抗剪 f_v	端面承压（刨平顶紧）f_{ce}		
碳素结构钢	Q235钢	≤16	215	125	320	235	370
		>16，≤40	205	120		225	
		>40，≤100	200	115		215	
低合金高强度结构钢	Q345钢	≤16	305	175	400	345	470
		>16，≤40	295	170		335	
		>40，≤63	290	165		325	
		>63，≤80	280	160		315	
		>80，≤100	270	155		305	
	Q390钢	≤16	345	200	415	390	490
		>16，≤40	330	190		370	
		>40，≤63	310	180		350	
		>63，≤100	295	170		330	
	Q420钢	≤16	375	215	440	420	520
		>16，≤40	355	205		400	
		>40，≤63	320	185		380	
		>63，≤100	305	175		360	
	Q460钢	≤16	410	235	470	460	550
		>16，≤40	390	225		440	
		>40，≤63	355	205		420	
		>63，≤100	340	195		400	

注：表中厚度是指计算点的钢材厚度，对轴心受拉和轴心受压构件是指截面中较厚板件的厚度。

表 A-2 焊缝的强度设计值 （单位：N/mm^2）

焊接方法和焊条型号	构件钢材		对接焊缝强度设计值				角焊缝强度设计值	对接焊缝抗拉强度 f_u^w	角焊缝抗拉、抗压和抗剪强度 f_u^f
	牌号	厚度或直径/mm	抗压 f_c^w	焊缝质量为下列等级时，抗拉 f_t^w：一级、二级	焊缝质量为下列等级时，抗拉 f_t^w：三级	抗剪 f_v^w	抗拉、抗压和抗剪 f_f^w		
自动焊、半自动焊和E43型焊条手工焊	Q235钢	≤16	215	215	185	125	160	415	240
		>16，≤40	205	205	175	120			
		>40，≤100	200	200	170	115			
自动焊、半自动焊和E50、E55型焊条手工焊	Q345钢	≤16	305	305	260	175	200	480（E50）540（E55）	280（E50）315（E55）
		>16，≤40	295	295	250	170			
		>40，≤63	290	290	245	165			
		>63，≤80	280	280	240	160			
		>80，≤100	270	270	230	155			
	Q390钢	≤16	345	345	295	200	200（E50）220（E55）		
		>16，≤40	330	330	280	190			
		>40，≤63	310	310	265	180			
		>63，≤100	295	295	250	170			
自动焊、半自动焊和E55、E60型焊条手工焊	Q420钢	≤16	375	375	320	215	220（E55）240（E60）	540（E55）590（E60）	315（E55）340（E60）
		>16，≤40	355	355	300	205			
		>40，≤63	320	320	270	185			
		>63，≤100	305	305	260	175			
自动焊、半自动焊和E55、E60型焊条手工焊	Q460钢	≤16	410	410	350	235	220（E55）240（E60）	540（E55）590（E60）	315（E55）340（E60）
		>16，≤40	390	390	330	225			
		>40，≤63	355	355	300	205			
		>63，≤100	340	340	290	195			
自动焊、半自动焊和E50、E55型焊条手工焊	Q345GJ	>16，≤35	310	310	265	180	200	480（E50）540（E55）	280（E50）315（E55）
		>35，≤50	290	290	245	170			
		>50，≤100	285	285	240	165			

注：1. 自动焊和半自动焊所采用的焊丝和焊剂，应保证其熔敷金属的力学性能不低于木材的力学性能。

2. 焊缝质量等级应符合现行国家标准《钢结构焊接规范》（GB 50061—2011）的规定，其检验方法应符合现行国家标准《钢结构工程施工质量验收规范》（GB 50205—2001）的规定。其中厚度小于6mm钢材的对接焊缝，不应采用超声波探伤确定焊缝质量等级。

3. 对接焊缝在受压区的抗弯强度设计值取 f_c^w，在受拉区的抗弯强度设计值取 f_t^w。

4. 表中厚度是指计算点的钢材厚度，对轴心受拉和轴心受压构件是指截面中较厚板件的厚度。

表 A-3　螺栓连接的强度设计值　（单位：N/mm^2）

螺栓的性能等级、锚栓和构件钢材的牌号		普通螺栓						锚栓	承压型连接高强度螺栓			构件钢材牌号高强度螺栓的抗拉强度 f_u^b
		C 级螺栓			A 级、B 级螺栓							
		抗剪 f_t^b	抗剪 f_v^b	承压 f_c^b	抗拉 f_t^b	抗剪 f_v^b	承压 f_c^b	抗拉 f_t^a	抗拉 f_t^b	抗剪 f_v^b	承压 f_c^b	
普通螺栓	4.6 级、4.8 级	170	140	—	—	—	—	—	—	—	—	—
	5.6 级	—	—	—	210	190	—	—	—	—	—	—
	8.8 级	—	—	—	400	320	—	—	—	—	—	—
锚　栓	Q235 钢	—	—	—	—	—	—	140	—	—	—	—
	Q345 钢	—	—	—	—	—	—	180	—	—	—	—
	Q390 钢	—	—	—	—	—	—	185	—	—	—	—
承压型连接高强度螺栓	8.8 级	—	—	—	—	—	—	—	400	250	—	830
	10.9 级	—	—	—	—	—	—	—	500	310	—	1040
螺栓球结点用高强度螺栓	9.8 级	—	—	—	—	—	—	—	385	—	—	—
	10.9 级	—	—	—	—	—	—	—	430	—	—	—
构件钢材牌号	Q235 钢	—	—	305	—	—	405	—	—	—	470	—
	Q345 钢	—	—	385	—	—	510	—	—	—	590	—
	Q390 钢	—	—	400	—	—	530	—	—	—	615	—
	Q420 钢	—	—	425	—	—	560	—	—	—	655	—
	Q460 钢	—	—	450	—	—	595	—	—	—	695	—
	Q345GJ	—	—	400	—	—	530	—	—	—	615	—

注：1. A 级螺栓用于 $d \leq 24mm$ 和 $L \leq 10d$ 或 $L \leq 150mm$（按较小值）的螺栓；B 级螺栓用于 $d > 24mm$ 或 $L > 10d$ 或 $L > 150mm$（按较小值）的螺栓。d 为公称直径，L 为螺杆公称长度。

2. A、B 级螺栓孔的精度和孔壁表面粗糙度、C 级螺栓孔的允许偏差和孔壁表面粗糙度，均应符合现行国家标准《钢结构工程施工质量验收规范》(GB 50205—2001) 的要求。

3. 用于螺栓球节点网架的高强度螺栓，M12 ~ M36 为 10.9 级，M39 ~ M64 为 9.8 级。

附录 B　轴心受压构件的稳定系数

表 B-1　a 类截面轴心受压构件的稳定系数 φ

$\lambda\sqrt{\frac{f_y}{235}}$	0	1	2	3	4	5	6	7	8	9
0	1.000	1.000	1.000	1.000	0.999	0.999	0.998	0.998	0.997	0.996
10	0.995	0.994	0.993	0.992	0.991	0.989	0.988	0.986	0.985	0.983
20	0.981	0.979	0.977	0.976	0.974	0.972	0.970	0.968	0.966	0.964
30	0.963	0.961	0.959	0.957	0.955	0.952	0.950	0.948	0.946	0.944
40	0.941	0.939	0.937	0.934	0.932	0.929	0.927	0.924	0.921	0.919
50	0.916	0.913	0.910	0.907	0.904	0.900	0.897	0.894	0.890	0.886
60	0.883	0.879	0.875	0.871	0.867	0.863	0.858	0.854	0.849	0.844
70	0.839	0.834	0.829	0.824	0.818	0.813	0.807	0.801	0.795	0.789
80	0.783	0.776	0.770	0.763	0.757	0.750	0.743	0.736	0.728	0.721
90	0.714	0.706	0.699	0.691	0.684	0.676	0.668	0.661	0.653	0.645
100	0.638	0.630	0.622	0.615	0.607	0.600	0.592	0.585	0.577	0.570

（续）

$\lambda\sqrt{\frac{f_y}{235}}$	0	1	2	3	4	5	6	7	8	9
110	0.563	0.555	0.548	0.541	0.534	0.527	0.520	0.514	0.507	0.500
120	0.494	0.488	0.481	0.475	0.469	0.463	0.457	0.451	0.445	0.440
130	0.434	0.429	0.423	0.418	0.412	0.407	0.402	0.397	0.392	0.387
140	0.383	0.378	0.373	0.369	0.364	0.360	0.356	0.351	0.347	0.343
150	0.339	0.335	0.331	0.327	0.323	0.320	0.316	0.312	0.309	0.305
160	0.302	0.298	0.295	0.292	0.289	0.285	0.282	0.279	0.276	0.273
170	0.270	0.267	0.264	0.262	0.259	0.256	0.253	0.251	0.248	0.246
180	0.243	0.241	0.238	0.236	0.233	0.231	0.229	0.226	0.224	0.222
190	0.220	0.218	0.215	0.213	0.211	0.209	0.207	0.205	0.203	0.201
200	0.199	0.198	0.196	0.194	0.192	0.190	0.189	0.187	0.185	0.183
210	0.182	0.180	0.179	0.177	0.175	0.174	0.172	0.171	0.169	0.168
220	0.166	0.165	0.164	0.162	0.161	0.159	0.158	0.157	0.155	0.154
230	0.153	0.152	0.150	0.149	0.148	0.147	0.146	0.144	0.143	0.142
240	0.141	0.140	0.139	0.138	0.136	0.135	0.134	0.133	0.132	0.131
250	0.130	—	—	—	—	—	—	—	—	—

表 B-2 b类截面轴心受压构件的稳定系数 φ

$\lambda\sqrt{\frac{f_y}{235}}$	0	1	2	3	4	5	6	7	8	9
0	1.000	1.000	1.000	0.999	0.999	0.998	0.997	0.996	0.995	0.994
10	0.992	0.991	0.989	0.987	0.985	0.983	0.981	0.978	0.976	0.973
20	0.970	0.967	0.963	0.960	0.957	0.953	0.950	0.946	0.943	0.939
30	0.936	0.932	0.929	0.925	0.922	0.918	0.914	0.910	0.906	0.903
40	0.899	0.895	0.891	0.887	0.882	0.878	0.874	0.870	0.865	0.861
50	0.856	0.852	0.847	0.842	0.838	0.833	0.828	0.823	0.818	0.813
60	0.807	0.802	0.797	0.791	0.786	0.780	0.774	0.769	0.763	0.757
70	0.751	0.745	0.739	0.732	0.726	0.720	0.714	0.707	0.701	0.694
80	0.688	0.681	0.675	0.668	0.661	0.655	0.648	0.641	0.635	0.628
90	0.621	0.614	0.608	0.601	0.594	0.588	0.581	0.575	0.568	0.561
100	0.555	0.549	0.542	0.536	0.529	0.523	0.517	0.511	0.505	0.499
110	0.493	0.487	0.481	0.475	0.470	0.464	0.458	0.453	0.447	0.442
120	0.437	0.432	0.426	0.421	0.416	0.411	0.406	0.402	0.397	0.392
130	0.387	0.383	0.378	0.374	0.370	0.365	0.361	0.357	0.353	0.349
140	0.345	0.341	0.337	0.333	0.329	0.326	0.322	0.318	0.315	0.311
150	0.308	0.304	0.301	0.298	0.295	0.291	0.288	0.285	0.282	0.279
160	0.276	0.273	0.270	0.267	0.265	0.262	0.259	0.256	0.254	0.251
170	0.249	0.246	0.244	0.241	0.239	0.236	0.234	0.232	0.229	0.227
180	0.225	0.223	0.220	0.218	0.216	0.214	0.212	0.210	0.208	0.206
190	0.204	0.202	0.200	0.198	0.197	0.195	0.193	0.191	0.190	0.188
200	0.186	0.184	0.183	0.181	0.180	0.178	0.176	0.175	0.173	0.172
210	0.170	0.169	0.167	0.166	0.165	0.163	0.162	0.160	0.159	0.158
220	0.156	0.155	0.154	0.153	0.151	0.150	0.149	0.148	0.146	0.145
230	0.144	0.143	0.142	0.141	0.140	0.138	0.137	0.136	0.135	0.134
240	0.133	0.132	0.131	0.130	0.129	0.128	0.127	0.126	0.125	0.124
250	0.123	—	—	—	—	—	—	—	—	—

表 B-3 c类截面轴心受压构件的稳定系数 φ

$\lambda\sqrt{\frac{f_y}{235}}$	0	1	2	3	4	5	6	7	8	9
0	1.000	1.000	1.000	0.999	0.999	0.998	0.997	0.996	0.995	0.993
10	0.992	0.990	0.988	0.986	0.983	0.981	0.978	0.976	0.973	0.970
20	0.966	0.959	0.953	0.947	0.940	0.934	0.928	0.921	0.915	0.909
30	0.902	0.896	0.890	0.884	0.877	0.871	0.865	0.858	0.852	0.846
40	0.839	0.833	0.826	0.820	0.814	0.807	0.801	0.794	0.788	0.781
50	0.775	0.768	0.763	0.755	0.748	0.742	0.735	0.729	0.722	0.715
60	0.709	0.702	0.695	0.689	0.682	0.676	0.669	0.662	0.656	0.649
70	0.643	0.636	0.629	0.623	0.616	0.610	0.604	0.597	0.591	0.584
80	0.578	0.572	0.566	0.559	0.553	0.547	0.541	0.535	0.529	0.523
90	0.517	0.511	0.505	0.500	0.494	0.488	0.483	0.477	0.472	0.467
100	0.463	0.458	0.454	0.449	0.445	0.441	0.436	0.432	0.428	0.423
110	0.419	0.415	0.411	0.407	0.403	0.399	0.395	0.391	0.387	0.383
120	0.379	0.375	0.371	0.367	0.364	0.360	0.356	0.353	0.349	0.346
130	0.342	0.339	0.335	0.332	0.328	0.325	0.322	0.319	0.315	0.312
140	0.309	0.306	0.303	0.300	0.297	0.294	0.291	0.288	0.285	0.282
150	0.280	0.277	0.274	0.271	0.269	0.266	0.264	0.261	0.258	0.256
160	0.254	0.251	0.249	0.246	0.244	0.242	0.239	0.237	0.235	0.233
170	0.230	0.228	0.226	0.224	0.222	0.220	0.218	0.216	0.214	0.212
180	0.210	0.208	0.206	0.205	0.203	0.201	0.199	0.197	0.196	0.194
190	0.192	0.190	0.189	0.187	0.186	0.184	0.182	0.181	0.179	0.178
200	0.176	0.175	0.173	0.172	0.170	0.169	0.168	0.166	0.165	0.163
210	0.162	0.161	0.159	0.158	0.157	0.156	0.154	0.153	0.152	0.151
220	0.150	0.148	0.147	0.146	0.145	0.144	0.143	0.142	0.140	0.139
230	0.138	0.137	0.136	0.135	0.134	0.133	0.132	0.131	0.130	0.129
240	0.128	0.127	0.126	0.125	0.124	0.124	0.123	0.122	0.121	0.120
250	0.119	—	—	—	—	—	—	—	—	—

表 B-4 d类截面轴心受压构件的稳定系数 φ

$\lambda\sqrt{\frac{f_y}{235}}$	0	1	2	3	4	5	6	7	8	9
0	1.000	1.000	0.999	0.999	0.998	0.996	0.994	0.992	0.990	0.987
10	0.984	0.981	0.978	0.974	0.969	0.965	0.960	0.955	0.949	0.944
20	0.937	0.927	0.918	0.909	0.900	0.891	0.883	0.874	0.865	0.857
30	0.848	0.840	0.831	0.823	0.815	0.807	0.799	0.790	0.782	0.774
40	0.766	0.759	0.751	0.743	0.735	0.728	0.720	0.712	0.705	0.697
50	0.690	0.683	0.675	0.668	0.661	0.654	0.646	0.639	0.632	0.625
60	0.618	0.612	0.605	0.598	0.591	0.585	0.578	0.572	0.565	0.559
70	0.552	0.546	0.540	0.534	0.528	0.522	0.516	0.510	0.504	0.498
80	0.493	0.487	0.481	0.476	0.470	0.465	0.460	0.454	0.449	0.444
90	0.439	0.434	0.429	0.424	0.419	0.414	0.410	0.405	0.401	0.397
100	0.394	0.390	0.387	0.383	0.380	0.376	0.373	0.370	0.366	0.363
110	0.359	0.356	0.353	0.350	0.346	0.343	0.340	0.337	0.334	0.331
120	0.328	0.325	0.322	0.319	0.316	0.313	0.310	0.307	0.304	0.301
130	0.299	0.296	0.293	0.290	0.288	0.285	0.282	0.280	0.277	0.275
140	0.272	0.270	0.267	0.265	0.262	0.260	0.258	0.255	0.253	0.251
150	0.248	0.246	0.244	0.242	0.240	0.237	0.235	0.233	0.231	0.229
160	0.227	0.225	0.223	0.221	0.219	0.217	0.215	0.213	0.212	0.210
170	0.208	0.206	0.204	0.203	0.201	0.199	0.197	0.196	0.194	0.192
180	0.191	0.189	0.188	0.186	0.184	0.183	0.181	0.180	0.178	0.177
190	0.176	0.174	0.173	0.171	0.170	0.168	0.167	0.166	0.164	0.163
200	0.162	—	—	—	—	—	—	—	—	—

附录C 热轧型钢表

表C-1 热轧等边角钢的规格及截面特性

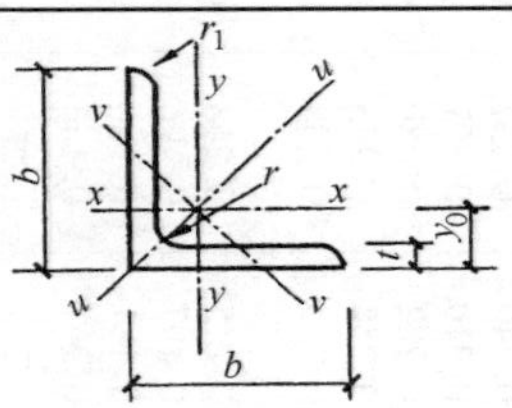

1. 表中双线的左侧为一个角钢的截面特性。
2. 趾尖圆弧半径 $r_1 \approx t/3$。
3. $I_u = Ai_u^2$，$I_v = Ai_v^2$。

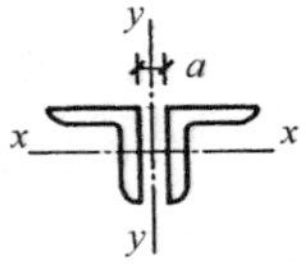

规格	尺寸/mm b	尺寸/mm t	尺寸/mm r	截面积/cm² A	质量/(kg/m)	重心距/cm y_0	惯性矩/cm⁴ I_x	抵抗矩/cm³ W_{xmax}	抵抗矩/cm³ W_{xmin}	抵抗矩/cm³ W_u	回转半径/cm i_x	回转半径/cm i_u	回转半径/cm i_v	双角钢回转半径 i_y/cm 当间距 a(mm)为 6	8	10	12	14	16
∟20×3	20	3	3.5	1.132	0.889	0.60	0.40	0.67	0.29	0.45	0.59	0.75	0.39	1.08	1.16	1.25	1.34	1.43	1.52
∟20×4	20	4	3.5	1.459	1.145	0.64	0.50	0.78	0.36	0.55	0.58	0.73	0.38	1.10	1.19	1.28	1.37	1.46	1.55
∟25×3	25	3	3.5	1.432	1.124	0.73	0.82	1.12	0.46	0.73	0.76	0.95	0.49	1.28	1.36	1.45	1.53	1.62	1.71
∟25×4	25	4	3.5	1.859	1.459	0.76	1.03	1.36	0.59	0.92	0.74	0.93	0.48	1.29	1.38	1.46	1.55	1.64	1.73
∟30×3	30	3	4.5	1.749	1.373	0.85	1.46	1.72	0.68	1.09	0.91	1.15	0.59	1.47	1.55	1.63	1.71	1.80	1.88
∟30×4	30	4	4.5	2.276	1.786	0.89	1.84	2.07	0.87	1.37	0.90	1.13	0.58	1.49	1.57	1.66	1.74	1.83	1.91
∟36×3	36	3	4.5	2.109	1.656	1.00	2.58	2.58	0.99	1.61	1.11	1.39	0.71	1.71	1.79	1.87	1.95	2.03	2.11
∟36×4	36	4	4.5	2.756	2.163	1.04	3.29	3.16	1.28	2.05	1.09	1.38	0.70	1.73	1.81	1.89	1.97	2.05	2.14
∟36×5	36	5	4.5	3.382	2.654	1.07	3.95	3.69	1.56	2.45	1.08	1.36	0.70	1.74	1.82	1.91	1.99	2.07	2.16
∟40×3	40	3	5	2.359	1.852	1.09	3.59	3.29	1.23	2.01	1.23	1.55	0.79	1.86	1.93	2.01	2.09	2.17	2.25
∟40×4	40	4	5	3.086	2.422	1.13	4.60	4.07	1.60	2.58	1.22	1.54	0.79	1.88	1.96	2.04	2.12	2.20	2.28
∟40×5	40	5	5	3.791	2.976	1.17	5.53	4.73	1.96	3.10	1.21	1.52	0.78	1.90	1.98	2.06	2.14	2.23	2.31
∟45×3	45	3	5	2.659	2.088	1.22	5.17	4.23	1.58	2.58	1.40	1.76	0.89	2.07	2.14	2.22	2.30	2.38	2.46
∟45×4	45	4	5	3.486	2.736	1.26	6.65	5.28	2.05	3.32	1.38	1.74	0.89	2.08	2.16	2.24	2.32	2.40	2.48
∟45×5	45	5	5	4.292	3.369	1.30	8.04	6.18	2.51	4.00	1.37	1.72	0.88	2.11	2.18	2.26	2.34	2.42	2.51
∟45×6	45	6	5	5.076	3.985	1.33	9.33	7.02	2.95	4.64	1.36	1.70	0.88	2.12	2.20	2.28	2.36	2.44	2.53

∟50×3	50	3	5.5	2.971	2.332	1.34	7.18	5.36	1.96	3.22	1.55	1.96	1.00	2.26	2.33	2.41	2.48	2.56	2.64
∟50×4		4		3.897	3.059	1.38	9.26	6.71	2.56	4.16	1.54	1.94	0.99	2.28	2.35	2.43	2.51	2.59	2.67
∟50×5		5		4.803	3.770	1.42	11.21	7.89	3.13	5.03	1.53	1.92	0.98	2.30	2.38	2.46	2.53	2.61	2.70
∟50×6		6		5.688	4.465	1.46	13.05	8.94	3.68	5.85	1.52	1.91	0.98	2.33	2.40	2.48	2.56	2.64	2.72
∟56×3	56	3	6	3.343	2.624	1.48	10.19	6.89	2.48	4.08	1.75	2.20	1.13	2.50	2.57	2.64	2.72	2.80	2.87
∟56×4		4		4.390	3.446	1.53	13.18	8.61	3.24	5.28	1.73	2.18	1.11	2.52	2.59	2.67	2.74	2.82	2.90
∟56×5		5		5.415	4.251	1.57	16.02	10.20	3.97	6.42	1.72	2.17	1.10	2.54	2.62	2.69	2.77	2.85	2.93
∟56×8		8		8.367	6.568	1.68	23.63	14.07	6.03	9.44	1.68	2.11	1.09	2.60	2.67	2.75	2.83	2.91	3.00
∟63×4	63	4	7	4.978	3.907	1.70	19.03	11.19	4.13	6.78	1.96	2.46	1.26	2.80	2.87	2.95	3.02	3.10	3.18
∟63×5		5		6.143	4.822	1.74	23.17	13.32	5.08	8.25	1.94	2.45	1.25	2.82	2.89	2.96	3.04	3.12	3.20
∟63×6		6		7.288	5.721	1.78	27.12	15.24	6.00	9.66	1.93	2.43	1.24	2.84	2.91	2.99	3.06	3.14	3.22
∟63×8		8		9.515	7.469	1.85	34.46	18.63	7.75	12.25	1.90	2.40	1.23	2.87	2.94	3.02	3.10	3.18	3.26
∟63×10		10		11.657	9.151	1.93	41.09	21.29	9.39	14.56	1.88	2.36	1.22	2.92	2.99	3.07	3.15	3.23	3.31
∟70×4	70	4	8	5.570	4.372	1.86	26.39	14.19	5.14	8.44	2.18	2.74	1.40	3.07	3.14	3.21	3.29	3.36	3.44
∟70×5		5		6.875	5.397	1.91	32.21	16.86	6.32	10.32	2.16	2.73	1.39	3.09	3.16	3.24	3.31	3.39	3.47
∟70×6		6		8.160	6.406	1.95	37.77	19.37	7.48	12.11	2.15	2.71	1.38	3.11	3.19	3.26	3.34	3.41	3.49
∟70×7		7		9.424	7.398	1.99	43.09	21.65	8.59	13.81	2.14	2.69	1.38	3.13	3.21	3.28	3.36	3.44	3.52
∟70×8		8		10.667	8.373	2.03	48.17	23.73	9.68	15.43	2.12	2.68	1.37	3.15	3.22	3.30	3.38	3.46	3.54
∟75×5	75	5	9	7.412	5.818	2.04	39.97	19.59	7.32	11.94	2.33	2.92	1.50	3.30	3.37	3.45	3.52	3.60	3.67
∟75×6		6		8.797	6.905	2.07	46.95	22.68	8.64	14.02	2.31	2.90	1.49	3.31	3.38	3.46	3.53	3.61	3.68
∟75×7		7		10.160	7.976	2.11	53.57	25.39	9.93	16.02	2.30	2.89	1.48	3.33	3.40	3.48	3.55	3.63	3.71
∟75×8		8		11.503	9.030	2.15	59.96	27.89	11.20	17.93	2.28	2.88	1.47	3.35	3.42	3.50	3.57	3.65	3.73
∟75×10		10		14.126	11.089	2.22	71.98	32.42	13.64	21.48	2.26	2.84	1.46	3.38	3.46	3.54	3.61	3.69	3.77
∟80×5	80	5	9	7.912	6.211	2.15	48.79	22.69	8.34	13.67	2.48	3.13	1.60	3.49	3.56	3.63	3.70	3.78	3.85
∟80×6		6		9.397	7.376	2.19	57.35	26.19	9.87	16.08	2.47	3.11	1.59	3.51	3.58	3.65	3.73	3.80	3.88
∟80×7		7		10.860	8.525	2.23	65.58	29.41	11.37	18.40	2.46	3.10	1.58	3.53	3.60	3.67	3.75	3.83	3.90
∟80×8		8		12.303	9.658	2.27	73.49	32.37	12.83	20.61	2.44	3.08	1.57	3.54	3.62	3.69	3.77	3.84	3.92
∟80×10		10		15.126	11.874	2.35	88.43	37.63	15.64	24.76	2.42	3.04	1.56	3.59	3.66	3.74	3.82	3.89	3.97

（续）

规格	尺寸/mm			截面积/cm²	质量/(kg/m)	重心距/cm	惯性矩/cm⁴	抵抗矩/cm³			回转半径/cm			双角钢回转半径 i_y/cm					
														当间距 a(mm)为					
	b	t	r	A		y_0	I_x	W_{xmax}	W_{xmin}	W_u	i_x	i_u	i_v	6	8	10	12	14	16
6		6		10.637	8.350	2.44	82.77	33.92	12.61	20.63	2.79	3.51	1.80	3.91	3.98	4.05	4.13	4.20	4.28
7		7		12.301	9.656	2.48	94.83	38.24	14.54	23.64	2.78	3.50	1.78	3.93	4.00	4.08	4.15	4.22	4.30
∟90×8	90	8	10	13.944	10.946	2.52	106.47	42.25	16.42	26.55	2.76	3.48	1.78	3.95	4.02	4.09	4.17	4.24	4.32
10		10		17.167	13.476	2.59	128.58	49.64	20.07	32.04	2.74	3.45	1.76	3.98	4.06	4.13	4.21	4.28	4.36
12		12		20.306	15.940	2.67	149.22	55.89	23.57	37.12	2.71	3.41	1.75	4.02	4.09	4.17	4.25	4.32	4.40
6		6		11.932	9.366	2.67	114.95	43.05	15.68	25.74	3.10	3.90	2.00	4.29	4.36	4.43	4.51	4.58	4.65
7		7		13.796	10.830	2.71	131.86	48.66	18.10	29.55	3.09	3.89	1.99	4.31	4.38	4.46	4.53	4.60	4.68
8		8		15.638	12.276	2.76	148.24	53.71	20.47	33.24	3.08	3.88	1.98	4.34	4.41	4.48	4.56	4.63	4.71
∟100×10	100	10	12	19.261	15.120	2.84	179.51	63.21	25.06	40.26	3.05	3.84	1.96	4.38	4.45	4.52	4.60	4.67	4.75
12		12		22.800	17.898	2.91	208.90	71.79	29.48	46.80	3.03	3.81	1.95	4.41	4.49	4.56	4.64	4.71	4.79
14		14		26.256	20.611	2.99	236.53	79.11	33.73	52.90	3.00	3.77	1.94	4.45	4.53	4.60	4.68	4.76	4.83
16		16		29.627	23.257	3.06	262.53	85.79	37.82	58.57	2.98	3.74	1.94	4.49	4.57	4.64	4.72	4.80	4.88
7		7		15.196	11.928	2.96	177.16	59.85	22.05	36.12	3.41	4.30	2.20	4.72	4.79	4.86	4.93	5.00	5.08
8		8		17.238	13.532	3.01	199.46	66.27	24.95	40.69	3.40	4.28	2.19	4.75	4.82	4.89	4.96	5.03	5.11
∟110×10	110	10	12	21.261	16.690	3.09	242.19	78.38	30.60	49.42	3.38	4.25	2.17	4.79	4.86	4.93	5.00	5.08	5.15
12		12		25.200	19.782	3.16	282.55	89.41	36.05	57.62	3.35	4.22	2.15	4.82	4.89	4.96	5.04	5.11	5.19
14		14		29.056	22.809	3.24	320.71	98.98	41.31	65.31	3.32	4.18	2.14	4.85	4.93	5.00	5.08	5.15	5.23
8		8		19.750	15.504	3.37	297.03	88.14	32.52	53.28	3.88	4.88	2.50	5.34	5.41	5.48	5.55	5.62	5.70
∟125×10	125	10	14	24.373	19.133	3.45	361.67	104.83	39.97	64.93	3.85	4.85	2.48	5.37	5.44	5.52	5.59	5.66	5.73
12		12		28.912	22.696	3.53	423.16	119.88	47.1①	75.96	3.83	4.82	2.46	5.42	5.49	5.56	5.63	5.71	5.78
14		14		33.367	26.193	3.61	481.65	133.42	54.16	86.41	3.80	4.78	2.45	5.45	5.52	5.60	5.67	5.75	5.82
10		10		27.373	21.488	3.82	514.65	134.73	50.58	82.56	4.34	5.46	2.78	5.98	6.05	6.12	6.19	6.27	6.34
∟140×12	140	12	14	32.512	25.522	3.90	603.68	154.79	59.80	96.85	4.31	5.43	2.77	6.02	6.09	6.16	6.23	6.30	6.38
14		14		37.567	29.490	3.98	688.81	173.07	68.75	110.47	4.28	5.40	2.75	6.05	6.12	6.20	6.27	6.34	6.42
16		16		42.539	33.393	4.06	770.24	189.71	77.46	123.42	4.26	5.36	2.74	6.10	6.17	6.24	6.31	6.39	6.46

∟160×10	160	10	16	31.502	24.729	4.31	779.53	180.87	66.70	109.36	4.98	6.27	3.20	6.79	6.85	6.92	6.99	7.06	7.14
∟160×12		12		37.441	29.391	4.39	916.58	208.79	78.98	128.67	4.95	6.24	3.18	6.82	6.89	6.96	7.03	7.10	7.17
∟160×14		14		43.296	33.987	4.47	1048.36	234.53	90.95	147.17	4.92	6.20	3.16	6.85	6.92	6.99	7.06	7.14	7.21
∟160×16		16		49.067	38.518	4.55	1175.08	258.26	102.63	164.89	4.89	6.17	3.14	6.89	6.96	7.03	7.10	7.17	7.25
∟180×12	180	12	16	42.241	33.159	4.89	1321.35	270.21	100.82	165.00	5.59	7.05	3.58	7.63	7.70	7.77	7.84	7.91	7.98
∟180×14		14		48.896	38.383	4.97	1514.48	304.72	116.25	189.14	5.56	7.02	3.56	7.66	7.73	7.80	7.87	7.94	8.01
∟180×16		16		55.467	43.542	5.05	1700.99	336.83	131.35①	212.40	5.54	6.98	3.55	7.70	7.77	7.84	7.91	7.98	8.06
∟180×18		18		61.955	48.635	5.13	1875.12	365.52	145.64	234.78	5.50	6.94	3.51	7.73	7.80	7.87	7.94	8.01	8.09
∟200×14	200	14	18	54.642	42.894	5.46	2103.55	385.27	144.70	236.40	6.20	7.82	3.98	8.46	8.53	8.60	8.67	8.74	8.81
∟200×16		16		62.013	48.680	5.54	2366.15	427.10	163.65	265.93	6.18	7.79	3.96	8.50	8.57	8.64	8.71	8.78	8.85
∟200×18		18		69.301	54.401	5.62	2620.64	466.31	182.22	294.48	6.15	7.75	3.94	8.54	8.61	8.68	8.75	8.82	8.89
∟200×20		20		76.505	60.056	5.69	2867.30	503.92	200.42	322.06	6.12	7.72	3.93	8.56	8.63	8.70	8.78	8.85	8.92
∟200×24		24		90.661	71.168	5.87	3338.25	568.70	236.17	374.41	6.07	7.64	3.90	8.66	8.73	8.80	8.87	8.94	9.02

表 C-2 热轧不等边角钢的规格及截面特性

1. 趾尖圆弧半径 $r_1 \approx t/3$。
2. $I_u = I_x + I_y - I_v$。

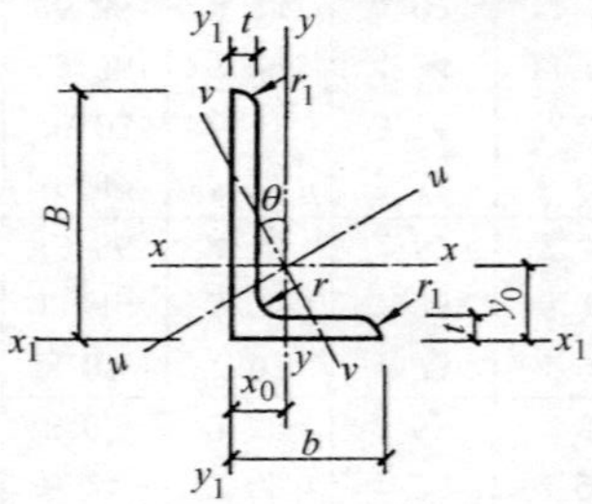

规格	尺寸 /mm				截面积 /cm² A	质量 /(kg/m)	重心距 /cm		惯性矩 /cm⁴			抵抗矩 /cm³				回转半径 /cm			tanθ (θ为y轴与v轴夹角)
	B	b	t	r			x_0	y_0	I_x	I_y	I_v	W_{xmax}	W_{xmin}	W_{ymax}	W_{ymin}	i_x	i_y	i_v	
∟25×16×3	25	16	3	3.5	1.162	0.912	0.42	0.86	0.70	0.22	0.14	0.81	0.43	0.52	0.19	0.78	0.44	0.34	0.392
∟25×16×4			4		1.499	1.176	0.46	0.90	0.88	0.27	0.17	0.98	0.55	0.59	0.24	0.77	0.43	0.34	0.381
∟32×20×3	32	20	3	3.5	1.492	1.171	0.49	1.08	1.53	0.46	0.28	1.42	0.72	0.94	0.30	1.01	0.55	0.43	0.382
∟32×20×4			4		1.939	1.522	0.53	1.12	1.93	0.57	0.35	1.72	0.93	1.08	0.39	1.00	0.54	0.42	0.374

（续）

规格	尺寸 /mm				截面积 /cm²	质量 /(kg/m)	重心距 /cm		惯性矩 /cm⁴			抵抗矩 /cm³				回转半径 /cm			tanθ (θ为y轴与v轴夹角)
	B	b	t	r	A		x_0	y_0	I_x	I_y	I_v	W_{xmax}	W_{xmin}	W_{ymax}	W_{ymin}	i_x	i_y	i_v	
∟40×25×3	40	25	3	4	1.890	1.484	0.59	1.32	3.08	0.93	0.56	2.33	1.15	1.58	0.49	1.28	0.70	0.54	0.385
∟40×25×4	40	25	4	4	2.467	1.936	0.63	1.37	3.93	1.18	0.71	2.87	1.49	1.87	0.63	1.26①	0.69	0.54	0.381
∟45×28×3	45	28	3	5	2.149	1.687	0.64	1.47	4.45	1.34	0.80	3.03	1.47	2.09	0.62	1.44	0.79	0.61	0.383
∟45×28×4	45	28	4	5	2.806	2.203	0.68	1.51	5.69	1.70	1.02	3.77	1.91	2.50	0.80	1.42	0.78	0.60	0.380
∟45×32×3	50	32	3	5.5	2.431	1.908	0.73	1.60	6.24	2.02	1.20	3.90	1.84	2.77	0.82	1.60	0.91	0.70	0.404
∟45×32×4	50	32	4	5.5	3.177	2.494	0.77	1.65	8.02	2.58	1.53	4.86	2.39	3.35	1.06	1.59	0.90	0.69	0.402
∟56×36×3	56	36	3	6	2.743	2.153	0.80	1.78	8.88	2.92	1.73	4.99	2.32	3.65	1.05	1.80	1.03	0.79	0.408
∟56×36×4	56	36	4	6	3.590	2.818	0.85	1.82	11.45	3.76	2.23	6.29	3.03	4.42	1.37	1.79	1.02	0.79	0.408
∟56×36×5	56	36	5	6	4.415	3.466	0.88	1.87	13.86	4.49	2.67	7.41	3.71	5.10	1.65	1.77	1.01	0.78	0.404
∟63×40×4	63	40	4	7	4.058	3.185	0.92	2.04	16.49	5.23	3.12	8.08	3.87	5.68	1.70	2.02	1.14	0.88	0.398
∟63×40×5	63	40	5	7	4.993	3.920	0.95	2.08	20.02	6.31	3.76	9.62	4.74	6.64	2.07②	2.00	1.12	0.87	0.396
∟63×40×6	63	40	6	7	5.908	4.638	0.99	2.12	23.36	7.29	4.34	11.02	5.59	7.36	2.43	1.99③	1.11	0.86	0.393
∟63×40×7	63	40	7	7	6.802	5.339	1.03	2.15	26.53	8.24	4.97	12.34	6.40	8.00	2.78	1.98	1.10	0.86	0.389
∟70×45×4	70	45	4	7.5	4.547	3.570	1.02	2.24	23.17	7.55	4.40	10.34	4.86	7.40	2.17	2.26	1.29	0.98	0.410
∟70×45×5	70	45	5	7.5	5.609	4.403	1.06	2.28	27.95	9.13	5.40	12.26	5.92	8.61	2.65	2.23	1.28	0.98	0.407
∟70×45×6	70	45	6	7.5	6.647	5.218	1.09	2.32	32.54	10.62	6.35	14.03	6.95	9.74	3.12	2.21	1.26	0.98	0.404
∟70×45×7	70	45	7	7.5	7.657	6.011	1.13	2.36	37.22	12.01	7.16	15.77	8.03	10.63	3.57	2.20	1.25	0.97	0.402
∟75×50×5	75	50	5	8	6.125	4.808	1.17	2.40	34.86	12.61	7.41	14.53	6.83	10.78	3.30	2.39	1.44	1.10	0.435
∟75×50×6	75	50	6	8	7.260	5.699	1.21	2.44	41.12	14.70	8.54	16.85	8.12	12.15	3.88	2.38	1.42	1.08	0.435
∟75×50×8	75	50	8	8	9.467	7.431	1.29	2.52	52.39	18.53	10.87	20.79	10.52	14.36	4.99	2.35	1.40	1.07	0.429
∟75×50×10	75	50	10	8	11.590	9.098	1.36	2.60	62.71	21.96	13.10	24.12	12.79	16.15	6.04	2.33	1.38	1.06	0.423
∟80×50×5	80	50	5	8	6.375	5.005	1.14	2.60	41.96	12.82	7.66	16.14	7.78	11.25	3.32	2.56	1.42	1.10	0.388
∟80×50×6	80	50	6	8	7.560	5.935	1.18	2.65	49.49	14.95	8.85	18.68	9.25	12.67	3.91	2.56	1.41	1.08	0.387
∟80×50×7	80	50	7	8	8.724	6.848	1.21	2.69	56.16	16.96	10.18	20.88	10.58	14.02	4.48	2.54	1.39	1.08	0.384
∟80×50×8	80	50	8	8	9.867	7.745	1.25	2.73	62.83	18.85	11.38	23.01	11.92	15.08	5.03	2.52	1.38	1.07	0.381
∟90×56×5	90	56	5	9	7.212	5.661	1.25	2.91	60.45	18.33	10.98	20.77	9.92	14.66	4.21	2.90	1.59	1.23	0.385
∟90×56×6	90	56	6	9	8.557	6.717	1.29	2.95	71.03	21.42	12.90	24.08	11.74	16.60	4.96	2.88	1.58	1.23	0.384
∟90×56×7	90	56	7	9	9.880	7.756	1.33	3.00	81.01	24.36	14.67	27.00	13.49	18.32	5.70	2.86	1.57	1.22	0.382
∟90×56×8	90	56	8	9	11.183	8.779	1.36	3.04	91.03	27.15	16.34	29.94	15.27	19.96	6.41	2.85	1.56	1.21	0.380

∟100 × 63 × 6	100	63	6	10	9.617	7.550	1.43	3.24	99.06	30.94	18.42	30.57	14.64	21.64	6.35	3.21	1.79	1.38	0.394
7			7		11.111	8.722	1.47	3.28	113.45	35.26	21.00	34.59	16.88	23.99	7.29	3.20	1.78	1.38	0.394
8			8		12.584	9.878	1.50	3.32	127.37	39.39	23.50	38.36	19.08	26.26	8.21	3.18	1.77	1.37	0.391
10			10		15.467	12.142	1.58	3.40	153.81	47.12	28.33	45.24	23.32	29.82	9.98	3.15	1.74	1.35	0.387
∟100 × 80 × 6	100	80	6	10	10.637	8.350	1.97	2.95	107.04	61.24	31.65	36.28	15.19	31.09	10.16	3.17	2.40	1.72	0.627
7			7		12.301	9.656	2.01	3.00	122.73	70.08	36.17	40.91	17.52	34.87	11.71	3.16	2.39	1.72	0.626
8			8		13.944	10.946	2.05	3.04	137.92	78.58	40.58	45.37	19.81	38.33	13.21	3.14	2.37	1.71	0.625
10			10		17.167	13.476	2.13	3.12	166.87	94.65	49.10	53.48	24.24	44.44	16.12	3.12	2.35	1.69	0.622
∟110 × 70 × 6	110	70	6	10	10.637	8.350	1.57	3.53	133.37	42.92	25.36	37.78	17.85	27.34	7.90	3.54	2.01	1.54	0.403
7			7		12.301	9.656	1.61	3.57	153.00	49.01	28.95	42.86	20.60	30.44	9.09	3.53	2.00	1.53	0.402
8			8		13.944	10.946	1.65	3.62	172.04	54.87	32.45	47.52	23.30	33.25	10.25	3.51	1.98	1.53	0.401
10			10		17.167	13.476	1.72	3.70	208.39	65.88	39.20	56.32	28.54	38.30	12.48	3.48	1.96	1.51	0.397
∟125 × 80 × 7	125	80	7	11	14.096	11.066	1.80	4.01	227.98	74.42	43.81	56.85	26.86	41.34	12.01	4.02	2.30	1.76	0.408
8			8		15.989	12.551	1.84	4.06	256.77	83.49	49.15	63.24	30.41	45.38	13.56	4.01	2.28	1.75	0.407
10			10		19.712	15.474	1.92	4.14	312.04	100.67	59.45	75.37	37.33	52.43	16.56	3.98	2.26	1.74	0.404
12			12		23.351	18.330	2.00	4.22	364.41	116.67	69.35	86.35	44.01	58.34	19.43	3.95	2.24	1.72	0.400
∟140 × 90 × 8	140	90	8	12	18.038	14.160	2.04	4.50	365.64	120.69	70.83	81.25	38.48	59.16	17.34	4.50	2.59	1.98	0.411
10			10		22.261	17.475	2.12	4.58	445.50	146.03	85.82	97.27	47.31	68.88	21.22	4.47	2.56	1.96	0.409
12			12		26.400	20.724	2.19	4.66	521.59	169.79	100.21	111.93	55.87	77.53	24.95	4.44	2.54	1.95	0.406
14			14		30.456	23.908	2.27	4.74	594.10	192.10	114.13	125.34	64.18	84.63	28.54	4.42	2.51	1.94	0.403
∟160 × 100 × 10	160	100	10	13	25.315	19.872	2.28	5.24	668.69	205.03	121.74	127.61	62.13	89.93	26.56	5.14	2.85	2.19	0.390
12			12		30.054	23.592	2.36	5.32	784.91	239.06	142.33	147.54	73.49	101.30	31.28	5.11	2.82	2.17	0.388
14			14		34.709	27.247	2.43	5.40	896.30	271.20	162.23	165.98	84.56	111.60	35.83	5.08	2.80	2.16	0.385
16			16		39.281	30.835	2.51	5.48	1003.04	301.60	182.57	183.04	95.33	120.16	40.24	5.05	2.77	2.16	0.382
∟180 × 110 × 10	180	110	10	14	28.373	22.273	2.44	5.89	956.25	278.11	166.50	162.35	78.96	113.98	32.49	5.80	3.13	2.42	0.376
12			12		33.712	26.464	2.52	5.98	1124.72	325.03	194.87	188.08	93.53	128.98	38.32	5.78	3.10	2.40	0.374
14			14		38.967	30.589	2.59	6.06	1286.91	369.55	222.30	212.36	107.76	142.68	43.97	5.75	3.08	2.39	0.372
16			16		44.139	34.649	2.67	6.14	1443.06	411.85	248.94	235.03	121.64	154.25	49.44	5.72	3.06	2.38	0.369

（续）

规格	尺寸/mm				截面积/cm²	质量/(kg/m)	重心距/cm		惯性矩/cm⁴			抵抗矩/cm³				回转半径/cm			tanθ（θ为y轴与v轴夹角）
	B	b	t	r	A		x_0	y_0	I_x	I_y	I_v	W_{xmax}	W_{xmin}	W_{ymax}	W_{ymin}	i_x	i_y	i_v	
∟200×125×12	200	125	12	14	37.912	29.761	2.83	6.54	1570.90	483.16	285.79	240.20	116.73	170.73	49.99	6.44	3.57	2.74	0.392
∟200×125×14	200	125	14	14	43.867	34.436	2.91	6.62	1800.97	550.83	326.58	272.05	134.65	189.29	57.44	6.41	3.54	2.73	0.390
∟200×125×16	200	125	16	14	49.739	39.045	2.99	6.70	2023.35	615.44	366.21	301.99	152.18	205.83	64.69	6.38	3.52	2.71	0.388
∟200×125×18	200	125	18	14	55.526	43.588	3.06	6.78	2238.30	677.19	404.83	330.13	169.33	221.30	71.74	6.35	3.49	2.70	0.385

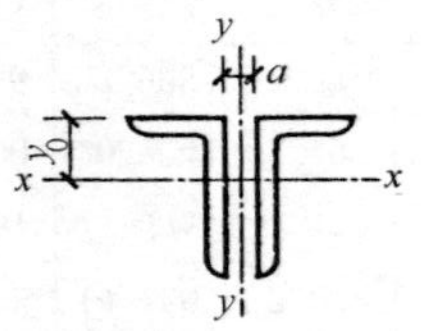

长边相连

y_0—重心距
I—惯性矩
W—抵抗矩
i—回转半径
a—两角钢背间距离

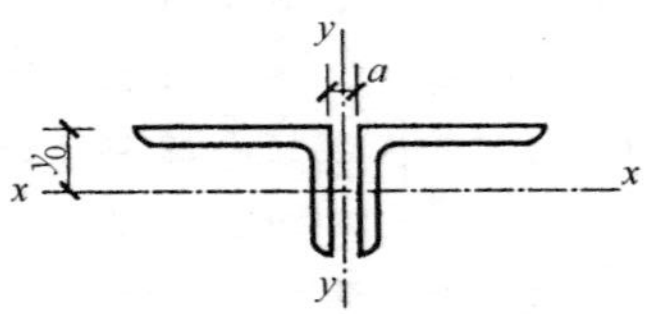

短边相连

y_0—重心距
I—惯性矩
W—抵抗矩
i—回转半径
a—两角钢背间距离

规格	截面面积 A/cm²	每米质量/(kg/m)	长边相连 y_0/cm	I_x/cm⁴	W_{xmax}/cm³	W_{xmin}/cm³	i_x/cm	i_y/cm 当a(mm)为 6	8	10	12	14	16	短边相连 y_0/cm	I_x/cm⁴	W_{xmax}/cm³	W_{xmin}/cm³	i_x/cm	i_y/cm 当a(mm)为 6	8	10	12	14	16
2∟25×16×3	2.234	1.824	0.86	1.40	1.62	0.86	0.78	0.84	0.93	1.02	1.11	1.20	1.30	0.42	0.44	1.04	0.38	0.44	1.40	1.48	1.57	1.66	1.74	1.83
2∟25×16×4	2.998	2.352	0.90	1.76	1.96	1.10	0.77	0.87	0.96	1.05	1.14	1.24	1.33	0.46	0.54	1.18	0.48	0.43	1.43	1.51	1.60	1.69	1.78	1.87
2∟32×20×3	2.984	2.342	1.08	3.06	2.84	1.44	1.01	0.96	1.05	1.13	1.22	1.31	1.40	0.49	0.92	1.88	0.60	0.55	1.71	1.79	1.88	1.96	2.05	2.13
2∟32×20×4	3.878	3.044	1.12	3.86	3.44	1.86	1.00	0.99	1.08	1.16	1.25	1.34	1.44	0.53	1.14	2.16	0.78	0.54	1.74	1.82	1.90	1.99	2.08	2.16
2∟40×25×3	3.780	2.968	1.32	6.16	4.66	2.30	1.28	1.13	1.21	1.30	1.38	1.47	1.56	0.59	1.86	3.16	0.98	0.70	2.06	2.14	2.23	2.31	2.39	2.48
2∟40×25×4	4.934	3.872	1.37	7.86	5.74	2.98	1.26	1.16	1.24	1.32	1.41	1.50	1.59	0.63	2.36	3.74	1.26	0.69	2.09	2.17	2.25	2.34	2.42	2.51
2∟45×28×3	4.298	3.374	1.47	8.90	6.06	2.94	1.44	1.23	1.31	1.39	1.47	1.56	1.64	0.64	2.68	4.18	1.24	0.79	2.28	2.36	2.44	2.52	2.60	2.69
2∟45×28×4	5.612	4.406	1.50	11.38	7.54	3.82	1.42	1.25	1.33	1.41	1.50	1.59	1.67	0.68	3.40	5.00	1.60	0.78	2.30	2.38	2.46	2.54	2.63	2.71

2∟50×32×3	4.862	3.816	1.60	12.48	7.80	3.68	1.60	1.37	1.45	1.53	1.61	1.69	1.78	0.73	4.04	5.54	1.64	0.91	2.48	2.56	2.64	2.72	2.80	2.88
2∟50×32×4	6.354	4.988	1.65	16.04	9.72	4.78	1.59	1.40	1.48	1.56	1.64	1.72	1.81	0.77	5.16	6.70	2.12	0.90	2.52	2.59	2.67	2.76	2.84	2.92
2∟56×36×3	5.486	4.306	1.78	17.76	9.98	4.64	1.80	1.51	1.58	1.66	1.74	1.82	1.90	0.80	5.84	7.30	2.10	1.03	2.75	2.83	2.90	2.98	3.06	3.15
2∟56×36×4	7.180	5.636	1.82	22.90	12.58	6.06	1.79	1.54	1.61	1.69	1.77	1.86	1.94	0.85	7.52	8.84	2.74	1.02	2.77	2.85	2.93	3.01	3.09	3.17
2∟56×36×5	8.830	6.932	1.87	27.72	14.82	7.42	1.77	1.55	1.63	1.71	1.79	1.88	1.96	0.88	8.98	10.20	3.30	1.01	2.80	2.88	2.96	3.04	3.12	3.20
2∟63×40×4	8.116	6.370	2.04	32.98	16.16	7.74	2.02	1.67	1.74	1.82	1.90	1.98	2.06	0.92	10.46	11.36	3.40	1.14	3.09	3.17	3.25	3.32	3.40	3.49
2∟63×40×5	9.986	7.840	2.08	40.04	19.24	9.48	2.00	1.68	1.75	1.83	1.91	1.99	2.08	0.95	12.62	13.28	4.15	1.12	3.11	3.19	3.26	3.34	3.42	3.51
2∟63×40×6	11.816	9.276	2.12	46.72	22.04	11.18	1.99	1.70	1.78	1.86	1.94	2.02	2.11	0.99	14.58	14.72	4.86	1.11	3.13	3.21	3.29	3.37	3.45	3.53
2∟63×40×7	13.604	10.678	2.15	53.06	24.68	12.80	1.98	1.73	1.80	1.88	1.97	2.05	2.14	1.03	16.48	16.00	5.56	1.10	3.15	3.23	3.31	3.39	3.47	3.55
2∟70×45×4	9.094	7.140	2.24	46.34	20.68	9.72	2.26	1.85	1.92	1.99	2.07	2.15	2.23	1.02	15.10	14.80	4.34	1.29	3.40	3.48	3.55	3.63	3.71	3.79
2∟70×45×5	11.218	8.806	2.28	55.90	24.52	11.84	2.23	1.87	1.94	2.02	2.10	2.18	2.26	1.06	18.26	17.22	5.30	1.28	3.41	3.49	3.56	3.64	3.72	3.80
2∟70×45×6	13.294	10.436	2.32	65.08	28.06	13.90	2.21	1.88	1.95	2.03	2.11	2.19	2.27	1.09	21.24	19.48	6.24	1.26	3.43	3.50	3.58	3.66	3.74	3.82
2∟70×45×7	15.314	12.022	2.36	74.44	31.54	16.06	2.20	1.90	1.98	2.05	2.13	2.22	2.30	1.13	24.02	21.26	7.14	1.25	3.45	3.53	3.61	3.69	3.77	3.85
2∟75×50×5	12.250	9.616	2.40	69.72	29.06	13.66	2.39	2.06	2.13	2.21	2.28	2.36	2.44	1.17	25.22	21.56	6.60	1.44	3.61	3.68	3.76	3.84	3.91	3.99
2∟75×50×6	14.520	11.398	2.44	82.24	33.70	16.24	2.38	2.07	2.15	2.22	2.30	2.38	2.46	1.21	29.40	24.30	7.76	1.42	3.63	3.71	3.78	3.86	3.94	4.02
2∟75×50×8	18.934	14.862	2.52	104.78	41.58	21.04	2.35	2.12	2.19	2.27	2.35	2.43	2.52	1.29	37.06	28.72	9.98	1.40	3.67	3.75	3.83	3.91	3.99	4.07
2∟75×50×10	23.180	18.196	2.60	125.42	48.24	25.58	2.33	2.16	2.24	2.32	2.40	2.48	2.56	1.36	43.92	32.30	12.08	1.38	3.72	3.80	3.88	3.96	4.04	4.12
2∟80×50×5	12.750	10.010	2.60	83.92	32.28	15.56	2.56	2.02	2.09	2.17	2.25	2.32	2.40	1.14	25.64	22.50	6.64	1.42	3.87	3.94	4.02	4.10	4.18	4.26
2∟80×50×6	15.120	11.870	2.65	98.98	37.36	18.50	2.56	2.04	2.12	2.19	2.27	2.35	2.43	1.18	29.90	25.34	7.82	1.41	3.91	3.98	4.06	4.14	4.22	4.30
2∟80×50×7	17.448	13.696	2.69	112.32	41.76	21.16	2.54	2.05	2.13	2.20	2.28	2.36	2.44	1.21	33.92	28.04	8.96	1.39	3.92	4.00	4.08	4.16	4.24	4.32
2∟80×50×8	19.734	15.490	2.73	125.66	46.02	23.84	2.52	2.08	2.15	2.23	2.31	2.39	2.47	1.25	37.70	30.16	10.06	1.38	3.94	4.02	4.10	4.18	4.26	4.34

（续）

规格	截面面积 A /cm^2	每米质量 /(kg/m)	长边相连 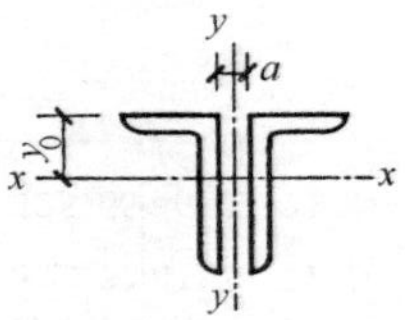 y_0—重心距 I—惯性矩 W—抵抗矩 i—回转半径 a—两角钢背间距离											短边相连 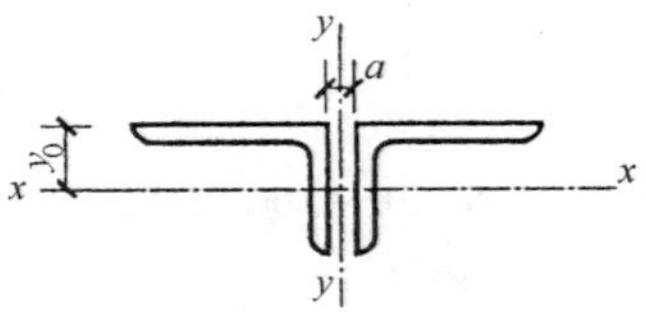 y_0—重心距 I—惯性矩 W—抵抗矩 i—回转半径 a—两角钢背间距离										
			y_0 /cm	I_x /cm^4	W_{xmax} /cm^3	W_{xmin} /cm^3	i_x /cm	i_y/cm 当 a(mm)为						y_0 /cm	I_x /cm^4	W_{xmax} /cm^3	W_{xmin} /cm^3	i_x /cm	i_y/cm 当 a(mm)为					
								6	8	10	12	14	16						6	8	10	12	14	16
2∟90×56×5	14.424	11.322	2.91	120.90	41.54	19.84	2.90	2.22	2.29	2.36	2.44	2.52	2.59	1.25	36.66	29.32	8.42	1.59	4.33	4.40	4.48	4.55	4.63	4.71
6	17.114	13.434	2.95	142.06	48.16	23.48	2.88	2.24	2.31	2.39	2.46	2.54	2.62	1.29	42.84	33.20	9.92	1.58	4.34	4.42	4.49	4.57	4.65	4.73
7	19.760	15.512	3.00	162.02	54.00	26.98	2.86	2.26	2.34	2.41	2.49	2.57	2.65	1.33	48.72	36.64	11.40	1.57	4.37	4.44	4.52	4.60	4.68	4.76
8	22.366	17.558	3.04	182.06	59.88	30.54	2.85	2.28	2.35	2.43	2.51	2.58	2.66	1.36	54.30	39.92	12.82	1.56	4.39	4.47	4.54	4.62	4.70	4.78
2∟100×63×6	19.234	15.100	3.24	198.12	61.14	29.28	3.21	2.49	2.56	2.63	2.71	2.78	2.86	1.43	61.88	43.28	12.70	1.79	4.78	4.85	4.93	5.00	5.08	5.16
7	22.222	17.444	3.28	226.90	69.18	33.76	3.20	2.51	2.58	2.66	2.73	2.81	2.88	1.47	70.52	47.98	14.58	1.78	4.80	4.88	4.95	5.03	5.11	5.19
8	25.168	19.756	3.32	254.74	76.72	38.16	3.18	2.52	2.60	2.67	2.75	2.82	2.90	1.50	78.78	52.52	16.42	1.77	4.82	4.89	4.97	5.05	5.13	5.20
10	30.934	24.284	3.40	307.62	90.48	46.64	3.15	2.56	2.64	2.71	2.79	2.87	2.95	1.58	94.24	59.64	19.96	1.74	4.86	4.94	5.01	5.09	5.17	5.25
2∟100×80×6	21.274	16.700	2.95	214.08	72.56	30.38	3.17	3.30	3.37	3.44	3.52	3.59	3.67	1.97	122.48	62.18	20.32	2.40	4.54	4.61	4.69	4.76	4.83	4.91
7	24.602	19.312	3.00	245.46	81.82	35.04	3.16	3.32	3.39	3.47	3.54	3.61	3.69	2.01	140.16	69.74	23.42	2.39	4.57	4.64	4.72	4.79	4.87	4.94
8	27.888	21.892	3.04	275.84	90.74	39.62	3.14	3.34	3.41	3.48	3.56	3.63	3.71	2.05	157.16	76.66	26.42	2.37	4.58	4.66	4.73	4.81	4.88	4.96
10	34.334	26.952	3.12	333.74	106.96	48.48	3.12	3.38	3.45	3.53	3.60	3.68	3.76	2.13	189.30	88.88	32.24	2.35	4.63	4.70	4.78	4.86	4.93	5.01
2∟110×70×6	21.274	16.700	3.53	266.74	75.56	35.70	3.54	2.75	2.81	2.89	2.96	3.03	3.11	1.57	85.84	54.68	15.80	2.01	5.22	5.29	5.36	5.44	5.52	5.59
7	24.602	19.312	3.57	306.00	85.72	41.20	3.53	2.77	2.84	2.91	2.98	3.06	3.13	1.61	98.02	60.88	18.18	2.00	5.24	5.31	5.39	5.46	5.54	5.62
8	27.888	21.892	3.62	344.08	95.04	46.60	3.51	2.78	2.85	2.92	3.00	3.07	3.15	1.65	109.74	66.50	20.50	1.98	5.26	5.34	5.41	5.49	5.57	5.64
10	34.334	26.952	3.70	416.78	112.64	57.08	3.48	2.81	2.89	2.96	3.04	3.11	3.19	1.72	131.76	76.60	24.96	1.96	5.30	5.38	5.45	5.53	5.61	5.69

2∟125×80×	7	28.192	22.132	4.01	455.96	113.70	53.72	4.02	3.11	3.18	3.25	3.32	3.40	3.47	1.80	148.84	82.68	24.02	2.30	5.89	5.97	6.04	6.12	6.19	6.27
	8	31.978	25.102	4.06	513.54	126.48	60.82	4.01	3.13	3.20	3.27	3.34	3.41	3.49	1.84	166.98	90.76	27.12	2.28	5.92	6.00	6.07	6.15	6.22	6.30
	10	39.424	30.948	4.14	624.08	150.74	74.66	3.98	3.17	3.24	3.31	3.38	3.46	3.54	1.92	201.34	104.86	33.12	2.26	5.96	6.04	6.11	6.19	6.27	6.34
	12	46.702	36.660	4.22	728.82	172.70	88.02	3.95	3.21	3.28	3.36	3.43	3.51	3.59	2.00	233.34	116.68	38.86	2.24	6.00	6.08	6.15	6.23	6.31	6.39
2∟140×90×	8	36.076	28.320	4.50	731.28	162.50	76.96	4.50	3.49	3.56	3.63	3.70	3.77	3.84	2.04	241.38	118.32	34.68	2.59	6.58	6.65	6.73	6.80	6.88	6.95
	10	44.522	34.950	4.58	891.00	194.54	94.62	4.47	3.52	3.59	3.66	3.74	3.81	3.88	2.12	292.06	137.76	42.44	2.56	6.62	6.69	6.77	6.84	6.92	6.99
	12	52.800	41.448	4.66	1043.18	223.86	111.74	4.44	3.56	3.63	3.70	3.77	3.85	3.92	2.19	339.58	155.06	49.90	2.54	6.66	6.73	6.81	6.88	6.96	7.04
	14	60.912	47.816	4.74	1188.20	250.68	128.36	4.42	3.59	3.66	3.74	3.81	3.89	3.97	2.27	384.20	169.26	57.08	2.51	6.70	6.78	6.86	6.93	7.01	7.09
2∟160×100×	10	50.630	39.744	5.24	1337.38	255.22	124.26	5.14	3.84	3.91	3.98	4.05	4.12	4.20	2.28	410.06	179.86	53.12	2.85	7.56	7.63	7.71	7.78	7.86	7.93
	12	60.108	47.184	5.32	1569.82	295.08	146.98	5.11	3.88	3.95	4.02	4.09	4.16	4.24	2.36	478.12	202.60	62.56	2.82	7.60	7.67	7.74	7.82	7.90	7.97
	14	69.418	54.494	5.40	1792.60	331.96	169.12	5.08	3.91	3.98	4.05	4.13	4.20	4.27	2.43	542.40	223.20	71.66	2.80	7.64	7.71	7.79	7.86	7.94	8.02
	16	78.562	61.670	5.48	2006.08	366.08	190.66	5.05	3.95	4.02	4.09	4.16	4.24	4.32	2.51	603.20	240.32	80.48	2.77	7.68	7.75	7.83	7.90	7.98	8.06
2∟180×110×	10	56.746	44.546	5.89	1912.50	324.70	157.92	5.80	4.16	4.23	4.29	4.36	4.43	4.50	2.44	556.22	227.96	64.98	3.13	8.48	8.56	8.63	8.70	8.78	8.85
	12	67.424	52.928	5.98	2249.44	376.16	187.06	5.78	4.19	4.26	4.33	4.40	4.47	4.54	2.52	650.06	257.96	76.64	3.10	8.54	8.61	8.68	8.76	8.83	8.91
	14	77.934	61.178	6.06	2573.82	424.72	215.52	5.75	4.22	4.29	4.36	4.43	4.51	4.58	2.59	739.10	285.36	87.94	3.08	8.57	8.65	8.72	8.80	8.87	8.95
	16	88.278	69.298	6.14	2886.12	470.06	243.28	5.72	4.26	4.33	4.41	4.48	4.55	4.63	2.67	823.70	308.50	98.88	3.06	8.61	8.69	8.76	8.84	8.92	8.99
2∟200×125×	12	75.824	59.522	6.54	3141.80	480.40	233.46	6.44	4.75	4.81	4.88	4.95	5.02	5.09	2.83	966.32	341.46	99.98	3.57	9.39	9.47	9.54	9.62	9.69	9.76
	14	87.734	68.872	6.62	3601.94	544.10	269.30	6.41	4.78	4.85	4.92	4.99	5.06	5.13	2.91	1101.66	378.58	114.88	3.54	9.43	9.51	9.58	9.65	9.73	9.81
	16	99.478	78.090	6.70	4046.70	603.98	304.36	6.38	4.82	4.89	4.96	5.03	5.10	5.17	2.99	1230.88	411.66	129.38	3.52	9.47	9.55	9.62	9.70	9.77	9.85
	18	111.052	87.176	6.78	4476.60	660.26	338.66	6.35	4.84	4.91	4.99	5.06	5.13	5.20	3.06	1354.38	442.60	143.48	3.49	9.51	9.59	9.66	9.74	9.81	9.89

表 C-3 热轧普通工字钢的规格及截面特性

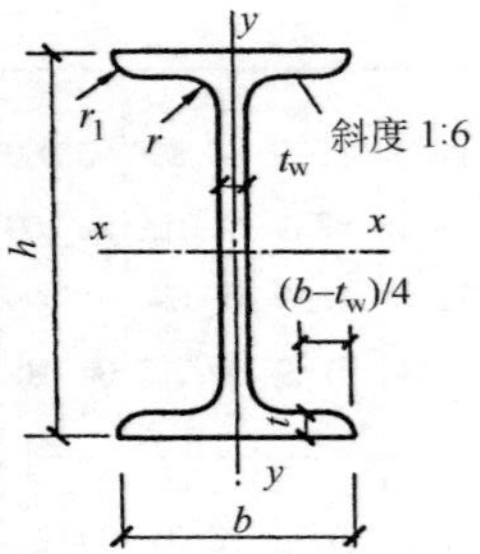

I—截面惯性矩

W—截面抵抗矩

S—半截面面积矩

i—截面回转半径

型号	尺寸 /mm						截面面积 A /cm²	质量 /(kg/m)	x—x 轴				y—y 轴		
	h	b	t_w	t	r	r_1			I_x /cm⁴	W_x /cm³	S_x /cm³	i_x /cm	I_y /cm⁴	W_y /cm³	i_y /cm
10	100	68	4.5	7.6	6.5	3.3	14.345	11.261	245	49.0	28.5	4.14	33.0	9.72	1.52
12.6	126	74	5.0	8.4	7.0	3.5	18.118	14.223	488	77.5	45.2	5.20	46.9	12.7	1.61
14	140	80	5.5	9.1	7.5	3.8	21.510	16.890	712	102	59.3	5.76	64.4	16.1	1.73
16	160	88	6.0	9.9	8.0	4.0	26.131	20.513	1130	141	81.9	6.58	93.1	21.2	1.89
18	180	94	6.5	10.7	8.5	4.3	30.756	24.113	1660	185	108	7.36	122	26.0	2.00
20a	200	100	7.0	11.4	9.0	4.5	35.578	27.929	2370	237	138	8.15	158	31.5	2.12
20b		102	9.0				39.578	31.069	2500	250	148	7.96	169	33.1	2.06
22a	220	110	7.5	12.3	9.5	4.8	42.128	33.070	3400	309	180	8.99	225	40.9	2.31
22b		112	9.5				46.528	36.524	3570	325	191	8.78	239	42.7	2.27
25a	250	116	8.0	13.0	10.0	5.0	48.541	38.105	5020	402	232	10.2	280	48.3	2.40
25b		118	10.0				53.541	42.030	5280	423	248	9.94	309	52.4	2.40
28a	280	122	8.5	13.7	10.5	5.3	55.404	43.492	7110	508	289	11.3	345	56.6	2.50
28b		124	10.5				61.004	47.888	7480	534	309	11.1	379	61.2	2.49

a		130	9.5				67.156	52.717	11100	692	404	12.8	460	70.8	2.62
32b	320	132	11.5	15.0	11.5	5.8	73.556	57.741	11600	726	428	12.6	502	76.0	2.61
c		134	13.5				79.956	62.765	12200	760	455	12.3	544	81.2	2.61
a		136	10.0				76.480	60.037	15800	875	515	14.4	552	81.2	2.69
36b	360	138	12.0	15.8	12.0	6.0	83.680	65.689	16500	919	545	14.1	582	84.3	2.64
c		140	14.0				90.880	71.341	17300	962	579	13.8	612	87.4	2.60
a		142	10.5				86.112	67.598	21700	1090	636	15.9	660	93.2	2.77
40b	400	144	12.5	16.5	12.5	6.3	94.112	73.878	22800	1140	679	15.6	692	96.2	2.71
c		146	14.5				102.112	80.158	23900	1190	720	15.2	727	99.6	2.65
a		150	11.5				102.446	80.420	32200	1430	834	17.7	855	114	2.89
45b	450	152	13.5	18.0	13.5	6.8	111.446	87.485	33800	1500	889	17.4	894	118	2.84
c		154	15.5				120.446	94.550	35300	1570	939	17.1	938	122	2.79
a		158	12.0				119.304	93.654	46500	1860	1086	19.7	1120	142	3.07
50b	500	160	14.0	20.0	14.0	7.0	129.304	101.504	48600	1940	1146	19.4	1170	146	3.01
c		162	16.0				139.304	109.354	50600	2020	1211	19.0	1220	151	2.96
a		166	12.5				135.435	106.316	65600	2340	1375	22.0	1370	165	3.18
56b	560	168	14.5	21.0	14.5	7.3	146.635	115.108	68500	2450	1451	21.6	1490	174	3.16
c		170	16.5				157.835	123.900	71400	2550	1529	21.3	1560	183	3.16
a		176	13.0				154.658	121.407	93900	2980	1732	24.6	1700	193	3.31
63b	630	178	15.0	22.0	15.0	7.5	167.258	131.298	98100	3110	1834	24.2	1810	204	3.29
c		180	17.0				179.858	141.189	102000	3240	1928	23.8	1920	214	3.27

表 C-4 热轧普通槽钢的规格及截面特性

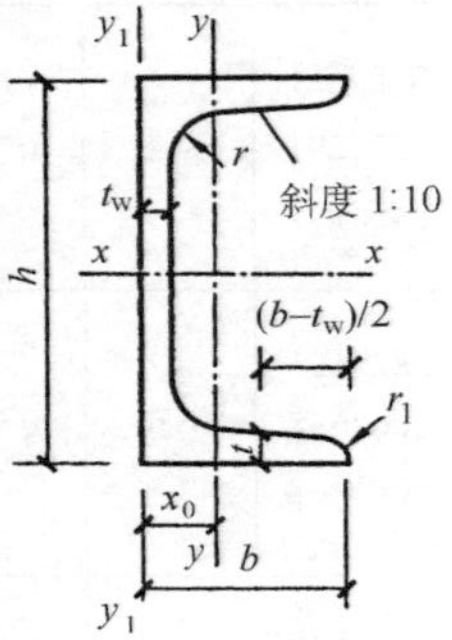

I—截面惯性矩
W—截面抵抗矩
S—半截面面积矩
i—截面回转半径

型号	尺寸 /mm						截面面积 A /cm²	质量 /(kg/m)	x—x 轴				y—y 轴				y_1—y_1 轴	重心距
	h	b	t_w	t	r	r_1			I_x /cm⁴	W_x /cm³	S_x /cm³	i_x /cm	I_y /cm⁴	W_{ymin} /cm³	W_{ymax} /cm³	i_y /cm	I_{y1} /cm⁴	x_0 /cm
5	50	37	4.5	7.0	7.0	3.5	6.928	5.438	26.0	10.4	6.4	1.94	8.3	3.55	6.15	1.10	20.9	1.35
6.3	63	40	4.8	7.5	7.5	3.8	8.451	6.634	50.8	16.1	9.8	2.45	11.9	4.50	8.75	1.19	28.4	1.36
8	80	43	5.0	8.0	8.0	4.0	10.248	8.045	101	25.3	15.1	3.15	16.6	5.79	11.6	1.27	37.4	1.43
10	100	48	5.3	8.5	8.5	4.2	12.748	10.007	198	39.7	23.5	3.95	25.6	7.80	16.8	1.41	54.9	1.52
12.6	126	53	5.5	9.0	9.0	4.5	15.692	12.318	391	62.1	36.4	4.95	38.0	10.2	23.9	1.57	77.1	1.59
14a	140	58	6.0	9.5	9.5	4.8	18.516	14.535	564	80.5	47.5	5.52	53.2	13.0	31.1	1.70	107	1.71
14b		60	8.0				21.316	16.733	609	87.1	52.4	5.35	61.1	14.1	36.6	1.69	121	1.67
16a	160	63	6.5	10.0	10.0	5.0	21.962	17.240	866	108	63.9	6.28	73.3	16.3	40.7	1.83	144	1.80
16b		65	8.5				25.162	19.752	935	117	70.3	6.10	83.4	17.6	47.7	1.82	161	1.75

18 a	180	68	7.0	10.5	10.5	5.2	25.699	20.174	1270	141	83.5	7.04	98.6	20.0	52.4	1.96	190	1.88
b		70	9.0				29.299	23.000	1370	152	91.6	6.84	111	21.5	60.3	1.95	210	1.84
20 a	200	73	7.0	11.0	11.0	5.5	28.837	22.637	1780	178	104.7	7.86	128	24.2	63.7	2.11	244	2.01
b		75	9.0				32.837	25.777	1910	191	114.7	7.64	144	25.9	73.8	2.09	268	1.95
22 a	220	77	7.0	11.5	11.5	5.8	31.846	24.999	2390	218	127.6	8.67	158	28.2	75.2	2.23	298	2.10
b		79	9.0				36.246	28.453	2570	234	139.7	8.42	176	30.1	86.7	2.21	326	2.03
a	250	78	7.0	12.0	12.0	6.0	34.917	27.410	3370	270	157.8	9.82	176	30.6	85.0	2.24	322	2.07
25b		80	9.0				39.917	31.335	3530	282	173.5	9.41	196	32.7	99.0	2.22	353	1.98
c		82	11.0				44.917	35.260	3690	295	189.1	9.07	218	34.7②	113	2.21	384	1.92
a	280	82	7.5	12.5	12.5	6.2	40.034	31.427	4760	340	200.2	10.9	218	35.7	104	2.33	388	2.10
28b		84	9.5				45.634	35.823	5130	366	219.8	10.6	242	37.9	120	2.30	428	2.02
c		86	11.5				51.234	40.219	5500	393	239.4	10.4	268	40.3	137	2.29	463	1.95
a	320	88	8.0	14.0	14.0	7.0	48.513	38.083	7600	475	276.9	12.5	305	46.5	136	2.50	552	2.24
32b		90	10.0				54.913	43.107	8140	509	302.5	12.2	336	49.2	156	2.47	593	2.16
c		92	12.0				61.313	48.131	8690	543	328.1	11.9	374	52.6	179	2.47	643	2.09
a	360	96	9.0	16.0	16.0	8.0	60.910	47.814	11900	660	389.9	14.0	455	63.5	186	2.73	818	2.44
36b		98	11.0				68.110	53.466	12700	703	422.3	13.6	497	66.9	210	2.70	880	2.37
c		100	13.0				75.310	59.118	13400	746	454.7	13.4	536	70.0	229	2.67	948	2.34
a	400	100	10.5	18.0	18.0	9.0	75.068	58.928	17600	879	524.4	15.3	592	78.8	238	2.81	1070	2.49
40b		102	12.5				83.068	65.208	18600	932	564.4	15.0	640	82.5	262	2.78	1140	2.44
c		104	14.5				91.068	71.488	19700	986	604.4	14.7	688	86.2	284	2.75	1220	2.42

参 考 文 献

[1] 靳百川. 轻型房屋钢结构构造图集 [M]. 北京：中国建筑工业出版社，2002.

[2] 陈富生，邱国桦，范重. 高层建筑钢结构设计 [M]. 2 版. 北京：中国建筑工业出版社，2004.

[3] 魏明钟，戴国欣. 钢结构 [M]. 2 版. 武汉：武汉理工大学出版社，2002.

[4] 宋群，宗兰. 建筑结构：下册 [M]. 3 版. 北京：机械工业出版社，2017.

[5] 周绥平，窦立军. 钢结构 [M]. 3 版. 武汉：武汉理工大学出版社，2009.

[6] 李顺秋. 钢结构制造与安装 [M]. 北京：中国建筑工业出版社，2005.